Handbuch Eurocode 1 Band 2

Jetzt diesen Titel zusätzlich als E-Book downloaden und 70 % sparen!

Als Käufer dieses Buchtitels haben Sie Anspruch auf ein besonderes Kombi-Angebot: Sie können den Titel zusätzlich zum Ihnen vorliegenden gedruckten Exemplar für nur 30 % des Normalpreises als E-Book beziehen.

Der BESONDERE VORTEIL: Im E-Book recherchieren Sie in Sekundenschnelle die gewünschten Themen und Textpassagen. Denn die E-Book-Variante ist mit einer komfortablen Volltextsuche ausgestattet!

Deshalb: Zögern Sie nicht. Laden Sie sich am besten gleich Ihre persönliche E-Book-Ausgabe dieses Titels herunter.

In 3 einfachen Schritten zum E-Book:

❶ Rufen Sie die Website **www.beuth.de/e-book** auf.

❷ Geben Sie hier Ihren persönlichen, nur einmal verwendbaren E-Book-Code ein:

20823DKB3984DBB

❸ Klicken Sie das „Download-Feld" an und gehen dann weiter zum Warenkorb. Führen Sie den normalen Bestellprozess aus.

Hinweis: Der E-Book-Code wurde individuell für Sie als Erwerber dieses Buches erzeugt und darf nicht an Dritte weitergegeben werden. Mit Zurückziehung dieses Buches wird auch der damit verbundene E-Book-Code für den Download ungültig.

**Handbuch Eurocode 1 Einwirkungen
Band 2: Einwirkungen, Bauzustände,
Außergewöhnliche Lasten, Verkehrs-, Kranbahn-
und Silolasten**

DIN

Handbuch Eurocode 1
Einwirkungen

Band 2: Einwirkungen, Bauzustände, Außergewöhnliche Lasten, Verkehrs-, Kranbahn- und Silolasten

Vom DIN konsolidierte Fassung

1. Auflage 2012

Herausgeber:
DIN Deutsches Institut für Normung e. V.

Beuth Verlag GmbH · Berlin · Wien · Zürich

Herausgeber: DIN Deutsches Institut für Normung e. V.

© 2012 Beuth Verlag GmbH
Berlin · Wien · Zürich
Am DIN-Platz
Burggrafenstraße 6
10787 Berlin

Telefon: +49 30 2601-0
Telefax: +49 30 2601-1260
Internet: www.beuth.de
E-Mail: info@beuth.de

Das Werk einschließlich aller seiner Teile ist urheberrechtlich geschützt.
Jede Verwertung außerhalb der Grenzen des Urheberrechts ist ohne schriftliche Zustimmung des Verlages unzulässig und strafbar. Das gilt insbesondere für Vervielfältigungen, Übersetzungen, Mikroverfilmungen und die Einspeicherung in elektronischen Systemen.

© für DIN-Normen   DIN Deutsches Institut für Normung e. V., Berlin.

Die im Werk enthaltenen Inhalte wurden vom Verfasser und Verlag sorgfältig erarbeitet und geprüft. Eine Gewährleistung für die Richtigkeit des Inhalts wird gleichwohl nicht übernommen. Der Verlag haftet nur für Schäden, die auf Vorsatz oder grobe Fahrlässigkeit seitens des Verlages zurückzuführen sind. Im Übrigen ist die Haftung ausgeschlossen.

Titelbild: Jorge Pedro Baradas de Casais, Verwendung unter Lizenz von Shutterstock.com
Satz: B & B Fachübersetzergesellschaft mbH, Berlin
Druck: AZ Druck und Datentechnik GmbH, Berlin
Gedruckt auf säurefreiem, alterungsbeständigem Papier nach DIN EN ISO 9706.

ISBN 978-3-410-20823-5

Vorwort

Die europaweit einheitlichen Regeln für die Bemessung und Konstruktion von Ingenieurbauwerken werden Eurocodes genannt. Die vorliegenden Eurocode-Handbücher wurden im Normenausschuss Bauwesen (NABau) im DIN e.V. erarbeitet.

In den einzelnen Bänden dieser Handbücher werden themenspezifisch die Eurocodes mit den jeweils zugehörigen Nationalen Anhängen sowie einer eventuell vorhandenen Restnorm zu einem in sich geschlossenen Werk und mit fortlaufend lesbarem Text zusammengefügt, so dass der Anwender die jeweils relevanten Textpassagen auf einen Blick und an einer Stelle findet.

Die Eurocodes gehen auf ein Aktionsprogramm der Kommission der Europäischen Gemeinschaft aus dem Jahr 1975 zurück. Ziel dieses Programms ist die Beseitigung von Handelshemmnissen für Produkte und Dienstleistungen in Europa und die Vereinheitlichung technischer Regelungen im Baubereich. Diese einheitlichen Regelungen sollten eine Alternative zu den in den jeweiligen europäischen Mitgliedsstaaten geltenden nationalen Regelungen darstellen, um diese später zu ersetzen.

Somit wurden in den zurückliegenden Jahrzehnten die Bemessungsregeln im Bauwesen europäisch genormt. Als Ergebnis dieser Arbeit sind die Eurocodes entstanden. Die Eurocodes bestehen aus 58 Normen, mit insgesamt über 5 200 Seiten, ohne Nationale Anhänge.

Ziele dieser umfangreichen Normungsarbeiten waren und sind:
- Europaweit einheitliche Bemessungs- und Konstruktionskriterien
- Einheitliche Basis für Forschung und Entwicklung
- Harmonisierung national unterschiedlicher Regeln
- Einfacherer Austausch von Dienstleistungen im Bauwesen
- Ausschreibung von Bauleistungen europaweit vereinfachen.

Die beteiligten europäischen Mitgliedsstaaten einigten sich darauf, zu einigen Normeninhalten Öffnungsklauseln, sogenannte national festzulegende Parameter (en: nationally determined parameters, NDP), in den Eurocodes zuzulassen. Die entsprechenden Inhalte können national geregelt werden. Zu jedem Eurocode wird hierzu ein zugehöriger Nationaler Anhang erarbeitet, der die Anwendung der Eurocodes durch die Festlegung dieser Parameter ermöglicht. Vervollständigt werden die Festlegungen durch nicht widersprechende zusätzliche Regelungen (en: non-contradictory complementary information, NCI). Der jeweilige Eurocodeteil und der zugehörige Nationale Anhang sind dadurch ausschließlich im Zusammenhang lesbar und anwendbar.

Bis zum Jahr 2010 mussten von allen Europäischen Normungsinstituten die dem Eurocode entgegenstehenden nationalen Normen zurückgezogen werden. Damit finden in vielen europäischen Ländern die Eurocodes bereits heute ihre Anwendung.

Die Handbücher sind vom Normenausschuss Bauwesen (NABau) im DIN e.V. konsolidiert. Somit stellen die Handbücher ein für die Praxis sehr hilfreiches, effizientes neues Werk zur Verfügung, welches die Anwendung der Eurocodes für alle am Bauprozess Beteiligten wesentlich erleichtert.

Berlin, Oktober 2011

DIN Deutsches Institut für Normung e.V.
Normenausschuss Bauwesen (NABau)
Detlef Desler
Geschäftsführer

Inhalt

Einführung IX

Benutzerhinweise XI

DIN EN 1991-1-6:2010-12
Eurocode 1: Einwirkungen auf Tragwerke –
Teil 1-6: Allgemeine Einwirkungen, Einwirkungen
während der Bauausführung

einschließlich

DIN EN 1991-1-6/NA:2010-12
Nationaler Anhang 1

DIN EN 1991-1-7:2010-12
Eurocode 1: Einwirkungen auf Tragwerke –
Teil 1-7: Allgemeine Einwirkungen – Außergewöhnliche Einwirkungen

einschließlich

DIN EN 1991-1-7/NA:2010-12
Nationaler Anhang 41

DIN EN 1991-3:2010-12
Eurocode 1: Einwirkungen auf Tragwerke –
Teil 3: Einwirkungen infolge von Kranen und Maschinen

einschließlich

DIN EN 1991-3/NA:2010-12
Nationaler Anhang 127

DIN EN 1991-4:2010-12
Eurocode 1: Einwirkungen auf Tragwerke –
Teil 4: Einwirkungen auf Silos und Flüssigkeitsbehälter

einschließlich

DIN EN 1991-4/NA:2010-12
Nationaler Anhang 169

und

DIN 1055-2:2010-11
Einwirkungen auf Tragwerke – Teil 2: Bodenkenngrößen 287

Einführung

Dieses Normen-Handbuch führt die Normentexte der nachfolgenden Eurocode-Teile mit den entsprechenden Nationalen Anhängen zu einem in sich abgeschlossenen Werk, mit fortlaufend lesbarem Text, anwenderfreundlich zusammen:

- DIN EN 1991-1-6:2010-12, *Eurocode 1: Einwirkungen auf Tragwerke — Teil 1-6: Allgemeine Einwirkungen, Einwirkungen während der Bauausführung; Deutsche Fassung EN 1991-1-6:2005 + AC:2008*
- DIN EN 1991-1-6:2010-12, *Nationaler Anhang — National festgelegte Parameter — Eurocode 1: Einwirkungen auf Tragwerke — Teil 1-6: Allgemeine Einwirkungen, Einwirkungen während der Bauausführung*
- DIN EN 1991-1-7:2010-12, *Eurocode 1: Einwirkungen auf Tragwerke — Teil 1-7: Allgemeine Einwirkungen — Außergewöhnliche Einwirkungen; Deutsche Fassung EN 1991-1-7:2006 + AC:2010*
- DIN EN 1991-1-7:2010-12, *Nationaler Anhang — National festgelegte Parameter — Eurocode 1: Einwirkungen auf Tragwerke — Teil 1-7: Allgemeine Einwirkungen — Außergewöhnliche Einwirkungen*
- DIN EN 1991-3:2010-12, *Eurocode 1: Einwirkungen auf Tragwerke — Teil 3: Einwirkungen infolge von Kranen und Maschinen; Deutsche Fassung EN 1991-3:2006*
- DIN EN 1991-3:2010-12, *Nationaler Anhang — National festgelegte Parameter — Eurocode 1: Einwirkungen auf Tragwerke — Teil 3: Einwirkungen infolge von Kranen und Maschinen*
- DIN EN 1991-4:2010-12, *Eurocode 1: Einwirkungen auf Tragwerke — Teil 4: Einwirkungen auf Silos und Flüssigkeitsbehälter; Deutsche Fassung EN 1991-4:2006*
- DIN EN 1991-4:2010-12, *Nationaler Anhang — National festgelegte Parameter — Eurocode 1: Einwirkungen auf Tragwerke — Teil 4: Einwirkungen auf Silos und Flüssigkeitsbehälter*
- DIN 1055-2:2010-11, *Einwirkungen auf Tragwerke — Teil 2: Bodenkenngrößen*

DIN EN 1991-1-6:2010-12, DIN EN 1991-1-7:2010-12, DIN EN 1991-3:2010-12 und DIN EN 1991-4:2010-12 sind die deutschen Übersetzungen der Europäischen Normen EN 1991-1-6:2005, EN 1991-1-7:2006, EN 1991-3:2006 und EN 1991-4:2006 inklusive der Europäischen Berichtigungen (AC), sofern vorhanden.

Die Normen der Reihe DIN EN 1991 erlauben in bestimmten Fällen die nationale Festlegung von alternativen Verfahren und Zahlenwerten von Parametern sowie zusätzlichen, dem Eurocode nicht widersprechenden Regelungen und Hinweisen. Darüber hinaus können die Nationalen Anhänge ergänzende nationale Regelungen, die der Reihe DIN EN 1991 nicht widersprechen, enthalten.

Dieses Handbuch wurde im Normenausschuss Bauwesen (NABau) im DIN Deutsches Institut für Normung e.V. konsolidiert und von den Obleuten der Unterausschüsse „Einwirkungen während der Bauausführung", „Außergewöhnliche Einwirkungen" und „Silos und Flüssigkeitsbehälter" im Arbeitsausschuss 005-51-02 AA „Einwirkungen auf Bauten (SpA zu CEN/TC 250/SC 1)" geprüft und autorisiert.

Berlin, Februar 2012

Andreas Schleifer
DIN Deutsches Institut für Normung e.V.
Normenausschuss Bauwesen (NABau)

Dr.-Ing. Heinrich Hochreither
(Obmann UA „Einwirkungen während der Bauausführung")
Hochreither – Vorndran Ingenieurgesellschaft mbH

Dipl.-Ing. Claus Kunz
(Obmann UA „Außergewöhnliche Einwirkungen")
Bundesanstalt für Wasserbau (BAW)

Dr.-Ing. Cornelius Ruckenbrod
(Obmann UA „Silos und Flüssigkeitsbehälter")
SMP – Ingenieure im Bauwesen GmbH

Benutzerhinweise

Grundlage des vorliegenden Normen-Handbuchs sind die deutschen Übersetzungen der entsprechenden Europäischen Normen von DIN EN 1991-1-6, DIN EN 1991-1-7, DIN EN 1991-3 und DIN EN 1991-4. Die Festlegungen aus den Nationalen Anhängen DIN EN 1991-1-6/NA, DIN EN 1991-1-7/NA, DIN EN 1991-3/NA und DIN EN 1991-4/NA wurden immer an die zugehörige Stelle in den entsprechenden Eurocode-Teilen eingefügt.

Die Herkunft der jeweiligen Regelung im Normen-Handbuch ist wie folgt gekennzeichnet:

a) Regelungen aus DIN EN 1991-1-6, DIN EN 1991-1-7, DIN EN 1991-3, DIN EN 1991-4 und DIN 1055-2:

   Diese Regelungen sind schwarzer Fließtext.

b) Regelungen aus DIN EN 1991-1-6/NA, DIN EN 1991-1-7/NA, DIN EN 1991-3/NA und DIN EN 1991-4/NA:

   Bei den national festzulegenden Parametern (en: *National determined parameters*, NDP) wurde der Vorsatz „NDP" übernommen.

   Bei den ergänzenden nicht widersprechenden Angaben (en: *non-contradictory complementary information*, NCI) wurde der Vorsatz „NCI" übernommen.

   Diese Regelungen sind umrandet.

   > NDP Zu bzw.
   > NCI Zu

Gegenüber den einzelnen Normen der Reihe DIN EN 1991-1 und DIN EN 1991-1/NA wurden beim Zusammenfügen dieser Dokumente folgende Änderungen vorgenommen:

a) Die Anmerkung zur Freigabe von Festlegungen durch den Nationalen Anhang bleibt mit dem Hinweis, was festgelegt werden darf, erhalten. Die Empfehlung wird nicht in diesem Handbuch abgedruckt, sofern sie nicht übernommen wird.

b) Die Kennzeichnungen [AC⟩ ⟨AC] aus DIN EN 1991-1 für die eingearbeiteten Berichtigungen wurden entfernt.

Dezember 2010

DIN EN 1991-1-6

DIN

Eurocode 1: Einwirkungen auf Tragwerke –
Teil 1-6: Allgemeine Einwirkungen, Einwirkungen während der Bauausführung;
Deutsche Fassung EN 1991-1-6:2005 + AC:2008

Ersatzvermerk

Ersatz für DIN EN 1991-1-6:2005-09;
mit DIN EN 1991-1-6/NA:2010-12 Ersatz für die 2010-05 zurückgezogene Norm DIN 1055-8:2003-01;
Ersatz für DIN EN 1991-1-6 Berichtigung 1:2009-09

Dezember 2010

DIN EN 1991-1-6/NA

DIN

Nationaler Anhang –
National festgelegte Parameter –
Eurocode 1: Einwirkungen auf Tragwerke –
Teil 1-6: Allgemeine Einwirkungen, Einwirkungen während der Bauausführung

Ersatzvermerk

Ersatz für DIN EN 1991-1-6/NA:2010-05;
mit DIN EN 1991-1-6:2010-12 Ersatz für die 2010-05 zurückgezogene Norm DIN 1055-8:2003-01

Inhalt

DIN EN 1991-1-6 einschließlich Nationaler Anhang

	Seite
Nationales Vorwort DIN EN 1991-1-6	5
Vorwort EN 1991-1-6	5
Hintergrund des Eurocode-Programms	6
Status und Gültigkeit der Eurocodes	6
Nationale Fassungen der Eurocodes	7
Beziehung zwischen den Eurocodes und den harmonisierten Technischen Spezifikationen für Bauprodukte (ENs und ETAs)	8
Zusätzliche Informationen insbesondere für EN 1991-1-6	8
Nationaler Anhang	8

		Seite
1	**Allgemeines**	11
1.1	Anwendungsbereich	11
1.2	Normative Verweisungen	11
1.3	Annahmen	13
1.4	Unterscheidung zwischen Prinzipien und Anwendungsregeln	13
1.5	Begriffe	13
1.5.1	Allgemeines	13
1.5.2	Zusätzliche Begriffe und Definitionen, die insbesondere für diese Norm gelten	13
1.6	Symbole	13
2	**Einteilung der Einwirkungen**	15
2.1	Allgemeines	15
2.2	Bauausführungslasten	17
3	**Bemessungssituationen und Grenzzustände**	19
3.1	Allgemeines – Festlegung der Bemessungssituationen	19
3.2	Grenzzustände der Tragfähigkeit	20
3.3	Grenzzustände der Gebrauchstauglichkeit	21
4	**Darstellung der Einwirkungen**	23
4.1	Allgemeines	23
4.2	Einwirkung auf tragende und nicht tragende Bauteile während der Montage	23
4.3	Geotechnische Einwirkungen	23
4.4	Einwirkung infolge Vorspannung	24
4.5	Vorverformungen	24
4.6	Temperatur, Schwinden, Einflüsse aus Hydratation	24
4.7	Windeinwirkungen	25
4.8	Schneelasten	25
4.9	Einwirkungen verursacht durch Wasser	26
4.10	Einwirkung infolge atmosphärischer Eisbildung	28
4.11	Bauausführungslasten	28
4.11.1	Allgemeines	28
4.11.2	Bauausführungslasten beim Betonieren	30
4.12	Außergewöhnliche Einwirkungen	30
4.13	Einwirkungen aus Erdbeben	31

Seite

Anhang A.1 (normativ)   Ergänzende Regelungen für Gebäude 33
   A.1.1   Grenzzustände der Tragfähigkeit 33
   A.1.2   Grenzzustände der Gebrauchstauglichkeit 34
   A.1.3   Horizontale Einwirkungen 34

Anhang A.2 (normativ)   Ergänzende Regelungen für Brücken 35
   A.2.1   Grenzzustände der Tragfähigkeit 35
   A.2.2   Grenzzustände der Gebrauchstauglichkeit 35
   A.2.3   Bemessungswerte für Verformungen 35
   A.2.4   Schneelasten 36
   A.2.5   Bauausführungslasten 37

Anhang B (informativ)   Einwirkungen auf Tragwerke bei Umbauten,
                              Wiederaufbau oder Abriss 38

Literaturhinweise 39

Nationales Vorwort DIN EN 1991-1-6

Diese Europäische Norm (EN 1991-1-6:2005 + AC:2008) ist in der Verantwortung des CEN/TC 250 „Eurocodes für den konstruktiven Ingenieurbau" (Sekretariat: BSI, Vereinigtes Königreich) entstanden.

Die Arbeiten wurden auf nationaler Ebene vom NABau-Arbeitsausschuss NA 005-51-02 „Einwirkungen auf Bauten" begleitet.

Die Norm wird Bestandteil einer Reihe von Einwirkungs- und Bemessungsnormen sein, deren Anwendung nur im Paket sinnvoll ist. Dieser Tatsache wird durch die Richtlinie der Kommission der Europäischen Gemeinschaft für die Anwendung der Eurocodes Rechnung getragen, indem dort Übergangsfristen für die verbindliche Umsetzung der Eurocodes in den Mitgliedsstaaten vorgesehen sind. Die Übergangsfristen müssen im Einzelfall von CEN und der Kommission präzisiert werden.

Änderungen

Gegenüber DIN V ENV 1991-2-6:1999-08 wurden folgende Änderungen vorgenommen:

a) der Vornormstatus wurde aufgehoben;

b) die Norm wurde umnummeriert in DIN EN 1991-1-6;

c) die Stellungnahmen der nationalen Normungsinstitute wurde eingearbeitet und der Text vollständig überarbeitet.

Gegenüber DIN EN 1991-1-6:2005-09, DIN EN 1991-1-6 Berichtigung 1:2009-09 und DIN 1055-8:2003-01 wurden folgende Änderungen vorgenommen:

a) auf europäisches Bemessungskonzept umgestellt;

b) Ersatzvermerke korrigiert;

c) Vorgänger-Norm mit der Berichtigung 1 konsolidiert;

d) redaktionelle Änderungen durchgeführt.

Frühere Ausgaben

DIN 1055-8: 2003-01
DIN V ENV 1991-2-6: 1999-08
DIN EN 1991-1-6: 2005-09
DIN EN 1991-1-6 Berichtigung 1: 2009-09

Vorwort EN 1991-1-6

Dieses Dokument (EN 1991-1-6:2005 + AC:2008) wurde vom Technischen Komitee CEN/TC 250 „Structural Eurocodes" erarbeitet, dessen Sekretariat vom BSI gehalten wird.

Diese Europäische Norm muss den Status einer nationalen Norm erhalten, entweder durch Veröffentlichung eines identischen Textes oder durch Anerkennung bis Dezember 2005, und etwaige entgegenstehende nationale Normen müssen bis März 2010 zurückgezogen werden.

Das Technische Komitee CEN/TC 250 ist für alle Eurocodes des konstruktiven Ingenieurbaus zuständig.

Diese Europäische Norm ersetzt die Europäische Norm ENV 1991-2-6:1996.

Anhänge A1 und A2 sind normativ und Anhang B ist informativ. Diese Norm enthält ein Literaturverzeichnis.

Entsprechend der CEN/CENELEC-Geschäftsordnung sind die nationalen Normungsinstitute der folgenden Länder gehalten, diese Europäische Norm zu übernehmen: Belgien, Dänemark, Deutschland, Estland, Finnland, Frankreich, Griechenland, Irland, Island, Italien, Lettland, Litauen, Luxemburg, Malta, Niederlande, Norwegen, Österreich, Polen, Portugal, Schweden, Schweiz, Slowakei, Slowenien, Spanien, Tschechische Republik, Ungarn, Vereinigtes Königreich und Zypern.

Hintergrund des Eurocode-Programms

Im Jahre 1975 beschloss die Kommission der Europäischen Gemeinschaften, für das Bauwesen ein Programm auf der Grundlage des Artikels 95 der Römischen Verträge durchzuführen. Das Ziel des Programms war die Beseitigung technischer Handelshemmnisse und die Harmonisierung technischer Normen.

Im Rahmen dieses Programms leitete die Kommission die Bearbeitung von harmonisierten technischen Regelwerken für die Tragwerksplanung von Bauwerken ein, die im ersten Schritt als Alternative zu den in den Mitgliedsländern geltenden Regeln dienen und diese schließlich ersetzen sollten.

15 Jahre lang leitete die Kommission mit Hilfe eines Steuerungskomitees mit Repräsentanten der Mitgliedsländer die Entwicklung des Eurocode-Programms, das zu der ersten Eurocode-Generation in den 80er Jahren führte.

Im Jahre 1989 entschieden sich die Kommission und die Mitgliedsländer der Europäischen Union und der EFTA, die Entwicklung und Veröffentlichung der Eurocodes über eine Reihe von Mandaten an CEN zu übertragen, damit diese den Status von Europäischen Normen (EN) erhielten. Grundlage war eine Vereinbarung[1] zwischen der Kommission und CEN. Dieser Schritt verknüpft die Eurocodes de facto mit den Regelungen der Ratsrichtlinien und Kommissionsentscheidungen, die die Europäischen Normen behandeln (z. B. die Ratsrichtlinie 89/106/EWG zu Bauprodukten, die Bauproduktenrichtlinie (CPD), die Ratsrichtlinien 93/37/EWG, 92/50/EWG und 89/440/EWG zur Vergabe öffentlicher Aufträge und Dienstleistungen und die entsprechenden EFTA-Richtlinien, die zur Einrichtung des Binnenmarktes eingeleitet wurden).

Das Eurocode-Programm umfasst die folgenden Normen, die in der Regel aus mehreren Teilen bestehen:

EN 1990, *Eurocode: Grundlagen der Tragwerksplanung*

EN 1991, *Eurocode 1: Einwirkungen auf Tragwerke*

EN 1992, *Eurocode 2: Entwurf, Berechnung und Bemessung von Stahlbetonbauten*

EN 1993, *Eurocode 3: Entwurf, Berechnung und Bemessung von Stahlbauten*

EN 1994, *Eurocode 4: Entwurf, Berechnung und Bemessung von Stahl-Beton Verbundbauten*

EN 1995, *Eurocode 5: Entwurf, Berechnung und Bemessung von Holzbauten*

EN 1996, *Eurocode 6: Entwurf, Berechnung und Bemessung von Mauerwerksbauten*

EN 1997, *Eurocode 7: Entwurf, Berechnung und Bemessung in der Geotechnik*

EN 1998, *Eurocode 8: Auslegung von Bauwerken gegen Erdbeben*

EN 1999, *Eurocode 9: Entwurf, Berechnung und Bemessung von Aluminiumkonstruktionen*

Die Europäischen Normen berücksichtigen die Verantwortlichkeit der Bauaufsichtsorgane in den Mitgliedsländern und haben deren Recht zur Festlegung sicherheitsbezogener Werte auf nationaler Ebene sichergestellt, so dass diese Werte von Land zu Land unterschiedlich bleiben können.

Status und Gültigkeit der Eurocodes

Die Mitgliedsländer der EU und von EFTA betrachten die Eurocodes als Bezugsdokumente für folgende Zwecke:
- als Mittel zum Nachweis der Übereinstimmung der Hoch- und Ingenieurbauten mit den wesentlichen Anforderungen der Richtlinie 89/106/EEC, besonders mit der wesentlichen Anforderung Nr. 1: Mechanischer Widerstand und Stabilität und der wesentlichen Anforderung Nr. 2: Brandschutz;

---

[1] Vereinbarung zwischen der Kommission der Europäischen Gemeinschaften und dem Europäischen Komitee für Normung (CEN) zur Bearbeitung der Eurocodes für die Tragwerksplanung von Hochbauten und Ingenieurbauwerken.

- als Grundlage für die Spezifizierung von Verträgen für die Ausführung von Bauwerken und dazu erforderlichen Ingenieurleistungen;
- als Rahmenbedingung für die Herstellung harmonisierter, technischer Spezifikationen für Bauprodukte (ENs und ETAs).

Die Eurocodes haben, soweit sie sich auf Bauleistungen beziehen, eine direkte Beziehung zu den Grundlagendokumenten[2], auf die in Artikel 12 der Bauproduktenrichtlinie hingewiesen wird, wenn sie auch anderer Art sind als die harmonisierten Produktnormen[3]. Daher sind die technischen Gesichtspunkte, die sich aus den Eurocodes ergeben, von den Technischen Komitees von CEN und den Arbeitsgruppen von EOTA, die an Produktnormen arbeiten, angemessen zu berücksichtigen, damit diese Produktnormen mit den Eurocodes vollständig kompatibel sind.

Die Eurocodes liefern Regelungen für den Entwurf, die Berechnung und Bemessung von kompletten Tragwerken und Baukomponenten, die sich für die tägliche Anwendung eignen. Sie gehen auf traditionelle Bauweisen und Aspekte innovativer Anwendungen ein, liefern aber keine vollständigen Regelungen für ungewöhnliche Baulösungen und Entwurfsbedingungen, wofür Spezialistenbeiträge erforderlich sein können.

Nationale Fassungen der Eurocodes

Die nationale Fassung eines Eurocodes enthält den vollständigen Text des Eurocodes (einschließlich aller Anhänge), so wie von CEN veröffentlicht, mit möglicherweise einer nationalen Titelseite und einem nationalen Vorwort sowie einem Nationalen Anhang.

Der Nationale Anhang darf nur Hinweise zu den Parametern enthalten, die im Eurocode für nationale Entscheidungen offen gelassen wurden. Diese national festzulegenden Parameter (NDP) gelten für die Tragwerksplanung von Hochbauten und Ingenieurbauten in dem Land, in dem sie erstellt werden. Sie umfassen:

- Zahlenwerte und/oder Klassen, bei denen die Eurocodes Alternativen eröffnen,
- Zahlenwerte, bei denen die Eurocodes nur Symbole angeben,
- landesspezifische Daten (geographische, klimatische usw., die nur für ein Mitgliedsland gelten, z. B. Schneekarten;
- Vorgehensweise, bei denen die Eurocodes mehrere Vorgehensweisen zur Wahl anbieten.

Des Weiteren dürfen enthalten sein:

- Entscheidungen über die Anwendung der informativen Anhänge,
- Verweise zu ergänzenden, sich nicht widersprechenden Informationen, die dem Anwender bei der Benutzung des Eurocodes helfen.

---

[2] Entsprechend Artikel 3.3 der Bauproduktenrichtlinie sind die wesentlichen Angaben in Grundlagendokumenten zu konkretisieren, um damit die notwendigen Verbindungen zwischen den wesentlichen Anforderungen und den Mandaten für die Erstellung harmonisierter Europäischer Normen und Richtlinien für die Europäische Zulassungen selbst zu schaffen.

[3] Nach Artikel 12 der Bauproduktenrichtlinie hat das Grundlagendokument
   a) die wesentliche Anforderung zu konkretisieren, indem die Begriffe und soweit erforderlich die technischen Grundlagen für Klassen und Anforderungshöhen vereinheitlicht werden,
   b) die Methode zur Verbindung dieser Klassen oder Anforderungshöhen mit technischen Spezifikationen anzugeben, z. B. rechnerische oder Testverfahren, Entwurfsregeln,
   c) als Bezugsdokument für die Erstellung harmonisierter Normen oder Richtlinien für Europäische Technische Zulassungen zu dienen.

   Die Eurocodes spielen de facto eine ähnliche Rolle für die wesentliche Anforderung Nr. 1 und einen Teil der wesentlichen Anforderung Nr. 2.

Beziehung zwischen den Eurocodes und den harmonisierten Technischen Spezifikationen für Bauprodukte (ENs und ETAs)

Es besteht die Notwendigkeit, dass die harmonisierten Technischen Spezifikationen für Bauprodukte und die technischen Regelungen für die Tragwerksplanung[4] konsistent sind. Weiterhin sollten die Hinweise, die mit den CE-Zeichen an den Bauprodukten verbunden sind, die die Eurocodes in Bezug nehmen, klar erkennen lassen, welche national festzulegenden Parameter (NDP) zugrunde liegen.

Zusätzliche Informationen insbesondere für EN 1991-1-6

EN 1991-1-6 beschreibt Prinzipien und Anwendungsregeln für die Bestimmung von Einwirkungen, die bei der Bauausführung von Gebäuden und Ingenieurbauwerken, einschließlich der folgenden Aspekte, zu beachten sind:

- Einwirkungen auf tragende und nicht tragende Bauteile während der Montage,
- geotechnische Einwirkungen,
- Einwirkungen infolge Vorspannung,
- Vorverformungen,
- Temperatur, Schwinden, Einflüsse aus Hydratation,
- Windeinwirkungen,
- Schneelasten,
- Einwirkungen infolge Wasser,
- Einwirkungen infolge atmosphärischer Vereisung,
- Bauausführungslasten,
- außergewöhnliche Einwirkungen,
- Einwirkungen durch Erdbeben.

EN 1991-1-6 ist für folgende Nutzungen gedacht:

- Bauherren (die z. B. besondere Anforderungen an die Zuverlässigkeit oder Dauerhaftigkeit spezifizieren wollen),
- Planer und Konstrukteure,
- die Bauaufsicht und öffentliche Auftraggeber.

EN 1991-1-6 ist für die Anwendung mit EN 1990, den anderen Teilen von EN 1991 und EN 1992 bis EN 1999 für die Bemessung von Tragwerken gedacht.

Nationaler Anhang

Dieser Teil von EN 1991 enthält alternative Methoden und Werte sowie Empfehlungen für Klassen mit Hinweisen, an welchen Stellen nationale Festlegungen getroffen werden. Dazu sollte die jeweilige nationale Ausgabe von EN 1991-1-6 einen Nationalen Anhang mit den national festzulegenden Parametern erhalten, mit dem die Tragwerksplanung von Hochbauten und Ingenieurbauwerken, die in dem Ausgabeland gebaut werden sollen, möglich ist.

---

[4] Siehe Artikel 3.3 und Art. 12 der Bauproduktenrichtlinie, ebenso wie die Abschnitte 4.2, 4.3.1, 4.3.2 und 5.2 des Grundlagendokumentes Nr. 1.

Regelung	Bezug
1.1 (3)	Bemessungsregeln für Hilfskonstruktionen
2.2 (4) Anmerkung 1	Positionierung von als frei eingestuften Bauausführungslasten
3.1 (1)P	Bemessungssituation für Sturmbedingungen
3.1 (5) Anmerkung 1	Wiederkehrperiode für den Ansatz von charakteristischen Werten von veränderlichen Einwirkungen während der Bauausführung
Anmerkung 2	Kleinste Windgeschwindigkeit während der Bauausführung
3.1 (7)	Regeln für die Kombination von Schneelasten und Windeinwirkungen mit Bauausführungslasten
3.1 (8) Anmerkung 1	Regeln bezüglich Imperfektionen in der Tragwerksgeometrie
3.3 (2)	Kriterien für Grenzzustände der Gebrauchstauglichkeit während der Bauausführung
3.3 (6)	Anforderungen an die Gebrauchstauglichkeit für Hilfskonstruktionen
4.9 (6) Anmerkung 2	Lasten und Wasserspiegelhöhen für Treibeis
4.10 (1)P	Definition der Einwirkungen infolge atmosphärischer Vereisung
4.11.1 (1)	Empfohlene charakteristische Werte für die Bauausführungslasten Q_{ca} und Q_{cb}
4.11.2 (1) Anmerkung 2	Bauausführungslasten während des Betonierens
4.12 (1)P Anmerkung 2	Dynamische Auswirkungen infolge außergewöhnlicher Einwirkungen
4.12 (2)	Dynamische Auswirkungen infolge herabfallender Ausrüstungsgegenstände
4.12 (3)	Bemessungswerte von menschlichen Anpralllasten
4.13 (2)	Einwirkungen aus Erdbeben
Anhang A1 A1.1 (1)	Repräsentative Werte für veränderliche Einwirkungen infolge Bauausführungslasten
Anhang A1 A1.3 (2)	Charakteristische Werte von äquivalenten Horizontalkräften
Anhang A2 A2.3 (1) Anmerkung 1	Bemessungswerte für die vertikale Durchbiegung von Brücken im Taktschiebeverfahren
Anhang A2 A2.4 (2)	Abminderung der charakteristischen Werte von Schneelasten
Anhang A2 A2.4 (3)	Abgeminderte Werte der charakteristischen Schneelasten für den Nachweis des statischen Gleichgewichtes
Anhang A2 A2.5 (2)	Bemessungswerte für horizontale Reibungskräfte
Anhang A2 A2.5 (3)	Bestimmung von Reibbeiwerten μ_{min} und μ_{max}

Allgemeines 1

Anwendungsbereich 1.1

(1) EN 1991-1-6 gibt Prinzipien und allgemeine Regelungen zur Bestimmung der Einwirkungen an, die bei der Errichtung von Gebäuden und Ingenieurbauwerken zu berücksichtigen sind.

ANMERKUNG 1   Dieser Teil von EN 1991 gibt Hinweise zur Bestimmung der Einwirkungen, die bei unterschiedlichen Arten von Bauarbeiten, einschließlich Umbauten des Tragwerks, wie z. B. einer Ertüchtigung und/oder teilweisen oder ganzen Abriss, zu berücksichtigen sind. Weitere Regelungen und Hinweise werden in den Anhängen A.1, A.2 and B gegeben.

ANMERKUNG 2   Regelungen, die auf Grund von Belangen, die nicht Gegenstand dieser Europäischen Norm sind, jedoch die Sicherheit von Personen auf und um die Baustelle betreffen, dürfen projektabhängig festgelegt werden.

(2) Die folgenden Aspekte werden in diesem Teil von EN 1991 behandelt:

Kapitel 1:   Allgemeines

Kapitel 2:   Einteilung der Einwirkungen

Kapitel 3:   Bemessungssituationen und Grenzzustände

Kapitel 4:   Darstellung der Einwirkungen

Anhang A.1:   Ergänzende Regelungen für Gebäude (normativ)

Anhang A.2:   Ergänzende Regelungen für Brücken (normativ)

Anhang B: Einwirkung auf Tragwerke bei Umbauten, Wiederaufbau oder Abriss (informativ).

(3) EN 1991-1-6 enthält auch Regelungen zur Bestimmung der Einwirkungen, die für die Bemessung von Hilfskonstruktionen, wie sie in 1.5 definiert sind, und die für die Errichtung von Gebäuden und Ingenieurbauwerken benötigt werden, verwendet werden können.

> **NDP Zu 1.1 (3)**
>
> Für Traggerüste gilt DIN EN 12812, für Arbeitsgerüste gelten DIN EN 12810-1 und DIN EN 12810-2 sowie DIN EN 12811-1 bis DIN EN 12811-3 und für Schutzgerüste DIN 4420-1, DIN 4420-2 und DIN 4420-3.

Normative Verweisungen 1.2

Diese Europäische Norm beinhaltet datierte oder undatierte Verweise zu anderen Veröffentlichungen. Diese normativen Verweise sind an den entsprechenden Stellen im Text zitiert und die Veröffentlichungen sind hiernach aufgelistet. Bei datierten Verweisen gelten spätere Änderungen oder Ergänzungen der in Bezug genommenen Normen nur, wenn diese durch Änderungen oder Ergänzungen der Norm eingeführt sind. Bei undatierten Verweisen gilt die jeweils gültige Ausgabe der in Bezug genommenen Veröffentlichung (einschließlich ihrer Ergänzungen).

ANMERKUNG   Die Eurocodes wurden als Europäische Vornormen veröffentlicht. Die folgenden bereits veröffentlichten oder in Bearbeitung befindlichen Vornormen werden in den normativen Abschnitten oder in Anmerkungen zu den normativen Abschnitten zitiert.

EN 1990, *Eurocode: Grundlagen der Tragwerksplanung*

EN 1991-1-1, *Eurocode 1: Einwirkungen auf Tragwerke — Teil 1-1: Allgemeine Einwirkungen — Wichten, Eigenlasten, Nutzlasten für Gebäude*

EN 1991-1-2, *Eurocode 1: Einwirkungen auf Tragwerke — Teil 1-2: Brandeinwirkung*

EN 1991-1-3, *Eurocode 1: Einwirkungen auf Tragwerke — Teil 1-3: Allgemeine Einwirkungen — Schneelasten*

EN 1991-1-4, *Eurocode 1: Einwirkungen auf Tragwerke — Teil 1-4: Allgemeine Einwirkungen — Windlasten*

EN 1991-1-5, *Eurocode 1: Einwirkungen auf Tragwerke — Teil 1-5: Allgemeine Einwirkungen — Thermische Einwirkungen*

EN 1991-1-7, *Eurocode 1: Einwirkungen auf Tragwerke — Teil 1-7: Allgemeine Einwirkungen — Außergewöhnliche Einwirkungen*

EN 1991-2, *Eurocode 1: Einwirkungen auf Tragwerke — Teil 2: Verkehrslasten auf Brücken*

EN 1991-3, *Eurocode 1: Einwirkungen auf Tragwerke — Teil 3: Einwirkung infolge von Kranen und Maschinen*

EN 1991-4, *Eurocode 1: Einwirkungen auf Tragwerke: Teil 4: Silos und Flüssigkeitsbehälter*

EN 1992, *Eurocode 2: Entwurf, Berechnung und Bemessung von Stahlbetonbauten*

EN 1993, *Eurocode 3: Entwurf, Berechnung und Bemessung von Stahlbauten*

EN 1994, *Eurocode 4: Entwurf, Berechnung und Bemessung von Stahl-Beton-Verbundbauten*

EN 1995, *Eurocode 5: Entwurf, Berechnung und Bemessung von Holzbauten*

EN 1996, *Eurocode 6: Entwurf, Berechnung und Bemessung von Mauerwerk*

EN 1997, *Eurocode 7: Entwurf, Berechnung und Bemessung in der Geotechnik*

EN 1998, *Eurocode 8: Auslegung von Bauwerken gegen Erdbeben*

EN 1999, *Eurocode 9: Entwurf, Berechnung und Bemessung von Aluminiumkonstruktionen*

NCI Zu 1.2

DIN 4420-1, *Arbeits- und Schutzgerüste — Teil 1: Schutzgerüste — Leistungsanforderungen, Entwurf, Konstruktion und Bemessung*

DIN 4420-2, *Arbeits- und Schutzgerüste; Leitergerüste; Sicherheitstechnische Anforderungen*

DIN 4420-3, *Arbeits- und Schutzgerüste — Teil 3: Ausgewählte Gerüstbauarten und ihre Regelausführungen*

DIN 19704-1, *Stahlwasserbauten — Teil 1: Berechnungsgrundlagen*

DIN EN 12810-1, *Fassadengerüste aus vorgefertigten Bauteilen — Teil 1: Produktfestlegungen*

DIN EN 12810-2, *Fassadengerüste aus vorgefertigten Bauteilen — Teil 2: Besondere Bemessungsverfahren und Nachweise*

DIN EN 12811-1, *Temporäre Konstruktionen für Bauwerke — Teil 1: Arbeitsgerüste — Leistungsanforderungen, Entwurf, Konstruktion und Bemessung*

DIN EN 12811-2, *Temporäre Konstruktionen für Bauwerke — Teil 2: Informationen zu den Werkstoffen*

DIN EN 12811-3, *Temporäre Konstruktionen für Bauwerke — Teil 3: Versuche zum Tragverhalten*

DIN EN 12812, *Traggerüste — Anforderungen, Bemessung und Entwurf*

DIN EN 1991-1-4/NA, *Nationaler Anhang — National festgelegte Parameter — Eurocode 1: Einwirkungen auf Tragwerke — Teil 1-4: Allgemeine Einwirkungen — Windlasten*

DIN EN 1993-1-6, *Eurocode 3: Bemessung und Konstruktion von Stahlbauten: Allgemeine Bemessungsregeln — Teil 1-6: Ergänzende Regeln für Schalenkonstruktionen*

DIN EN 1993-3-1, *Eurocode 3: Bemessung und Konstruktion von Stahlbauten — Teil 1-1: Allgemeine Bemessungsregeln und Regeln für den Hochbau*

DIN EN 1993-3-2, *Eurocode 3: Bemessung und Konstruktion von Stahlbauten — Teil 1-2: Allgemeine Regeln — Tragwerksbemessung für den Brandfall*

> DIN EN 1993-4-1, *Eurocode 3: Bemessung und Konstruktion von Stahlbauten — Teil 4-1: Silos, Tankbauwerke und Rohrleitungen — Silos*
>
> DIN EN 1993-4-2, *Eurocode 3: Bemessung und Konstruktion von Stahlbauten — Teil 4-2: Silos, Tankbauwerke und Rohrleitungen — Tankbauwerke*
>
> DIN EN 1998-1, *Eurocode 8: Auslegung von Bauwerken gegen Erdbeben — Teil 1: Grundlagen, Erdbebeneinwirkungen und Regeln für Hochbauten*
>
> DIN EN 1998-1/NA, *Nationaler Anhang — National festgelegte Parameter — Eurocode 8: Auslegung von Bauwerken gegen Erdbeben — Teil 1: Grundlagen, Erdbebeneinwirkungen und Regeln für Hochbau*

1.3 Annahmen

(1)P Es gelten allgemein die in EN 1990:2002, 1.3 angegebenen Annahmen.

1.4 Unterscheidung zwischen Prinzipien und Anwendungsregeln

(1)P Es gelten die in EN 1990:2002, 1.4 angegebenen Regelungen.

1.5 Begriffe

1.5.1 Allgemeines

(1) Es gelten die in EN 1990:2002, 1.5 angegebenen Begriffe.

1.5.2 Zusätzliche Begriffe und Definitionen, die insbesondere für diese Norm gelten

1.5.2.1 Hilfskonstruktionen

Konstruktionen, die in Verbindung mit dem Baufortschritt stehen, die nach ihrer Nutzung nicht mehr benötigt werden, wenn die zugehörigen Ausführungsarbeiten abgeschlossen sind und die demontiert werden können (z. B. Lehrgerüst, Baugerüst, Hilfsstützen, Kofferdamm, Aussteifungen, Vorbauschnabel).

ANMERKUNG Ganze Tragwerke, die einer zeitlich begrenzten Nutzung unterliegen (z. B. eine Hilfsbrücke zur Umleitung des Verkehrs), werden nicht als Hilfskonstruktionen angesehen.

1.5.2.2 Bauausführungslasten

Last, die durch Bauausführungsarbeiten vorhanden sein kann, die aber nicht mehr bei Abschluss der Bauarbeiten vorhanden ist.

1.5.2.3 Allgemeine Kolktiefe

Kolktiefe infolge von Flussströmung, unabhängig vom Vorhandensein von Hindernissen (die Tiefe hängt von der Größe der Strömung ab).

1.5.2.4 Lokale Kolktiefe

Kolktiefe infolge Wasserwirbeln an Hindernissen, wie z. B. Brückenpfeilern

1.6 Symbole

Für die Anwendung dieser Europäischen Norm gelten die folgenden Symbole (siehe auch EN 1990).

Lateinische Großbuchstaben

A_{deb} Fläche der Ablagerungen (Ansammlung von Ablagerungen)

F_{deb} Horizontalkräfte verursacht durch angesammelte Ablagerungen

$F_{cb,k}$ charakteristische Werte von konzentrierten Bauausführungslasten Q_{cb}

F_{hn} Nennwert für die Horizontalkräfte

F_{wa} Horizontalkräfte verursacht durch die Wasserströmung auf eingetauchte Gegenstände

Q_c Bauausführungslasten (allgemeines Symbol)

Q_{ca} Bauausführungslasten infolge Personal, Angestellte und Besucher, möglicherweise mit Handwerkzeugen oder anderen kleinen Baustellengeräten

Q_{cb} Bauausführungslasten infolge gestapelter beweglicher Güter (z. B. Bau- und Konstruktionsmaterialien, vorbetonierte Bauteile und Ausrüstungsgegenstände)

Q_{cc} Bauausführungslasten infolge nicht ständig vorhandener Ausrüstungsgegenstände, vor Ort, um während der Errichtung benutzt zu werden, entweder statisch (z. B. Schaltafeln, Baugerüst, Lehrgerüst, Maschinen, Container) oder beweglich (z. B. fahrbare Schalungen, Vorbauträger und -schnabel, Gegengewichte)

Q_{cd} Bauausführungslasten infolge beweglicher schwerer Maschinen und Ausrüstungsgegenstände, in der Regel auf Rädern oder Gleisen (z. B. Krankonstruktionen, Aufzüge, Fahrzeuge, Hubwagen, Stromerzeuger, Hebezeuge, schwere Leiteinrichtungen)

Q_{ce} Bauausführungslasten aus Ansammlung von nicht genutzten Materialien (z. B. überschüssige Baumaterialien, Aushub oder Abbruchmaterial)

Q_{cf} Bauausführungslasten aus Teilen des Tragwerks für zeitlich begrenzte Zustände (während der Errichtung), bevor die endgültigen Einwirkungen der Bemessung wirksam werden

Q_W Windeinwirkungen

Q_{wa} Einwirkungen infolge Wasser

Lateinische Kleinbuchstaben

b Breite eines eingetauchten Gegenstandes

c_{pe} Winddruckkoeffizient für freistehende Wände

h Wassertiefe

k Formbeiwert für einen eingetauchten Gegenstand

p_{deb} Dichte der angesammelten Ablagerungen

p Wasserdruck, bei fließendem Gewässer

$q_{ca,k}$ charakteristische Werte von gleichförmig verteilten Bauausführungslasten Q_{ca}

$q_{cb,k}$ charakteristische Werte von gleichförmig verteilten Bauausführungslasten Q_{cb}

$q_{cc,k}$ charakteristische Werte von gleichförmig verteilten Lasten, stellvertretend für die Bauausführungslast, Q_{cc}

v_{wa} Mittlere Strömungsgeschwindigkeit des Wassers in m/s, gemittelt über die Wassertiefe

Griechische kleine Buchstaben

ρ_{wa} Dichte von Wasser

γ_I Bedeutungsbeiwert

Einteilung der Einwirkungen 2

Allgemeines 2.1

(1) Einwirkungen während der Bauausführung, die sowohl Lasten, die unmittelbar aus der Bauausführung herrühren, als auch andere Lasten als diese umfassen, sind in Übereinstimmung mit EN 1990:2002, 4.1.1 einzuteilen.

ANMERKUNG Tabelle 2.1 enthält die Einteilungen von Einwirkungen (andere als Bauausführungslasten).

Tabelle 2.1: Einteilung der Einwirkungen (andere als Bauausführungslasten) während der Bauausführungszeit

Abschnitt in dieser Norm	Einwirkung	Einteilung				Bemerkungen	Verweis
		Veränderung in Zeit	Einteilung/ Herkunft	Räumliche Veränderung	Eigenschaft (Statisch/ Dynamisch)		
4.2	Eigengewicht	ständig	direkt	fest mit Toleranz/frei	statisch	Frei während Transport/Lagerung. Dynamisch bei Fall	EN 1991-1-1
4.3	Baugrundbewegungen	ständig	indirekt	frei	statisch		EN 1997
4.3	Erddruck	ständig/veränderlich	direkt	frei	statisch		EN 1997
4.4	Vorspannung	ständig/veränderlich	direkt	fest	statisch	Veränderlich für örtliche Bemessung (Verankerung)	EN 1990, EN 1992 bis EN 1999
4.5	Vorverformungen	ständig/veränderlich	indirekt	frei	statisch		EN 1990
4.6	Temperatur	veränderlich	indirekt	frei	statisch		EN 1991-1-5
4.6	Schwinden/Hydratation	ständig/veränderlich	indirekt	frei	statisch		EN 1992, EN 1993, EN1994
4.7	Windeinwirkung	veränderlich/außergewöhnlich	direkt	fest/frei	statisch/ dynamisch	(*)	EN 1991-1-4
4.8	Schneelasten	veränderlich/außergewöhnlich	direkt	fest/frei	statisch/ dynamisch	(*)	EN 1991-1-3
4.9	Einwirkungen durch Wasser	ständig/ veränderlich/ außergewöhnlich	direkt	fest/frei	statisch/ dynamisch	Ständig/ veränderlich nach Projektfestlegung, dynamisch für Wasserströmungen, falls maßgebend	EN 1990
4.10	Atmosphärische Eislasten	veränderlich	direkt	frei	statisch/ dynamisch	(*)	ISO 12494
4.12	Außergewöhnliche	Außergewöhnlich	direkt/indirekt	frei	statisch/ dynamisch	(*)	EN 1990, EN 1991-1-7
4.13	Erdbeben	veränderlich/außergewöhnlich	direkt	frei	dynamisch	(*)	EN 1990 (4.1), EN1998

ANMERKUNG(*) Die Bezugsquellendokumente müssen im Rahmen der Erstellung der Nationalen Anhänge überprüft werden, in denen weitere einschlägige Informationen gegeben werden können.

Bauausführungslasten 2.2

(1) Bauausführungslasten (siehe auch 4.11) sind in der Regel als veränderliche Einwirkungen (Q_c) einzuordnen.

ANMERKUNG 1 Tabelle 2.2 enthält eine Einteilung für Bauausführungslasten.

Tabelle 2.2: Einteilung der Bauausführungslasten

Abschnitt in dieser Norm	Einwirkungen (kurze Beschreibung)	Einteilung				Bemerkungen	Verweis
		Veränderung in Zeit	Einteilung/ Herkunft	räumliche Veränderung	Eigenschaft (Statisch/ Dynamisch)		
4.11	Personal und Handwerkzeuge	veränderlich	direkt	frei	statisch		
4.11	Bewegliche Stapelgüter	veränderlich	direkt	frei	statisch/ dynamisch	Dynamisch im Fall von herabfallenden Lasten	EN 1991-1-1
4.11	Nichtständig vorhandene Ausrüstungsgegenstände	veränderlich	direkt	fest/frei	statisch/ dynamisch		EN 1991-3
4.11	Bewegliche schwere Maschinen und Ausrüstungsgegenstände	veränderlich	direkt	frei	statisch/ dynamisch		EN 1991-2, EN 1991-3
4.11	Ansammlung von Abfallstoffen	veränderlich	direkt	frei	statisch/ dynamisch	Kann Lasten auf z. B. vertikale Oberfläche hervorrufen	EN 1991-1-1
4.11	Lasten von Bauteilen des Tragwerks aus Bauzuständen	veränderlich	direkt	frei	statisch	Dynamische Einflüsse sind ausgeschlossen	EN 1991-1-1

ANMERKUNG 2 Tabelle 4.1 enthält die volle Beschreibung und Einteilung für Bauausführungslasten.

ANMERKUNG 3 Bauausführungslasten, verursacht durch Krane, Ausrüstungsgegenstände, Hilfskonstruktionen, können abhängig von ihren möglichen Einsatzpositionen als feste oder freie Einwirkungen eingeteilt werden.

(3) Werden die Bauausführungslasten als fest eingeteilt, sollten Toleranzen für mögliche Abweichungen von der theoretischen Position festgelegt werden.

ANMERKUNG Die Abweichungen dürfen für das Einzelprojekt festgelegt werden.

(4) Werden die Bauausführungslasten als frei eingeteilt, dann sollten die Grenzen der Fläche, auf der sie bewegt oder positioniert werden können, festgelegt werden.

ANMERKUNG 1   Die Grenzen können im Nationalen Anhang und für das Einzelprojekt festgelegt werden.

NDP Zu 2.2 (4)

Die Grenzen sind für das Einzelprojekt festzulegen.

ANMERKUNG 2   In Übereinstimmung mit EN 1990:2002, 1.3 (2) sind Kontrollmaßnahmen festzulegen, um nachzuweisen, dass die Positionen und Bewegungen der Bauausführungslasten mit den Bemessungsannahmen übereinstimmen.

Bemessungssituationen und Grenzzustände 3
Allgemeines – Festlegung der Bemessungssituationen 3.1

(1)P Es sind die vorübergehenden, außergewöhnlichen und seismischen Bemessungssituationen festzulegen und falls angemessen für die Bemessung der Bauzustände zu berücksichtigen.

ANMERKUNG Für Windeinwirkungen bei stürmischen Bedingungen (z. B. Zyklone, Wirbelsturm) darf der Nationale Anhang die zu verwendende Bemessungssituation auswählen. Die empfohlene Bemessungssituation ist diejenige für außergewöhnliche Bedingungen.

> **NDP Zu 3.1 (1)**
>
> Es gilt DIN EN 1991-1-4 in Verbindung mit DIN EN 1991-1-4/NA.

(2) Die Bemessungssituationen sollten sowohl für das Gesamttragwerk, für die Einzelbauteile, für das teilweise errichtete Tragwerk als auch für die Hilfskonstruktionen und Ausrüstungsgegenstände angemessen ausgewählt werden.

(3)P Die ausgewählten Bemessungssituationen haben die während des Baufortschritts auftretenden Verhältnisse in Übereinstimmung mit EN 1990:2002, 3.2 (3)P zu berücksichtigen.

(4)P Die ausgewählten Bemessungssituationen müssen mit der in der Planung erwarteten Bauausführung übereinstimmen. Die Bemessungssituationen haben jegliche Änderung der Bauausführung zu berücksichtigen.

(5) Jede gewählte vorübergehende Bemessungssituation ist in der Regel mit einer nominellen Zeitdauer zu verbinden, die gleich oder größer als die vorhersehbare Dauer der betrachteten Bauausführung ist. Die Bemessungssituationen sollte die Wahrscheinlichkeit jeglicher entsprechender Wiederkehrperioden von veränderlichen Einwirkungen berücksichtigen (z. B. klimatische Einwirkungen).

> **NDP Zu 3.1 (5)**
>
> Es gelten die empfohlenen Wiederkehrperioden nach Tabelle 3.1.

Tabelle 3.1: Empfohlene Wiederkehrperioden zur Festlegung der charakteristischen Werte für klimatische Einwirkungen

Zeitdauer	Wiederkehrperiode (Jahre)
≤ 3 Tage	2[a]
≤ 3 Monate (aber > 3 Tage)	5[b]
≤ 1 Jahr (aber > 3 Monate)	10
> 1 Jahr	50

[a] Eine nominelle Dauer von 3 Tagen, zu wählen für kurze Bauzustände, gehört zu einer Zeitdauer einer zuverlässigen meteorologischen Vorhersage für den Ort der Baustelle. Diese Wahl darf für einen etwas längeren Bauzustand beibehalten werden, wenn entsprechende organisatorische Maßnahmen berücksichtigt werden. Das Verfahren mit mittleren Wiederkehrperioden ist im Allgemeinen nicht für kurze Zeitspannen geeignet.

[b] Für eine nominelle Dauer von bis zu 3 Monaten dürfen Einwirkungen unter Berücksichtigung von angemessenen jahreszeitlichen und kurzfristigen meteorologischen klimatischen Veränderungen bestimmt werden. Zum Beispiel hängt die Größe der Strömung eines Flusses von der betrachteten Jahreszeit ab.

> **NDP Zu 3.1 (5)**
>
> Für die kleinste Windgeschwindigkeit gilt für die Dauer von bis zu 3 Monaten der Grundwert von $v = 20$ m/s.

ANMERKUNG Beziehungen zwischen den charakteristischen Werten und der Wiederkehrperiode für klimatische Einwirkungen sind in den entsprechenden Teilen von EN 1991 angegeben.

(6) Wenn eine Planung für eine Ausführungsphase zeitlich begrenzte klimatische Bedingungen oder ein Wetterfenster berücksichtigt, sind die charakteristischen Einwirkungen in der Regel so zu bestimmen, dass Folgendes berücksichtigt wird:
- voraussichtliche Dauer der Ausführungsphase,
- Zuverlässigkeit von Wettervorhersagen,
- Zeitaufwand für Schutzmaßnahmen.

(7) Die Kombinationsregeln für Schneelasten und Windeinwirkungen mit Bauausführungslasten Q_c (siehe 4.11.1) sollten festgelegt werden.

ANMERKUNG Diese Regelungen dürfen für das Einzelprojekt festgelegt werden.

> **NDP Zu 3.1 (7)**
> Es gilt DIN EN 1990.

(8) Geometrische Imperfektionen des Tragwerks und der Bauteile sollten für ausgewählte Bemessungssituationen der Bauausführung festgelegt werden.

ANMERKUNG 1 Diese Imperfektionen dürfen für das Einzelprojekt festgelegt werden. Siehe auch Anhang A.2 und EN 1990:2002, 3.5 (3) und (7).

> **NDP Zu 3.1 (8)**
> Es gelten die Regelungen von Anhang A.2 sowie DIN EN 1990.

ANMERKUNG 2 Für Betonkonstruktionen siehe auch die geeignete Europäische Norm einschließlich derer für „Vorgefertigte Betonprodukte", die von CEN/TC 229 erarbeitet wurden.

(9) Einwirkungen aus Windanregung (einschließlich aerodynamischer Auswirkungen vorbeifahrender Fahrzeuge, einschließlich Zügen), die zu einer Ermüdung der Bauteile führten, sind in der Regel zu berücksichtigen.

ANMERKUNG Siehe EN 1991-1-4 und EN 1991-2.

(10) Wenn das Tragwerk oder Teile des Tragwerks Beschleunigungen ausgesetzt sind, die dynamische oder Trägheitseffekte hervorrufen, sind diese Effekte in der Regel zu berücksichtigen.

ANMERKUNG Merkliche Beschleunigungen dürfen vernachlässigt werden, wenn mögliche Bewegungen durch entsprechende Vorrichtungen streng kontrolliert werden.

(11) Falls angemessen, sollten durch Wasser verursachte Einwirkungen, z. B. Auftrieb durch Grundwasser in Verbindung mit Wasserständen, bestimmt werden, die festgelegten oder festgestellten Bemessungssituationen entsprechen.

ANMERKUNG Diese Einwirkungen dürfen üblicherweise, in gleicher Weise wie in (5) beschrieben, bestimmt werden.

(12) Falls notwendig, sollten Bemessungssituationen festgelegt werden, die Einflüsse aus Kolken in strömendem Wasser berücksichtigen.

ANMERKUNG Bei längeren Ausführungsphasen können unterschiedliche Kolktiefen für die Bemessung im Bauzustand für im strömenden Wasser untergetauchte, ständige oder Hilfskonstruktionen zu berücksichtigen sein. Diese Höhen dürfen für das jeweilige Projekt festgelegt werden (siehe 4.9 (4)).

(13) Falls notwendig, sollten bei Betonkonstruktionen Einwirkungen aus Kriechen und Schwinden auf der Grundlage von Zeitangaben und Dauer berücksichtigt werden, die im Zusammenhang mit der Bemessungssituation stehen.

3.2 Grenzzustände der Tragfähigkeit

(1)P Grenzzustände der Tragfähigkeit müssen für alle vorübergehenden, außergewöhnlichen und seismischen Bemessungssituationen, die für die Dauer der Bauausführung in Übereinstimmung mit EN 1990:2002 als geeignet ausgewählt wurden, nachgewiesen werden.

ANMERKUNG 1   Die Einwirkungskombinationen für außergewöhnliche Bemessungssituationen können entweder ausdrücklich die außergewöhnliche Einwirkung enthalten, oder sie können sich auf eine Situation nach einem außergewöhnlichen Ereignis beziehen (siehe EN 1990:2002, Abschnitt 6).

ANMERKUNG 2   Allgemein beziehen sich außergewöhnliche Bemessungssituationen auf außergewöhnliche Bedingungen, die auf das Tragwerk oder seine Exposition anwendbar sind, wie z. B. Anprall, örtliches Versagen und nachfolgender fortschreitender Zusammenbruch, Absturz von tragenden oder nicht tragenden Bauteilen und im Falle von Bauwerken ungewöhnliche Konzentrationen von Baugeräten und/oder Baumaterialien, Wasseransammlung auf Stahldächern, Brand usw.

ANMERKUNG 3   Siehe auch EN 1991-1-7.

(2)   Der Nachweis des Tragwerks hat in der Regel die zutreffende Geometrie und Widerstandsfähigkeit des teilweise fertig gestellten Tragwerks entsprechend den gewählten Bemessungssituationen zu berücksichtigen.

Grenzzustände der Gebrauchstauglichkeit 3.3

(1)P   Für die ausgewählten Bemessungssituationen während der Bauausführung sind die Grenzzustände der Gebrauchstauglichkeit in Übereinstimmung mit EN 1990 nachzuweisen, sofern notwendig.

(2)   Die mit den Grenzzuständen der Gebrauchstauglichkeit verbundenen Anforderungen haben in der Regel die an das fertige Tragwerk gestellten Anforderungen zu berücksichtigen.

ANMERKUNG   Die mit den Grenzzuständen der Gebrauchstauglichkeit verbundenen Anforderungen dürfen für das Einzelprojekt festgelegt werden (siehe EN 1992 bis EN 1999).

> **NDP Zu 3.3 (2)**
>
> Es gelten die Normen der Reihen DIN EN 1992 bis DIN EN 1999 in Verbindung mit den jeweiligen Nationalen Anhängen.

(3)P   Arbeitsverfahren, die während der Bauausführung übermäßige Rissbildung und/oder frühzeitig Verformungen verursachen und die Dauerhaftigkeit, die Betriebsbereitschaft und/oder das Erscheinungsbild im Endzustand beeinträchtigen, sind in der Regel zu vermeiden.

(4)   Beanspruchungen infolge Schwinden und Temperatur sind in der Regel bei der Bemessung zu berücksichtigen und sollten durch eine geeignete konstruktive Durchbildung verringert werden.

(5)   Die Einwirkungskombinationen sollten in Übereinstimmung mit EN 1990:2002, 6.5.3 (2) aufgestellt werden. Im Allgemeinen sind die maßgebenden Einwirkungskombinationen für vorübergehende Bemessungssituationen während der Bauausführung:
– die charakteristische Kombination,
– die quasi-ständige Kombination.

ANMERKUNG   Wenn häufige Werte für einige bestimmte Einwirkungen betrachtet werden müssen, dürfen diese Werte für das Einzelprojekt festgelegt werden.

(6)   Gebrauchstauglichkeitsanforderungen für Hilfskonstruktionen sollten festgelegt werden, um jegliche unbeabsichtigte Verformungen und Verschiebungen zu vermeiden, die das Erscheinungsbild oder den wirksamen Gebrauch des Tragwerks beeinflussen oder Schäden an der Bauwerksaußenfläche oder an nicht tragenden Bauteilen hervorrufen.

ANMERKUNG   Diese Anforderungen dürfen für das Einzelprojekt festgelegt werden.

> **NDP Zu 3.3 (6)**
>
> Es gelten die Normen der Reihen DIN EN 1992 bis DIN EN 1999 in Verbindung mit den jeweiligen Nationalen Anhängen.

Darstellung der Einwirkungen 4

Allgemeines 4.1

(1)P   Charakteristische oder andere repräsentative Werte von Einwirkungen sind in Übereinstimmung mit EN 1990, EN 1991, EN 1997 und EN 1998 zu bestimmen.

ANMERKUNG 1   Die repräsentativen Werte der Einwirkungen während der Bauausführung dürfen von denjenigen abweichen, die zur Bemessung des fertig gestellten Tragwerks verwendet werden. In diesem Kapitel werden gebräuchliche Einwirkungen während der Bauausführung, besondere Bauausführungslasten und Verfahren zur Festlegung ihrer Zahlenwerte angegeben.

ANMERKUNG 2   Siehe auch Kapitel 2 bezüglich der Klassifizierung der Einwirkungen und Kapitel 3 für die Nenndauer von vorübergehenden Bemessungssituationen.

ANMERKUNG 3   Die Auswirkungen der Einwirkungen dürfen durch geeignete konstruktive Maßnahmen, den Einsatz von Hilfskonstruktionen oder Schutz- bzw. Sicherheitseinrichtungen vermindert oder verhindert werden.

(2)   Repräsentative Werte für Bauausführungslasten (Q_c) sind in der Regel unter Berücksichtigung ihrer zeitlichen Veränderlichkeit zu bestimmen.

(3)   Auswirkungen von Wechselwirkungen zwischen den Tragwerken und Teilen davon sind in der Regel während der Bauausführung zu berücksichtigen. Derartige Tragwerke sollten auch solche einschließen, die Teile von Hilfskonstruktionen sind.

(4)P   Wenn Teile eines Tragwerks durch andere Teile des Tragwerks ausgesteift oder abgestützt werden (z. B. Schalungsträger zum Betonieren der Decke), sollten die sich daraus auf diese Teile ergebenden Einwirkungen berücksichtigt werden.

ANMERKUNG 1   Abhängig von den angewendeten Bauausführungsverfahren dürfen Abstützungen des Tragwerks durch höhere Lasten beaufschlagt werden als die Nutzlasten, für die sie für die ständige Bemessungssituation bemessen wurden. Die Abstützungen dürfen jedoch nicht bis zu ihrer vollen Tragfähigkeit ausgenutzt werden.

ANMERKUNG 2   Für Bauausführungslasten siehe auch 4.11.

(5)   Horizontale Einwirkungen infolge Reibung sollten auf der Grundlage von geeigneten Reibungsbeiwerten bestimmt werden.

ANMERKUNG   Es kann erforderlich sein, dass obere und untere Grenzen für die Reibung zu berücksichtigen sind. Die Reibungsbeiwerte dürfen für das Einzelprojekt festgelegt werden.

Einwirkung auf tragende und nicht tragende Bauteile während der Montage 4.2

(1)   Das Eigengewicht von tragenden und nicht tragenden Teilen während der Montage sollte in Übereinstimmung mit EN 1991-1-1 bestimmt werden.

(2)   In der Regel sind die Einflüsse aus Dynamik und Trägheit des Eigengewichtes von tragenden und nicht tragenden Bauteilen zu berücksichtigt.

(3)   Es sollten die Einwirkungen auf Befestigungen von Hebeeinrichtungen und Materialien nach EN 1991-3 bestimmt werden.

(4)   Einwirkungen auf tragende und nicht tragende Bauteile infolge Auflagerpunkten und -bedingungen bei Hebe- und Transportvorgängen und Lagern sollten die tatsächlichen Auflagerbedingungen und die Auswirkungen aus Dynamik oder Trägheitseffekten infolge senkrechter und waagerechter Beschleunigungen berücksichtigen, sofern zweckmäßig.

ANMERKUNG   Für die Abschätzung von vertikalen und horizontalen Beschleunigungen infolge Transport und Hebevorgängen siehe EN 1991-3.

Geotechnische Einwirkungen 4.3

(1)P   Die charakteristischen Werte für geotechnische Parameter, Boden und Erddruck sowie Grenzwerte für Gründungsverschiebungen sind nach EN 1997 zu bestimmen.

(2) Die Baugrundsetzungen für Fundamente von Tragwerken und Hilfskonstruktionen, z. B. zeitlich begrenzte Unterstützungen während der Bauausführung, sind in der Regel anhand von geotechnischen Untersuchungen zu berücksichtigen. Entsprechende Untersuchungen sollten durchgeführt werden, um Informationen über absolute und relative Setzungen sowie deren Zeitabhängigkeit und mögliche Streuungen zu erhalten.

ANMERKUNG   Setzungen von Hilfskonstruktionen können Verformungen und zusätzliche Spannungen verursachen.

(3) Charakteristische Werte von Baugrundsetzungen, die auf der Grundlage von geotechnischen Untersuchungen unter Verwendung statistischer Verfahren abgeschätzt wurden, sind in der Regel als Nennwerte für eingeprägte Verformungen auf das Tragwerk zu verwenden.

ANMERKUNG   Es ist möglich, die berechneten eingeprägten Verformungen durch Betrachtung der vollständigen Boden-Bauwerk-Wechselwirkung anzupassen.

4.4 Einwirkung infolge Vorspannung

(1) Einwirkungen infolge Vorspannung sollten, wenn erforderlich, einschließlich der Einflüsse aus Wechselwirkungen zwischen Tragwerken und Hilfskonstruktionen (z. B. Gerüste) berücksichtigt werden.

ANMERKUNG   Vorspannkräfte während der Bauausführung dürfen in Übereinstimmung mit den Anforderungen der Eurocodes EN 1992 bis EN 1999 und möglicherweise mit besonderen Anforderungen, die für das Einzelprojekt festgelegt wurden, bestimmt werden.

(2) Lasten auf das Tragwerk durch Spannvorrichtungen während des Spannvorganges sind in der Regel für die Bemessung des Verankerungsbereiches als veränderliche Lasten anzunehmen.

(3) Vorspannkräfte während der Bauausführung sind in der Regel als ständige Lasten zu berücksichtigen.

ANMERKUNG   Siehe auch Abschnitt 3.

4.5 Vorverformungen

(1)P Die Behandlung der Auswirkung von Vorverformungen hat in Übereinstimmung mit den einschlägigen Bemessungsnormen (EN 1992 bis EN 1999) zu erfolgen.

ANMERKUNG   Vorverformungen können z. B. durch das Verschieben von Auflagern (wie Lockerung von Seilen, einschließlich deren Hänger und Lagerverschiebungen) verursacht werden.

(2) Einflüsse aus Einwirkungen infolge des Bauausführungsverfahrens sind in der Regel zu berücksichtigen, insbesondere wenn Vorverformungen auf ein bestimmtes Tragwerk aufgebracht werden, um durch diese ein besseres Verhalten im Endzustand, besonders hinsichtlich der Tragsicherheits- und Gebrauchstauglichkeitsanforderungen, zu erzielen.

(3) Die Einflüsse aus Vorverformungen sind in der Regel gegenüber den Bemessungsvorgaben durch Messungen der Kräfte und Verformungen während der Bauausführung zu überprüfen.

4.6 Temperatur, Schwinden, Einflüsse aus Hydratation

(1)P Die Einflüsse aus Temperatur, Schwinden und Hydratation sind in jeder Bauphase angemessen zu berücksichtigen.

ANMERKUNG 1   Für Gebäude sind Einwirkungen infolge Temperatur und Schwinden üblicherweise nicht maßgebend, wenn für die ständige Bemessungssituation eine angemessene konstruktive Ausbildung vorgesehen ist.

ANMERKUNG 2   Zwang aus dem Einfluss der Lagerreibung kann zu berücksichtigen sein (siehe auch 4.1 (5)).

(2) Klimatische Temperatureinwirkungen sind in der Regel nach EN 1991-1-5 zu bestimmen.

(3) Temperatureinwirkungen infolge Hydratation sind in der Regel in Übereinstimmung mit den Bemessungsnormen EN 1992, EN 1994 und EN 1995 zu bestimmen.

ANMERKUNG 1   Die Temperatur kann bei massiven Betontragwerken nach dem Betonieren merkbar ansteigen und Temperaturbeanspruchungen nach sich ziehen.

ANMERKUNG 2   Die Extremwerte von Tief- und Höchsttemperaturen, die bei der Bemessung berücksichtigt werden sollten, können infolge jahreszeitlicher Änderungen wechseln.

(4) Der durch das Schwinden von Baustoffen hervorgerufene Einfluss ist in der Regel mit den maßgebenden Bemessungsnormen EN 1992 bis EN 1999 zu bestimmen.

(5) Bei Brücken ist in der Regel die Ermittlung von Zwang, der bei Temperaturwirkung durch Lagereibung in verschieblichen Lagern hervorgerufen wird, auf Grundlage von geeigneten repräsentativen Werten durchzuführen.

ANMERKUNG   Siehe EN 1337.

(6) Wenn zutreffend, sollten Auswirkungen zweiter Ordnung berücksichtigt werden und Auswirkungen aus Verformungen infolge Temperatur und Schwinden sollten mit den ursprünglich angenommenen Imperfektionen kombiniert werden.

Windeinwirkungen 4.7

(1) Die Notwendigkeit einer Bemessung nach dem Antwortspektrenverfahren für Wind sollte für die einzelnen Ausführungsphasen unter Berücksichtigung des Fertigstellungsgrades und der Standsicherheit des Tragwerks sowie seiner unterschiedlichen Teile bestimmt werden.

ANMERKUNG   Merkmale und Verfahren dürfen für das Einzelprojekt festgelegt werden.

(2) Wenn ein Antwortspektrenverfahren nicht benötigt wird, sind die charakteristischen Werte der statischen Windkraft Q_W nach EN 1991-1-4 für die entsprechende Wiederkehrperiode zu bestimmen.

ANMERKUNG   Siehe 3.1 für empfohlene Wiederkehrperioden.

(3) Für Hebe- und Verschiebearbeiten oder für andere Bauzustände, die von kurzer Dauer sind, sollte eine maximale zulässige Windgeschwindigkeit für die Bauzustände festgelegt werden.

ANMERKUNG   Die maximale Windgeschwindigkeit darf für das Einzelprojekt festgelegt werden. Siehe auch 3.1 (6).

(4) Auswirkungen von windinduzierten Schwingungen wie z. B. wirbelerregte Querwindschwingungen, Gallopping, Flattern und Schlagregen sind in der Regel zu erfassen, einschließlich möglicher Materialermüdung bei z. B. schlanken Bauteilen.

(5) Windeinwirkungen auf Teile des Tragwerks, die später beim fertig gestellten Bauwerk Innenbauteile sind, wie z. B. Innenwände, sind in der Regel bei der Bauausführung zu berücksichtigen.

ANMERKUNG   In diesen Fällen ist der Winddruckkoeffizient c_{pe}, z. B. für freistehende Wände, anzuwenden.

(6) Bei der Ermittlung der Windkräfte sind in der Regel die Flächen von Ausrüstungsgegenständen, Gerüsten und anderer Hilfskonstruktionen, wenn diese belastet werden, zu berücksichtigen.

Schneelasten 4.8

(1)P Schneelasten sind in Übereinstimmung mit EN 1991-1-3 für die Bedingungen auf der Baustelle und der erforderlichen Wiederkehrperiode zu bestimmen.

ANMERKUNG 1   Für Brücken siehe auch Anhang A.2.

ANMERKUNG 2   Siehe 3.1 für empfohlene Wiederkehrperioden.

4.9 Einwirkungen verursacht durch Wasser

(1) Im Allgemeinen sollten Einwirkungen infolge Wasser, einschließlich Grundwasser (Q_{wa}), entweder als statischer Druck und/oder als hydrodynamische Beanspruchung dargestellt werden, sodass sich die ungünstigste Auswirkung ergibt.

ANMERKUNG Phänomene, die durch hydrodynamische Beanspruchungen gekennzeichnet sind:
- hydrodynamische Kräfte infolge Anströmen von unter Wasser vorhandenen Hindernissen;
- Kräfte infolge Wellengang;
- Auswirkungen von Wasser infolge Erdbeben (Tsunami).

(2) Die durch Wasser verursachten Einwirkungen dürfen in den Lastkombinationen als ständige oder veränderliche Einwirkungen berücksichtigt werden.

ANMERKUNG Die Einteilung der durch Wasser verursachten Einwirkungen in ständig oder veränderlich darf unter Berücksichtigung der besonderen Umgebungsbedingungen für das Einzelprojekt festgelegt werden.

(3) Einwirkungen verursacht durch Wasser, einschließlich gegebenenfalls dynamischer Auswirkungen, hervorgerufen durch Strömungen auf im Wasser stehende Bauteile, sollten senkrecht zur Kontaktfläche angreifend angenommen werden. Sie sind in der Regel mit Hinblick auf die Fließgeschwindigkeit, die Wassertiefe und die Form des Bauteils zu bestimmen, wobei die geplanten Bauzustände zu berücksichtigen sind.

(4) Die Größe der gesamten Horizontalkraft F_{wa} (N), die durch das Anströmen vertikaler Flächen hervorgerufen wird, ist in der Regel mit Gleichung (4.1) zu bestimmen. Siehe auch Bild 4.1.

$$F_{wa} = 1/2\, k\, \rho_{wa}\, h\, b\, v_{wa}^2 \tag{4.1}$$

Dabei ist

v_{wa} die mittlere Geschwindigkeit des Wassers, gemittelt über die Tiefe in m/s;

ρ_{wa} die Dichte von Wasser in kg/m³;

h die Wassertiefe, ohne Berücksichtigung von örtlichen Kolken, in m;

b die Breite des Bauteils, in m;

k der Formbeiwert, wobei

$k = 1{,}44$ für einen Gegenstand mit einem quadratischen oder rechteckigen horizontalen Querschnitt und

$k = 0{,}70$ für einen Gegenstand mit einem kreisförmigen horizontalen Querschnitt ist.

$$p = k\rho_{wa} v_{wa}^2$$

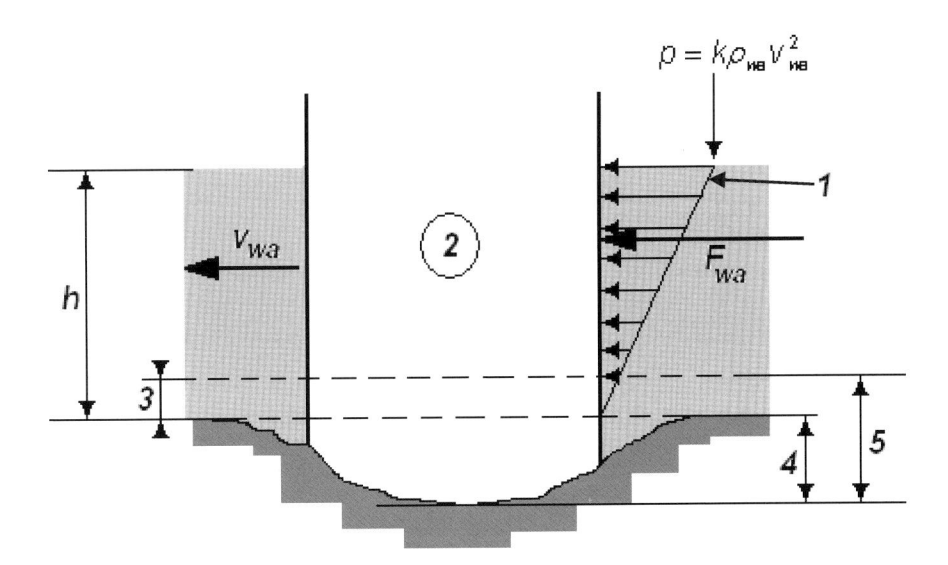

Legende
1 Druck infolge Wasserströmung (p)
2 Objekt
3 allgemeine Kolktiefe
4 lokale Kolktiefe
5 gesamte Kolktiefe

Bild 4.1: Druck und Kraft infolge Wasserströmung

ANMERKUNG 1 F_{wa} darf benutzt werden, um die Standsicherheit von Brückenpfeilern und Kofferdämmen zu prüfen. Für das Einzelprojekt darf eine genauere Festlegung von F_{wa} erfolgen.

ANMERKUNG 2   Die Auswirkung von Kolken darf, wenn erforderlich, bei der Planung berücksichtigt werden. Siehe 3.1 (12), 1.5.2.3 und 1.5.2.4.

(5) Wo notwendig, sollte die Ablagerung von Geröll durch eine Kraft F_{deb} (N) berücksichtigt werden, die zum Beispiel für einen rechteckigen Gegenstand (z. B. Kofferdamm) folgendermaßen berechnet wird

$$F_{deb} = \rho_{deb} A_{deb} v_{wa}^2 \tag{4.2}$$

Dabei ist

ρ_{deb} die Dichte des Gerölls in kg/m³;

v_{wa} die mittlere Strömungsgeschwindigkeit von Wasser, gemittelt über die Wassertiefe in m/s;

A_{deb} die Querschnittsfläche, die vom sich ablagernden Geröll oder einem Lehrgerüst gebildet wird, im m².

ANMERKUNG 1   Gleichung (4.2) darf unter Berücksichtigung der Umgebungsbedingungen für das Einzelprojekt angepasst werden.

ANMERKUNG 2   Der empfohlene Wert für ρ_{deb} ist 666 kg/m³.

(6) Einwirkungen infolge Eis, einschließlich Treibeis, sollten wenn notwendig berücksichtigt werden.

ANMERKUNG 1   Die Einwirkungen dürfen als Flächenlasten angesetzt werden. Sie wirken in Strömungsrichtung und entsprechen Hoch- und Niedrigwasserständen, wobei die ungünstigste Beanspruchung maßgebend ist.

ANMERKUNG 2   Die Lasten und Wasserspiegelhöhen dürfen für das Einzelprojekt festgelegt werden.

NDP Zu 4.9 (6)

Es gilt DIN 19704-1.

(7) Einwirkungen aus Regenwasser sollten in den Fällen berücksichtigt werden, bei denen es zu Wasseransammlung kommen kann, zum Beispiel bei nicht ausreichender Drainage, Imperfektionen in der Oberfläche, Verformungen und/oder Versagen von Entwässerungsanlagen.

4.10 Einwirkung infolge atmosphärischer Eisbildung

(1)P Wenn notwendig, sind Einwirkungen infolge atmosphärischer Eisbildung zu berücksichtigen.

> **NDP Zu 4.10 (1)**
>
> Die repräsentativen Werte sind für das Einzelprojekt festzulegen. Hinweise für Türme und Maste aus Stahl enthält DIN EN 1993-3-1, für Schornsteine aus Stahl DIN EN 1993-3-2.

4.11 Bauausführungslasten
4.11.1 Allgemeines

(1) Bauausführungslasten (Q_c) können in den entsprechenden Bemessungssituationen (siehe EN 1990) entweder als eine einzelne veränderliche Einwirkung angesehen werden oder sie können, wenn angemessen, aus unterschiedlichen Arten von Bauausführungslasten zusammengesetzt werden und als eine einzelne veränderliche Einwirkung betrachtet werden. Sofern zutreffend, sollten einzelne und/oder gruppierte Bauausführungslasten gleichzeitig mit Lasten, die nicht aus der Bauausführung resultieren, berücksichtigt werden.

ANMERKUNG 1 Siehe EN 1990 und EN 1991 für Hinweise zur Gleichzeitigkeit von Bauausführungslasten mit Lasten, die nicht aus der Bauausführung resultieren.

ANMERKUNG 2 Die Gruppierung von Lasten hängt von dem Einzelprojekt ab.

ANMERKUNG 3 Siehe auch Tabelle 2.2.

(2) Bauausführungslasten, die zu berücksichtigen sind, werden in Tabelle 4.1 angegeben.

> **NDP Zu 4.11.1 (1), Tabelle 4.1**
>
> Es gelten die empfohlenen Werte.

Tabelle 4.1: Darstellung der Bauausführungslasten (Q_c)

Bauausführungslasten (Q_c)			Darstellung	Anmerkungen und Bemerkungen
Einwirkungen				
Art	Symbol	Beschreibung		
Personal, und Handwerkzeuge	Q_{ca}	Arbeitspersonal, Angestellte und Besucher, möglicherweise mit Handwerkzeugen oder anderen kleineren Ausrüstungsgegenständen	Modelliert als eine gleichförmig verteilte Last q_{ca}, die so angreift, dass sie den ungünstigsten Einfluss erzielt	ANMERKUNG 1 Der charakteristische Wert $q_{ca,k}$ der gleichförmig verteilten Last darf im Nationalen Anhang oder für das Einzelprojekt festgelegt werden. ANMERKUNG 2 Der empfohlene Wert ist 1,0 kN/m². Siehe auch 4.11.2.
Gestapelte bewegbare Güter	Q_{cb}	Stapelung von beweglichen Gütern, z. B.: – Bau- und Konstruktionsmaterialien, Fertigteile und – Ausrüstungsgegenstände	Modelliert als freie Einwirkung, die angemessen dargestellt wird als: – eine gleichförmig verteilte Last q_{cb}; – eine Einzellast F_{cb}.	ANMERKUNG 3 Der charakteristische Wert für die gleichförmig verteilte Last und die Einzellast darf im Nationalen Anhang oder für das Einzelprojekt festgelegt werden. Für Brücken werden die folgenden Mindestwerte empfohlen: – $q_{cb,k}$ = 0,2 kN/m²; – $F_{cb,k}$ = 100 kN, wobei für eine genaue Bemessung $F_{cb,k}$ über eine Nennfläche angreift. Für die Dichte von Baumaterialien siehe EN 1991-1-1.
Nicht ständig vorhandene Ausrüstungsgegenstände	Q_{cc}	Nicht ständig vorhandene Ausrüstungsgegenstände, in Position für den Einsatz während der Bauausführung, entweder: – statisch (z. B. Schalungsträger, Baugerüst, Lehrgerüst, Maschinen, Container) oder – in Bewegung (z. B. fahrbare Schalungen, Vorbauträger und -schnabel, Gegengewichte)	Modelliert als freie Einwirkung, die angemessen dargestellt werden sollte als: – eine gleichförmig verteilte Last q_{cc}	ANMERKUNG 4 Diese Lasten dürfen für das Einzelprojekt unter Verwendung der Informationen des Anbieters festgelegt werden. Wenn keine genaueren Angaben verfügbar sind, dürfen sie durch eine gleichförmig verteilte Last mit einem charakteristischen Mindestwert von $q_{cc,k}$ = 0,5 kN/m² modelliert werden. Eine Anzahl von CEN-Bemessungsnormen ist verfügbar, z. B. siehe EN 12811, und für Schalungen und Lehrgerüste siehe EN 12812.
Bewegbare schwere Maschinen und Ausrüstungsgegenstände	Q_{cd}	Bewegbare schwere Maschinen und Ausrüstungsgegenstände, normalerweise mit Rädern oder auf Gleisen (z. B. Kräne, Aufzüge, Fahrzeuge, Hubfahrzeuge, Stromerzeuger, Pressen, schwere Hebewerkzeuge)	Wenn nicht festgelegt, sollte sie modelliert werden auf Informationen, die in den maßgebenden Teilen von EN 1991 angegeben sind.	Informationen zur Bestimmung von Einwirkungen aus Fahrzeugen, wenn nicht für das Einzelprojekt festgelegt, können in EN 1991-2 gefunden werden. Informationen zur Bestimmung der Einwirkungen infolge Krane werden in EN 1991-3 angegeben.
Ansammlung von (Bau-)Abfallmaterialien	Q_{ce}	Ansammlung von ungenutzten Materialien (z. B. überschüssige Baumaterialien, Bodenaushub oder Abbruchmaterialien)	Zu berücksichtigen bei der Betrachtung von Masseneinflüssen auf horizontale, geneigte und vertikale Elemente (z. B. Wände)	ANMERKUNG 5 Diese Lasten können in Abhängigkeit von z. B. den Baumaterialien, den Klimabedingungen, der Geschwindigkeit des Anhäufens und Räumens kurzfristig merkbar schwanken.
Lasten durch Teile des Tragwerks in zeitlich begrenztem Bauzustand	Q_{cf}	Lasten von Teilen des Tragwerks in zeitlich begrenztem Bauzustand (während der Errichtung), bevor die endgültigen Bemessungseinwirkungen vorliegen (wie z. B. Lasten aus Hebevorgängen).	Zu berücksichtigen und zu modellieren in Übereinstimmung mit den geplanten Bauzuständen, einschließlich der Konsequenzen von solchen Bauzuständen (z. B. Lasten und Entlastungen während eines bestimmten Bauzustandes, wie Lagerung).	Siehe auch 4.11.2 für zusätzliche Lasten infolge Frischbeton.

(3)P Charakteristische Werte für Bauausführungslasten, einschließlich vertikaler und horizontaler Anteile, sofern notwendig, sollten entsprechend den technischen Anforderungen für die Ausführung der Bauarbeiten und nach den in EN 1990 enthaltenen Anforderungen bestimmt werden.

ANMERKUNG 1 Für Bauausführungslasten sind Empfehlungen für die Werte von ψ-Faktoren für Gebäude in Anhang A.1 dieser Norm und für Brücken in Anhang A.2 von EN 1990 angegeben.

ANMERKUNG 2 Es können auch andere Arten von Bauausführungslasten zu berücksichtigen sein. Diese Lasten dürfen für das Einzelprojekt festgelegt werden.

(4)P Horizontale Einwirkungen, die aus den Bauausführungslasten resultieren, sind zu bestimmen und sowohl bei teilweise errichteten Tragwerken als auch bei vollständig errichteten Tragwerken zu berücksichtigen.

(5)P Wenn Bauausführungslasten dynamische Einflüsse erzeugen, sind diese Einflüsse zu berücksichtigen.

ANMERKUNG Siehe auch 3.1 (10) und EN 1990, Anhang A.1 und A.2.

4.11.2 Bauausführungslasten beim Betonieren

(1) Die charakteristischen Werte für Einwirkungen aus Personal und Gerät, die während des Betonierens auf Schalungen anzusetzen sind, sind in Tabelle NA.1 angegeben.

Tabelle NA.1: Charakteristische Werte der Einwirkung während des Betonierens (zusätzlich zur Eigenlast des Bauteils und zur Frischbetonlast)

Nr.	Belastungsbereich	Last in kN/m²
1	im Bereich der Arbeitsfläche 3 m × 3 m (bzw. der Spannweite, falls geringer)	1,5
2	außerhalb der Arbeitsfläche	0,75

(2) Die Belastungen Nr. 1 und Nr. 2 in Tabelle NA.1 sind so anzuordnen, dass die maximalen Beanspruchungen auftreten (siehe Bild NA.1).

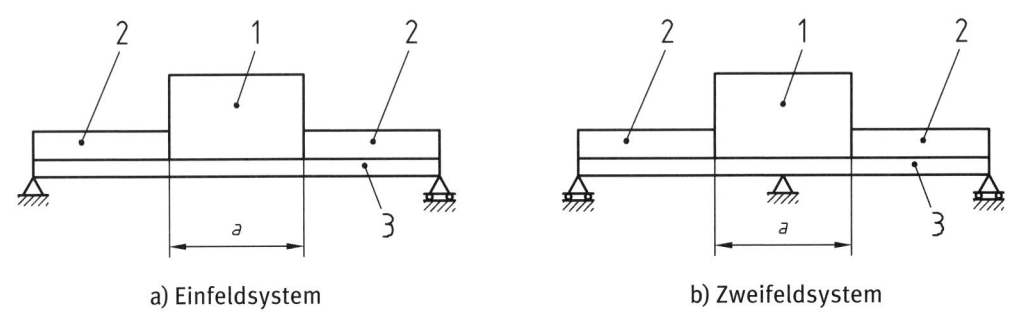

a) Einfeldsystem b) Zweifeldsystem

Legende
1 Lasten nach Tabelle 1, Zeile 1
2 Lasten nach Tabelle 1, Zeile 2
3 Eigengewicht des Bauteils als Frischbeton

a Maß der Arbeitsflächen gleich 3 m

Bild NA.1: Beispiele für die Belastungsanordnung während des Betonierens

4.12 Außergewöhnliche Einwirkungen

(1)P Sofern notwendig, sind außergewöhnliche Einwirkungen, wie Anprall von Baufahrzeugen, Krane, Gebäudeausstattung oder bewegte Materialbehälter (z. B. Förderung von Frischbeton) und/oder lokales Versagen von endgültigen oder zeitlich begrenzten Auflagern, einschließlich dynamischer Einflüsse, die zum Einsturz von Last tragenden Bauteilen führen können, zu berücksichtigen.

ANMERKUNG 1 Außergewöhnliche Konzentrationen von Gebäudeausrüstungen und/oder Baumaterialien auf lastabtragenden Bauteilen werden nicht als außergewöhnliche Einwirkung betrachtet.

> **NDP Zu 4.12 (1)**
>
> Dynamische Einflüsse sind für das Einzelprojekt festzulegen. Der empfohlene Wert für den dynamischen Vergrößerungsfaktor beträgt 2.

ANMERKUNG 2 Dynamische Einflüsse dürfen für das Einzelprojekt festgelegt werden. Der empfohlene Wert für den dynamischen Vergrößerungsfaktor ist 2. In speziellen Fällen ist eine dynamische Berechnung notwendig.

ANMERKUNG 3 Außergewöhnliche Einwirkungen aus Kranbetrieb dürfen für das Einzelprojekt festgelegt werden. Siehe auch EN 1991-3.

(2) Die Einwirkungen durch das Herabfallen von Ausrüstungsgegenständen auf das oder von dem Tragwerk, einschließlich der dynamischen Beanspruchungen, sollten festgelegt und berücksichtigt werden.

> **NDP Zu 4.12 (2)**
>
> Die für die Bemessung zu berücksichtigenden dynamischen Einwirkungen durch herabfallende Gegenstände sind für das Einzelprojekt festzulegen.

(3) Sofern notwendig, sollte eine Aufpralllast infolge von Personen als eine außergewöhnliche Einwirkung berücksichtigt werden, die als eine quasi-statische Vertikalkraft angesetzt wird.

> **NDP Zu 4.12 (3)**
>
> Die Bemessungswerte der Aufpralllast sind:
>
> a) 2,5 kN angreifend auf einer Fläche von 200 mm × 200 mm, zur Berücksichtigung von Einflüssen aus Stolpern;
>
> b) 6,0 kN angreifend auf einer Fläche von 300 mm × 300 mm, zur Berücksichtigung von Einflüssen aus Fallen.

(4) Bewegungen sowie Größe und Auswirkungen im Tragwerk, die infolge des Einflusses der in den Absätzen (1), (2) und (3) beschriebenen Einwirkungen entstehen, sind zu bestimmen, einschließlich der Abschätzung der Gefahr für ein fortschreitendes Versagen.

ANMERKUNG Siehe auch EN 1991-1-7.

(5) Außergewöhnliche Einwirkungen, die für Bemessungssituationen verwendet werden, haben in der Regel jede Änderung zu berücksichtigen. Um sicherzustellen, dass die zugehörigen Bemessungskriterien zu allen Zeiten zutreffen, sind in der Regel mit dem Fortschritt der Bauarbeiten Korrekturmaßnahmen zu ergreifen.

(6) Einwirkungen aus Brand sollten, sofern notwendig, angemessen berücksichtigt werden.

Einwirkungen aus Erdbeben 4.13

(1) Einwirkungen infolge Erdbeben sind unter Berücksichtigung der Dauer der betrachteten vorübergehenden Bemessungssituation in Übereinstimmung mit EN 1998 zu bestimmen.

(2) Die Bemessungswerte der Beschleunigung und des Bedeutungsbeiwertes γ_I sollten festgelegt werden.

> **NDP Zu 4.13 (2)**
>
> Es gilt DIN EN 1998-1 in Verbindung mit DIN EN 1998-1/NA.

Anhang A.1
(normativ)
Ergänzende Regelungen für Gebäude

Grenzzustände der Tragfähigkeit A.1.1

(1) Für vorübergehende, außergewöhnliche Bemessungssituationen und Erdbeben haben die Nachweise für die Grenzzustände der Tragfähigkeit in der Regel auf Kombinationen der Einwirkungen, die mit den γ_F-Faktoren für die Einwirkung und den zugehörigen ψ-Faktoren multipliziert werden, zu basieren.

ANMERKUNG 1 Für die Werte von γ_F und ψ-Faktoren siehe EN 1990, Anhang A.1.

ANMERKUNG 2 Repräsentative Werte von veränderlichen Einwirkungen infolge Bauausführungslasten dürfen innerhalb des Bereiches $\psi_0 = 0{,}6$ bis $1{,}0$ festgelegt werden. Der empfohlene Wert für ψ_0 ist $1{,}0$.

Der empfohlene Mindest-Wert für ψ_2 ist $0{,}2$ und es wird weiter empfohlen, keinen Wert unter $0{,}2$ festzulegen.

ANMERKUNG 3 ψ_1 ist nicht für Bauausführungslasten während der Errichtung anzuwenden.

NDP Zu A.1.1 (1)

Für Kombinationswerte Ψ für außergewöhnliche Einwirkungen bei Hochbauten gilt Tabelle NA.A.1.1.

Tabelle NA.A.1.1: Ψ-Werte für außergewöhnliche Einwirkungen bei Hochbauten

Veränderliche Einwirkungen	Ψ_0 [a]	Ψ_2 [b]
Baustellenpersonal und seine Ausrüstung (Q_{ca})	0,5	0,2
Zeitweise Lagerung von Baustoffen und Bauelementen (Q_{cb})	0,5	0,2
Schweres Gerät an der jeweiligen Einsatzstelle (Q_{cc})	0,5	0,2
Krane, Fahrzeuge, Hubeinrichtungen, Kraftgeneratoren (Q_{cd}): – häufige Anwendung – gelegentliche Anwendung	 0,6 0,6	 0,5 0
Temperatureinwirkungen[b]	0,5	0
Windeinwirkungen[b] (Q_{wn})	0,5	0
Schneeeinwirkungen[b] (Q_{sn})	0,5	0
Einwirkungen aus Wasser[b] (Q_{wa})	0,5	0

[a] Nur bei möglicher Gleichzeitigkeit zu berücksichtigen.
[b] Auf repräsentative Werte anzuwenden.

A.1.2 Grenzzustände der Gebrauchstauglichkeit

(1) Für den Nachweis von Grenzzuständen der Gebrauchstauglichkeit sind die zu berücksichtigenden Einwirkungskombinationen und die charakteristischen und quasi-ständigen Kombinationen in der Regel, wie in EN 1990 definiert, festzulegen.

ANMERKUNG Für die empfohlenen Werte von ψ-Faktoren siehe A.1.1, Anmerkungen 1 und 2.

A.1.3 Horizontale Einwirkungen

(1)P Zusätzlich zu 4.11.1 (3) sind horizontale Einwirkungen, die sich z. B. aus Wind ergeben, und die daraus resultierenden Wirkungen wie Auslenkungen zu berücksichtigen.

ANMERKUNG Siehe auch 4.7 und EN 1990:2002, 3.5 (7).

(2) Nennwerte für die Horizontalkräfte (F_{hn}) dürfen nur angewendet werden, wenn eine entsprechende Vorgehensweise angemessen und für einen speziellen Fall begründet ist. In diesen Fällen sollten die bestimmten nominellen Horizontalkräfte an Stellen angreifen, die den ungünstigsten Einfluss ergeben und die nicht immer mit denen für die Vertikalkräfte übereinstimmen müssen.

ANMERKUNG Die charakteristischen Werte dieser äquivalenten Horizontalkräfte dürfen im Nationalen Anhang oder für das Einzelprojekt festgelegt werden. Der empfohlene Wert beträgt 3 % der vertikalen Lasten aus der ungünstigsten Einwirkungskombination.

> **NDP Zu A.1.3 (2)**
>
> Es gilt für Traggerüste DIN EN 12812, für Arbeitsgerüste gelten DIN EN 12810-1 und DIN EN 12810-2 sowie DIN EN 12811-1 bis DIN EN 12811-3 und für Schutzgerüste gelten DIN 4420-1, DIN 4420-2 und DIN 4420-3.

Anhang A.2
(normativ)
Ergänzende Regelungen für Brücken

Grenzzustände der Tragfähigkeit A.2.1

(1) Für vorübergehende, außergewöhnliche Bemessungssituationen und Erdbeben sind die Nachweise in der Regel für den Grenzzustand der Tragfähigkeit zu führen.

ANMERKUNG Für die Werte von γ_F und ψ-Faktoren siehe EN 1990, Anhang A.2.

NDP Zu A.2.1 (1)

Für Kombinationswerte Ψ für außergewöhnliche Einwirkungen bei Brücken gilt Tabelle NA.A.2.1.

Tabelle NA.A.2.1: Ψ-Werte für außergewöhnliche Einwirkungen bei Brücken

Veränderliche Einwirkungen	Ψ_0[a]	Ψ_2[b]
Baustellenpersonal und seine Ausrüstung (Q_{ca})	0,4	0,2
Zeitweise Lagerung von Baustoffen und Bauelementen (Q_{cb})	0,4	0,2
Schweres Gerät usw. (Q_{cc})	1	1
Krane, Fahrzeuge, Hubeinrichtungen, Kraftgeneratoren (Q_{cd})	In den technischen Anforderungen für das Projekt anzugeben	
Horizontalkräfte (F_h)	1	0
Windeinwirkungen[b] (wo gleichzeitig möglich) (Q_{wn})	0,8	0
Schneelasten[b] (wo gleichzeitig möglich) (Q_{sn})	0,8	0
Temperatur und Schwinden[b]	0,6	0
Einwirkungen aus Wasserlasten (Q_{wa})	In den technischen Anforderungen für das Projekt anzugeben	

[a] Nur bei möglicher Gleichzeitigkeit zu berücksichtigen.
[b] Auf repräsentative Werte anzuwenden.

Grenzzustände der Gebrauchstauglichkeit A.2.2

(1) Für Grenzzustände der Gebrauchstauglichkeit sollten die γ_F-Beiwerte der Einwirkung zu 1,0 angesetzt werden, wenn nichts anderes in EN 1991 bis EN 1999 festgelegt ist. Die ψ-Beiwerte sollten wie in EN 1990, Anhang A.2, festgelegt werden.

Bemessungswerte für Verformungen A.2.3

(1) Für das schrittweise Verschieben von Brücken sollten die Bemessungswerte für die vertikale Durchbiegung (siehe Bild A.2.1) festgelegt werden.

a) Verformung in Längsrichtung

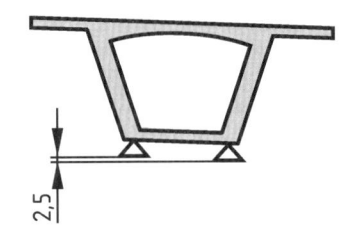

b) Verformung in Querrichtung

Bild A.2.1: Verformungen von Auflagern während der Errichtung von Brücken im Taktschiebeverfahren

ANMERKUNG 1 Die Bemessungswerte für die vertikalen Durchbiegungen dürfen im Nationalen Anhang oder für das Einzelprojekt festgelegt werden. Die empfohlenen Werte sind:

- ± 10 mm in Längsrichtung für ein Auflager, die anderen Auflager werden auf dem theoretischen Niveau festgehalten (Bild A.2.1a);
- ± 2,5 mm in Querrichtung für ein Auflager, die anderen Auflager werden auf dem theoretischen Niveau festgehalten (Bild A.2.1b).

> **NDP Zu A.2.3 (1)**
>
> Atmosphärische Eislasten sind den technischen Anforderungen für das jeweilige Projekt zu entnehmen.

ANMERKUNG 2 Die Verformungen in Längs- und Querrichtung werden einzeln betrachtet.

A.2.4 Schneelasten

(1) Schneelasten auf Brücken während der Bauausführung sollten auf Werten basieren, die unter Berücksichtigung der Wiederkehrperiode (siehe Abschnitt 3) in EN 1991-1-3 festgelegt sind.

(2) Wenn eine tägliche Räumung des Schnees (auch an den Wochenenden und in den Ferien) für das Einzelprojekt gefordert ist und Sicherheitsmaßnahmen für die Räumung vorbereitet sind, darf die charakteristische Schneelast gegenüber dem Wert aus EN 1991-1-3 für den endgültigen Zustand reduziert werden.

ANMERKUNG Die Reduzierung kann im Nationalen Anhang oder für das Einzelprojekt festgelegt werden. Der empfohlene Wert beträgt 30 % des charakteristischen Wertes für die ständigen Bemessungssituationen.

> **NDP Zu A.2.4 (2)**
>
> Es gilt der empfohlene Wert.

(3) Für den Nachweis des statischen Gleichgewichtes (EQU) und wenn es durch die klimatischen Bedingungen und durch die voraussichtliche Bauausführungsdauer gerechtfertigt ist, sollte in der Regel die charakteristische Schneelast als gleichmäßig verteilt auf Flächen so angesetzt werden, dass eine ungünstige Wirkung erreicht wird. Sie sollte X % des charakteristischen Wertes für ständige Bemessungssituationen nach EN 1991-1-3 betragen.

ANMERKUNG Die Bedingungen für die Anwendung dieser Regelung und der reduzierten prozentualen Werte (X %) dürfen im Nationalen Anhang festgelegt werden. Es wird empfohlen, den Wert 75 % zu verwenden.

> **NDP Zu A.2.4 (3)**
> Es gilt der empfohlene Wert.

Bauausführungslasten A.2.5

(1) Für Brücken, die mit dem Taktschiebeverfahren ausgeführt werden, sind in der Regel die Horizontalkräfte infolge Reibung zwischen dem Brückentragwerk und den Lagern und Stützkonstruktionen anzusetzen, wobei dynamische Auswirkungen, wenn angemessen, berücksichtigt werden sollten.

(2) Die Bemessungswerte für die horizontalen Gesamtreibkräfte sollten ermittelt werden, sie sollten nicht kleiner als X % der vertikalen Lasten sein, und sie sollten so bestimmt sein, dass sie die ungünstigste Wirkung erzielen.

ANMERKUNG Der Wert X % darf im Nationalen Anhang festgelegt werden. Der empfohlene Wert beträgt 10 %.

> **NDP Zu A.2.5 (2)**
> Es gilt der empfohlene Wert.

(3) Die horizontalen Reibkräfte sollten an jedem Pfeiler mit angemessenen Reibkoeffizienten μ_{min} und μ_{max} bestimmt werden.

ANMERKUNG 1 Die Reibkoeffizienten μ_{min} und μ_{max} dürfen im Nationalen Anhang oder für das Einzelprojekt festgelegt werden.

> **NDP Zu A.2.5 (3)**
> Es gelten die empfohlenen Werte.

ANMERKUNG 2 Wenn keine genaueren Werte aus Versuchen für Bewegungen unter Berücksichtigung sehr geringer Oberflächenreibung (z. B. PTFE – Polytetrafluorethen) verfügbar sind, werden die folgenden Werte empfohlen:

- $\mu_{min} = 0$;
- $\mu_{max} = 0{,}04$.

Anhang B
(informativ)
Einwirkungen auf Tragwerke bei Umbauten, Wiederaufbau oder Abriss

(1) Charakteristische und andere repräsentative Werte der Einwirkungen sollten in Übereinstimmung mit EN 1990 bestimmt werden.

(2) Das tatsächliche Tragverhalten des Tragwerks, beeinträchtigt durch Schädigungen, sollte in den Nachweisen für die beim Wiederaufbau und Abriss vorhandenen Bauzustände berücksichtigt werden. Es sollten Untersuchungen für die Tragwerkszustände durchgeführt werden, um die Belastbarkeit des Tragwerks festzustellen und um unvorhersehbares Verhalten bei Wiederaufbau oder Abriss zu vermeiden.

(3) Hinweise für die ungünstigsten Einwirkungen und Verfahren für deren Ermittlung werden in Abschnitt 4 gegeben. Einige Bauausführungslasten für Wiederaufbau oder Abriss können sich jedoch in ihren Eigenschaften und Darstellungen von denen, die in Tabellen 2.2 und 4.1 aufgeführt sind, unterscheiden. Die Auswirkungen auf alle maßgebenden Bauteile unter vorübergehenden Bemessungssituationen sollten berücksichtigt und nachgewiesen werden.

(4) Einwirkungskombinationen für verschiedene Bemessungssituationen sollten, wie in EN 1990 und seinen Anhängen A.1 und A.2 angegeben, berücksichtigt werden.

(5) Wenn keine weiteren Informationen bekannt sind, sollten die Werte für die ψ-Faktoren, empfohlen für Hochbauten in EN 1990 Anhang A.1 und für Brücken in EN 1990 Anhang A.2, für die Bemessung von vorübergehenden Bemessungssituationen benutzt werden.

(6) Alle Nutzlasten, einschließlich Verkehrslasten sollten berücksichtigt werden, falls Teile des Tragwerks bei Wiederaufbau oder Abriss weiter genutzt werden. Diese Lasten können sich bei verschiedenen Bauzuständen ändern. Verkehrslasten sollten bei Bedarf zum Beispiel Anpralllasten und Horizontalkräfte von Fahrzeugen, Windeinwirkungen auf Fahrzeuge, aerodynamische Einwirkungen von vorüberfahrenden Fahrzeugen und Zügen beinhalten.

(7) Eine Reduzierung der Verkehrslasten gegenüber den Bemessungswerten für den Endzustand sollte nur vorgenommen werden, wenn das Tragwerk messtechnisch überwacht und auf geeignetem Niveau planmäßig beaufsichtigt wird.

(8) Die Zuverlässigkeit für das verbleibende Tragwerk oder für Teile des Tragwerks sollte beim Wiederaufbau, teilweise oder vollständigen Abriss mit derjenigen übereinstimmen, die in den Eurocodes für das vollständige Tragwerk oder Teile des Tragwerks festgelegt ist.

(9) Die durch Bauarbeiten verursachten Einwirkungen sollten nicht nachteilig die in der Umgebung vorhandenen Tragwerke beeinflussen, zum Beispiel kann das Entfernen oder Hinzufügen von Lasten Instabilitäten hervorrufen.

(10) Bauausführungslasten speziell für den Wiederaufbau oder Abriss sollten so bestimmt werden, dass zum Beispiel Folgendes berücksichtigt wird: Art und Anordnung von gelagerten Baustoffen, die Techniken, die beim Wiederaufbau oder Abriss benutzt werden, die Ausführungsverfahren und die einzelnen Bauzustände. Bauausführungslasten während des Wiederaufbaus und des Abrisses können auch die Auswirkungen von rückgebauten Materialien oder Elementen einschließlich Horizontalkräften einschließen.

(11) Dynamische Auswirkungen sollten berücksichtigt werden, wo erwartet wird, dass Aktivitäten während des Wiederaufbaus und Abrisses solche Auswirkungen hervorrufen.

Literaturhinweise

EN 1337, *Lager im Bauwesen*

EN 12811, *Temporäre Konstruktionen für Bauwerke*

EN 12812, *Traggerüste — Anforderungen, Bemessung und Entwurf*

ISO 12494, *Einwirkungen auf Tragwerke infolge atmosphärischer Eisbildung*

Dezember 2010

DIN EN 1991-1-7

Ersatz für
DIN EN 1991-1-7:2007-02;
mit DIN EN
1991-1-7/NA:2010-12
Ersatz für
DIN 1055-9:2003-08

**Eurocode 1: Einwirkungen auf Tragwerke –
Teil 1-7: Allgemeine Einwirkungen –
Außergewöhnliche Einwirkungen;
Deutsche Fassung EN 1991-1-7:2006 + AC:2010**

Dezember 2010

DIN EN 1991-1-7/NA

Mit DIN EN 1991-1-7:2010-12
Ersatz für
DIN 1055-9:2003-08

**Nationaler Anhang –
National festgelegte Parameter –
Eurocode 1: Einwirkungen auf Tragwerke –
Teil 1-7: Allgemeine Einwirkungen – Außergewöhnliche Einwirkungen**

Inhalt

DIN EN 1991-1-7 einschließlich Nationaler Anhang

Seite

Nationales Vorwort DIN EN 1991-1-7 47

Vorwort EN 1991-1-7 47
Zusätzliche Informationen zu EN 1991-1-7 48
Nationaler Anhang 48

1	**Allgemeines**	51
1.1	Anwendungsbereich	51
1.2	Normative Verweisungen	51
1.3	Annahmen	52
1.4	Unterscheidung nach Grundsätzen und Anwendungsregeln	52
1.5	Begriffe	52
1.5.1	Verbrennungsgeschwindigkeit	52
1.5.2	Schadensfolgeklasse (auch: Versagensfolgeklasse)	52
1.5.3	Deflagration	52
1.5.4	Detonation	52
1.5.5	dynamische Kraft	52
1.5.6	statisch äquivalente Kraft (auch: äquivalente statische Kraft)	52
1.5.7	Flammgeschwindigkeit	52
1.5.8	Entflammgrenze	53
1.5.9	Anprallobjekt	53
1.5.10	Haupttragelement	53
1.5.11	tragende Wandkonstruktion	53
1.5.12	lokales Versagen	53
1.5.13	Risiko	53
1.5.14	Robustheit	53
1.5.15	Unterbau	53
1.5.16	Überbauung	54
1.5.17	Öffnungselement	54
1.6	Symbole	54
2	**Klassifizierung der Einwirkungen**	55
3	**Bemessungssituationen**	57
3.1	Allgemeines	57
3.2	Außergewöhnliche Bemessungssituationen – Strategien bei identifizierten außergewöhnlichen Einwirkungen	58
3.3	Außergewöhnliche Bemessungssituationen – Strategien zur Begrenzung lokalen Versagens	59
3.4	Außergewöhnliche Bemessungssituationen – Anwendung der Schadensfolgeklassen	60
4	**Anprall**	63
4.1	Anwendungsbereich	63
4.2	Darstellung der Einwirkungen	63
4.3	Außergewöhnliche Einwirkungen aus dem Anprall von Straßenfahrzeugen	64
4.3.1	Anprall auf stützende Unterbauten	64
4.3.2	Anprall auf Überbauungen	67

		Seite
4.4	Außergewöhnliche Einwirkungen aus Gabelstaplern	69
4.5	Außergewöhnliche Einwirkungen infolge Entgleisung von Eisenbahnfahrzeugen auf Bauwerken neben oder über Gleisen	70
4.5.1	Tragwerke neben oder über Gleisanlagen	70
4.5.2	Bauwerke hinter dem Gleisende	80
4.6	Außergewöhnliche Einwirkungen aus Schiffsverkehr	81
4.6.1	Allgemeines	81
4.6.2	Anprall von Binnenschiffen	82
4.6.3	Anprall von Seeschiffen	84
4.7	Außergewöhnliche Einwirkungen aus Helikoptern	86
5	**Innenraumexplosionen**	87
5.1	Anwendungsbereich	87
5.2	Darstellung der Einwirkung	87
5.3	Entwurfsgrundsätze	88
Anhang A (informativ)	**Entwurf zur Begrenzung von Schadensfolgen lokalen Versagens aus unspezifizierter Ursache in Hochbauten**	91
A.1	Anwendungsbereich	91
A.2	Einleitung	91
A.3	Schadensfolgeklassen für Hochbauten	91
A.4	Strategieempfehlungen	92
A.5	Wirksame horizontale Zugverankerungen	93
A.5.1	Rahmenbauweise	93
A.5.2	Tragende Wandbauweise	95
A.6	Wirksame vertikale Zugverankerungen	96
A.7	Nennquerschnitt einer tragenden Wand	97
A.8	Haupttragelemente	97
Anhang B (informativ)	**Hinweise zur Risikoanalyse**	99
B.1	Einleitung	99
B.2	Begriffe	99
B.2.1	Schadensfolge	99
B.2.2	Gefährdungsszenarium	100
B.2.3	Risiko	100
B.2.4	Risikoakzeptanzkriterien	100
B.2.5	Risikoanalyse	100
B.2.6	Risikobewertung	100
B.2.7	Risikomanagement	100
B.2.8	Unerwünschtes Ereignis	100
B.3	Beschreibung des Umfangs der Risikoanalyse	100
B.4	Methoden der Risikoanalyse	100
B.4.1	Qualitative Risikoanalyse	100
B.4.2	Quantitative Risikoanalyse	101
B.5	Risikoakzeptanz und Schutzmaßnahmen	102
B.6	Maßnahme zur Risikominderung	103
B.7	Veränderungen	104
B.8	Verständigung über die Resultate und Schlussfolgerungen	104
B.9	Anwendung im Hochbau und bei Ingenieurbauwerken	104
B.9.1	Allgemeines	104
B.9.2	Bauliche Risikoanalyse	105

Seite

B.9.3 Modellierung der Risiken aus extremen Lastereignissen 106
B.9.4 Hinweise zur Anwendung der Risikoanalyse auf den Anprall von
Eisenbahnfahrzeugen 109

Anhang C (informativ)   **Dynamische Anprallberechnung** 111
C.1 **Allgemeines** 111
C.2 **Stoßdynamik** 111
C.2.1 Harter Stoß 111
C.2.2 Weicher Stoß 112
C.3 **Anprall von abirrenden Straßenfahrzeugen** 113
C.4 **Schiffsanprall** 115
C.4.1 Schiffsanprall auf Binnenwasserstraßen 115
C.4.2 Schiffsanprall auf Seewasserstraßen 116
C.4.3 Weitergehende Anpralluntersuchung für Schiffe auf Binnenwasserstraßen 117
C.4.4 Weitergehende Anpralluntersuchung für Schiffe auf Seewasserstraßen 119

Anhang D (informativ)   **Innenraumexplosionen** 121
D.1 **Staubexplosionen in Innenräumen, Behältern und Bunkern** 121
D.2 **Erdgasexplosionen** 123
D.3 **Explosionen in Straßen- und Eisenbahntunneln** 123

NCI **Anhang NA.E** (normativ)   **Einwirkungen aus Trümmern** 125

NCI **Literaturhinweise** 126

Nationales Vorwort DIN EN 1991-1-7

Dieses Dokument enthält die Deutsche Fassung der vom Technischen Komitee CEN/TC 250 „Eurocodes für den konstruktiven Ingenieurbau" (Sekretariat: BSI, Vereinigtes Königreich) ausgearbeiteten EN 1991-1-7:2006 + AC:2010.

Die Arbeiten wurden auf nationaler Ebene vom Arbeitsausschuss NA 005-51-02 AA „Einwirkungen auf Bauten" (Sp CEN/TC 250/SC 1) im Normenausschuss Bauwesen (NABau) begleitet.

Dieses Dokument enthält die europäische Berichtigung, die vom CEN am 17. Februar 2010 angenommen wurde.

Die Norm ist Bestandteil einer Reihe von Einwirkungs- und Bemessungsnormen, deren Anwendung nur im Paket sinnvoll ist. Dieser Tatsache wird durch das Leitpapier L der Kommission der Europäischen Gemeinschaft für die Anwendung der Eurocodes Rechnung getragen, indem Übergangsfristen für die verbindliche Umsetzung der Eurocodes in den Mitgliedstaaten vorgesehen sind. Die Übergangsfristen sind im Vorwort dieser Norm angegeben.

Änderungen

Gegenüber DIN V ENV 1991-2-7:2000-07 wurden folgende Änderungen vorgenommen:

a) Änderung der Normnummer von DIN V ENV 1991-2-7 in DIN EN 1991-1-7;

b) Vornormcharakter aufgehoben;

c) Stellungnahmen der nationalen Normungsinstitute eingearbeitet und den Text vollständig überarbeitet.

Gegenüber DIN EN 1991-1-7:2007-02 und DIN 1055-9:2003-08 wurden folgende Änderungen vorgenommen:

a) auf europäisches Bemessungskonzept umgestellt;

b) Ersatzvermerke korrigiert;

c) Vorgänger-Norm mit der europäischen Berichtigung EN 1991-1-7/AC:2010 konsolidiert;

d) redaktionelle Änderungen durchgeführt.

Frühere Ausgaben

DIN 1055-9: 2003-08
DIN V ENV 1991-2-7: 2000-07
DIN EN 1991-1-7: 2007-02

Vorwort EN 1991-1-7

Dieses Dokument (EN 1991-1-7:2006 + AC:2010) wurde vom Technischen Komitee CEN/TC 250 „Eurocodes für den konstruktiven Ingenieurbau" erarbeitet, dessen Sekretariat vom BSI gehalten wird.

CEN/TC 250 ist für alle Eurocodes für den konstruktiven Ingenieurbau verantwortlich.

Diese Europäische Norm muss den Status einer nationalen Norm erhalten, entweder durch Veröffentlichung eines identischen Textes oder durch Anerkennung bis Januar 2007, und etwaige entgegenstehende nationale Normen müssen bis März 2010 zurückgezogen werden.

Dieses Dokument ersetzt ENV 1991-2-7:1998.

Entsprechend der CEN/CENELEC-Geschäftsordnung sind die nationalen Normungsinstitute der folgenden Länder gehalten, diese Europäische Norm zu übernehmen: Belgien, Dänemark, Deutschland, Estland, Finnland, Frankreich, Griechenland, Irland, Island, Italien, Lettland, Litauen, Luxemburg, Malta, Niederlande, Norwegen, Österreich, Polen, Portugal, Rumänien, Schweden, Schweiz, Slowakei, Slowenien, Spanien, Tschechische Republik, Ungarn, Vereinigtes Königreich und Zypern.

Zusätzliche Informationen zu EN 1991-1-7

EN 1991-1-7 liefert Grundsätze und Anwendungsregeln für die Bestimmung von außergewöhnlichen Einwirkungen für Hochbauten und anderen Ingenieurbauwerken und behandelt folgende Fälle:

- Anpralllasten aus Straßenfahrzeugen, Schienen- und Schifffahrtsverkehr sowie Aufpralllasten von Hubschraubern,
- Innenraumexplosionen,
- Einwirkungen aus lokalem Versagen durch eine nicht spezifizierte Ursache.

EN 1991-1-7 richtet sich an

- Auftraggeber (z. B. zur Festlegung spezifischer Anforderungen an das Schutzniveau),
- Planer,
- Bauausführende und
- zuständige Behörden.

Die Anwendung von EN 1991-1-7 erfolgt zusammen mit EN 1990, den anderen Teilen von EN 1991 und mit EN 1992 bis EN 1999 für den Entwurf und die Berechnung von Tragwerken.

Nationaler Anhang

Die Norm bietet alternative Verfahren, Zahlenwerte und Empfehlungen für Klassen an, die mit Öffnungsklauseln für Nationale Festlegungen versehen sind. Daher sollte die Nationale Fassung von EN 1991-1-7 einen Nationalen Anhang haben, der alle diejenigen national festgelegten Parameter enthält, die für den Entwurf und die Berechnung von Hochbauten und Ingenieurbauwerken, die auf dem Territorium des jeweiligen Landes errichtet werden, zu beachten sind.

Nationale Festlegungen sind in EN 1991-1-7 durch folgende Öffnungsklauseln möglich:[1]

Abschnitt	Punkt
2(2)	Klassifizierung außergewöhnlicher Einwirkungen
3.1(2)	Anmerkung 4: Lasten
3.2(1)	Anmerkung 3: Risikoniveau
3.3(2)	Anmerkung 1: Festgelegte außergewöhnliche Einwirkung für Hochbauten
3.3(2)	Anmerkung 2: Begrenzung lokalen Versagens
3.3(2)	Anmerkung 3: Wahl der Sicherheitsstrategie
3.4(1)	Anmerkung 4: Versagensfolgeklassen
3.4(2)	Anmerkung: Entwurfsmethoden
4.1(1)	Anmerkung 1: Außergewöhnliche Einwirkungen für Leichtbauten
4.1(1)	Anmerkung 3: Hinweise zur Übertragung von Anpralllasten auf Fundamente
4.3.1(1)	Anmerkung 1: Bemessungswerte für Fahrzeuganpralllasten
4.3.1(1)	Anmerkung 2: Anpralllasten abhängig vom Abstand zu den Fahrspuren
4.3.1(1)	Anmerkung 3: Tragwerke und Tragwerksteile, für die keine Anpralllast berücksichtigt werden muss
4.3.1(2)	Alternative Regeln für Anpralllasten
4.3.1(3)	Bedingungen für den Anprall infolge Straßenfahrzeugen

---

[1] Es wird vorgeschlagen, zu jedem Abschnitt dieser Liste anzugeben, welche Wahl getroffen werden darf: Wertangaben, Verfahren, Klassifizierungen.

Abschnitt	Punkt
4.3.2(1)	Anmerkung 1: Durchfahrtshöhen, Schutzmaßnahmen und Bemessungswerte für Überbau
4.3.2(1)	Anmerkung 3: Abminderungsbeiwert r_F für Anpralllast Überbau
4.3.2(1)	Anmerkung 4: Anpralllasten auf die Brückenunterseite
4.3.2(2)	Anwendung von F_{dy}
4.3.2(3)	Abmessungen und Anordnung der Anprallfläche
4.4(1)	Bemessungswert der Anpralllast aus Gabelstaplern
4.5(1)	Art des Zugverkehrs
4.5.1.2(1)	Anmerkung 1: Klassifizierung von Tragwerken für Anpralllasten
4.5.1.2(1)	Anmerkung 2: Klassifizierung von temporären Bauwerken und Behelfskonstruktionen
4.5.1.4(1)	Bemessungswerte für Anpralllasten aus Entgleisung
4.5.1.4(2)	Abminderung der Anpralllasten
4.5.1.4(3)	Angriffspunkt der Anpralllasten
4.5.1.4(4)	Statische äquivalente Anpralllast
4.5.1.4(5)	Anpralllasten bei Geschwindigkeiten größer als 120 km/h
4.5.1.5(1)	Anforderungen an Tragwerke der Klasse B
4.5.2(1)	Bereiche an Gleisenden
4.5.2(4)	Bemessungswerte für Anpralllasten auf Anprallwände
4.6.1(3)	Anmerkung 1: Klassifizierung von Seeschiffen
4.6.2(1)	Bemessungswerte für Anpralllasten bei Binnenschiffen
4.6.2(2)	Reibungsbeiwert
4.6.2(3)	Anmerkung 1: Angriffshöhe und Angriffsfläche der Anpralllast von Binnenschiffen
4.6.2(4)	Anpralllasten von Binnenschiffen auf Brückenüberbauten
4.6.3(1)	Bemessungswerte für Anpralllasten von Seeschiffen
4.6.3(3)	Reibungsbeiwert
4.6.3(4)	Größe und Lage von Anprallflächen bei Seeschiffen
4.6.3(5)	Anmerkung 1: Anpralllast von Seeschiffen auf Brückenüberbauten
5.3(1)P	Verfahren bei Innenraumexplosion
A.4(1)	Einzelheiten für eine wirksame Verankerung

Allgemeines 1

Anwendungsbereich 1.1

(1) EN 1991-1-7 enthält Strategien und Regelungen für die Sicherung von Hochbauten und anderen Ingenieurbauwerken gegen identifizierbare und nicht identifizierbare außergewöhnliche Einwirkungen.

(2) EN 1991-1-7 liefert:

– Strategien bei identifizierten außergewöhnlichen Einwirkungen;
– Strategien für die Begrenzung lokalen Versagens.

(3) Die folgenden Punkte werden in dieser Norm behandelt:

– Begriffe und Bezeichnungen (Abschnitt 1);
– Klassifizierung der Einwirkungen (Abschnitt 2);
– Bemessungssituationen (Abschnitt 3);
– Anprall (Abschnitt 4);
– Explosion (Abschnitt 5);
– Robustheit im Hochbau – Bemessung für die Folgen lokalen Versagens ohne spezifizierte Ursache (informativer Anhang A);
– Hinweise zu Risikoabschätzungen (informativer Anhang B);
– dynamische Bemessung für Anprall (informativer Anhang C);
– Explosionen in Gebäuden (informativer Anhang D).

(4) Regelungen zu Staubexplosionen in Silos sind in EN 1991-4 enthalten.

(5) Regelungen für Anpralllasten aus Fahrzeugen auf einer Brücke sind in EN 1991-2 zu finden.

(6) EN 1991-1-7 behandelt keine außergewöhnlichen Einwirkungen aus Explosionen außerhalb von Gebäuden und aus Kriegs- und terroristischen Handlungen. Die Resttragfähigkeit von Hochbauten oder anderen Ingenieurbauwerken, die durch seismische Einwirkungen oder Brand beschädigt wurden, wird ebenfalls nicht behandelt usw.

ANMERKUNG   Siehe auch 3.1

Normative Verweisungen 1.2

(1) Diese Norm enthält durch datierte oder undatierte Verweisungen Festlegungen aus anderen Publikationen. Diese normativen Verweisungen sind an den jeweiligen Stellen im Text zitiert, und die Publikationen sind nachstehend aufgeführt. Bei datierten Verweisungen gehören spätere Änderungen oder Überarbeitungen dieser Publikationen nur zu dieser Norm, falls sie durch Änderung oder Überarbeitung eingearbeitet sind. Bei undatierten Verweisungen gilt die letzte Ausgabe der in Bezug genommenen Publikation (einschließlich Änderung).

ANMERKUNG   Die Eurocodes werden als EN-Normen veröffentlicht. Auf die folgenden Europäischen Normen, die veröffentlicht sind oder sich in Vorbereitung befinden, wird im normativen Text oder in Anmerkungen zum normativen Text verwiesen.

EN 1990, *Eurocode: Grundlagen der Tragwerksplanung*

EN 1991-1-1, *Eurocode 1: Einwirkungen auf Tragwerke — Teil 1-1: Wichten, Eigengewicht, Nutzlasten im Hochbau*

EN 1991-1-6, *Eurocode 1: Einwirkungen auf Tragwerke — Teil 1-6: Einwirkungen während der Bauausführung*

EN 1991-2, *Eurocode 1: Einwirkungen auf Tragwerke — Teil 2: Verkehrslasten auf Brücken*

EN 1991-4, *Eurocode 1: Einwirkungen auf Tragwerke — Teil 4: Silos und Tankbauwerke*

EN 1992, *Eurocode 2: Bemessung und Konstruktion von Stahlbetonbauten*

EN 1993, *Eurocode 3 : Bemessung und Konstruktion von Stahlbauten*

EN 1994, *Eurocode 4 : Bemessung und Konstruktion von Stahl-Beton-Verbundbauten*

EN 1995, *Eurocode 5: Bemessung und Konstruktion von Holzbauten*

EN 1996, *Eurocode 6: Bemessung und Konstruktion von Mauerwerksbauten*

EN 1997, *Eurocode 7: Entwurf, Berechnung und Bemessung in der Geotechnik*

EN 1998, *Eurocode 8: Auslegung von Bauwerken gegen Erdbeben*

EN 1999, *Eurocode 9: Bemessung und Konstruktion von Aluminiumkonstruktionen*

> **NCI Zu 1.2**
>
> DIN EN 1991-4/NA, *Nationaler Anhang — National festgelegte Parameter — Eurocode 1: Einwirkungen auf Tragwerke — Teil 4: Einwirkung auf Silos und Flüssigkeitsbehälter*

1.3 Annahmen

(1)P Die allgemeinen Annahmen in EN 1990, 1.3 gelten auch für diesen Teil der EN 1991.

1.4 Unterscheidung nach Grundsätzen und Anwendungsregeln

(1)P Die Regelungen in EN 1990, 1.4 gelten auch für diesen Teil von EN 1991.

1.5 Begriffe

(1) Für die Anwendung dieser Europäischen Norm gelten die Begriffe nach EN 1990, 1.5 sowie die folgenden Begriffe.

1.5.1 Verbrennungsgeschwindigkeit

Verhältnis der Flammausbreitgeschwindigkeit zur Geschwindigkeit des unverbrannten Staubs, Gases oder Dampfes vor der Flamme

1.5.2 Schadensfolgeklasse (auch: Versagensfolgeklasse)

Klassifizierung nach Schadensfolgen bei Tragwerksversagen

1.5.3 Deflagration

Verbrennungswelle infolge einer Explosion, die sich im Unterschallbereich ausbreitet

1.5.4 Detonation

Verbrennungswelle infolge einer Explosion, die sich im Überschallbereich ausbreitet

1.5.5 dynamische Kraft

Kraft im Kraft-Zeit-Verlauf, der eine dynamische Bauwerksreaktion zur Folge haben kann. Bei Anprall ist die dynamische Kraft mit einer Kontaktfläche an der Anprallstelle verbunden (siehe Bild 1.1)

1.5.6 statisch äquivalente Kraft (auch: äquivalente statische Kraft)

Darstellung für eine dynamische Kraft, die die dynamische Bauwerksreaktion einschließt (siehe Bild 1.1)

1.5.7 Flammgeschwindigkeit

Geschwindigkeit der Flammenfront relativ zu einem festen Bezugspunkt

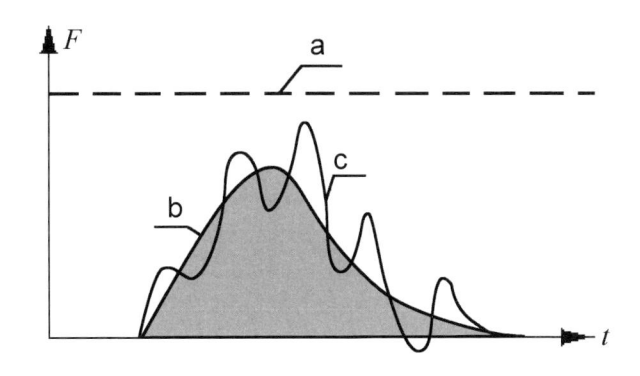

Legende
a statisch äquivalente Kraft
b dynamische Kraft
c Bauwerksantwort

Bild 1.1

Entflammgrenze 1.5.8

Mindest- oder Höchstkonzentration brennbaren Materials in einem homogenen Gemisch mit gasförmigem Oxidiermittel, das die Flamme vorantreibt

Anprallobjekt 1.5.9

Objekt, das Anprall verursacht (d. h. Fahrzeug, Schiff usw.)

Haupttragelement 1.5.10

Bauelement, dessen Versagen das Versagen des Resttragwerkes verursacht

tragende Wandkonstruktion 1.5.11

Wandkonstruktion aus Mauerwerk ohne Ausfachung, die hauptsächlich vertikale Lasten abträgt. Dazu gehören auch Leichtbau-Paneelbauweisen aus vertikalen Ständern aus Holz oder Stahl mit Spanplatten, Streckmetall- oder anderen Verschalungen

lokales Versagen 1.5.12

örtlich durch eine außergewöhnliche Einwirkung ausgefallenes oder schwer beeinträchtigtes Tragwerksteil

Risiko 1.5.13

Maß für das Zusammenwirken (üblicherweise als Produkt) von Auftretenswahrscheinlichkeit einer definierten Gefährdung und der Größe der Schadensfolge

Robustheit 1.5.14

Eigenschaft eines Tragwerks, Ereignisse wie Brand, Explosion, Anprall oder Folgen menschlichen Versagens so zu überstehen, dass keine Schäden entstehen, die in keinem Verhältnis zur Schadensursache stehen

Unterbau 1.5.15

Teil eines Bauwerks, der die Überbauung stützt. Bei Hochbauten üblicherweise die Gründung und weitere Bauwerksteile, die sich unter dem Geländeniveau befinden. Bei Brücken die Gründungen, Widerlager, Pfeiler, Stützen usw.

1.5.16 Überbauung

Teil des Bauwerks, der von dem Unterbau getragen wird. Bei Hochbauten ist dies üblicherweise das Bauwerk über Gelände. Bei Brücken ist dies normalerweise der Brückenüberbau.

1.5.17 Öffnungselement

nicht tragender Teil der Gebäudehülle (Wand, Boden oder Decken), der infolge begrenzter Beanspruchbarkeit bei Druckentstehung infolge Deflagration nachgeben soll, um den Druck auf Tragwerksteile zu begrenzen

1.6 Symbole

(1) Für die Anwendung dieser Norm gelten die folgenden Symbole (siehe auch EN 1990).

Lateinische Großbuchstaben

F Anprallkraft

F_{dx} Bemessungswert der horizontalen statisch äquivalenten oder dynamischen Kraft an der Vorderseite des stützenden Unterbaus (Kraft in Verkehrsrichtung des anprallenden Objekts)

F_{dy} Bemessungswert der horizontalen statisch äquivalenten oder dynamischen Kraft an der Seite des stützenden Unterbaus (Kraft quer zur Verkehrsrichtung des anprallenden Objekts)

F_R Reibungskraft

K_{St} Deflagrationsindex einer Staubwolke

P_{max} maximaler Druck, der sich bei Deflagration unter Abschluss bei einem optimalen Gemisch entwickelt

P_{red} abgeminderter Druck, der sich bei Deflagration mit Öffnung entwickelt

P_{stat} statischer Aktivierungsdruck, der ein Öffnungselement öffnet, wenn der Druck langsam gesteigert wird

Lateinische Kleinbuchstaben

a Höhe der Angriffsfläche einer Anpralllast

b Breite eines Hindernisses (z. B. Brückenpfeilers)

d Abstand des Bauteils von der Mittellinie der Verkehrsspur oder des Gleises

h – Durchfahrtshöhe gemessen zwischen Straßenoberkante bis Unterkante Brückenkonstruktion,
      – Höhe der Anprallkraft über der Fahrbahn

ℓ Schiffslänge

r_F Abminderungsbeiwert

s Abstand des Bauteils von dem Punkt, an dem das Fahrzeug den Fahrstreifen verlässt

m Masse

v_v Geschwindigkeit

Griechische Kleinbuchstaben

μ Reibungsbeiwert

Klassifizierung der Einwirkungen 2

(1)P Einwirkungen nach dem Anwendungsbereich dieser Norm sind als außergewöhnliche Einwirkungen im Sinne von EN 1990, 4.1.1 einzustufen.

ANMERKUNG Tabelle 2.1 legt die maßgebenden Abschnitte in EN 1990 fest, die bei der Bemessung von Tragwerken, auf die außergewöhnliche Einwirkungen wirken, zu berücksichtigen sind.

Tabelle 2.1: Abschnitte in EN 1990, die auf außergewöhnliche Einwirkungen hinweisen

Gegenstand	Abschnitte
Begriffe	1.5.2.5, 1.5.3.5, 1.5.3.15
Grundlegende Anforderungen	2.1 (4), 2.1 (5)
Bemessungssituationen	3.2 (2)P
Klassifizierung von Einwirkungen	4.1.1 (1)P, 4.1.1 (2), 4.1.2 (8)
Andere repräsentative Werte veränderlicher Einwirkungen	4.1.3 (1)P
Lastkombination für außergewöhnliche Bemessungssituationen	6.4.3.3
Bemessungswerte von Einwirkungen in außergewöhnlichen und seismischen Bemessungssituationen	A1.3.2

(2) Außergewöhnliche Einwirkungen auf Anprall sollten, soweit nicht anders geregelt, als freie Einwirkungen behandelt werden.

ANMERKUNG Im Nationalen Anhang oder im Einzelfall dürfen Abweichungen von der Behandlung außergewöhnlicher Einwirkungen als freie Einwirkungen festgelegt werden.

> **NDP Zu 2 (2)**
>
> Es gelten die empfohlenen Regelungen.

Bemessungssituationen 3

Allgemeines 3.1

(1)P Tragwerke sind für die maßgebenden außergewöhnlichen Bemessungssituationen zu bemessen, die in EN 1990, 3.2 (2)P klassifiziert sind.

(2) Die Strategien, die in Betracht zu ziehen sind, gehen aus Bild 3.1 hervor.

```
                    AUSSERGEWÖHNLICHE
                    BEMESSUNGSSITUATIONEN
                    ┌───────────┴───────────┐
        STRATEGIEN AUF DER GRUNDLAGE    STRATEGIEN AUF DER GRUNDLAGE DER
            IDENTIFIZIERTER              BEGRENZUNG LOKALER SCHÄDEN
           AUSSERGEWÖHNLICHER
              EINWIRKUNGEN
          z. B. Explosion oder Anprall
```

| TRAGWERKS-ENTWURF MIT GENÜGENDER MINDEST-ROBUSTHEIT | VERMEIDUNG ODER MINDERUNG DER EINWIRKUNG z. B. durch Schutzmaßnahmen | BEMESSUNG DES TRAGWERKS FÜR DIE SPEZIFIZIERTE EINWIRKUNG | VERBESSERTE REDUNDANZ z. B. durch alternative Lastpfade | HAUPTTRAG-ELEMENTE BEMESSEN FÜR EINE ERSATZLAST FÜR DIE AUSSERGEWÖHN-LICHE EINWIRKUNG A_d | KONSTRUK-TIVE REGELN z. B. für Zusammen-halt und Duktilität |

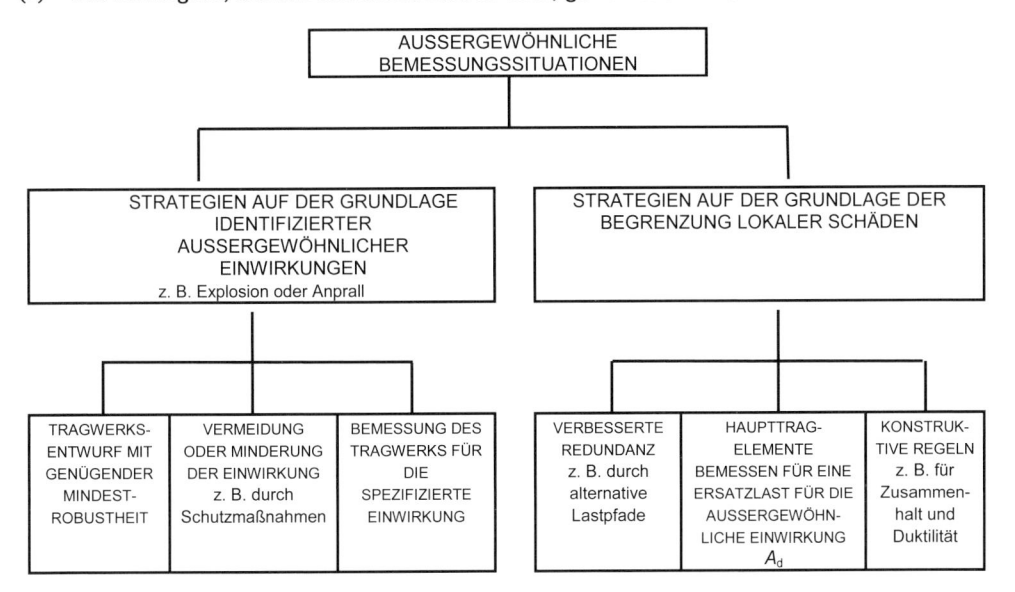

Bild 3.1: Strategien zur Behandlung außergewöhnlicher Bemessungssituationen

ANMERKUNG 1 Die erforderlichen Strategien und Regeln werden im Einzelfall mit dem Bauherrn und der zuständigen Behörde abgestimmt.

ANMERKUNG 2 Außergewöhnliche Einwirkungen können identifizierte oder nicht identifizierte Einwirkungen sein.

ANMERKUNG 3 Strategien auf der Grundlage nicht identifizierter außergewöhnlicher Einwirkungen decken eine große Anzahl möglicher Ereignisse ab. Sie zielen auf die Begrenzung lokaler Schäden hin. Die Strategien dürfen zu ausreichender Robustheit auch für identifizierte außergewöhnliche Einwirkungen nach 1.1 (6) oder für jede andere Einwirkung ohne spezifizierte Ursache führen. Hinweise für Hochbauten sind im Anhang A enthalten.

ANMERKUNG 4 Ersatzlasten für identifizierte außergewöhnliche Einwirkungen in dieser Norm sind Vorschläge. Die Werte dürfen im Nationalen Anhang oder im Einzelfall verändert und mit dem Bauherrn und der zuständigen Behörde vereinbart werden.

> **NDP Zu 3.1 (2), Anmerkung 4**
>
> In diesem Dokument sind Werte für außergewöhnliche Einwirkungen als dynamische Lasten oder als statische Ersatzlasten angegeben. Abweichungen von diesen Werten dürfen bei entsprechend begründetem Nachweis mit dem Bauherrn und der zuständigen Behörde vereinbart werden.

ANMERKUNG 5 Für bestimmte Bauwerke (z. B. für Bauten, bei denen keine Personengefährdung besteht und wirtschaftliche, soziale und Umweltfolgen vernachlässigbar sind) darf bei außergewöhnlichen Einwirkungen der Einsturz des Tragwerks in Kauf genommen werden. Die Bedingungen dafür dürfen im Einzelfall mit dem Bauherrn und der zuständigen Behörde vereinbart werden.

3.2 Außergewöhnliche Bemessungssituationen – Strategien bei identifizierten außergewöhnlichen Einwirkungen

(1) Die Größen der außergewöhnlichen Einwirkungen hängen von Folgendem ab:
- Maßnahmen zur Vermeidung oder Minderung der Auswirkungen außergewöhnlicher Einwirkungen;
- Auftretenswahrscheinlichkeit der identifizierten außergewöhnlichen Einwirkungen;
- mögliche Schadensfolgen identifizierter außergewöhnlicher Einwirkungen;
- öffentliche Einschätzung;
- Größe des akzeptablen Risikos.

ANMERKUNG 1   Siehe auch EN 1990, 2.1 (4)P, Anmerkung 1.

ANMERKUNG 2   In der Praxis können die Auftretenswahrscheinlichkeit und die Schadensfolge außergewöhnlicher Einwirkungen mit einem bestimmten Risikoniveau verknüpft werden. Wird dieses Niveau nicht akzeptiert, sind zusätzliche Maßnahmen erforderlich. Ein Nullrisiko kann jedoch kaum erreicht werden; meistens muss ein bestimmtes Risikoniveau akzeptiert werden. Solch ein Risikoniveau wird durch bestimmte Faktoren bestimmt, z. B. der möglichen Anzahl von Unfallopfern, wirtschaftlichen Folgen, Kosten von Sicherheitsmaßnahmen usw.

ANMERKUNG 3   Das akzeptierbare Risikoniveau darf im Nationalen Anhang als nicht widersprüchliche ergänzende Information enthalten sein.

> **NDP Zu 3.2 (1), Anmerkung 3**
>
> Werden Nachweise auf der Grundlage von Wahrscheinlichkeitsbetrachtungen geführt, ist der repräsentative Wert der außergewöhnlichen Einwirkung mit einer Überschreitungswahrscheinlichkeit von $p \leq 10^{-4}$/a festzulegen.

(2) Lokales Versagen infolge außergewöhnlicher Einwirkungen darf akzeptiert werden, wenn die Stabilität des Tragwerks nicht gefährdet wird, die Gesamttragfähigkeit erhalten bleibt und diese erlaubt, die notwendigen Sicherungsmaßnahmen durchzuführen.

ANMERKUNG 1   Im Hochbau dürfen solche Sicherungsmaßnahmen die sichere Evakuierung der Personen vom Grundstück und aus der Umgebung bedeuten.

ANMERKUNG 2   Im Brückenbau dürfen solche Sicherungsmaßnahmen das Sperren der Straßenstrecke oder Eisenbahnlinie innerhalb eines bestimmten Zeitraumes bedeuten.

(3) Die Maßnahmen zur Risikominderung von außergewöhnlichen Einwirkungen sollten je nach Fall eine oder mehrere folgender Strategien einschließen:

a) Vermeiden der Einwirkung (z. B. durch geeignete lichte Höhen zwischen Fahrzeug und Bauwerk bei Brücken) oder Reduzierung der Auftretenswahrscheinlichkeit und/oder Größe der Einwirkung auf ein akzeptables Niveau durch geeignete Konstruktionen (z. B. bei Gebäuden durch verlorene Öffnungselemente mit geringer Masse und Festigkeit, die Explosionswirkungen reduzieren);

b) Schutz des Tragwerkes gegen Überbelastung durch Reduktion der außergewöhnlichen Einwirkung (z. B. durch Poller oder Schutzplanken);

c) Vorsehen ausreichender Robustheit mittels folgender Maßnahmen:

1) Bemessung von bestimmten Bauwerksteilen, von denen die Stabilität des Tragwerks abhängt, als Haupttragelemente (siehe 1.5.10), um die Überlebenswahrscheinlichkeit nach außergewöhnlichen Einwirkungen zu vergrößern.

2) Bemessung von Bauteilen und Auswahl von Materialien, um mit genügender Duktilität die Energie aus der Einwirkung ohne Bruch absorbieren zu können.

3) Vorsehen ausreichender Tragwerksredundanzen, um im Falle außergewöhnlicher Ereignisse alternative Lastpfade zu ermöglichen.

ANMERKUNG 1   Es ist möglich, dass ein Tragwerk durch Verminderung der Auswirkungen einer (außergewöhnlichen) Einwirkung nicht zu schützen oder das Auftreten einer (außergewöhnlichen) Einwirkung nicht zu verhindern ist. Die Einwirkungen können nämlich von Faktoren abhängen, die nicht notwendigerweise Teil der für die Nutzungsdauer gedachten Bemessungsannahmen sind. Präventative Maßnahmen dürfen regelmäßige Inspektionen und Unterhaltungsmaßnahmen während der Nutzungsdauer umfassen.

ANMERKUNG 2   Zum Entwurf von Bauteilen mit ausreichender Duktilität siehe Anhänge A und C zusammen mit EN 1992 bis EN 1999.

(4)P   Die außergewöhnlichen Einwirkungen sind je nach Fall zusammen mit den gleichzeitig wirkenden ständigen und veränderlichen Einwirkungen nach EN 1990, 6.4.3.3 anzusetzen.

ANMERKUNG   Zu den ψ-Werten siehe EN 1990, Anhang A.

(5)P   Auch die Sicherheit des Tragwerks unmittelbar nach Eintreffen der außergewöhnlichen Einwirkung ist zu berücksichtigen.

ANMERKUNG   Dies schließt die Möglichkeit progressiven Einsturzes (Reißverschlusseffekt) ein, siehe Anhang A.

Außergewöhnliche Bemessungssituationen – Strategien zur Begrenzung lokalen Versagens   3.3

(1)P   Beim Entwurf ist darauf zu achten, dass mögliches Versagen aus unspezifizierter Ursache klein bleibt.

(2)   Dabei sollten folgende Strategien verwendet werden:

a) Bemessung der Haupttragelemente, von denen die Sicherheit des Tragwerks abhängt, für ein bestimmtes Modell der außergewöhnlichen Einwirkungen A_d;

ANMERKUNG 1   Die Empfehlung für das Modell für Hochbauten ist eine gleichmäßig verteilte Ersatzbelastung aus einer rechnerischen Druckwelle in jeder Richtung auf das Haupttragteil und die angeschlossenen Bauelemente (z. B. Fassaden usw.) wirkend. Empfohlen wird im Hochbau eine gleichmäßig verteilte Belastung von 34 kN/m². Siehe A.8.

> **NDP Zu 3.3 (2), Anmerkung 1**
>
> Über die bauartspezifischen Regelungen in DIN EN 1992 bis DIN EN 1999 hinaus sind keine weiteren Robustheitsanforderungen rechnerisch nachzuweisen.

b) Tragwerksentwurf mit erhöhter Redundanz, so dass bei lokalem Versagen (z. B. Einzelbauteilversagen) kein Einsturz des Tragwerks oder eines wichtigen Tragwerksteils möglich ist;

ANMERKUNG 2   Der Nationale Anhang darf den akzeptablen geometrischen Umfang des „lokalen Versagens" angeben. Empfohlen wird im Hochbau eine Begrenzung auf nicht mehr als 100 m² oder 15 % der Deckenfläche von zwei benachbarten Decken, die durch den Ausfall einer beliebigen Stütze, Pfeiler oder Wand entstanden sein kann. Dies führt wahrscheinlich zu einem Tragwerk mit genügender Robustheit unabhängig davon, ob eine identifizierte außergewöhnliche Einwirkung berücksichtigt wurde.

> **NDP Zu 3.3 (2), Anmerkung 2**
>
> „Lokales Versagen" bei Ingenieurtragwerken und Hochbauten darf unter außergewöhnlichen Einwirkungen einen Umfang annehmen, der nicht zum Ausfall eines Haupttragelementes führt. Anmerkung 2 gilt unverändert.

c) Anwendung von Bemessungs- und Konstruktions-Regeln, die eine annehmbare Robustheit des Tragwerks bewirken (z. B. Zugverankerungen in allen 3 Richtungen, um einen zusätzlichen Zusammenhalt zu gewährleisten, oder ein Mindestmaß an Duktilität von Bauteilen, die von Anprall betroffen sind).

ANMERKUNG 3   Der Nationale Anhang darf für verschiedene Tragwerke die erforderlichen Strategien nach 3.3 festlegen.

> **NDP Zu 3.3 (2), Anmerkung 3**
>
> Primäre Strategie ist die Bemessung von Haupttragelementen für die angegebenen Einwirkungen. Daneben werden für einzelne Einwirkungen Bemessungs- und Konstruktionsregeln angegeben. In Einzelfällen wird das Prinzip des Tragwerksentwurfs mit erhöhter Redundanz verfolgt. Anmerkung 3 gilt unverändert.

3.4 Außergewöhnliche Bemessungssituationen – Anwendung der Schadensfolgeklassen

(1) Die Strategien für außergewöhnliche Bemessungssituationen dürfen folgende Schadensfolgeklassen, die in EN 1990 aufgeführt sind, nutzen.
- CC1 Geringe Versagensfolgen
- CC2 Mittlere Versagensfolgen
- CC3 Hohe Versagensfolgen

ANMERKUNG 1   EN 1990, Anhang B liefert weitere Informationen.

ANMERKUNG 2   Unter Umständen ist es zweckmäßig, verschiedene Teile des Tragwerks unterschiedlichen Schadensfolgeklassen zuzuordnen, z. B. bei einem niedrig geschossigen Seitenflügel eines Hochhauses, der von den Funktionen her weniger kritisch als das Hauptgebäude ist.

ANMERKUNG 3   Die Wirkung verhindernder oder schützender Maßnahmen liegt in der Beseitigung oder Verminderung der Schadenswahrscheinlichkeit. Beim Entwurf führt dies manchmal zur Zuordnung in eine geringere Schadensfolgeklasse. Zweckmäßiger erscheint eine Abminderung der Lasten auf das Tragwerk.

ANMERKUNG 4   Ein Vorschlag für Schadensfolgeklassen für den Hochbau ist in Anhang A angegeben.

NDP Zu 3.4 (1), Anmerkung 4: Versagensfolgeklassen

Für Hochbauten gelten folgende Versagensfolgeklassen:

Tabelle NA.1: Zuordnung zu Versagensfolgeklassen

Versagens-folgeklasse	Gebäudetypen[a]
CC1	– Gebäude mit einer Höhe[b] bis zu 7 m; – land- und forstwirtschaftlich genutzte Gebäude.
CC2.1	– Gebäude mit einer Höhe[b] von mehr als 7 m bis zu 13 m
CC2.2	– Gebäude, die nicht den Versagensfolgeklassen 1, 2.1 und 3 zuzurechnen sind, sowie die in der Versagensfolgeklasse 3 genannten Gebäude mit einer Höhe[b] bis zu 13 m

CC3	– Hochhäuser (Gebäude mit einer Höhe[b] von mehr als 22 m),
	– folgende Gebäude mit einer Höhe[b] von mehr als 13 m:
	  – Verkaufsstätten, deren Verkaufsräume und Ladenstraßen eine Grundfläche von insgesamt mehr als 2 000 m² haben,
	  – Gebäude für mehr als 200 Personen, ausgenommen Wohn- und Bürogebäude,
	  – sonstige, öffentlich zugängliche Gebäude, in denen aufgrund ihrer Nutzung zeitweilig mit großen Menschenansammlungen zu rechnen ist, und mit mehr als 1 600 m² Grundfläche des Geschosses mit der größten Ausdehnung,
	  – Gebäude mit Räumen, deren Nutzung durch Umgang oder Lagerung von Stoffen mit Explosions- oder erhöhter Brandgefahr verbunden ist.

[a] Sofern die in der Tabelle genannten Gebäude mehreren Versagensfolgeklassen zugeordnet werden können, ist die jeweils höchste maßgebend.
[b] Höhe ist das Maß der Oberkante des fertigen Fußbodens des höchstgelegenen Geschosses, in dem ein Aufenthaltsraum möglich ist, über der Geländeoberfläche im Mittel.

Für Ingenieurbauten darf in Abstimmung mit der zuständigen Behörde im Einzelfall eine Kategorisierung nach Versagensfolgeklassen vorgenommen werden.

(2) Außergewöhnliche Bemessungssituationen dürfen für verschiedene Schadensfolgeklassen nach 3.4 (1) in folgender Weise behandelt werden:

- CC1: Eine spezielle Berücksichtigung von außergewöhnlichen Einwirkungen über die Robustheits- und Stabilitätsregeln in EN 1992 bis EN 1999 hinaus ist nicht erforderlich.
- CC2: Abhängig vom Einzelfall des Tragwerks darf eine vereinfachte Berechnung mit statisch äquivalenten Lasten durchgeführt werden oder es dürfen Bemessungs- bzw. Konstruktionsregeln angewendet werden.
- CC3: Der Einzelfall sollte besonders untersucht werden, um das erforderliche Zuverlässigkeitsniveau und die Tiefe der Tragwerksberechnung zu bestimmen. Das kann eine Risikoanalyse erfordern, ebenso die Anwendung weitergehender Methoden wie eine dynamische Berechnung, nichtlineare Modelle und die Berücksichtigung der Interaktion von Einwirkung und Tragwerk.

> **NDP Zu 3.4 (2), Anmerkung: Entwurfsmethoden**
>
> Die Regelungen von DIN EN 1991-1-7 gelten für den Neubau von Tragwerken, deren wesentlichen Umbau oder Erneuerung sowie der Änderung in der Tragstruktur. Ein Umbau ist wesentlich, wenn z. B. bei Brücken Überbauten und/oder Pfeiler erneuert werden.
>
> Entwurfsmethoden für Tragwerke in Abhängigkeit von Versagensfolgeklassen sind ggf. in den entsprechenden Abschnitten des NA zu finden.

Anprall 4

Anwendungsbereich 4.1

(1) Dieser Abschnitt behandelt außergewöhnliche Einwirkungen für die folgenden Ereignisse:

- Anprall von Straßenfahrzeugen (ausgenommen Kollisionen mit Leichtbautragwerken) (siehe 4.3);
- Anprall von Gabelstaplern (siehe 4.4);
- Anprall von Eisenbahnfahrzeugen (ausgenommen Kollisionen mit Leichtbautragwerken) (siehe 4.5);
- Anprall von Schiffen (siehe 4.6);
- harte Landung von Helikoptern auf Dächern (siehe 4.7).

ANMERKUNG 1   Außergewöhnliche Einwirkungen auf Leichtbautragwerke (z. B. Gerüste, Beleuchtungsmasten, Fußgängerbrücken) dürfen im Nationalen Anhang als widerspruchsfreie, zusätzliche Information in Bezug genommen werden.

> **NDP Zu 4.1 (1), Anmerkung 1**
>
> Für außergewöhnliche Einwirkungen auf Leichttragwerke (z. B. Gerüste, Beleuchtungsmasten, Fußgängerbrücken) gelten folgende Festlegungen:
>
> - Fußgängerbrücken im Einwirkungsbereich einer außergewöhnlichen Einwirkung sind für die Anpralllasten in 4.3 bis 4.6 zu bemessen.
> - Leichtbauwerke, wie z. B. Gerüste oder Beleuchtungsmasten, sind dann nach 4.3 bis 4.7 gegen Anpralllasten zu bemessen, wenn durch deren Versagen eine Gefahr für die öffentliche Sicherheit und Ordnung besteht.

ANMERKUNG 2   Zu Anpralllasten auf Schrammborde oder Geländer siehe EN 1991-2.

ANMERKUNG 3   Der Nationale Anhang darf als widerspruchsfreie, zusätzliche Information Hinweise zu der Übertragung der Anpralllasten in die Tragwerksfundamente geben. Siehe EN 1990, 5.1.3 (4).

> **NDP Zu 4.1 (1), Anmerkung 3**
>
> Bei Ingenieurbauwerken sind Anpralllasten bis in die Tragwerksfundamente weiterzuverfolgen. Bei Hochbauten hängt die Weiterleitung der außergewöhnlichen Einwirkung von der in das Tragwerkfundament durch sie übertragenen Kräfte ab; in der Regel ist eine Weiterleitung nicht maßgebend.

(2)P   Im Hochbau sind Anpralllasten in folgenden Fällen anzusetzen:

- Parkhäuser;
- Bauwerke mit zugelassenem Verkehr von Fahrzeugen oder Gabelstaplern und
- Bauwerke, die an Straßenverkehr oder Schienenverkehr angrenzen.

(3)   Bei Brücken sollten die Anpralllasten und die vorgesehenen Schutzmaßnahmen u. a. die Art des Verkehrs auf und unter der Brücke und die Folgen des Anpralls berücksichtigen.

(4)P   Anpralllasten aus Helikoptern sind bei Gebäuden mit Landeplattform auf dem Dach anzusetzen.

Darstellung der Einwirkungen 4.2

(1)   Anpralllasten sind mit einer dynamischen Analyse zu ermitteln oder als äquivalente statische Kraft festzulegen.

ANMERKUNG 1   Die Kräfte auf die Grenzflächen zwischen dem Anprallobjekt und dem Tragwerk hängen von dem Zusammenwirken von Anprallobjekt und Tragwerk ab.

ANMERKUNG 2   Die Basisvariablen für eine Anprallanalyse sind die Geschwindigkeit des Anprallobjektes und die Masseverteilung, das Verformungsverhalten und die Dämpfungscharakteristik des Anprallobjektes und des Tragwerks. Auch die Berücksichtigung anderer Faktoren wie des Anprallwinkels, der

Konstruktion des Anprallobjektes und der Bewegung des Anprallobjektes nach der Kollision kann notwendig sein.

ANMERKUNG 3   Anhang C gibt weitere Informationen.

(2)   Es darf angenommen werden, dass nur das Anprallobjekt die gesamte Energie absorbiert.

ANMERKUNG   Diese Annahme liefert im Allgemeinen Ergebnisse auf der sicheren Seite.

(3)   Für die Stoffeigenschaften des Anprallobjektes und des Tragwerks sollten, sofern maßgebend, untere und obere charakteristische Werte verwendet werden. Wirkungen der Dehnungsgeschwindigkeit sind bei Bedarf zu berücksichtigen.

(4)   Für die Bemessung dürfen die Anpralllasten als äquivalente statische Kräfte aufgrund äquivalenter Wirkungen auf das Tragwerk dargestellt werden. Dieses vereinfachte Modell darf für den Nachweis des statischen Gleichgewichtes, die Festigkeitsnachweise und die Bestimmung der Verformungen des Tragwerks unter Anprall verwendet werden.

(5)   Werden Tragwerke für die Absorption der Anprallenergie durch elastisch-plastische Verformungen der Bauteile (so genannter weicher Stoß) bemessen, dürfen die äquivalenten statischen Lasten mit der Annahme plastischer Festigkeiten in Verbindung mit der Deformationskapazität der Bauteile ermittelt werden.

ANMERKUNG   Für weitere Hinweise siehe Anhang C.

(6)   Bei Tragwerken, bei denen die Energieabsorption im Wesentlichen beim Anprallobjekt liegt (so genannter harter Stoß), dürfen die dynamischen oder äquivalenten statischen Kräfte 4.3 bis 4.7 entnommen werden.

ANMERKUNG   Hinweise zu Bemessungswerten für Massen und Geschwindigkeiten kollidierender Objekte für dynamische Berechnungen gibt es im Anhang C.

4.3   Außergewöhnliche Einwirkungen aus dem Anprall von Straßenfahrzeugen

4.3.1   Anprall auf stützende Unterbauten

(1)   Die Bemessungswerte von Anpralllasten auf stützende Unterbauten (z. B. Stützen und Wände von Brücken oder Hochbauten) an Straßen unterschiedlicher Kategorie sind zu spezifizieren.

ANMERKUNG 1   Die Bemessungswerte für harten Stoß (siehe 4.2 (6)) aus Straßenverkehr dürfen im Nationalen Anhang angegeben werden.

> **NDP Zu 4.3.1 (1), Anmerkung 1**
>
> Sind stützende Bauteile (z. B. Pfeiler, tragende Stützen, Rahmenstiele, Wände, Endstäbe von Fachwerkträgern oder dergleichen) für Anprall von Kraftfahrzeugen zu bemessen, so sind die in Tabelle NA.2 angegebenen statisch äquivalenten Anprallkräfte anzusetzen.

Tabelle NA.2: Äquivalente statische Anprallkräfte aus Straßenfahrzeugen

	1	2	3
	Kategorie	**Statisch äquivalente Anprallkraft in MN**	
		F_{dx} in Fahrtrichtung	F_{dy} rechtwinklig zur Fahrtrichtung
1	Straßen außerorts	1,5	0,75
2	Straßen innerorts bei $v \geq 50$ km/h [a]	1,0	0,5
	Straßen innerorts bei $v < 50$ km/h [a] [b]		
3	– an ausspringenden Gebäudeecken	0,5	0,5
4	– in allen anderen Fällen	0,25	0,25
5	Für Lkw befahrbare Verkehrsflächen (z. B. Hofräume) bzw. Gebäude mit Pkw-Verkehr > 30 kN	0,1	0,1
6	Für Pkw befahrbare Verkehrsflächen	0,050	0,025
7	– bei Geschwindigkeitsbeschränkung für $v \leq 10$ km/h	0,015	0,008
8	Tankstellenüberdachungen [b] [c]	0,1	0,1
	Parkgaragen für Pkw ≤ 30 kN [b]		
9	– Einzel-/Doppel-Garage, Carports	0,01	0,01
10	– in allen anderen Fällen	0,04	0,025

[a] Nur anzusetzen, wenn stützende Bauteile der unmittelbaren Gefahr des Anpralls von Straßenfahrzeugen ausgesetzt sind, d. h. im Allgemeinen im Abstand von weniger als 1 m von der Bordschwelle.

[b] Nur anzusetzen, wenn bei Ausfall der stützenden Bauteile die Standsicherheit von Gebäude/Überdachung/Decke gefährdet ist.

[c] Nur anzusetzen, wenn die stützenden Bauteile nicht am fließenden Verkehr liegen, sonst wie Zeilen 1 bis 4.

NCI Zu 4.3.1 (1), Anmerkung 1

Die statisch äquivalenten Anprallkräfte dürfen abweichend von Tabelle NA.2-4.1 festgelegt werden:

- anhand von zuvor durchgeführten Risikostudien,
- wenn genauere Untersuchungen über die Interaktionen zwischen anprallendem Fahrzeug und angefahrenem Bauteil durchgeführt werden, z. B. durch elastisch-plastisches Verhalten des Bauteils.

Die Stützen und Pfeiler von Straßen- bzw. Eisenbahnbrücken über Straßen sind zusätzlich zur Bemessung auf Anprall von Kraftfahrzeugen durch besondere Maßnahmen zu sichern. Als besondere Maßnahmen gelten abweisende Leiteinrichtungen, die in mindestens 1 m Abstand von den zu schützenden Bauteilen vorzusehen sind, oder Betonsockel unter den zu schützenden Bauteilen, die mindestens 0,8 m hoch sind und parallel zur Fahrtrichtung mindestens 2 m und rechtwinklig dazu mindestens 0,5 m über die Außenkante dieser Bauteile hinausragen. Besondere Maßnahmen sind nicht erforderlich in bzw. neben Straßen innerhalb geschlossener Ortschaften

- mit Geschwindigkeitsbeschränkungen auf 50 km/h und weniger,
- neben Gemeinde- und Hauptwirtschaftswegen,
- wenn die oben angegebenen Mindestabmessungen eingehalten sind.

> Es gelten zusätzlich die Regelungen und Festlegungen der Richtlinie für passive Schutzeinrichtungen an Straßen (RPS).
>
> Montagestützen und Lehrgerüste sind durch angemessene konstruktive Maßnahmen vor Fahrzeuganprall zu sichern.
>
> Werden die Stoß-Einwirkungen in einer Parkgarage von einem absturzsichernden, umschließenden Bauteil allein nicht aufgenommen, so sind sie durch besondere geeignete bauliche Maßnahmen, z. B. Bordschwellen, die ein Überfahren der Fahrzeuge verhindern, oder z. B. ausreichend verformbare Schutzeinrichtungen aufzunehmen. Schutzeinrichtungen haben eine Mindesthöhe von 1,25 m. Bordschwellen und Schutzeinrichtungen sind zu bemessen für jeweils statisch äquivalente Kräfte als Einzelkraft mit 40 kN oder als Streckenlast mit 14 kN/m, jeweils 0,05 m unter der Oberkante von Bordschwelle oder Schutzeinrichtung. Der Einzelkraft ist eine Anprallenergie von 5,5 kNm gleichwertig.

ANMERKUNG 2   Der Nationale Anhang darf die Anprallkraft abhängig vom Abstand s des Bauteils von dem Punkt, an dem das Fahrzeug den Fahrstreifen verlässt, und vom Abstand d des Bauteils von der Mittellinie der Verkehrsspur oder des Gleises festlegen. Hinweise zur Wirkung des Abstandes s, sofern zutreffend, enthält Anhang C.

> **NDP Zu 4.3.1 (1), Anmerkung 2**
>
> Abminderungen von Anprallkräften aus Straßenfahrzeugen in Abhängigkeit vom Abstand des Bauwerksteils zu Fahrspuren werden nicht vorgenommen.

ANMERKUNG 3   Der Nationale Anhang darf angeben, unter welchen Bedingungen Fahrzeuganprall nicht berücksichtigt zu werden braucht.

> **NDP Zu 4.3.1 (1), Anmerkung 3**
>
> Es ist immer eine Bemessung für eine Anprallkraft durchzuführen.

ANMERKUNG 4   Bei Anprallkräften aus Verkehr auf Brücken ist EN 1991-2 zu beachten.

ANMERKUNG 5   Hinweise zu außergewöhnlichen Einwirkungen aus Straßenverkehr an Eisenbahnbrücken liefert UIC-Merkblatt 777.1R.

(2)   Die Anwendung der Kräfte F_{dx} und F_{dy} sollte spezifiziert werden.

ANMERKUNG   Regeln für die Anwendung von F_{dx} und F_{dy} dürfen im Nationalen Anhang spezifiziert oder im Einzelfall festgelegt werden. Es wird empfohlen, die Kräfte F_{dx} und F_{dy} nicht gleichzeitig wirkend anzusetzen.

> **NDP Zu 4.3.1 (2)**
>
> Es gelten die empfohlenen Regelungen.

(3)   Bei Anprall auf tragende Bauteile sollte die Angriffsfläche der resultierenden Anprall-Kraft F spezifiziert werden.

ANMERKUNG   Empfohlen werden folgende Bedingungen (siehe Bild 4.1):
- Die Anprallkraft F von Lkws auf Stützkonstruktionen darf in einer Höhe h zwischen 0,5 m und 1,5 m über Straßenoberkante angesetzt werden. Bei Schutzplanken gelten größere Werte. Die empfohlene Anprallfläche ist $a = 0,5$ m hoch und so breit wie das Bauteil, maximal 1,5 m breit.
- Die Anprallkraft F von Pkws darf in einer Höhe $h = 0,5$ m über Straßenoberkante angesetzt werden. Die empfohlene Anprallfläche ist 0,25 m hoch und so breit wie das Bauteil, maximal 1,50 m breit.

> **NDP Zu 4.3.1 (3), Bedingungen für den Anprall infolge Straßenfahrzeugen**
>
> Die statisch äquivalenten Anprallkräfte wirken bei Lkw in einer Höhe $h = 1,25$ m und bei Pkw in $h = 0,5$ m über der Fahrbahnoberfläche. Die Anprallflächen betragen maximal $b \times h = 0,5$ m $\times$ 0,2 m.

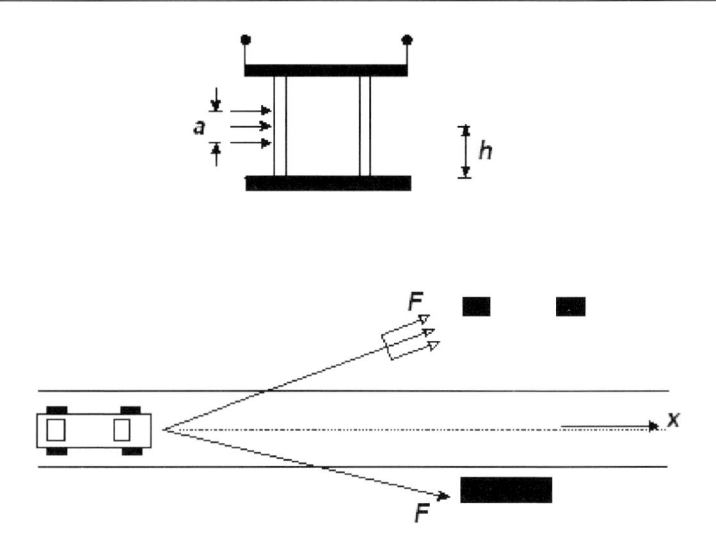

Legende

a die empfohlene Höhe der Anprallfläche liegt zwischen 0,25 m (für Pkws) und 0,50 m (für Lkws)

h die Angriffshöhe der Anprallkraft über Straßenoberkante liegt zwischen 0,5 m (für Pkws) und 1,5 m (für Lkws)

x Mittellinie der Fahrspur

Bild 4.1: Anprallkraft auf Stützkonstruktion neben Fahrspuren

Anprall auf Überbauungen 4.3.2

(1) Anpralllasten auf Überbauungen aus dem Anprall von Lkws oder deren Ladegut sind zu spezifizieren, wenn diese nicht durch ausreichende Durchfahrtshöhen oder wirksame Schutzmaßnahmen verhindert werden können.

ANMERKUNG 1 Bemessungswerte für den Anprall in Verbindung mit Werten für eine ausreichende Durchfahrtshöhe und geeigneten Schutzmaßnahmen dürfen im Nationalen Anhang spezifiziert werden. Empfohlen wird ein Wert für die ausreichende Durchfahrtshöhe, unter Beachtung eventueller Straßendeckenerhöhungen für Straßenverkehr, unter einer Brücke zwischen 5,0 m und 6,0 m. Anhaltswerte zu der äquivalenten statischen Anprallkraft sind in Tabelle 4.2 angegeben.

> **NDP Zu 4.3.2 (1), Anmerkung 1**
>
> Es gelten die empfohlenen Regelungen.

Tabelle 4.2: Anhaltswerte für äquivalente statische Anprallkräfte auf Überbauten

Kategorie	Äquivalente statische Ersatzkraft F_{dx}[a] kN
Autobahnen und Bundesstraßen	500
Landstraßen außerhalb von Ortschaften	375
Innerstädtische Straßen	250
Privatstraßen und Parkgaragen	75
[a] x = in Fahrtrichtung	

ANMERKUNG 2 Die Entscheidung für den Bemessungswert darf von den Anprallfolgen, der Art und erwarteten Stärke des Verkehrs und eventuellen Sicherungs- und Schutzmaßnahmen abhängig gemacht werden.

ANMERKUNG 3 Die Anpralllasten auf vertikale Flächen sind mit denen in Tabelle 4.2 identisch. Bei $h_0 \leq h \leq h_1$ können die Anpralllasten mit dem Abminderungsbeiwert r_F abgemindert werden. Der Nationale Anhang darf Werte für r_F, h_0 und h_1 festlegen. Empfehlungen zu den Werten r_F, h_0 und h_1 sind Bild 4.2 zu entnehmen.

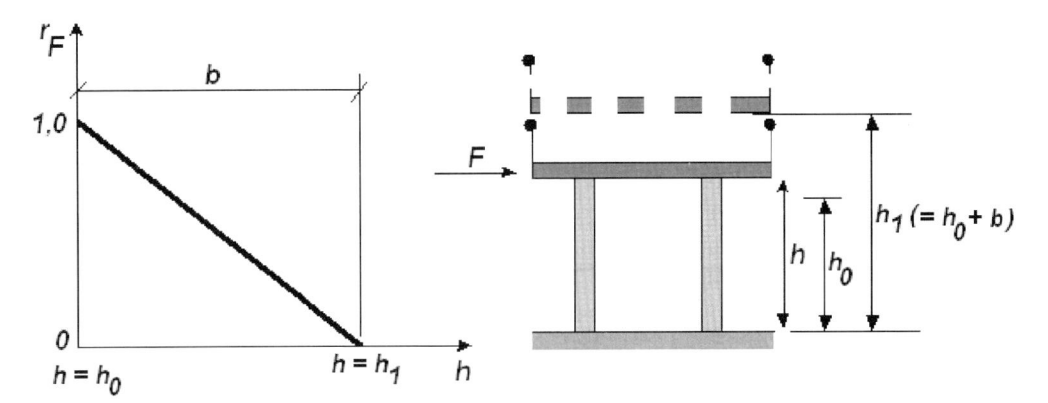

Legende

b Höhenunterschied zwischen h_1 und h_0; $b = h_1 - h_0$. Der empfohlene Wert ist $b = 1{,}0$ m. Die Reduktion von F ist möglich bei Werten b zwischen 0 m und 1 m; d. h. zwischen h_0 und h_1.

h lichter Abstand zwischen der Straßenoberkante und der Brückenunterkante am Aufprallpunkt.

h_0 Mindestabstand zwischen der Straßenoberkante und der Brückenunterkante, unterhalb dessen der Anprall auf den Überbau voll berücksichtigt werden muss: Der empfohlene Wert ist $h_0 = 5{,}0$ m (+ Zuschläge für Gradienten, Brückendurchbiegung und voraussichtliche Setzungen).

h_1 der Wert des lichten Abstandes zwischen der Straßenoberkante und der Brückenunterkante, von dem ab die Anprallkraft nicht berücksichtigt werden muss. Der empfohlene Wert ist $h_1 = 6{,}0$ m + Zuschläge für zukünftige Fahrbahndecken-Erneuerungen, Gradienten, Brückendurchbiegung und voraussichtliche Setzungen.

Bild 4.2: Empfehlungen für den Abminderungsbeiwert r_F für Anpralllasten auf Überbauungen von Straßen, abhängig von der Durchfahrtshöhe h

---

NDP Zu 4.3.2 (1), Anmerkung 3

Es gelten die empfohlenen Regelungen.

ANMERKUNG 4 Auf der Unterseite der Brücke dürfen die gleichen Anpralllasten wie auf vertikalen Flächen in schräger Richtung eingesetzt werden. Der Nationale Anhang darf die Bedingungen festlegen. Empfohlen wird eine Neigung der Kräfte von 10°, siehe Bild 4.3.

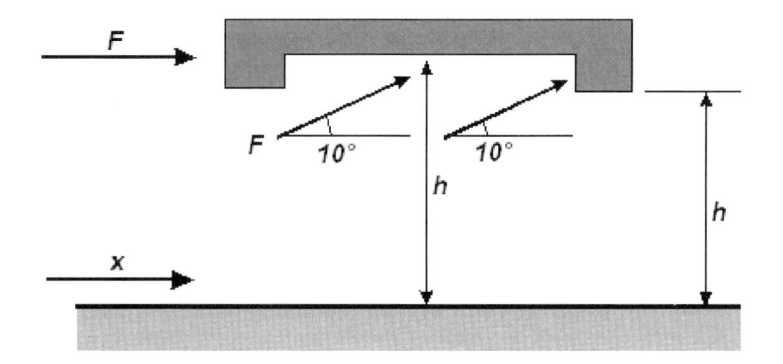

Legende

x Fahrtrichtung

h Abstand der Straßenoberkante von der Unterkante der Brücke

Bild 4.3: Anpralllast auf Bauteile des Überbaus

NDP Zu 4.3.2 (1), Anmerkung 4

Es gelten die empfohlenen Regelungen.

ANMERKUNG 5 Bei der Bestimmung der Höhe h sollten zukünftige eventuelle Veränderungen z. B. durch Deckenerhöhung der Straße berücksichtigt werden.

(2) Sofern notwendig, sollten auch Anprallkräfte F_{dy} quer zur Fahrtrichtung berücksichtigt werden.

ANMERKUNG Die Anwendung von F_{dy} darf im Nationalen Anhang oder Im Einzelfall festgelegt werden. Es wird empfohlen, F_{dy} nicht gleichzeitig mit F_{dx} anzusetzen.

NDP Zu 4.3.2 (2)

Kräfte F_{dy} sind nicht anzusetzen.

---

(3) Die Anprallfläche für die Anprallkraft F auf Bauteile des Überbaus ist zu spezifizieren.

ANMERKUNG Der Nationale Anhang darf die Lage und die Abmessungen der Anprallfläche festlegen. Als Anprallfläche wird ein Quadrat mit der Seitenlänge 0,25 m empfohlen.

NDP Zu 4.3.2 (3)

Es gelten die empfohlenen Regelungen.

Außergewöhnliche Einwirkungen aus Gabelstaplern 4.4

(1) Die Bemessungswerte für außergewöhnliche Einwirkungen aus Anprall von Gabelstaplern sind unter Berücksichtigung des dynamischen Verhaltens von Gabelstapler und Tragwerk festzulegen. Die Tragwerksantwort kann nichtlinear sein. Anstelle einer dynamischen Berechnung darf eine äquivalente statische Kraft F angesetzt werden.

ANMERKUNG Der Nationale Anhang darf den Wert für die äquivalente statische Ersatzlast F angeben. Es wird empfohlen, den Wert F mit dem dynamischen Verfahren für weichen Stoß nach C.2.2 zu ermitteln. Alternativ wird empfohlen, die Ersatzlast mit $F = 5W$ anzusetzen, wobei W die Summe aus Leergewicht und Stapellast des Staplers ist (siehe EN 1991-1, Tabelle 6.5); die Kraft greift in einer Höhe von 0,75 m über dem Fußboden an. In einigen Fällen dürften größere oder kleinere Werte geeignet sein.

NDP Zu 4.4 (1)

Es gelten die empfohlenen Regelungen.

4.5 Außergewöhnliche Einwirkungen infolge Entgleisung von Eisenbahnfahrzeugen auf Bauwerke neben oder über Gleisen

(1) Die außergewöhnlichen Einwirkungen infolge Zugverkehr sind zu spezifizieren.

ANMERKUNG Der Nationale Anhang darf die Art des Zugverkehrs festlegen, für die die Regeln in diesem Abschnitt gelten.

> **NDP Zu 4.5 (1), Art des Zugverkehrs**
>
> Für die Eisenbahnen des Bundes erfolgt keine Unterteilung nach Arten des Zugverkehrs.

4.5.1 Tragwerke neben oder über Gleisanlagen

4.5.1.1 Allgemeines

(1) Anprallkräfte auf Stützkonstruktionen (z. B. Stützen oder Pfeiler) bei Entgleisung von Zügen, die unter oder neben Bauwerken verkehren, sollten festgelegt sein, siehe 4.5.1.2. Die Entwurfsplanung kann auch andere Vorbeuge- oder Schutzmaßnahmen zur Verringerung der Anprallkräfte auf die Stützkonstruktionen enthalten. Die gewählten Werte sollten von der Bauwerksklassifizierung abhängen.

ANMERKUNG 1 Lasten aus Entgleisungen, die auf einer Brücke stattfinden, sind in EN 1991-2 geregelt.

ANMERKUNG 2 Weiterführende Hinweise zu außergewöhnlichen Einwirkungen aus Zugverkehr sind im UIC-Merkblatt 777-2 zu finden.

4.5.1.2 Bauwerksklassifizierung

(1) Tragwerke, die aus Entgleisungen anprallgefährdet sind, sind nach Tabelle 4.3 zu klassifizieren.

Tabelle 4.3: Bauwerksklassifizierung für Anprallnachweise aus Entgleisung

Klasse A	Bauwerke über oder neben Gleisanlagen, die dem ständigen Aufenthalt von Menschen dienen oder in denen zeitweise Menschenansammlungen stattfinden, sowie mehrgeschossige Anlagen, die nicht dem ständigen Aufenthalt von Menschen dienen.
Klasse B	Massive Tragwerke über Gleisanlagen, wie Brücken mit Straßenverkehr oder einstöckige Hochbauten, die nicht dem dauernden Aufenthalt von Menschen dienen.

ANMERKUNG 1 Die Zuordnung von Bauwerken in die Klassen A und B darf im Nationalen Anhang oder für das einzelne Projekt erfolgen.

ANMERKUNG 2 Der Nationale Anhang darf auch ergänzende Hinweise zur Klassifizierung temporärer Bauwerke, wie z. B. temporärer Fußgängerbrücken oder ähnlicher Anlagen für den öffentlichen Verkehr oder für Behelfskonstruktionen, als widerspruchsfreie, zusätzliche Information liefern, siehe EN 1991-1-6.

> **NDP Zu 4.5.1.2 (1), Anmerkungen 1 und 2**
>
> Für die Klassifizierung der Bauwerke, die im Folgenden als Überbauungen bezeichnet werden, gelten die Absätze in Abhängigkeit von der Anordnung und Ausbildung der Stützkonstruktionen.
>
> Die Regelungen gelten auch für Baubehelfe und temporäre Überbauungen.

Die Festlegungen nach diesem Abschnitt gelten nicht für
- Treppenanlagen zu Überbauungen, wenn bei Ausfall der Treppenkonstruktion die Tragfähigkeit der Überbauung selbst erhalten bleibt,
- Tunnel in offener Bauweise, wenn die Lasten aus Überbauungen unabhängig von der Tunnelkonstruktion abgetragen werden,
- Oberleitungsmaste und andere Tragkonstruktionen für Oberleitungen,
- Signalträger, einschließlich Signalausleger und -brücken,
- Bahnsteigdachstützen.

Die Anforderungen an die Stützkonstruktion hängen ab von der Nutzung der Überbauung, den Folgen bei Anprall von Eisenbahnfahrzeugen und den öffentlichen Sicherheitsbedürfnissen.

Bei Überbauungen von Bahnanlagen wird daher nach Art der Nutzung, in
- Überbauungen ohne Aufbauten,
- Überbauungen mit Aufbauten,

und nach Sicherheitsanforderungen im Bereich der Überbauungen, in
- üblich,
- erhöht

unterschieden.

Zu den Bauwerken Klasse A gehören Überbauungen mit Aufbauten,
- die dem ständigen Aufenthalt von Menschen dienen (z. B. Büro-, Geschäfts- und Wohnräume),
- in denen zeitweise Menschenansammlungen stattfinden (z. B. Theater- und Kinosäle),
- die mehrgeschossig sind und nicht dem ständigen Aufenthalt von Menschen dienen (z. B. mehrgeschossige Parkhäuser und Lagerhallen).

Zu den Bauwerken Klasse B gehören Überbauungen ohne Aufbauten
- Eisenbahn-, Straßen-, Fußweg-, Radwegbrücken und ähnliche Verkehrsflächen sowie
- eingeschossige Anlagen, die nicht dem dauernden Aufenthalt von Menschen dienen (z. B. Parkflächen, Lagerhallen).

Kriterien für die Zuordnung von Überbauungen in solche mit üblichen und erhöhten Sicherheitsanforderungen sind Tabelle NA.3 zu entnehmen.

Tabelle NA.3: Kriterien für die Einteilung von Überbauungen nach Sicherheitsanforderungen

Art und Lage der Überbauung	übliche Sicherheitsanforderungen	erhöhte Sicherheitsanforderungen
Überbauungen ohne Aufbauten (Klasse B)		
über Bahnsteigen	wenn $v \leq 120$ km/h[c]	wenn $v > 120$ km/h[c]
über Bahnhofsbereichen[a] außerhalb von Bahnsteigen	wenn $v \leq 160$ km/h[c]	wenn $v > 160$ km/h[c]
außerhalb von Bahnhofsbereichen[a]	Keine Unterscheidung, siehe zu 4.5.1.2, zu 4.5.1.4 und Tabelle NA.4	
Überbauungen mit Aufbauten (Klasse A)		
Alle Arten unabhängig von der Lage	–	alle Überbauungen mit Aufbauten; zusätzliche Bedingung: $v \leq 120$ km/h[b]
[a] Bahnhofsbereiche sind die Bereiche zwischen den Einfahrtsignalen.		
[b] Bei $v > 120$ km/h ist ein Sicherheitskonzept aufzustellen.		
[c] v ist die örtlich zulässige Zuggeschwindigkeit.		

NCI Zu 4.5.1.2 (1), Anmerkungen 1 und 2: Klassifizierung von Tragwerken für Anpralllasten

Diese Klassifizierung gilt mit den folgenden Planungs- und Konstruktionsgrundsätzen:

Im lichtem Abstand von < 3,0 m von der Gleisachse sind in der Regel keine Stützkonstruktionen anzuordnen.

Lassen sich Unterstützungen im lichten Abstand von < 3,0 m nicht vermeiden, gilt:

- Bei Überbauungen ohne Aufbauten außerhalb von Bahnhofsbereichen sind die statisch äquivalenten Kräfte nach Tabelle NA.5 anzusetzen.
- Bei übrigen Überbauungen sind von den Eisenbahnen des Bundes in Abstimmung mit dem Eisenbahn-Bundesamt auf den Einzelfall bezogene Regelungen (Zustimmung im Einzelfall) zu treffen. Die in Tabelle NA.6 angegebenen statisch äquivalenten Kräfte sind Anhaltswerte.
- Es sind immer Führungen im Gleis und zugehörige Fangvorrichtungen einzubauen. Führungen müssen 5 m vor der Unterstützung beginnen.

Die Abstandsgrenze von 3,0 m gilt für Gleisradien $R \geq 10\,000$ m und ist bei $R < 10\,000$ m auf 3,2 m zu vergrößern.

Stützkonstruktionen mit einem lichten Abstand von < 5,0 m von der Gleisachse sind in der Regel als durchgehende Wände, gegebenenfalls auch mit Durchbrüchen, als wandartige Scheiben oder als Stützenreihen auszubilden. Für Wände mit Durchbrüchen gelten die Mindestmaße nach Bild NA.1. Für wandartige Scheiben betragen die Mindestmaße $L : B \geq 4 : 1$ mit $L \geq H/2$, $B \geq 0,6$ m bei üblichen Sicherheitsanforderungen und $B \geq 0,8$ m bei erhöhten Sicherheitsanforderungen (L: Länge, B: Breite, H: Höhe der Scheibe).

Stützkonstruktionen dürfen bei einem lichten Abstand < 5,0 m von der Gleisachse auch als Einzelstützen oder Stützenreihen ausgebildet werden, wenn sie auf massiven Bahnsteigen oder erhöhten Fundamenten mit Höhen von mindestens 0,55 m über Schienenoberkante stehen. Rechtwinklig zur Gleisachse muss der Abstand zwischen Außenrand einer Einzelstütze und der Außenkante des zugehörigen Fundaments mindestens 0,8 m betragen. Bei gleisnahen Stützkonstruktionen ist der Bereich A des Regellichtraums nach § 9 EBO zu beachten. Diese erhöhten Fundamente müssen mindestens 5,0 m vor den Stützen beginnen und an ihrem Ende fahrzeugablenkend ausgebildet sein. Die Anordnung auf Bahnsteigen gegenüber dem Bahnsteigende ist im größten möglichen Abstand zu wählen, jedoch mindestens wie bei erhöhten Fundamenten.

Falls bei erhöhten Sicherheitsanforderungen Stützen ohne erhöhte Fundamente im lichten Abstand von < 5,0 m von der Gleisachse unbedingt erforderlich sind, ist ein starrer Anprallblock oder eine energieverzehrende Anprallschutzkonstruktion vor Einzelstützen oder vor der ersten Stütze von Stützenreihen anzuordnen. Anprallschutzkonstruktionen sind so auszubilden, dass sie die Bewegungsrichtung entgleister Fahrzeuge von der Stütze ablenken können. Anprallschutzkonstruktionen sind nicht erforderlich vor Stützen, die auf Anprall nicht untersucht zu werden brauchen (siehe Tabelle NA.5).

Die Anprallschutzkonstruktionen sind so zu gründen, dass im Fall eines Anpralls die Tragfähigkeit der Stütze auch nicht über die Gründung beeinträchtigt wird. Die Mindestmaße und -abstände sind in Bild NA.2 beispielhaft dargestellt.

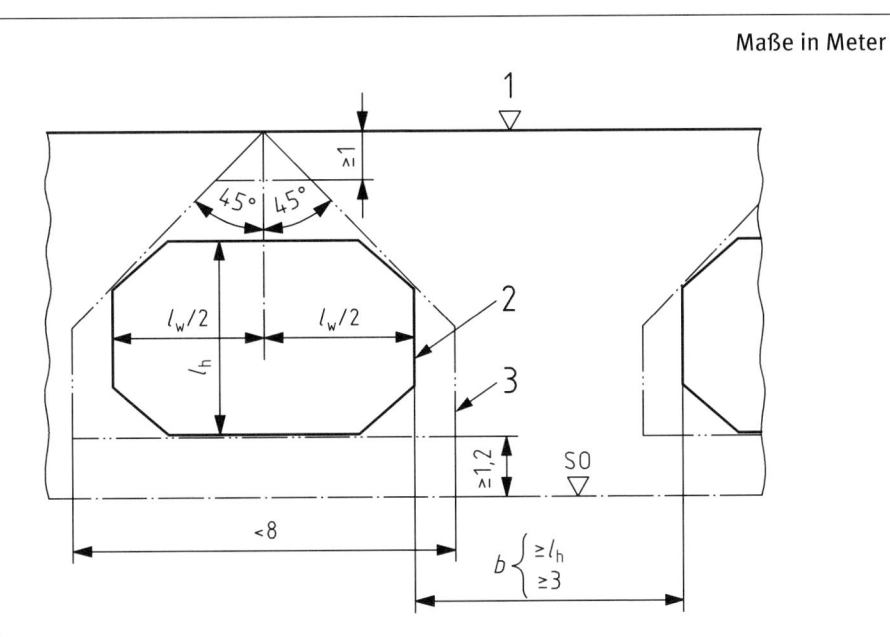

Legende
1   UK Decke
2   Beispiel eines Durchbruchs
3   äußere Begrenzung des Durchbruchs
l_w Lichte Weite
l_h Lichte Höhe
SO   Schienenoberkante

Bild NA.1: Durchbrüche in Wänden; zulässige Abmessungen, Beispiel

Legende
1   Stütze
2   Anprallschutz

Bild NA.2: Anprallschutzkonstruktionen vor Unterstützungen, Mindestbemessung, Beispiel

In Stützenreihen gelten Stützen mit einem lichten Abstand von mehr als 8,0 m als Einzelstützen.

Als Stützkonstruktionen sollen in der Regel keine Pendelstützen gewählt werden. Im lichten Abstand von < 15,0 m von der Gleisachse dürfen keine Pendelstützen stehen. Diese Regelung gilt nicht für Lehrgerüste/Baubehelfe oder temporäre Brücken nach Tabelle NA.4.

NDP Zu 4.5.1.2 (1), Anmerkung 2: Klassifizierung von temporären Bauwerken und Behelfskonstruktionen

Bei Unterstützungen von Baubehelfen, z. B. Lehrgerüststützen, in einem Abstand von ≥ 3,0 (3,2) m brauchen die Forderungen nach durchgehenden Wänden o. Ä. und Lagerung auf erhöhten Fundamenten nicht erfüllt zu werden.

Bei Unterstützungen von temporären Fuß- und Radwegbrücken oder ähnlichen Überbauungen mit öffentlicher Nutzung braucht die Forderung nach durchgehenden Wänden o. Ä. bei einem lichten Abstand ≥ 3,0 (3,2) m nicht erfüllt zu werden, wenn die Zuggeschwindigkeit $v \leq 120$ km/h beträgt. Bei Zuggeschwindigkeiten $v > 120$ km/h sind in Abstimmung mit dem Eisenbahn-Bundesamt Anforderungen in Anlehnung an die Regelungen für Überbauungen festzulegen.

Auf die Nachweise „Stützenanprall" und „Stützenausfall" darf verzichtet werden,

- bei Baubehelfen, z. B. Lehrgerüsten, unabhängig vom Abstand der Stützen von der Gleisachse, wenn die Zuggeschwindigkeit $v \leq 120$ km/h beträgt und bei lichten Abständen von < 3,0 (3,2) m,
- Führungsschienen und Fangvorrichtungen vorhanden sind,
- bei temporären Fuß- und Radwegbrücken oder ähnlichen Überbauungen mit öffentlicher Nutzung, wenn der lichte Abstand ≥ 3,0 (3,2) m ist, die Stützen auf Bahnsteigen oder bahnsteigähnlichen Fundamenten stehen und die Zuggeschwindigkeit $v \leq 120$ km/h beträgt.

Die Regelungen für temporäre Überbauungen von Bahnanlagen sind in folgender Tabelle NA.4 zusammengefasst:

Tabelle NA.4: Übersicht über die Bedingungen für Stützkonstruktionen bei temporären Überbauungen

Art der temporären Überbauung	Abstand a der Stützkonstruktion von der Gleisachse	Bedingungen	Anprallersatzlast (äquivalente statische Last)
Baubehelfe, z. B. Lehrgerüste	$a < 3$ m (3,2 m)[a]	zulässig bei $v \leq 120$ km/h und Führungsschienen und Fangvorrichtungen	keine
	$a \geq 3$ m (3,2 m)[a]	keine	keine
Temporäre Fuß- und Radwegbrücken oder ähnliche Überbauungen mit öffentlicher Nutzung	$a < 3$ m (3,2 m)[a]	nicht zulässig	–
	$a \geq 3$ m (3,2 m)[a]	zulässig bei $v \leq 120$ km/h und Stützenlagerung auf Bahnsteigen	keine

[a] Die Abstandsgrenze $a = 3,0$ m gilt für Gleisradien $R \geq 10\,000$ m. Bei $R < 10\,000$ m ist die Abstandsgrenze auf $a = 3,2$ m zu vergrößern.

ANMERKUNG 3 Zum Hintergrund und weiteren Hinweisen zur Bauwerksklassifizierung wird auf die entsprechenden UIC-Dokumente hingewiesen.

4.5.1.3 Außergewöhnliche Bemessungssituationen und Bauwerksklassen

(1) Entgleisungen unter oder neben einem Bauwerk, das in Klasse A oder B klassifiziert ist, sind als außergewöhnliche Bemessungssituationen nach EN 1990, 3.2 zu behandeln.

(2) Aus Entgleisungen unter oder neben einem Bauwerk braucht in der Regel kein Anprall auf die Überbauung berücksichtigt zu werden.

Bauwerke der Klasse A 4.5.1.4

(1) Für Bauwerke der Klasse A, bei denen Geschwindigkeiten 120 km/h nicht übersteigen, sind Bemessungswerte für die statisch äquivalenten Kräfte auf Stützkonstruktionen (z. B. Pfeiler, Wände) zu spezifizieren.

> **NDP Zu 4.5.1.4 (1), Bemessungswerte für Anpralllasten aus Entgleisung**
>
> Stützkonstruktionen für Überbauungen von Bahnanlagen sind für die in den Tabellen NA.5 und NA.6 angegebenen statisch äquivalenten Anprallkräfte F_{dx} und F_{dy} für Anprall von Eisenbahnfahrzeugen zu bemessen. Die Anprallkräfte sind mit F_{dx} in Gleisrichtung und mit F_{dy} rechtwinklig zur Gleisrichtung anzusetzen.
>
> Bei erhöhten Sicherheitsanforderungen ist im Bereich der Überbauungen zusätzlich zur außergewöhnlichen Bemessungssituation nachzuweisen, dass die Stützkonstruktionen, die für Anprall zu bemessen sind, innerhalb außergewöhnlicher Bemessungssituationen ständige und veränderliche Einwirkungen, jedoch ohne die außergewöhnliche Einwirkung (entspricht dem Zustand nach dem außergewöhnlichen Ereignis), mit dem reduzierten Querschnitt aufnehmen können:
>
> - bei Wänden und wandartigen Scheiben mit Breiten $B < 1$ m ist mit völliger Zerstörung des Wandkopfes auf 2 m Länge zu rechnen,
> - bei Stützen ist mit Zerstörung des halben Querschnitts zu rechnen.
>
> Die Tragfähigkeit der Tragkonstruktion bei Ausfall einzelner Stützen ist nachzuweisen,
>
> - wenn Stützen im Bereich erhöhter Sicherheitsanforderungen neben Gleisen ohne Weichen oder in Weichenbereichen mit technisch gesicherten Weichenstraßen im Abstand $a \leq 5{,}0$ m angeordnet werden,
> - wenn Stützen – unabhängig von den Sicherheitsanforderungen – neben Weichenstraßen ohne technische Sicherung, z. B. in Bahnhofsbereichen, im Abstand $a \leq 6{,}0$ m angeordnet werden.
>
> Weichenbereiche sind in Bild NA.3 dargestellt.
>
> Maße in Meter
>
> **Legende**
> 1 Bereich der Weiche
> 2 Weichenlänge
> 3 Gleisachse
> WA Weichenanfang
> WE Weichenende
>
> **Bild NA.3:** Darstellung des Weichenbereichs

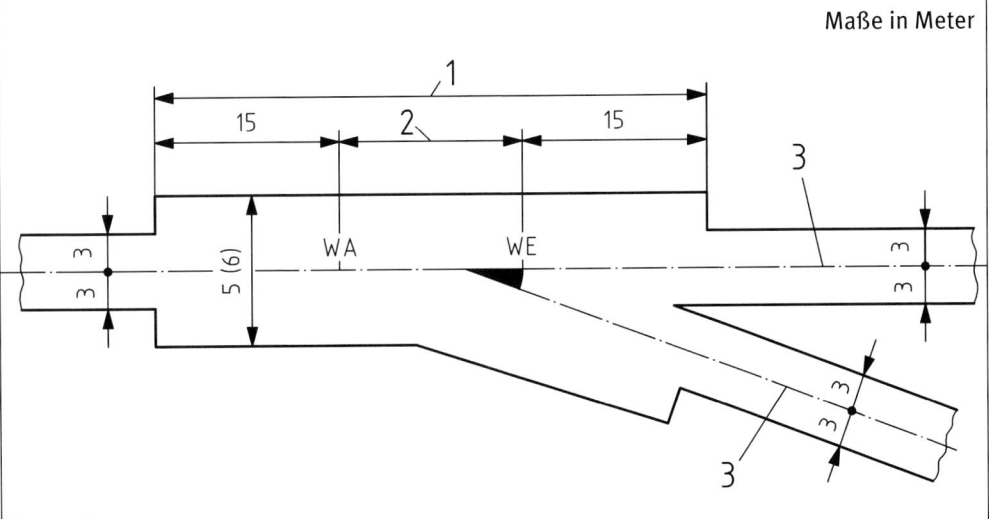

Auf den Nachweis „Stützenausfall" darf verzichtet werden,

- wenn Gleise nur mit Zuggeschwindigkeiten $v \leq 25$ km/h befahren werden oder
- wenn die Stützkonstruktion als Stahlbetonscheibe mit der Länge $L \geq 3,0$ m und der Breite $B \geq 1,2$ m und ggf. mit Zerschellschicht (Bilder NA.4 und NA.5) ausgeführt wird.

Auf den Nachweis „Stützenanprall" und „Stützenausfall" darf verzichtet werden,

- wenn die Stützkonstruktion als Stahlbetonscheibe mit der Länge $L \geq 6,0$ m und der Breite $B \geq 1,2$ m und mit Zerschellschicht (Bilder NA.4 und NA.5) ausgeführt wird,
- bei Überbauungen ohne Aufbauten außerhalb von Bahnhofsbereichen, wenn der lichte Abstand der Unterstützungen von der Gleisachse $\geq 3,0$ (3,2) m (ohne Weichen) und $\geq 5,0$ m (mit Weichen) ist.

Stützen, Pfeiler und Wandscheibenenden, die durch Fahrzeuganprall beschädigt werden können, müssen im Anprallbereich mit einer Zerschellschicht von $\geq 0,1$ m Dicke nach Bild NA.4 und zweilagiger Bewehrung nach Bild NA.5 ausgebildet werden. Die Zerschellschicht ist zusätzlich zum Querschnitt der Unterstützung anzuordnen, der aus Einwirkungen der ständigen Bemessungssituationen statisch erforderlich ist. Bei der Bemessung für außergewöhnliche Einwirkungen ist die Zerschellschicht für den maßgebenden Querschnitt nicht zu berücksichtigen.

Als Anprallbereich ist eine Höhe von 4,0 m über Schienenoberkante anzunehmen und

- in Fahrtrichtung die ganze Länge der Stützkonstruktion, jedoch nicht mehr als $L = 3,0$ m,
- rechtwinklig zur Fahrtrichtung die ganze Breite der Stützkonstruktion (siehe Bild NA.4).

Bei Überbauungen von Bahnanlagen außerhalb von Bahnhofsbereichen darf auf die Zerschellschicht an Stützkonstruktionen verzichtet werden.

Maße in Meter

Legende
1 Gleisachse
2 Zerschellschicht

Bild NA.4: Anordnung und Abmessungen

Maße in Millimeter

a) Rechteckstütze b) Rundstütze

Legende

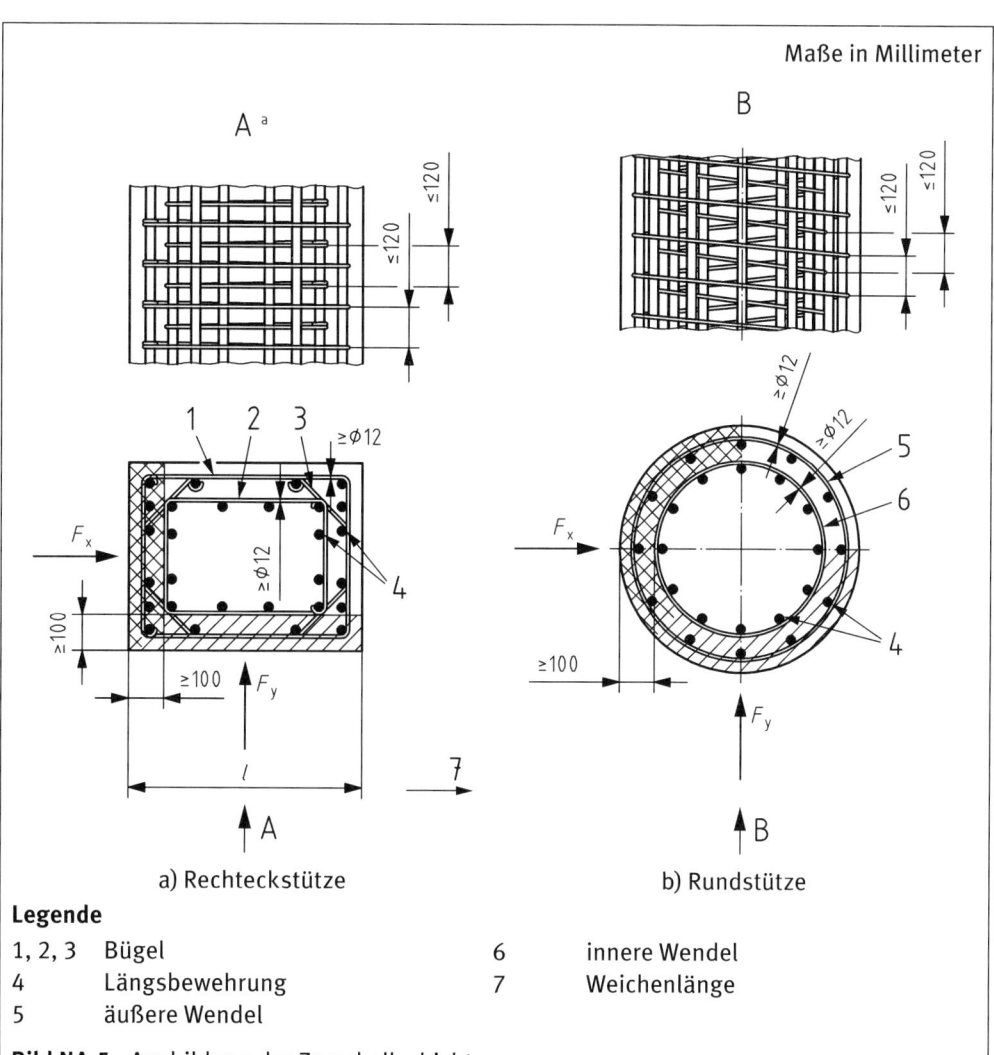

1, 2, 3	Bügel	6	innere Wendel
4	Längsbewehrung	7	Weichenlänge
5	äußere Wendel		

Bild NA.5: Ausbildung der Zerschellschicht

Die statisch äquivalenten Kräfte für den Anprall von Eisenbahnfahrzeugen sind in Abhängigkeit

– vom Abstand der Stützkonstruktion von der Gleisachse,

– von der Art und Lage der Stützkonstruktion und

– von den Sicherheitsanforderungen im Bereich der Überbauung

in den Tabellen NA.5 und NA.6 angegeben.

Tabelle NA.5: Statisch äquivalente Anprallkräfte für Überbauungen ohne Aufbauten außerhalb von Bahnhofsbereichen

Gleis-bereich	Lichter Abstand a der Stützkonstruktion von der Gleisachse	Art der Stützkonstruktion (Bedingungen)	Statisch äquivalente Kraft	
			F_{dx} in MN	F_{dy} in MN
ohne Weichen	$a < 3{,}0$ m (3,2 m)[a]	Alle Arten, wenn – die Zuggeschwindigkeit $v \leq 120$ km/h beträgt, und – die Stützkonstruktion durch Führungen im Gleisbereich gesichert ist.	–	–
		– Einzelstützen – Außenstützen[b] von Stützenreihen – Zwischenstützen[b] in Stützenreihen mit lichtem Stützabstand $a_S > 8{,}0$ m – Endbereiche von Wandscheiben (2 m in Längs-richtung)	2,0	1,0
		Zwischenstützen[b] in Stützenreihen mit lichtem Stützabstand $a_S \leq 8{,}0$ m	1,0	0,5
		Mittenbereiche von Wandscheiben	–	0,5
	$a \geq 3{,}0$ m (3,2 m)[a]	alle Arten	–	–
mit Weichen	$a < 3{,}0$ m (3,2 m)[a]	nicht zulässig	–	–
	3,0 m (3,2 m) $\leq a < 5{,}0$ m	– Einzelstützen – Außenstützen[b] von Stützenreihen – Zwischenstützen[b] in Stützenreihen mit lichtem Stützabstand $a_S > 8{,}0$ m – Endbereiche von Wandscheiben (2 m in Längs-richtung)	2,0	1,0
		Zwischenstützen[b] in Stützenreihen mit lichtem Stützabstand $a_S \leq 8{,}0$ m	1,0	0,5
		Mittenbereiche von Wandscheiben	–	0,5
	$a \geq 5{,}0$ m	alle Arten	–	–

[a] Die Abstandsgrenze $a = 3{,}0$ m gilt für Gleisradien $R \geq 10\,000$ m. Bei $R < 10\,000$ m ist die Abstandsgrenze auf $a = 3{,}2$ m zu vergrößern.
[b] Der Ausfall je einer Stütze ist zusätzlich zu untersuchen.

Tabelle NA.6: Statisch äquivalente Anprallkräfte für Überbauungen mit Aufbauten und Überbauungen in Bahnhofsbereichen

Abstand a der Stützkonstruktion von der Gleisachse	Art der Stützkonstruktion	Sicherheitsanforderung			
		üblich (ü.S.)		erhöht (e.S.)	
		Statisch äquivalente Kraft			
		F_{dx} in MN	F_{dy} in MN	F_{dx} in MN	F_{dy} in MN
$a < 3,0$ m (3,2 m)[a]	– Wandscheibenenden, wenn kein Anprallblock vorhanden – Anprallblock	4,0	2,0	10,0	4,0
	– Wandscheibenenden oder Stützen hinter Anprallblock	2,0	1,0	4,0	2,0
	– Mittenbereiche von Wandscheiben (Abstand > 2 m vom Wandende)	–	1,0	–	2,0
3,0 m (3,2 m)[a] $\leq a < 5,0$ m (6,0 m)[b]	– Wandscheibenenden, wenn kein Anprallblock vorhanden – Anprallblock	2,0	1,0	4,0	2,0
	– Wandscheibenenden oder Stützen hinter Anprallblock – Zwischenstützen von Stützenreihen mit lichtem Stützenabstand ≤ 8 m ohne erhöhte Fundamente – Wandscheibenenden und Stützen auf Bahnsteigen oder auf Fundamenten mit $h \geq 0,55$ m über Schienenoberkante	1,0	0,5	2,0	1,0
	– Mittenbereiche von Wandscheiben (Abstand > 2 m vom Wandende)	–	0,5	–	1,0
5,0 m (6,0 m)[b] $\leq a < 7,0$ m	Wandenden, Stützen	kein Anprall		2,0	1,0
$a \geq 7,0$ m	alle Arten	kein Anprall			

[a] Die Abstandsgrenze $a = 3,0$ m gilt für Gleisradien $R \geq 10\ 000$ m. Bei $R < 10\ 000$ m ist die Abstandsgrenze auf $a = 3,2$ m zu vergrößern.
[b] Die Abstandsgrenze $a = 5,0$ m gilt für Gleise ohne Weichen und für Weichenbereiche mit technisch gesicherten Weichenstraßen. Für Weichenstraßen ohne technische Sicherung, z. B. in Bahnhofsbereichen, ist die Abstandsgrenze auf $a = 6,0$ m zu vergrößern. Weichenbereiche sind in Bild NA.3 definiert.

(2) Werden Stützen durch massive Sockel oder Bahnsteige geschützt, dürfen die Anpralllasten abgemindert werden.

ANMERKUNG Abminderungen dürfen im Nationalen Anhang angegeben werden.

NDP Zu 4.5.1.4 (2)
Zulässige Abminderungen sind in Tabelle NA.6 angegeben.

> **NDP Zu 4.5.1.4 (3)**
>
> Die statisch äquivalenten Anprallkräfte F_{dx} und F_{dy} sind für Stützkonstruktionen in 1,8 m, für Anprallblöcke in 1,5 m Höhe über Schienenoberkante wirkend anzunehmen. Die Anprallfläche darf mit $b \times h = 2{,}0 \text{ m} \times 1{,}0 \text{ m}$ angesetzt werden, jedoch nicht mehr als der geometrisch vorhandenen Fläche (b: Breite; h: Höhe).

> **NDP Zu 4.5.1.4 (4)**
>
> Eine Reduzierung der in den Tabellen NA.5 und NA.6 angegebenen Anprallkräfte ist nicht zulässig.

(5) Liegt die maximale Zuggeschwindigkeit über 120 km/h, sollten die horizontalen statisch äquivalenten Kräfte zusammen mit zusätzlichen Vorbeuge- oder Schutzmaßnahmen nach den Annahmen für die Schadensfolgeklasse CC3 ermittelt werden, siehe 3.4 (1).

ANMERKUNG Die Kräfte F_{dx} und F_{dy} dürfen ggf. unter Berücksichtigung zusätzlicher vorbeugender oder schützender Maßnahmen im Nationalen Anhang angegeben sein oder im Einzelfall bestimmt werden.

> **NDP Zu 4.5.1.4 (5)**
>
> Für die Anprallkräfte gelten die Werte in den Tabellen NA.5 und NA.6.

4.5.1.5 Bauwerke der Klasse B

(1) Bei Bauwerken der Klasse B sind besondere Anforderungen zu spezifizieren.

ANMERKUNG Hinweise dürfen im Nationalen Anhang angegeben sein oder im Einzelfall festgelegt werden. Die besonderen Anforderungen dürfen auf der Grundlage einer Risikoabschätzung bestimmt werden. Hinweise zu den zu berücksichtigenden Faktoren und Maßnahmen sind im Anhang B zu finden.

> **NDP Zu 4.5.1.5 (1), Anforderungen an Tragwerke der Klasse B**
>
> Siehe 4.5.1.4 (1).
>
> **NCI NA.4.5.1.6 Oberleitungsbruch**
>
> Die auf das Tragwerk einwirkende Belastung als Folge eines Fahrleitungsbruchs ist als statische Belastung in Richtung des intakten Teils der Fahrleitung zu berücksichtigen. Diese außergewöhnliche Belastung ist mit einem Bemessungswert von 20 kN zu berücksichtigen.
>
> Es ist anzunehmen, dass für
>
> | | |
> |---|---|
> | 1 Gleis | 1 Tragseil und Fahrdraht, |
> | 2 bis 6 Gleise | 2 Tragseile und Fahrdrähte, |
> | mehr als 6 Gleise | 3 Tragseile und Fahrdrähte |
>
> gleichzeitig brechen können.
>
> Es ist anzunehmen, dass diejenigen Fahrdrähte brechen, die die ungünstigste Einwirkung erzeugen.

4.5.2 Bauwerke hinter dem Gleisende

(1) Das Überfahren eines Gleisendes (z. B. in Kopfbahnhöfen) ist nach EN 1990 als außergewöhnliche Bemessungssituation zu berücksichtigen, wenn sich das Tragwerk oder die Stütze unmittelbar hinter dem Gleisende befindet.

ANMERKUNG Der Bereich hinter dem Gleisende, der zu berücksichtigen ist, darf im Nationalen Anhang angegeben sein oder im Einzelfall entschieden werden.

> **NDP Zu 4.5.2 (1)**
>
> Im Bereich hinter Gleisabschlüssen sollten in der Regel keine Stützkonstruktionen angeordnet werden. Falls sie sich nicht vermeiden lassen, sind hierfür von den Eisenbahnen des Bundes in Abstimmungen mit dem Eisenbahn-Bundesamt auf den Einzelfall bezogene Regelungen (Zustimmung im Einzelfall) zu treffen.

(2) Maßnahmen zur Begrenzung des Risikos sollten den Bereich hinter dem Gleisende einbeziehen und die Wahrscheinlichkeit des Überfahrens der Gleisenden reduzieren.

(3) Stützen von Bauwerken sollten grundsätzlich nicht im Bereich hinter Gleisenden angeordnet werden.

(4) Müssen Stützen im Bereich der Gleisenden angeordnet werden, ist trotz eines Prellbocks zusätzlich eine Anpralleinrichtung vorzusehen. Werte für statische Ersatzlasten (äquivalente statische Lasten) infolge Anprall gegen eine Anprallvorrichtung sollten für den jeweiligen Einzelfall festgelegt werden.

ANMERKUNG Besondere Maßnahmen und alternative Bemessungswerte für statisch äquivalente Anprallkräfte dürfen im Nationalen Anhang oder im Einzelfall festgelegt werden. Empfohlen wird eine statisch äquivalente Anprallkraft F_{dx} = 5 000 kN für Personenzüge und F_{dx} = 10 000 kN für Güterzüge. Diese Kräfte sind horizontal und in einer Höhe von 1,0 m über Gleisoberkante anzuordnen.

> **NDP Zu 4.5.2 (4), Bemessungswerte für Anpralllasten auf Anprallwände**
>
> Für die Anprallkräfte auf Anpralleinrichtungen gelten die Werte in der Tabelle NA.6.

Außergewöhnliche Einwirkungen aus Schiffsverkehr 4.6

Allgemeines 4.6.1

(1) Die außergewöhnlichen Einwirkungen aus Schiffskollisionen sind unter Berücksichtigung u. a. folgender Punkte zu bestimmen:
- Typ der Wasserstraße;
- Wasserstands- und Fließbedingungen;
- Schiffstiefgänge, Schiffstypen und deren Anprallverhalten;
- Tragwerkstyp und dessen Energiedissipationsverhalten.

(2) Die Schiffstypen auf Binnengewässern sollten für Schiffsanprall nach dem CEMT-Klassifizierungssystem klassifiziert werden.

ANMERKUNG Das CEMT-Klassifizierungssystem ist in Tabelle C.3 im Anhang C angegeben.

(3) Bei Seeschiffen sind die Kennwerte der Schiffe für Schiffsanprall zu spezifizieren.

ANMERKUNG 1 Der Nationale Anhang darf die Klassifizierung von Schiffen auf Seewasserstraßen festlegen. Anhaltswerte für Seeschiffe sind in Tabelle C.4 im Anhang C enthalten.

> **NDP Zu 4.6.1 (3), Anmerkung 1: Klassifizierung von Seeschiffen**
>
> Es gelten die empfohlenen Regelungen.

ANMERKUNG 2 Hinweise zur probabilistischen Modellbildung für Schiffskollisionen liefert Anhang B.

(4) Bei der Bestimmung der Lasten aus Schiffsstoß mit weitergehenden Methoden ist die mitwirkende hydrodynamische Masse mit zu berücksichtigen.

(5) Der Schiffsstoß sollte durch zwei nicht gleichzeitig wirkende Kräfte bestimmt werden:
- eine frontal wirkende Kraft F_{dx} (in Fahrtrichtung, gewöhnlich quer zur Längsachse der Überbauung bzw. des Brückenüberbaus);
- eine lateral wirkende Kraft mit der Komponente F_{dy} senkrecht zu F_{dx} und der Reibungskomponente F_R in Richtung von F_{dx}.

(6) Bauwerke, die einen Schiffsanlegestoß planmäßig aufnehmen müssen (z. B. Kaimauern und Dalben), liegen außerhalb des Anwendungsbereichs dieses Teils von EN 1991.

4.6.2 Anprall von Binnenschiffen

(1) Frontale und laterale dynamische Anprallkräfte von Binnenschiffen sind, sofern erforderlich, festzulegen.

ANMERKUNG Frontale und laterale dynamische Anprallkräfte dürfen im Nationalen Anhang oder im Einzelfall festgelegt werden. Angaben sind in Anhang C (Tabelle C.3) für eine Reihe von Standardfällen einschließlich mitwirkender hydrodynamischer Masse und auch für Schiffe mit anderen Massen zu finden.

NDP Zu 4.6.2 (1): Bemessungswerte für Anpralllasten bei Binnenschiffen

Es gelten die empfohlenen Regelungen in DIN EN 1991-1-7:2010-12, Anhang C, Tabelle C.3. Die dynamischen Stoßkraft-Werte sind probabilistisch hinterlegt und berücksichtigen typische Situationen in deutschen Wasserstraßen und gelten für feste und bewegliche Brücken.

Die Stoßlast-Werte nach Tabelle C.3 dürfen für Pfeiler, die in einem Abstand vom Fahrrinnenrand der Wasserstraße im Bereich der Brücke entfernt angeordnet werden, durch Multiplikation mit dem Reduktionsfaktor nach Bild NA.6 abgemindert werden.

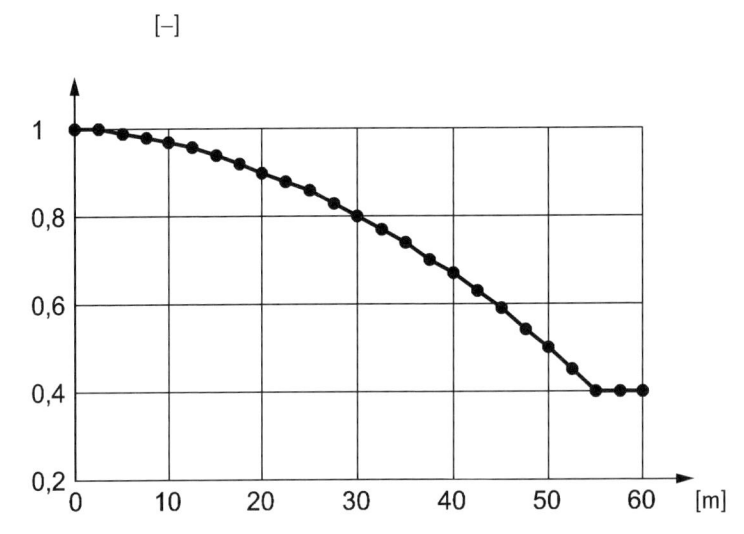

Bild NA.6: Reduktionsbeiwert zur Berücksichtigung des Abstandes Fahrrinnenrand zu Pfeiler

Der maßgebende Wasserstand ist in der Regel der höchste Schifffahrtswasserstand.

Die Stoßlasten für Lateral- und Reibungsstoß sind jeweils als horizontale, wandernde Einzellast zu berücksichtigen.

NCI Zu 4.6.2 (1), Bemessungswerte für Anpralllasten bei Binnenschiffen

Die Angaben zu den Massen in Tabelle C.3 haben informativen Charakter; sofern für das Projekt nicht näher spezifiziert, darf der Wert eines Drittels zwischen dem unteren und oberen Wert der angegebenen Bandbreite für Ermittlungen der Stoßkraft-Zeitfunktion nach C.4.3 angenommen werden.

Sofern nicht genauer ermittelt, dürfen für dynamische Untersuchungen die in Tabelle NA.7 angegebenen Schiffsanprall-Geschwindigkeiten angesetzt werden:

> **Tabelle NA.7:** Schiffsanprall-Geschwindigkeiten für dynamische Nachweise
>
> | **CEMT-Klasse** (siehe Tabelle C.3) | I | II | III | IV | Va – Vb | VIa – VIc | VII |
> |---|---|---|---|---|---|---|---|
> | **Anprall-Geschwindigkeit in** km/h | 6 | 7 | 8 | 10 | 12 | 13 | 15 |
>
> Eine Vergrößerung der dynamischen Anprallkräfte nach C.4.1 (3) ist nicht vorzunehmen.
>
> Für durch Schiffsanprall gefährdete Pfeiler bzw. Widerlager auf einer Uferböschung bzw. an einer Ufermauer (einschließlich eines Bereichs von 3 m landseitig der Böschungsbruchkante bzw. der Uferkante) dürfen Anprallkräfte in Höhe von 40 % der Kräfte F_{dx} bzw. F_{dy} aus Tabelle C.3 angesetzt werden.
>
> Sofern bei Brücken über Flüssen für Pfeiler im Bereich der Vorländer ein Schiffsanprall zu berücksichtigen ist, dürfen Anprallkräfte in Höhe von 20 % der Kräfte F_{dx} bzw. F_{dy} aus Tabelle C.3 angesetzt werden.

(2) Die Reibungskraft F_R, die gleichzeitig mit der Anprallkraft F_{dy} wirkt, sollte aus Gleichung (4.1) bestimmt werden:

$$F_R = \mu F_{dy} \tag{4.1}$$

Dabei ist

μ der Reibungsbeiwert.

> **NDP Zu 4.6.2 (2)**
>
> Der Reibungsbeiwert ist $\mu = 0{,}4$.

(3) Die Anpralllasten sollten abhängig vom Tiefgang des beladenen oder leeren Schiffes in einer bestimmten Höhe über dem höchsten schiffbaren Wasserstand angesetzt werden. Die Angriffshöhe und die Angriffsfläche $b \times h$ der Anprallkraft sollten festgelegt werden.

ANMERKUNG 1   Die Angriffshöhe und die Angriffsfläche $b \times h$ der Anpralllast dürfen im Nationalen Anhang oder im Einzelfall festgelegt werden. Liegen keine genaueren Angaben vor, darf die Kraft in Höhe von 1,50 m über dem maßgebenden Wasserstand angesetzt werden. Die Anprallflächen $b \times h$ dürfen mit $b = b_{Pfeiler}$ und $h = 0{,}5$ m für Frontalstoß und mit $b = 1{,}0$ m und $h = 0{,}5$ m für den Lateralstoß angenommen werden. $b_{Pfeiler}$ ist die Breite des Hindernisses in der Wasserstraße, z. B. des Brückenpfeilers.

> **NDP Zu 4.6.2 (3), Anmerkung 1**
>
> Es gelten die empfohlenen Regelungen.

ANMERKUNG 2   In bestimmten Fällen darf angenommen werden, dass das Schiff erst durch ein Widerlager oder einen Gründungsblock so angehoben wird, dass es an Stützen anprallt.

(4) Sofern erforderlich, ist der Brückenüberbau für eine äquivalente statische Kraft aus Schiffsanprall zu bemessen, die senkrecht zur Brückenlängsachse wirkt.

ANMERKUNG   Der Wert der äquivalenten statischen Kraft darf im Nationalen Anhang oder im Einzelfall festgelegt werden. Ein Anhaltswert ist 1 MN.

> **NDP Zu 4.6.2 (4)**
>
> Es gilt die Empfehlung in DIN EN 1991-1-7; sie gilt auch für bewegliche Brücken, wenn ein Schiffsverkehr unter der geschlossenen Brücke stattfindet. Die zu berücksichtigende Anprallfläche beträgt $b \times h = 1{,}0$ m $\times$ 0,5 m. Die statisch äquivalente Anprallkraft ist nicht anzusetzen, wenn die lichte Höhe zwischen maßgebendem Wasserstand und Konstruktionsunterkante des Brückenüberbaus das 1,5-Fache des für die Wasserstraße unteren Werts der Brückendurchfahrtshöhe nach CEMT, 1992, beträgt. Als der zur Anprallkraft äquivalenten Anprallenergie darf $E = 10$ kNm angesetzt werden.
>
> Ein Überbau darf durch konstruktive Maßnahmen bei entsprechender Bemessung gegen eine horizontale Verschiebung gesichert werden.

> **NCI Zu 4.6.2 (4)**
>
> Die bei neu herzustellenden Brücken über der eigentlichen Fahrrinne erforderliche Lichtraumhöhe ist für den maßgebenden Wasserstand über dem gesamten Fahrwasser einzuhalten.
>
> Der Ansatz einer Stoßbelastung auf Überbauten bestehender Brücken darf nach risikoanalytischen Überlegungen entschieden werden. Für Anprall und Auswirkung dürfen Schadens-Szenarien erstellt werden. Dabei darf – mit Ausnahme von Fußgängerbrücken und Rohrbrücken – von einer Bemessung oder Sicherung abgesehen werden, wenn die jährliche Wahrscheinlichkeit eines Anpralls auf einen Brücken-Überbau geringer ist als $p_a = 10^{-5}/$ je Jahr. Ist eine Bemessung erforderlich, so gilt die o. a. statische Ersatzlast von $F = 1$ MN bzw. die äquivalente Anprallenergie, sofern nicht eine detaillierte Untersuchung erfolgt.

4.6.3 Anprall von Seeschiffen

(1) Frontal anzusetzende statisch äquivalente Anpralllasten aus Seeschiffen sollten festgelegt werden.

ANMERKUNG Zahlenwerte der frontal anzusetzenden dynamischen Anpralllasten dürfen im Nationalen Anhang oder im Einzelfall festgelegt werden. Anhaltswerte sind in Tabelle C.4 enthalten. Interpolationen sind gestattet. Die Werte gelten für typische Schifffahrtswege und dürfen außerhalb dieses Bereichs abgemindert werden. Für kleinere Schiffe dürfen die Kräfte nach Anhang C.4 ermittelt werden.

> **NDP Zu 4.6.3 (1)**
>
> Da generelle Klassifizierungen von Seeschifffahrtsstraßen hinsichtlich Schiffstypen in Deutschland weite Streuungen aufweisen würden, ist eine Einzelfall-Betrachtung vorzunehmen.

(2) Der Anprall des Buges, Hecks und der Breitseite sollte, sofern notwendig, berücksichtigt werden. Buganprall sollte in der Hauptfahrtrichtung mit einer Winkelabweichung von max. 30° angesetzt werden.

(3) Die Reibungskraft F_R, die gleichzeitig mit der lateralen Anprallkraft wirkt, sollte nach Gleichung (4.2) bestimmt werden :

$$F_R = \mu F_{dy} \tag{4.2}$$

Dabei ist

μ der Reibungsbeiwert.

> **NDP Zu 4.6.3 (3)**
>
> Der Reibungsbeiwert $\mu = 0{,}4$.

(4)P Der Angriffspunkt und die Angriffsfläche der Anpralllast hängen von den Abmessungen des Tragwerks und der Größe und Ausbildung des Schiffes (z. B. mit oder ohne Burgwulst), seinem Tiefgang und Trimm und den Gezeiten ab. Der Bereich der Angriffshöhe sollte von ungünstigsten Annahmen für die Schiffsbewegung ausgehen.

ANMERKUNG Der Bereich des Anpralls darf im Nationalen Anhang angegeben sein. Für die Höhe wird $0{,}05\,\ell$ und für die Breite $0{,}1\,\ell$ empfohlen (ℓ = Schiffslänge). Der Angriffspunkt kann im Bereich von $0{,}05\,\ell$ über und unter den Bemessungswasserständen angesetzt werden, siehe Bild 4.4.

> **NDP Zu 4.6.3 (4)**
>
> Es gelten die empfohlenen Regelungen.

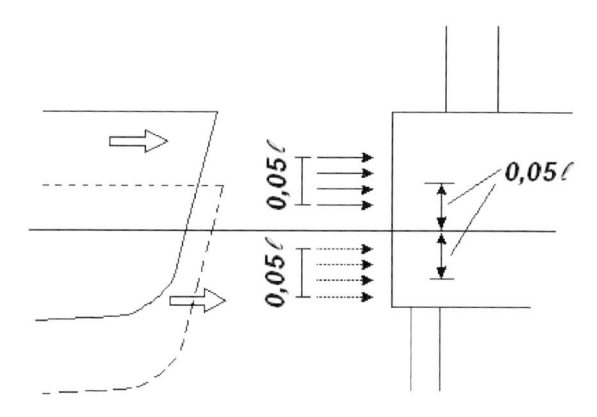

Bild 4.4: Angaben zu Anprallflächen für Schiffsanprall

(5) Kräfte auf den Überbau sollten unter Berücksichtigung der Durchfahrtshöhe und des erwarteten Schiffstyps festgelegt werden. Im Allgemeinen wird die Kraft auf den Überbau durch die plastischen Verformungen der Schiffsaufbauten beschränkt.

ANMERKUNG 1 Die Anpralllast darf im Nationalen Anhang oder im Einzelfall festgelegt werden. Die Größenordnung von 5 % bis 10 % der Buganprallast kann als Anhalt dienen.

> **NDP Zu 4.6.3 (5), Anmerkung 1**
>
> Als statisch äquivalente Anprallkraft eines Schiffsaufbaus auf einen Brückenüberbau sind 10 % der Frontalstoßkraft anzunehmen, sofern eine genauere Untersuchung nicht erfolgt. Ansonsten gelten die empfohlenen Regelungen in DIN EN 1991-1-7.

ANMERKUNG 2 Wenn nur der Mast an den Überbau anprallen kann, gilt eine Anpralllast von 1 MN als Anhaltswert.

> **NCI NA.4.6.4, Anprall von Booten**
>
> In nicht-klassifizierten Wasserstraßen, vergleiche Tabelle C.3 oder C.4, werden Anprallkräfte von Booten, da deren Struktur-Steifigkeit geringer als die von Güterschiffen ist, bis zu einer Verdrängung < 250 m³ über die empirische, nicht dimensionsgetreue Gleichung wie folgt berechnet:
>
> $$F_{Stat} = 0{,}03 \times (D \times E_{Def})^{1/3} \qquad (NA.1)$$
>
> Dabei ist
>
> F_{Stat} die statisch äquivalente Kraft in MN;
>
> D die Verdrängung in m³;
>
> E_{Def} die Deformations- bzw. Anprallenergie in kNm.
>
> Die anzusetzende Anprallenergie für Lateralstoß ergibt sich nach DIN EN 1991-1-7:2010-12, Gleichung (C.10). Eine Reibungskraft ist analog DIN EN 1991-1-7:2010-12, Gleichung (4.1), zu berücksichtigen.
>
> Die Angriffshöhe der Anpralllast liegt bei $h = 1{,}5$ m über dem maßgebenden Wasserstand, der in der Regel dem Höchsten Schiffbaren Wasserstand HSW entspricht; die Anprallfläche beträgt $b \times h = 0{,}5 \times 0{,}25$ m.
>
> Für einen Schiffs-Anprall an Überbauten von Brücken über nicht-klassifizierte Wasserstraßen gilt NDP zu 4.6.2 (4) sinngemäß. Sofern eine Anprallkraft zu berücksichtigen ist, darf eine statisch äquivalente Kraft in Höhe von $F = 0{,}2$ MN, alternativ eine Anprallenergie von $E_{Def} = 0{,}005$ MNm, angesetzt werden.

4.7 Außergewöhnliche Einwirkungen aus Helikoptern

(1) Bei Gebäuden mit Hubschrauberlandeplatz auf dem Dach ist eine Kraft aus Notlandung anzusetzen. Die vertikale äquivalente statische Kraft F_d sollte nach Gleichung (4.3) bestimmt werden.

$$F_d = C\sqrt{m} \tag{4.3}$$

Dabei ist

C 3 kN kg$^{-0,5}$

m die Masse des Helikopters, in kg.

(2) Die Anprallkraft sollte an jedem Punkt der Landefläche und auf dem Dach im Bereich von 7 m Abstand vom Rand der Landefläche angesetzt werden. Die Stoßfläche sollte mit 2 m × 2 m angenommen werden.

5 Innenraumexplosionen

5.1 Anwendungsbereich

(1)P Bei Gebäuden und Ingenieurbauwerken mit Gasanschluss oder Lagerung explosiver Stoffe wie explosiver Gase, Flüssigkeiten (z. B. in chemischen Anlagen, Behältern, Bunkern, Abwasseranlagen, Wohnungen, Energieleitungen, Straßen- und Eisenbahntunneln) sind Explosionen beim Entwurf zu berücksichtigen.

(2) Die Wirkungen von Sprengstoffen sind in dieser Norm nicht geregelt.

(3) Der Einfluss einer möglichen Kaskadenwirkung infolge mehrerer nebeneinander liegender, verbundener Räume, die mit explosiven Stäuben, Gas oder Dämpfen gefüllt sind, auf die Höhe der Explosion wird in dieser Norm nicht behandelt.

(4) In diesem Abschnitt werden Einwirkungen aus Innenraumexplosionen bestimmt.

5.2 Darstellung der Einwirkung

(1) Die Übertragung des Explosionsdrucks von nichttragenden Bauteilen auf die tragenden Bauteile ist zu berücksichtigen.

ANMERKUNG 1 Als Explosion wird eine schnelle chemische Reaktion von Staub, Gas oder Dampf in der Luft bezeichnet. Sie führt zu hohen Temperaturen und hohen Überdrücken. Explosionsdrücke breiten sich als Druckwellen aus.

ANMERKUNG 2 Die bei einer Innenraumexplosion erzeugten Drücke hängen im Wesentlichen ab von

- Typ des Staubs, Gases oder Dampfes,
- Anteil von Staub, Gas oder Dampf in der Luft,
- der Gleichförmigkeit des Staub-, Gas- oder Dampf-Luft-Gemisches,
- der Zündquelle,
- der Anwesenheit von Hindernissen im Raum,
- der Größe, Form und Festigkeit des Raumabschlusses,
- dem Umfang an verfügbaren Öffnungen und Druckablassen.

(2) Das wahrscheinliche Vorhandensein von Staub, Gas oder Dampf in verschiedenen Innenräumen oder Gruppen von Innenräumen ist im gesamten Gebäude zu prüfen; die Öffnungswirkungen und die Geometrie des Innenraums oder der Gruppe von Innenräumen sind zu berücksichtigen.

(3) Bei baulichen Anlagen, die der Versagensfolgeklasse CC1 (siehe Abschnitt 3) zugeordnet sind, brauchen Explosionseffekte nicht besonders berücksichtigt zu werden; es genügt die Bemessung der Anschlüsse und Verbindungen zwischen den Bauteilen nach EN 1992 bis EN 1999.

(4) Bei baulichen Anlagen, die den Versagensfolgeklassen CC2 oder CC3 zugeordnet sind, müssen Haupttragteile so bemessen werden, dass sie den Einwirkungen genügen, entweder durch einen Nachweis mit äquivalenten statischen Lastmodellen oder durch Anwendung von Bemessungs- und Konstruktionsregeln. Zusätzlich ist bei Bauwerken mit der Klasse CC3 in der Regel eine dynamische Berechnung erforderlich.

ANMERKUNG 1 Die in den Anhängen A und D beschriebenen Methoden dürfen angewendet werden.

ANMERKUNG 2 Weitergehende Berechnungen für Explosionen dürfen Folgendes enthalten:

- Explosionsdruckberechnungen unter Berücksichtigung von Raumabschlüssen und Öffnungsflächen;
- dynamische nichtlineare Modelle;
- probabilistische Aspekte und Untersuchungen der Schadensfolgen;
- wirtschaftliche Optimierung druckmindernder Maßnahmen.

5.3 Entwurfsgrundsätze

(1)P Tragwerke sind so zu entwerfen, dass progressiver Kollaps aus Innenraumexplosionen entsprechend EN 1990, 2.1 (4)P verhindert wird.

ANMERKUNG Der Nationale Anhang darf die notwendigen Verfahren für die verschiedenen Innraumexplosionen angeben. Hinweise zu folgenden Innenraumexplosionen liefert der Anhang D:

- Staubexplosionen in Räumen, Behältern oder Bunkern;
- Naturgasexplosionen in Räumen;
- Gas- und Dampf-Luftexplosionen (festgelegt in 5.1 (1)P) in Straßen- und Eisenbahntunneln.

NDP Zu 5.3 (1)P, Verfahren bei Innenraumexplosion

Nachfolgend aufgeführte Regelungen gelten nur für die Herstellung neuer Tragwerke.

Staubexplosionen in Räumen, Behältern oder Bunkern sind nach DIN EN 1991-4, einschließlich des Nationalen Anhangs, DIN EN 1991-4/NA, zu berücksichtigen.

Einwirkungen aus Gas- und Dampf-Luftexplosionen in Straßen- und Eisenbahntunneln, in denen explosive Stoffe gelagert werden, sind im Rahmen von Gutachten zu behandeln.

Gasexplosionsdruck auf tragende Bauteile ist in Gebäuden in allen Räumen mit einem Gasendverbrauchsgerät folgendermaßen zu berücksichtigen:

1. Bei Bauwerken der Versagensfolgeklasse CC1 und CC2.1 und bei eingeschossigen Gebäuden der Versagensfolgeklasse CC2.2 nach Tabelle NA.1-A.1 reichen die Bemessungs- und Konstruktionsregeln der jeweils bauartspezifischen Norm der Normenreihen DIN EN 1992 bis DIN EN 1999 und die übliche konstruktive Bauausführung zur Sicherstellung der Robustheit aus.

2. Bei Bauwerken der Versagensfolgeklasse CC2.2 nach Tabelle NA.1-A.1 – mit Ausnahme eingeschossiger Gebäude – gelten nachfolgende Regelungen.

Tragwerke, die nicht für außergewöhnliche Ereignisse bemessen sind, müssen ein geeignetes Zuggliedsystem aufweisen. Dieses soll alternative Lastpfade nach einer örtlichen Schädigung ermöglichen, sodass der Ausfall eines einzelnen Bauteils oder eines begrenzten Teils des Tragwerks nicht zum Versagen des Gesamttragwerks führt (fortschreitendes Versagen). Die nachfolgenden einfachen Regeln erfüllen im Allgemeinen diese Anforderung.

Die nachfolgenden Zuganker dürfen in der Regel für das Zuggliedsystem verwendet werden:

a) Ringanker;
b) innen liegende Zuganker;
c) horizontale Stützen- oder Wandzuganker.

Wird ein Bauwerk durch Dehnfugen in unabhängige Tragwerksteile geteilt, muss in der Regel jeder Abschnitt ein unabhängiges Zuggliedsystem aufweisen.

Die Zugglieder dürfen mit $\gamma_M = 1{,}0$ bemessen werden. Für andere Zwecke vorgesehene Zugglieder dürfen teilweise oder vollständig für diese Zugglieder angerechnet werden.

Zu a)

Ringanker müssen in der Regel in jeder Decken- und Dachebene wirksam durchlaufen und sind innerhalb eines Randabstandes von 1,2 m anzuordnen.

Der Ringanker muss in der Regel folgende Zugkraft aufnehmen können:

$$F_{\text{tie,per}} = l_i \times 10 \text{ kN/m} \geq 70 \text{ kN} \tag{NA.2}$$

Dabei ist

$F_{\text{tie,per}}$ die Zugkraft des Ringankers;
l_i die Spannweite des Endfeldes.

Tragwerke mit Innenrändern (z. B. Atrium, Hof usw.) müssen in der Regel Ringanker wie bei Decken mit Außenrändern aufweisen, die vollständig zu verankern sind.

Zu b)

Innen liegende Zuganker müssen in der Regel in jeder Decken- und Dachebene in zwei zueinander ungefähr rechtwinkligen Richtungen liegen. Sie müssen in der Regel über ihre gesamte Länge wirksam durchlaufend und an jedem Ende in den Ringankern verankert sein (es sei denn, sie werden als horizontale Zuganker zu Stützen oder Wänden fortgesetzt). Die innen liegenden Zuganker dürfen insgesamt oder teilweise gleichmäßig verteilt in den Platten oder in Balken, Wänden bzw. anderen geeigneten Bauteilen angeordnet werden. In Wänden müssen sie in der Regel innerhalb von 0,5 m über oder unter den Deckenplatten liegen, siehe Bild NA.7. Die innen liegenden Zuganker müssen in der Regel in jeder Richtung einen Bemessungswert der Zugkraft von $F_{tie,int}$ = 20 kN/m aufnehmen können.

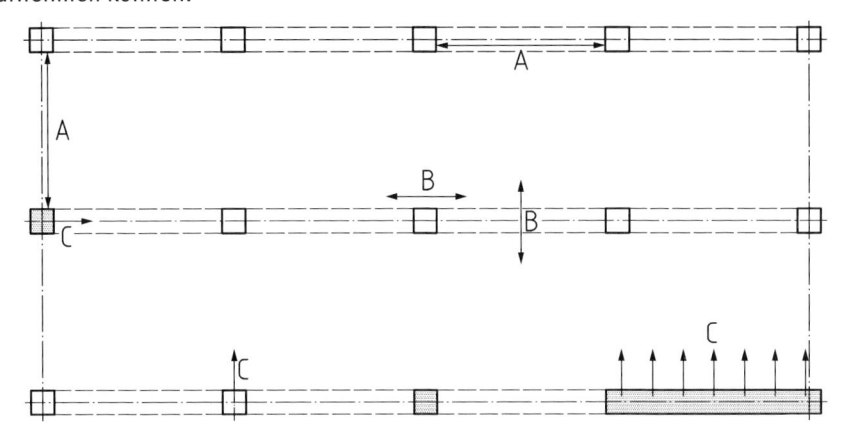

Legende
A Ringanker
B innen liegende Zuganker
C horizontale Stützen oder Wandzuganker

Bild NA.7: Zuganker für außergewöhnliche Einwirkungen (im Grundriss)

Bei Decken ohne Aufbeton, in denen die Zuganker über die Spannrichtung nicht verteilt werden können, dürfen die Zuganker konzentriert in den Fugen zwischen den Bauteilen angeordnet werden. In diesem Fall ist die aufzunehmende Mindestkraft in einer Fuge:

$$F_{tie} = 20 \text{ kN/m} \times (l_1 + l_2) / 2 \geq 70 \text{ kN} \tag{NA.3}$$

Dabei sind

l_1, l_2 die Spannweiten (in m) der Deckenplatten auf beiden Seiten der Fuge (siehe Bild NA.7).

Innen liegende Zuganker sind in der Regel so mit den Ringankern zu verbinden, dass die Kraftübertragung gesichert ist.

Zu c)

Bei horizontalen Stützen- und Wandzugankern sind Randstützen und Außenwände in der Regel in jeder Decken- und Dachebene horizontal im Tragwerk zu verankern. Die Zuganker müssen in der Regel eine Zugkraft $f_{tie,fac}$ = 10 kN/m je Fassadenmeter aufnehmen können. Die entsprechende Anschlusskraft der Wände an das Zuggliedsystem in einer Decke darf über Reibungskräfte unter Berücksichtigung der minimalen Deckenauflagerkräfte oder über konstruktive Anschlüsse nachgewiesen werden. Für Stützen ist dabei nicht mehr als $F_{tie,col}$ = 150 kN je Stütze anzusetzen. Eckstützen sind in der Regel in zwei Richtungen zu verankern. Die für den Ringanker vorhandene Bewehrung darf in diesem Fall für den horizontalen Zuganker angerechnet werden.

3. Bei Bauwerken der Versagensfolgeklasse CC3 nach Tabelle NA.1-A.1 ist eine Bemessung nach Anhang D, D.2, vorzunehmen.

(2) Der Entwurf darf das Versagen von Teiltragwerken unter der Voraussetzung zulassen, dass Haupttragelemente, von denen die Stabilität des gesamten Tragwerk abhängt, nicht betroffen sind.

(3) Zur Begrenzung der Schadensfolgen von Explosionen dürfen die folgenden Maßnahmen einzeln oder in Kombination genutzt werden:

– Bemessung des Tragwerks für den Explosionsspitzendruck;

ANMERKUNG Da Spitzendrücke höher sind als die mit den Methoden in Anhang D ermittelten Werte, sind solche Spitzenwerte in Verbindung mit einer maximalen Einwirkungszeit von 0,2 s und dem plastischen duktilen Verhalten des Baustoffs zu berücksichtigen.

– Nutzung von Öffnungselementen mit definiertem Öffnungsdruck;
– Abtrennung von Bauwerksbereichen, in denen explosive Stoffe lagern;
– Begrenzung der Bauwerksbereiche, die Explosionsrisiken ausgesetzt sind;
– Vorsehen von besonderen Schutzmaßnahmen zwischen benachbarten Bauwerken mit Explosionsrisiko, um Druckausbreitung zu vermeiden.

(4) Der Explosionsdruck sollte als auf alle Raumabschlussteile gleichzeitig wirkend angesetzt werden.

(5) Öffnungselemente sollten in der Nähe möglicher Zündquellen oder hoher Drücke angeordnet werden. Ihre Aktivierung sollte nicht zur Gefährdung von Personen oder zur Zündung von anderen Stoffen führen. Die Öffnungselemente sollten zur Vermeidung von Geschosswirkungen befestigt werden. Die Bemessung sollte mögliche Beeinträchtigungen der Umgebung durch Feuer und die Bildung weiterer Explosionen in Nachbarräumen ausschließen.

(6) Öffnungsklappen sollten so leicht wie möglich und bei niedrigen Drücken öffenbar sein.

ANMERKUNG Bei Verwendung von Fenstern als Öffnungselemente wird empfohlen, die Gefährdung von Personen durch Glassplitter oder andere Bauteile zu berücksichtigen.

(7)P Bei der Bestimmung der Öffnungskräfte für die Öffnungselemente ist auf ausreichende Dimensionierung und Verankerung des Rahmens der Öffnungselemente zu achten.

(8) Nach der ersten Überdruckphase der Explosion schließt sich eine Unterdruckphase an. Darauf ist beim Entwurf zu achten, sofern erforderlich.

ANMERKUNG Fachlicher Rat wird empfohlen.

Anhang A
(informativ)

Entwurf zur Begrenzung von Schadensfolgen lokalen Versagens aus unspezifizierter Ursache in Hochbauten

> **NCI Zu Anhang A**
> Der informative Anhang A ist in Deutschland nicht verbindlich.

Anwendungsbereich A.1

(1) Dieser Anhang A liefert Regeln und Verfahren für den Entwurf von Hochbauten, so dass sie ein bestimmtes lokales Versagen aus unspezifizierter Ursache ohne unverhältnismäßige Versagensfolge (z. B. Einsturz) überstehen. Neben anderen geeigneten Methoden führt diese Strategie unter Berücksichtigung der Schadensfolgeklasse (siehe 3.4) zu einer ausreichenden Robustheit im Hochbau, um einen begrenzten Umfang an Schäden und Versagen ohne Einsturz aufzufangen.

Einleitung A.2

(1) Mit Hilfe der Bemessung für ein bestimmtes lokales Versagen, das globale Versagen des gesamten Gebäudes oder eines bedeutenden Teils davon zu verhindern, gehört zu den zulässigen Strategien nach Abschnitt 3 dieser Norm. Dadurch verschafft man dem Gebäude genügend Robustheit, um einen angemessenen Bereich von undefinierten außergewöhnlichen Einwirkungen zu überstehen.

(2) Der Mindestzeitraum, den das Gebäude nach einem außergewöhnlichen Ereignis überstehen muss, ist die Zeit für die sichere Evakuierung und Rettung von Personen aus dem Gebäude und der Umgebung. Längere Zeiträume dürfen für Bauwerke mit Gefahrgütern, wichtigen öffentlichen Aufgaben oder aus Gründen öffentlicher Sicherheit erforderlich sein.

Schadensfolgeklassen für Hochbauten A.3

(1) Tabelle A.1 liefert einen Zusammenhang zwischen Gebäudetyp und -nutzung und der Schadensfolgeklasse. Dabei wird auf die niedrige, mittlere und hohe Schadensfolgeklasse nach 3.4 (1) Bezug genommen.

Tabelle A.1: Zuordnung zu Schadensfolgeklassen

Schadens-folgeklasse	Beispiel für Zusammenhang von Gebäudetyp und -nutzung
1	Einfamilienhäuser mit bis zu 4 Stockwerken. Landwirtschaftliche Gebäude. Gebäude, die selten von Personen betreten werden, wenn der Abstand zu anderen Gebäuden oder Flächen mit häufiger Nutzung durch Personen mindestens das 1,5-Fache der Gebäudehöhe beträgt.
2a Untere Risiko-Gruppe	5-stöckige Gebäude mit einheitlicher Nutzung. Hotels mit bis 4 Stockwerken. Wohn- und Apartmentgebäude mit bis 4 Stockwerken. Bürogebäude mit bis 4 Stockwerken. Industriebauten mit bis 3 Stockwerken. Einzelhandelsgeschäfte mit bis 3 Stockwerken und bis 1 000 m^2 Geschossfläche in jedem Geschoss. Einstöckige Schulgebäude. Alle Gebäude mit bis zu 3 Stockwerken mit Publikumsverkehr und Geschossflächen bis 2 000 m^2 in jedem Geschoss.
2b Obere Risiko-Gruppe	Hotels, Wohn- und Apartmentgebäude mit mehr als 4 und bis 15 Stockwerken. Schulgebäude mit mehr als einem und bis 15 Stockwerken. Einzelhandelsgeschäfte mit mehr als 3 und bis 15 Stockwerken. Krankenhäuser mit bis 3 Stockwerken. Bürogebäude mit mehr als 4 und bis zu 15 Stockwerken. Alle Gebäude mit Publikumsverkehr mit Geschossflächen von mehr als 2 000 m^2 und bis 5 000 m^2 in jedem Geschoss. Parkhäuser mit bis 6 Stockwerken.
3	Alle Gebäude, die die Stockwerksanzahl und Flächengrenzen der Klasse 2 übersteigen. Alle Gebäude mit starkem Publikumsverkehr. Stadien mit mehr als 5 000 Zuschauern. Gebäude mit lagernden Gefahrgütern oder gefährlichen Verfahren.

ANMERKUNG 1   Bei Gebäuden mit Kenngrößen, die verschiedenen Schadensfolgeklassen zuzuordnen sind, gilt die höchste Klasse.

ANMERKUNG 2   Bei der Bestimmung der Anzahl der Stockwerke dürfen die Untergeschosse vernachlässigt werden, wenn die Untergeschosse die Bedingungen für die Schadensfolgeklasse 2b – Obere Risikogruppe – erfüllen.

ANMERKUNG 3   Tabelle A.1 ist nicht erschöpfend und kann ergänzt werden.

A.4   Strategieempfehlungen

(1)   Die folgende Strategieempfehlung stellt die Errichtung eines Gebäudes mit akzeptabler Robustheit sicher, das lokalem Versagen ohne unverhältnismäßige Einsturzfolgen widersteht.

a)   für Hochbauten der Klasse 1:

Bei Bemessung und Ausführung nach den Regeln in EN 1990 bis EN 1999 für Tragfähigkeit unter normalen Nutzungsbedingungen ist keine weitere Betrachtung außergewöhnlicher Einwirkungen aus unidentifizierter Ursache erforderlich.

b)   für Hochbauten der Klasse 2a (Untere Risikogruppe):

Ergänzend zu den für die Schadensfolgeklasse 1 empfohlenen Vorgehensweisen sind wirksame horizontale Zugverankerungen und wirksame vertikale Verankerungen abgehängter

Decken an die Wände, bestimmt wie in den Abschnitten A.5.1 für Rahmenbauweise und A.5.2 für die tragende Wandbauweise, vorzusehen.

ANMERKUNG 1   Einzelheiten einer wirksamen Verankerung dürfen im Nationalen Anhang genannt werden. Der informative Anhang A ist in Deutschland nicht verbindlich.

c)   für Hochbauten der Klasse 2b (Obere Risikogruppe):

Ergänzend zu der für die Klasse 1 empfohlenen Vorgehensweise sind:

- wirksame horizontale Zugverankerungen wie in A.5.1 für Rahmenbauweise und A.5.2 für die tragende Wandbauweise definiert (siehe 1.5.11) sowie wirksame vertikale Verankerungen in allen Stützen und Wänden nach A.6 vorzusehen, oder alternativ ist
- das Gebäudetragwerk geschossweise daraufhin zu überprüfen, ob bei der rechnerischen Entfernung jeder einzelnen Stütze und jedes Trägers, der eine Stütze trägt, oder jedes Abschnitts der lasttragenden Wände, wie in A.7 definiert, das Gebäude standsicher bleibt und der lokale Schaden ein bestimmtes Maß nicht überschreitet.

Wenn die rechnerische Entfernung der einzelnen Stützen und Wandabschnitte zu einer Überschreitung des vereinbarten Schadensmaßes führt, dann sollten diese Elemente als Haupttragelemente bemessen werden, siehe A.8.

Bei Gebäuden mit der tragenden Wandbauweise ist die Methode der rechnerischen Entfernung von jeweils nur einem Wandabschnitt die praktischste Strategie für Robustheit.

d)   für Hochbauten der Klasse 3:

Für das Gebäude ist eine systematische Risikoabschätzung unter Berücksichtigung vorhersehbarer und unvorhersehbarer Gefährdungen erforderlich.

ANMERKUNG 2   Hinweise zur Durchführung einer Risikoanalyse sind in Anhang B enthalten.

ANMERKUNG 3   Die Grenze für zulässiges lokales Versagen darf von Bauwerkstyp zu Bauwerkstyp verschieden sein. Empfohlen wird als Mindestwert 15 % der Geschossfläche, aber nicht mehr als 100 m² gleichzeitig in zwei benachbarten Geschossen nach 3.3 (1)P, siehe Bild A.1.

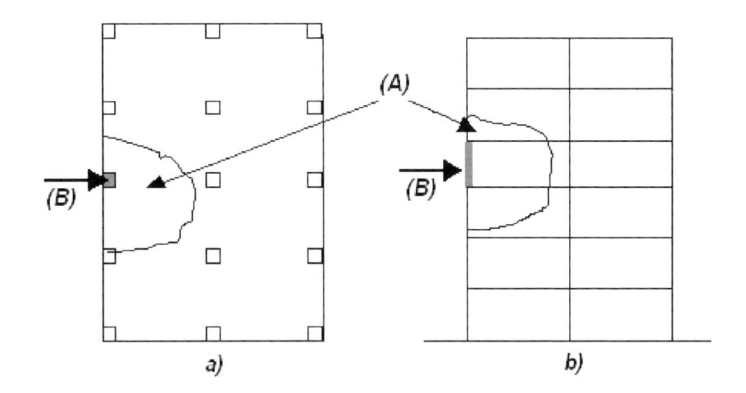

Legende
(A)   lokaler Schaden unter 15 % der Geschossfläche, gleichzeitig in zwei angrenzenden Geschossen
(B)   Stütze, die rechnerisch entfernt wird
a)   Aufsicht
b)   Ansicht mit Schnitt

Bild A.1:   Empfohlene Begrenzung eines akzeptablen Schadens

Wirksame horizontale Zugverankerungen A.5

Rahmenbauweise A.5.1

(1)   Um jede Geschossdecke und um die Dachebene sollten wirksame horizontale Zuganker angeordnet werden; dazu kommen Zuganker in der Deckenebene in zwei Richtungen, um die Stützen und Wände sicher an das Gebäudetragwerk anzubinden. Die Zuganker sollten durchlaufend sein und so nah wie möglich an den Ränder der Decke und in den Achsen der Stützen

und Wänden verlaufen. Mindestens 30 % der Zuganker sollten in enger Nachbarschaft der Rasterlinien für Stützen und Wände liegen.

ANMERKUNG   Siehe Beispiel in Bild A.2.

(2)   Wirksame horizontale Zuganker dürfen aus Walzprofilen, der Stahlbewehrung in Betonplatten oder Mattenbewehrung und Profilblechen in Verbunddecken bestehen (wenn diese mit den Stahlträgern schubfest verbunden sind). Die Zuganker dürfen aus einer Kombination dieser Bauteile bestehen.

(3)   Jeder der durchlaufenden Zuganker, einschließlich der Endanschlüsse, sollte im Falle der internen Zuganker für die Bemessungszugkraft „T_i" und der Randzuganker für die Bemessungszugkraft „T_p" als außergewöhnliche Einwirkung bemessen werden. Die Zugkräfte nehmen folgende Werte an:

Interne Zuganker $T_i = 0{,}8(g_k + \psi q_k)sL$ oder 75 kN, wobei der größere Wert gilt.   (A.1)

Randzuganker $T_p = 0{,}4(g_k + \psi q_k)sL$ oder 75 kN, wobei der größere Wert gilt.   (A.2)

Dabei ist

s der Abstand der Anker;

L die Spannweite der Anker;

ψ der Kombinationsbeiwert in der Einwirkungskombination für außergewöhnliche Bemessungssituationen (d. h. ψ_1 oder ψ_2 nach EN 1990, Gleichung (6.11b)).

ANMERKUNG   Siehe Beispiel in Bild A.2.

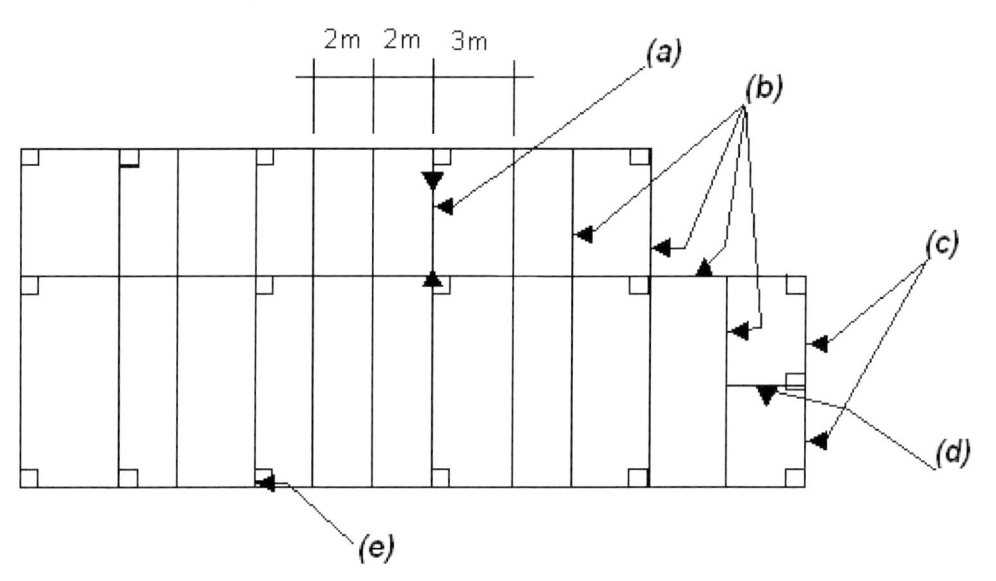

Legende
(a)   Träger mit 6 m Spannweite als interner Zuganker
(b)   alle Träger als Zuganker bemessen
(c)   Randzuganker
(d)   Zuganker, der eine Stütze verankert
(e)   Randstütze

BEISPIEL   Berechnung der Zugankerkraft T_i in einem Deckenträger mit 6 m Spannweite, siehe Bild A.2 (z. B. für ein Stahlskelettgebäude) mit folgenden Lastannahmen:

Charakteristische Belastung: $g_k = 3{,}0$ kN/m² und $q_k = 5{,}0$ kN/m²

Annahme für Kombinationsbeiwert ψ_1 (d. h. = 0,5) in Gleichung (6.11a)

$$T_i = 0{,}8(3{,}00 + 0{,}5 \times 5{,}00)\frac{3+2}{2} \times 6{,}0 = 66 \text{ kN} < 75 \text{ kN}$$

Bild A.2: Beispiel für eine wirksame horizontale Verankerung für ein 6-geschossiges Bürogebäude in Rahmenbauweise

(4) Es dürfen auch Bauteile, die andere Einwirkungen als außergewöhnliche Einwirkungen aufnehmen, für die Zugverankerung eingesetzt werden.

Tragende Wandbauweise A.5.2

(1) Für Hochbauten der Klasse 2a (Untere Risikogruppe), siehe Tabelle A.1:

Ausreichende Robustheit sollte durch eine Zellenbauweise vorgesehen werden, deren Bemessung das Zusammenwirken aller Bauteile einschließlich geeigneter Verankerungen der Wände mit der Decke beinhaltet.

(2) Für Hochbauten der Klasse 2b (Obere Risikogruppe) siehe Tabelle A.1:

In den Decken sollten durchlaufende horizontale Anker angeordnet werden. Diese bestehen aus einem orthogonalen Netz von gleichmäßig verteilten internen Ankern und Randankern an den Rändern der Decke innerhalb eines Randstreifens von 1,20 m. Die Bemessungs-Ankerzugkraft sollte wie folgt ermittelt werden:

Für interne Zuganker: $\quad T_i = \dfrac{F_t(g_k + \psi q_k)}{7{,}5} \dfrac{z}{5} \cdot F_t \geq F_t \text{ kN/m}$ (A.3)

Für Randzuganker: $\quad T_p = F_t$ (A.4)

Dabei ist

F_t 60 kN/m oder 20 + 4n_s kN/m, der kleinere Wert gilt;

n_s die Geschossanzahl;

z Faktor, der kleiner als die nachfolgende Bedingung ist:
- 5 H mit H = lichte Geschosshöhe oder
- der größte Achsabstand der Stützen oder der anderen vertikalen Tragelemente in Meter, in Richtung der Zuganker; der Abstand kann durch:
  - eine einzelne Platte oder durch
  - ein System aus Unterzügen und Platten

  überspannt sein.

ANMERKUNG   Werte H (m) und z (m) sind in Bild A.3 dargestellt.

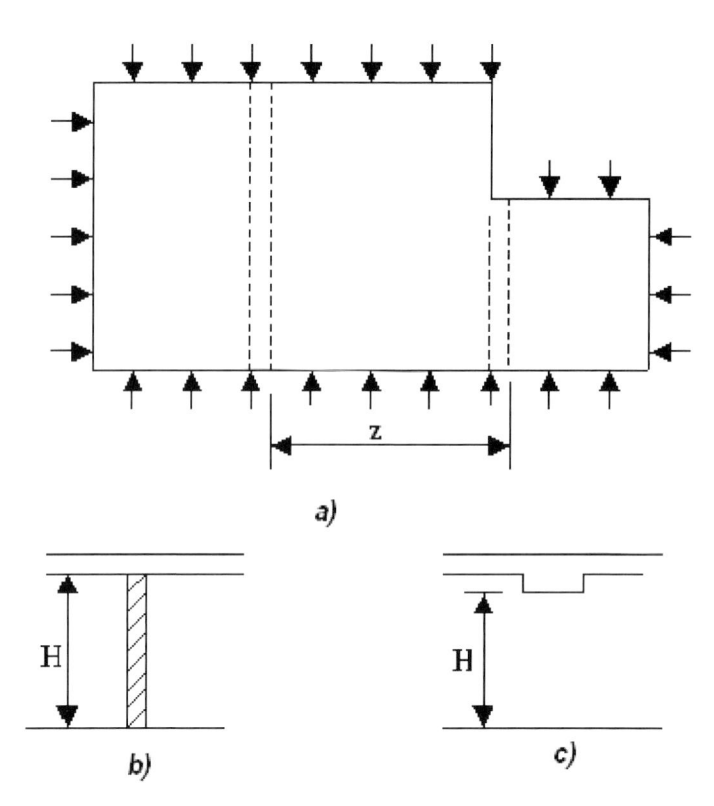

Legende

a) Aufsicht
b) Querschnitt mit Flachdecke
c) Querschnitt mit Decke und Unterzügen

Bild A.3: Darstellung der Werte H und z

A.6 Wirksame vertikale Zugverankerungen

(1) Jede Stütze oder Wand sollte von der Gründung bis zum Dach durchgehend zugverankert sein.

(2) Bei der Rahmenbauweise (Stahl- oder Stahlbetontragwerke) sollten die Stützen und Wände, die die vertikalen Lasten tragen, in der Lage sein, eine außergewöhnliche Zugkraft in Höhe der größten von einem Geschoss in die Stütze geleiteten Belastung aus ständigen und veränderlichen Einwirkungen zu tragen. Diese außergewöhnliche Zugkraft braucht nicht mit den sonstigen Schnittgrößen überlagert zu werden.

(3) Bei der tragenden Wandbauweise, siehe 1.5.11, dürfen die vertikalen Zuganker unter folgenden Bedingungen als wirksam angesehen werden:

a) Bei Mauerwerkswänden ist die Wanddicke mindestens 150 mm und die maximale Druckfestigkeit nach EN 1996-1-1 beträgt 5 N/mm².
b) Die lichte Wandhöhe H in Meter, gemessen zwischen der Ober- und Unterfläche der Decken oder der Decke und des Daches, ist nicht größer als $20t$, wobei t die Wanddicke in Meter ist.
c) Sie werden für die vertikale Ankerzugkraft T:

$$T = \frac{34A}{8000}\left(\frac{H}{t}\right)^2 \text{ in N oder 100 kN/m} \tag{A.5}$$

bemessen.

Dabei ist

A die Querschnittsfläche in mm² der Wand im Grundriss ohne die nicht lasttragende Schale von Hohlwänden.

d) Die vertikalen Zuganker sind maximal alle 5 m entlang der Wand gruppiert und haben vom freien Ende der Wand einen Maximalabstand von 2,5 m.

Nennquerschnitt einer tragenden Wand A.7

(1) Die Nennlänge der tragenden Wand nach A.4 (1)c sollte wie folgt bestimmt werden:

– bei Stahlbetonwänden eine Länge $\leq 2{,}25H$,

– bei Außenmauerwerk oder Holz- oder Stahlständerbauweise eine Länge L gemessen als Abstand zwischen seitlichen Unterstützungen durch andere vertikale Bauelemente (z. B. Rahmenstützen oder querlaufende Zwischenwände),

– bei Innenmauerwerk oder Holz- oder Stahlständerbauweise eine Länge $\leq 2{,}25H$.

Dabei ist

H die Stockwerkshöhe in Meter.

Haupttragelemente A.8

(1) Entsprechend 3.3 (1)P sollte ein „Haupttragelement" eines Gebäudes nach A.4 (1)c in der Lage sein, eine außergewöhnliche Einwirkung A_d abzutragen, die in horizontalen und vertikalen Richtungen (jeweils nur in einer Richtung gleichzeitig) auf das Element selbst und angeschlossene Bauteile einwirkt, wobei die Tragfähigkeit dieser Komponenten und ihrer Verbindungen zu berücksichtigen ist. Eine solche außergewöhnliche Bemessungslast sollte nach EN 1990, Gleichung (6.11b) als Einzellast oder gleichmäßig verteilte Last aufgebracht werden.

ANMERKUNG   Der empfohlene Wert für Hochbauten ist $A_d = 34$ kN/m².

Anhang B
(informativ)
Hinweise zur Risikoanalyse[2]

> **NCI Zu Anhang B**
> Der informative Anhang B ist in Deutschland nicht verbindlich. Risikoanalysen dürfen, sofern sie nicht einschlägig als Stand von Wissenschaft und Technik referenziert sind, nur in Abstimmung mit der zuständigen Behörde durchgeführt werden. Risikoanalysen empfehlen sich insbesondere bei Nachweisen für bestehende Bauwerke.

Einleitung B.1

(1) Dieser Anhang B enthält Hinweise zur Planung und Durchführung von Risikoabschätzungen für Hochbau und für Ingenieurbauwerke. Einen generellen Überblick zeigt Bild B.1.

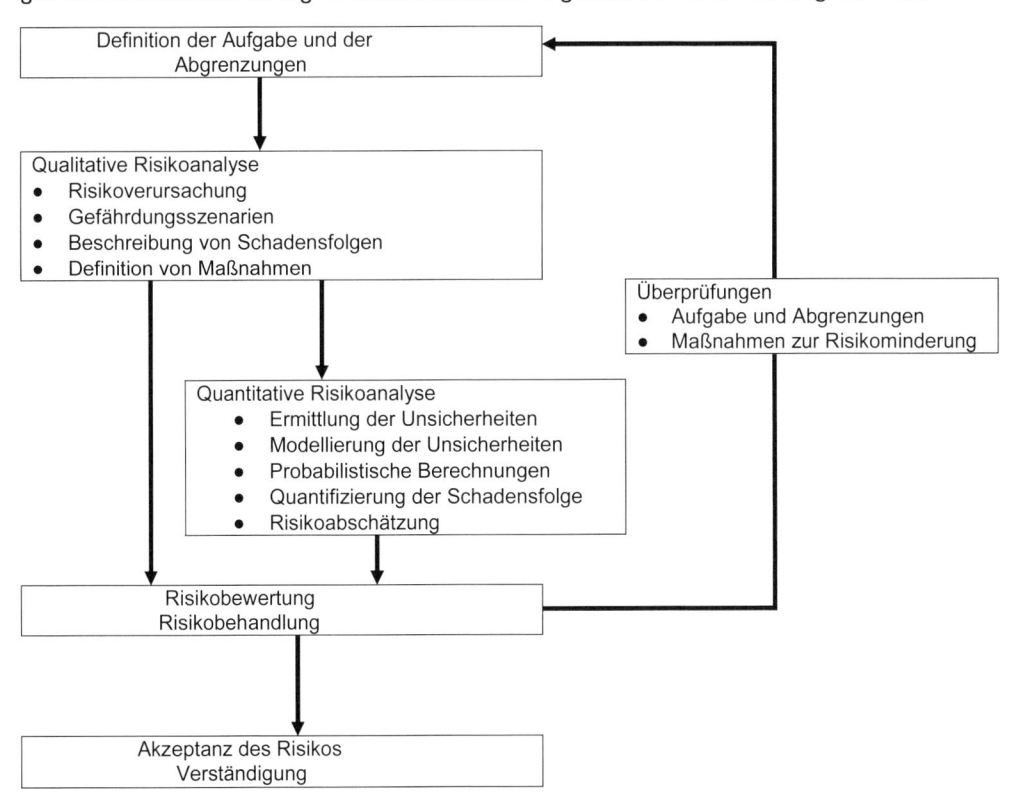

```
┌─────────────────────────────────┐
│ Definition der Aufgabe und der  │◄──────────┐
│         Abgrenzungen            │           │
└────────────┬────────────────────┘           │
             ▼                                │
┌─────────────────────────────────┐           │
│ Qualitative Risikoanalyse       │           │
│  • Risikoverursachung           │           │
│  • Gefährdungsszenarien         │           │
│  • Beschreibung von Schadensfolgen │        │
│  • Definition von Maßnahmen     │           │
└────────────┬────────────────────┘    ┌──────┴───────────────────────┐
             │                         │ Überprüfungen                │
             │                         │  • Aufgabe und Abgrenzungen  │
             │                         │  • Maßnahmen zur Risikominderung │
             ▼                         └──────▲───────────────────────┘
┌─────────────────────────────────┐           │
│ Quantitative Risikoanalyse      │           │
│  • Ermittlung der Unsicherheiten│           │
│  • Modellierung der Unsicherheiten │        │
│  • Probabilistische Berechnungen│           │
│  • Quantifizierung der Schadensfolge │      │
│  • Risikoabschätzung            │           │
└────────────┬────────────────────┘           │
             ▼                                │
┌─────────────────────────────────┐           │
│ Risikobewertung                 │───────────┘
│ Risikobehandlung                │
└────────────┬────────────────────┘
             ▼
┌─────────────────────────────────┐
│ Akzeptanz des Risikos           │
│ Verständigung                   │
└─────────────────────────────────┘
```

Bild B.1: Überblick über die Risikoanalyse

Begriffe B.2

Schadensfolge B.2.1

Ein mögliches Ergebnis eines (in der Risikoanalyse üblicherweise unerwünschten) Ereignisses. Schadensfolgen können mit Worten oder mit Zahlen ausgedrückt werden; sie betreffen Tote und Verletzte, wirtschaftliche Verluste, Umweltschäden, Nutzungsausfall für Benutzer und die Öffentlichkeit usw. Es werden sowohl unmittelbare Folgen als auch solche, die sich mit der Zeit einstellen, betrachtet.

---

[2] Teile des Inhalts dieses Anhangs werden voraussichtlich in weiterentwickelter Form in eine spätere Ausgabe von EN 1990, *Eurocode: Grundlagen der Tragwerksplanung*, überführt werden.

B.2.2 Gefährdungsszenarium

eine kritische Situation zu einer bestimmten Zeit, die durch eine Leitgefahr zusammen mit einer oder mehreren begleitenden Bedingungen bestimmt wird und das unerwünschte Ereignis bewirken kann (z. B. vollständiger Einsturz eines Tragwerks)

B.2.3 Risiko

(siehe 1.5.13)

B.2.4 Risikoakzeptanzkriterien

Akzeptierbare Wahrscheinlichkeitsgrenzen für das Eintreten bestimmter Schadensfolgen eines unerwünschten Ereignisses. Sie werden als Häufigkeiten je Jahr ausgedrückt. Diese Kriterien werden üblicherweise von den Bauaufsichtsbehörden bestimmt, um das Risikoniveau wiederzugeben, das für Menschen einerseits und die Gesellschaft andererseits akzeptabel ist.

B.2.5 Risikoanalyse

Eine systematische Vorgehensweise zur Beschreibung und Berechnung von Risiken. Die Risikoanalyse umfasst die Identifizierung unerwünschter Ereignisse, Ursachen, Wahrscheinlichkeiten und Schadensfolgen dieser Ereignisse (siehe Bild B.1).

B.2.6 Risikobewertung

ein Vergleich der Ergebnisse der Risikoanalyse mit den Risikoakzeptanzkriterien und anderen Entscheidungskriterien

B.2.7 Risikomanagement

systematische Maßnahmen einer Organisation, mit denen ein Sicherheitsniveau erreicht oder erhalten wird, das mit den definierten Zielsetzungen übereinstimmt

B.2.8 Unerwünschtes Ereignis

ein Ereignis oder ein Zustand, die die Verletzung von Personen oder Umweltschäden oder materielle Verluste verursachen können

B.3 Beschreibung des Umfangs der Risikoanalyse

(1) Der Gegenstand, der Hintergrund und die Zielsetzung der Risikoanalyse müssen vollständig beschrieben werden.

(2) Alle technischen, umweltbedingten, organisatorischen und personenbezogenen Umstände, die für die in der Risikoanalyse behandelte Aktivität und das Problem wichtig sind, sollten in ausreichender Ausführlichkeit festgehalten werden.

(3) Alle Voraussetzungen, Annahmen und Vereinfachungen, die in Verbindung mit der Risikoanalyse gemacht werden, sollten aufgeführt werden.

B.4 Methoden der Risikoanalyse

(1) Die Risikoanalyse hat einen beschreibenden (qualitativen) Teil und darf, wenn erforderlich und durchführbar, auch einen rechnerischen (quantitativen) Teil haben.

B.4.1 Qualitative Risikoanalyse

(1) In dem *qualitativen* Teil der Risikoanalyse sollten alle Gefährdungen und zugehörigen Gefährdungsszenarien identifiziert werden. Diese Identifizierung ist eine Hauptaufgabe der Risikoanalyse. Sie erfordert eine eingehende Prüfung und ein genaues Verständnis des Systems. Zu diesem Zweck wurde eine Reihe von Techniken entwickelt, die dem Ingenieur bei

diesem Teil der Analyse zur Verfügung stehen (z. B. PHA, HAZOP, Versagensbaum, Ereignisbaum, Entscheidungsbaum, Ursachennetzwerk usw.).

In der baulichen Risikoanalyse können z. B. folgende Bedingungen Gefährdungen für ein Tragwerk darstellen:

— große Werte der gewöhnlichen Einwirkungen;
— geringe Werte der Beanspruchbarkeiten, möglicherweise infolge von Irrtümern oder unvorhergesehenem Verschleiß;
— Baugrundbedingungen und Umwelteinflüsse, die nicht beim Entwurf zugrunde gelegt wurden;
— außergewöhnliche Einwirkungen wie Brand, Explosion, Überflutung (einschließlich Kolkung), Anprall oder Erdbeben;
— nicht spezifizierte außergewöhnliche Einwirkungen.

Folgendes sollte bei der Definition von Gefährdungsszenarien berücksichtigt werden:

— die erwarteten oder bekannten veränderlichen Einwirkungen auf das Tragwerk;
— die Umgebungsbedingungen für das Tragwerk;
— das beabsichtigte oder bekannte Inspektionsprogramm für das Tragwerk;
— das bauliche Konzept, die konstruktive Gestaltung, verwendete Baustoffe und mögliche Schwachpunkte für Schäden oder Verschleiß;
— die Folgen verschiedener Schäden und die Höhe der Schäden infolge der identifizierten Gefährdungsszenarien.

Die Hauptnutzung des Tragwerks sollte bekannt sein, um die Folgen für die Sicherheit ermitteln zu können, wenn das Tragwerk bei dem Eintreten der Leitgefährdung zusammen mit wahrscheinlichen begleitenden Einwirkungen versagt.

Quantitative Risikoanalyse B.4.2

(1) Im *quantitativen* Teil der Risikoanalyse sollten für alle unerwünschten Ereignisse und deren Folgen Wahrscheinlichkeiten abgeschätzt werden. Die Wahrscheinlichkeitswerte beruhen zumindest teilweise auf Ingenieurabschätzungen und weichen deshalb wesentlich von wirklichen Versagenshäufigkeiten ab. Wenn Versagen zahlenmäßig ausgedrückt werden kann, darf das Risiko als mathematische Erwartung der Schadensfolgen eines unerwünschten Ereignisses ausgedrückt werden. Eine Möglichkeit, Risiken darzustellen, liefert Bild B.2a.

Zahlenunsicherheiten und Modellunsicherheiten sollten erschöpfend diskutiert werden. Die Risikoanalyse wird abgeschlossen, wenn ein bestimmtes Niveau erreicht ist. Dabei werden berücksichtigt:

— die Zielsetzung der Risikoanalyse und die notwendigen Entscheidungen;
— die Grenzen, die in einem früheren Stadium der Analyse gezogen wurden;
— die Verfügbarkeit der wichtigen Daten oder genauer Daten;
— die Schadensfolgen unerwünschter Ereignisse.

Die ursprünglichen Annahmen sollten überprüft werden, wenn die Analyseergebnisse verfügbar sind. Die Sensitivität der verwendeten Faktoren sollte quantifiziert werden.

Schwer	X				
Hoch	X				
Mittel		X			
Niedrig			X		
Sehr niedrig				X	
↑ Schadensfolge					
Wahrscheinlichkeit →	0,00001	0,0001	0,001	0,01	> 0,1
X stellt Beispiele für die größten akzeptablen Risiken dar					

Klassifizierung:	Die Schwere eines möglichen Versagens wird für jedes Gefährdungsszenarium bestimmt und nach schwer, hoch, mittel, niedrig und sehr niedrig eingestuft. Die Schweregrade können wie folgt definiert werden:
Schwer	Ein plötzliches Versagen des Tragwerks mit großer Möglichkeit von Personenverlusten und Personenschäden.
Hoch	Versagen von Teilen des Tragwerks mit großer Möglichkeit eines Teileinsturzes mit Möglichkeiten von Personenschäden und Nutzungsausfall für die Nutzer und die Öffentlichkeit.
Mittel	Teilversagen des Tragwerks. Total- oder Teileinsturz des Tragwerks unwahrscheinlich. Geringe Möglichkeit von Personenschäden und Nutzungsausfall für Nutzer und Öffentlichkeit.
Niedrig	Lokaler Schaden
Sehr niedrig	Geringfügiger lokaler Schaden

Bild B.2a: Mögliche Darstellung des Ausgangs einer quantitativen Risikoanalyse

B.5 Risikoakzeptanz und Schutzmaßnahmen

(1) Nach Festlegung des Risikoniveaus sollte entschieden werden, ob Schutzmaßnahmen (baulicher oder nicht baulicher Art) spezifiziert werden sollten.

(2) Bei der Risikoakzeptanz wird meistens das ALARP-Prinzip (as low as reasonably practical/so niedrig wie vernünftigerweise durchführbar) angewendet. Nach diesem Prinzip werden zwei Risikoniveaus spezifiziert: Liegt das Risiko unter der unteren Grenze des allgemein tolerierbaren (ALARP-)Bereichs, brauchen keine Maßnahmen ergriffen zu werden; liegt es oberhalb der oberen Grenze, wird das Risiko als nicht akzeptierbar betrachtet. Liegt das Risiko zwischen der unteren und oberen Grenze, sollte eine wirtschaftlich optimale Lösung gesucht werden.

(3) Bei der Risikobewertung für eine bestimmte Zeitspanne und für ein Versagensereignis mit der Schadensfolge sollte eine Abzugsrate berücksichtigt werden.

(4) Die Niveaus für die Risikoakzeptanz sollten spezifiziert werden. Sie werden normalerweise mit den folgenden zwei Akzeptanzkriterien formuliert:

- Das akzeptierbare Risikoniveau für das Individuum: Risiken für das Individuum werden gewöhnlich als Rate von Unfällen mit Todesfolge ausgedrückt. Sie können als jährliche

Todeswahrscheinlichkeit oder als wahrscheinliche Zeitspanne für einen Todesfall ausgedrückt werden, wenn einer bestimmten Tätigkeit nachgegangen wird.
- Das akzeptierbare Risikoniveau für die Gesellschaft: die gesellschaftliche Akzeptanz von Risiken für das menschliche Leben, die sich mit der Zeit ändern kann, wird oft als F-N-Schaubild dargestellt, das die maximale jährliche Wahrscheinlichkeit F für einen Unfall mit mehr als N Personenverlusten angibt.

Alternativ können auch Konzepte wie VPF (Value of prevented fatality/Geldwert von verhinderten tödlichen Unfällen) oder life quality index (LQI)/Index der Lebensqualität herangezogen werden.

ANMERKUNG   Niveaus für die Risikoakzeptanz dürfen für den Einzelfall festgelegt werden.

Die Akzeptanzkriterien dürfen durch bestimmte nationale Bestimmungen oder Anforderungen, bestimmte Normen und Standards oder durch Erfahrungen und/oder technische Vorkenntnisse, die als Grundlage für Entscheidungen für akzeptable Risiken herangezogen werden können, festgelegt werden. Akzeptanzkriterien dürfen qualitativ oder mit Zahlenwerten ausgedrückt werden.

(5) Im Falle qualitativer Risikoanalysen können folgende Kriterien gelten:

a) Allgemeines Ziel sollte die Minimierung des Risikos sein, ohne erhebliche Zusatzkosten zu verursachen.

b) Hinsichtlich der Auswirkungen nach der im Bild B.2b angelegten senkrechten Fläche kann das mit dem Szenario verbundene Risiko üblicherweise akzeptiert werden.

c) Hinsichtlich der Auswirkungen nach dem im Bild B.2b diagonal angezeigten Bereich sollte eine Entscheidung getroffen danach getroffen werden, ob das Risiko beim angenommenen Szenario akzeptiert werden kann oder ob die Risiko abschwächenden Maßnahmen im Rahmen annehmbarer Kosten akzeptiert werden können.

d) Bei Auswirkungen, die nicht akzeptiert werden können (dies sind solche, die in den horizontal angelegten Bereich des Bildes Bild B.2b fallen), sollten geeignete Risiko abschwächende Maßnahmen (siehe Bild B.6) vorgesehen werden.

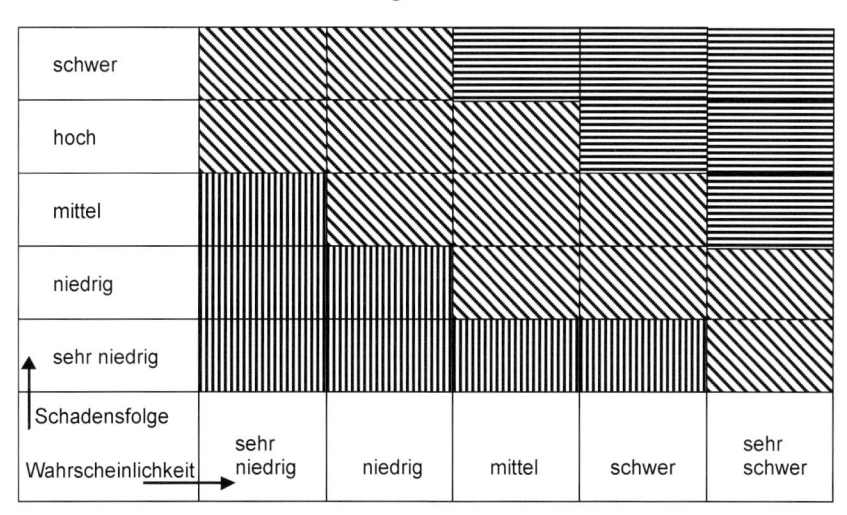

Bild B.2b: Mögliche Darstellung des Ausgangs einer quantitativen Risikoanalyse

Maßnahme zur Risikominderung B.6

(1) Folgende Maßnahmen zur Risikominderung dürfen gewählt werden:

a) Vermeidung oder Verminderung der Gefährdung z. B. durch eine angemessene Bemessung, Veränderung des Entwurfskonzepts und durch Maßnahmen zur Bekämpfung der Gefährdung usw.

b) Umgehung der Gefährdung durch Änderung des Tragwerkskonzepts oder der Nutzung, z. B. durch Schutzmaßnahmen für das Tragwerk, Einbau von Sprinklern usw.

c) Überwachung der Gefährdung z. B. durch kontrollierte Prüfungen, Frühwarnsysteme und Überwachungsanlagen.

d) Überwindung der Gefährdung durch z. B. erhöhte Festigkeiten und Robustheit, Verfügbarkeit alternativer Lastpfade durch Redundanzen oder Widerstand gegen Verschleiß usw.

e) Zulassung eines kontrollierten Versagens des Tragwerks, wenn Gefährdungen für Leib und Leben klein gehalten werden, z. B. bei Anprall auf Beleuchtungsmaste oder Schilder.

B.7 Veränderungen

(1) Der überarbeitete Umfang der Analyse, der Entwurf und die Annahmen sollten gegenüber den Szenarien wiederholt bewertet werden, bis das Tragwerk mit den ausgewählten Risikominderungsmaßnahmen akzeptiert werden kann.

B.8 Verständigung über die Resultate und Schlussfolgerungen

(1) Die Resultate der qualitativen und, falls verfügbar, der quantitativen Analyse sollten als Liste mit Schadensfolgen und Wahrscheinlichkeiten dargestellt und der Grad der Akzeptanz sollte mit den betroffenen Parteien kommuniziert werden.

(2) Alle Daten und ihre Quellen, die für die Risikoanalyse verwendet wurden, sollten einzeln angegeben werden.

(3) Alle wesentlichen Annahmen, Voraussetzungen und Vereinfachungen sollten zusammengefasst werden, so dass die Gültigkeit und die Grenzen der Risikoanalyse erkennbar sind.

(4) Empfehlungen für Risikominderungsmaßnahmen sollten aufgeführt werden und auf Schlussfolgerungen der Risikoanalyse basieren.

B.9 Anwendung im Hochbau und bei Ingenieurbauwerken

B.9.1 Allgemeines

(1) Für die Risikominderung in Bezug auf extreme Ereignisse im Hochbau und bei Ingenieurbauwerken sollten eine oder mehrere der folgenden Maßnahmen betrachtet werden:
- Bauliche Maßnahmen, wenn das Tragwerk und seine Bauteile so entworfen wurden, dass sie Festigkeitsreserven oder alternative Lastpfade für den Fall lokalen Versagens aufweisen.
- Nicht bauliche Maßnahmen, die die Reduktion der
    - Wahrscheinlichkeit für das Auftreten des Ereignisses,
    - Stärke der Einwirkung oder
    - Versagensfolge

einschließen.

(2) Wahrscheinlichkeiten und Auswirkungen aller außergewöhnlicher und extremer Einwirkungen (z. B. Einwirkungen aus Brand, Erdbeben, Anprall, Explosion, extreme klimatische Einwirkungen) sollten für eine geeignete Anzahl möglicher Gefährdungsszenarien betrachtet werden. Die Schadensfolgen sollten dann in Form von Anzahl von Opfern und wirtschaftlichen Verlusten abgeschätzt werden. Genauere Hinweise liefern B.9.2 und B.9.3.

(3) Die Vorgehensweise in B.9.1 (2) dürfte für unvorhersehbare Gefährdungen (Bemessungs- und Ausführungsirrtümer, unerwarteter Verschleiß usw.) weniger geeignet sein. Daher wurden mehr globale Entwurfsstrategien für die Schadenstoleranz entwickelt (siehe Anhang A), z. B. die klassische Anforderung an ausreichende Duktilität und an die Verankerung von Bauteilen. Eine spezielle Vorgehensweise in diesem Zusammenhang ist die Betrachtung einer Situation, dass ein Bauteil (Träger, Stütze), woher auch immer, in einem solchen Umfang geschädigt ist, in der ein Bauteil für die Tragwirkung als ausgefallen betrachtet wird. Für den restlichen Teil des Tragwerks wird dann gefordert, dass es für eine relativ kurze Zeit (definiert als Reparaturperiode T) den „normalen" Belastungen mit einer vorgegebenen Ziel-Zuverlässigkeit widerstehen kann:

$$P(R < E \text{ in } T \mid \text{ein Bauteil ausgefallen}) < p_{Ziel} \tag{B.1}$$

Die Ziel-Zuverlässigkeit hängt von dem normalen Sicherheitsniveau für Gebäude, der Bezugs-Zeitspanne T (Stunden, Tage oder Monate) und der Wahrscheinlichkeit, dass das betrachtete Bauelement (aus nicht im bisherigen Entwurf berücksichtigten Gründen) entfernt wird, ab.

(4) Bei konventionellen Tragwerken sollten alle maßgebenden Versagensmöglichkeiten beim Entwurf berücksichtigt werden. Sofern diese gerechtfertigt ist, dürfen Versagensursachen, die nur eine sehr geringe Auftretenswahrscheinlichkeit haben, vernachlässigt werden. Der Ansatz in B.9.1 (2) sollte berücksichtigt werden. In vielen Fällen und um komplizierte Analysen zu vermeiden, darf die Strategie nach B.9.1 (3) herangezogen werden.

(5) Bei unkonventionellen Tragwerken (z. B. sehr große Tragwerke, solche mit neuen Entwurfskonzepten oder neuen Werkstoffen) sollte die Versagenswahrscheinlichkeit aus unspezifizierter Ursache als wesentlich betrachtet werden. Eine Vorgehensweise mit Kombination der Methoden nach B.9.1 (2) und B.9.1 (3) sollte in Betracht gezogen werden.

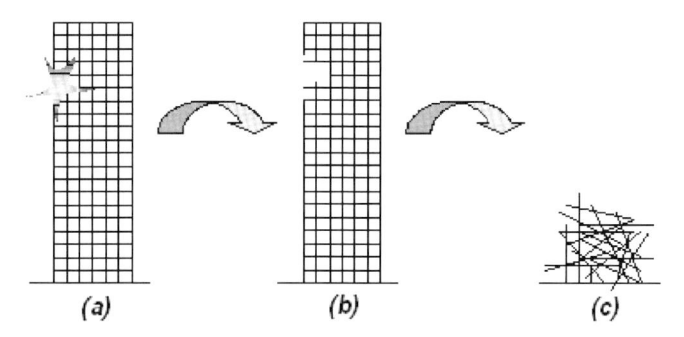

Legende

Schritt 1: Identifizierung und Modellierung maßgebender außergewöhnlicher Gefährdungen. Abschätzung der Auftretenswahrscheinlichkeit verschiedener Gefährdungen mit verschiedenen Intensitäten.

Schritt 2: Abschätzung des Schadenszustands des Tragwerks aus verschiedenen Gefährdungen. Abschätzung der Wahrscheinlichkeit verschiedener Schadenszustände und der zugehörigen Folgen für die gegebenen Gefährdungen.

Schritt 3: Abschätzung des Verhaltens des geschädigten Tragwerks. Abschätzung der Wahrscheinlichkeit nicht ausreichenden Verhaltens und der zugehörigen Schadensfolge(n).

Bild B.3: Darstellung der Schritte in einer Risikoanalyse für Tragwerke unter außergewöhnlichen Einwirkungen

Bauliche Risikoanalyse B.9.2

(1) Risikoanalysen für Tragwerke mit außergewöhnlichen Einwirkungen dürfen mit den drei folgenden Schritten, siehe Bild B.3, angegangen werden:

Schritt 1: Abschätzung der Auftretenswahrscheinlichkeit verschiedener Gefährdungen mit ihren Intensitäten.

Schritt 2: Abschätzung der Wahrscheinlichkeit verschiedener Schadenszustände und der zugehörigen Schadensfolgen für die gegebenen Gefährdungen.

Schritt 3: Abschätzung der Wahrscheinlichkeit für ungenügendes Verhalten des geschädigten Tragwerks zusammen mit den zugehörigen Schadensfolgen.

(2) Das vollständige Risiko R kann ermittelt werden durch

$$R = \sum_{i=1}^{N_H} p(H_i) \sum_{j}^{N_D} \sum_{k=1}^{N_S} P(D_j|H_i) p(S_k|D_j) C(S_k) \tag{B.2}$$

Dabei wird unterstellt, dass das Tragwerk einer Anzahl N_H verschiedener Gefährdungen ausgesetzt ist, dass die Gefährdungen das Tragwerk auf N_D verschiedene Arten schädigen können (von der betrachteten Gefährdung abhängig) und dass das Verhalten des beschädigten Tragwerks in N_S verschiedene Zustände S_K mit zugehörigen Schadensfolgen $C(S_k)$ ausgedrückt werden kann. $P(H_i)$ ist die Auftretenswahrscheinlichkeit der i-ten Gefährdung (innerhalb des Bezugszeitraumes). $P(D_j|H_i)$ ist die bedingte Wahrscheinlichkeit für das Auftreten des j-ten Schadenszustandes des Tragwerks für die i-te Gefährdung, und $P(S_k|D_j|)$ ist die bedingte Wahrscheinlichkeit für das Auftreten des k-ten nachteiligen Verhaltens S für den i-ten Schadenszustand.

ANMERKUNG 1 $P(S_k|D_j)$ und $C(S_k)$ können stark von der Zeit abhängig sein (z. B. im Fall von Brand mit Evakuierung) und das Gesamtrisiko sollte abgeschätzt und mit dem akzeptierbaren Risikoniveau verglichen werden.

ANMERKUNG 2   Die Gleichung (B.2) kann nicht nur Grundlage für eine Risikoabschätzung für Tragwerke mit seltenen und außergewöhnlichen Belastungen sein, sondern auch für Tragwerke mit gewöhnlichen Belastungen.

(3)   Im Rahmen der Risikoabschätzung müssen verschiedene mögliche Strategien für die Risikosteuerung und Risikominderung aus Gründen der Wirtschaftlichkeit untersucht werden:

– Risiken dürfen durch Verringerung der Auftretenswahrscheinlichkeit für die Gefährdung, d. h. durch Verringerung von $P(H)$, reduziert werden. Z. B. kann die Gefährdung von Brückenpfeilern durch Schiffsanprall durch den Bau künstlicher Inseln vor den Brückenpfeilern vermindert werden. Ebenso darf das Explosionsrisiko in Gebäuden durch Auslagerung explosiver Stoffe aus den Gebäuden beseitigt werden.

– Risiken dürfen durch Verringerung der Wahrscheinlichkeit bedeutender Schäden aus gegebenen Gefährdungen, d. h. durch Verringerung von $P(D|H)$, reduziert werden. Z. B. darf der Schaden, der als Folge der Brandinitiierung entsteht, durch passive und aktive Feuerbekämpfungsmaßnahmen gemindert werden (z. B. Brandschutzanstriche oder Sprinkler-Systeme).

– Risiken dürfen durch Verringerung der Wahrscheinlichkeit ungenügenden Bauwerksverhaltens aufgrund vorgegebener Schäden, d. h. durch Verringerung von $P(S|D)$, reduziert werden. Das darf durch einen Entwurf mit genügenden Redundanzen erreicht werden, mit denen alternative Lastpfade entstehen, wenn sich das statische System bedingt durch die Schäden ändert.

B.9.3   Modellierung der Risiken aus extremen Lastereignissen

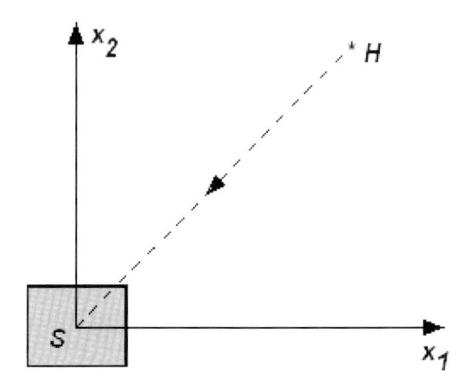

Legende
S Tragwerk
H Gefährdungsereignis mit der Größe M zur Zeit t

Bild B.4: Komponenten für die Modellierung eines extremen Lastereignisses

B.9.3.1   Allgemeines Format

(1)   Als Teil der Risikoanalyse sollten extreme Gefährdungen wie Erdbeben, Explosionen, Anprall usw. untersucht werden. Das allgemeine Modell für ein solches Ereignis besteht aus den folgenden Komponenten (Bild B.4):

– ein auslösendes Ereignis an einem bestimmten Ort zu einer gewissen Zeit;

- die Größe M einer mit dem Ereignis verbundenen Energie und möglicherweise weitere Parameter;
- die physikalische Interaktion zwischen dem Ereignis, der Umgebung und dem Tragwerk, die zu einer Überschreitung von Grenzzuständen im Tragwerk führen kann.

(2) Das Auftreten des auszulösenden Ereignisses der Gefährdung H nach B.9.3.1 (1) wird oft als Ereignis nach dem Poisson-Prozess der Intensität $\lambda(t,x)$ für eine Wegeinheit x und eine Zeiteinheit t modelliert, wobei t dabei einen Zeitpunkt und x einen Ort im Raum (x_1, x_2, x_3) bezeichnet. Die Auftretenswahrscheinlichkeit für Versagen in einem Zeitraum bis zu der Zeit T ist dann (für Konstante λ und kleine Wahrscheinlichkeiten) durch die Gleichung (B.3) beschrieben.

$$P_f(T) \approx N \int_0^\infty P(F|M=m) f_M(m) \mathrm{d}m \tag{B.3}$$

Dabei ist

$N = \lambda\,T$ Gesamtzahl maßgebender auslösender Ereignisse in dem betrachteten Zeitabschnitt;

$f_M(m)$ Verteilungsdichte für die zufällige Größe M der Gefährdung;

H und f Versagensereignis bei einer gegebenen Größe M.

Die Abhängigkeit der Versagenswahrscheinlichkeit vom Abstand des Tragwerks von dem Ort des Ereignisses ist zu beachten. Daher ist eine genaue Integration über die Fläche oder das Volumen, das interessiert, erforderlich.

Anwendung auf Fahrzeuganprall   B.9.3.2

(1) In der Situation, die in Bild B.5 dargestellt ist, tritt Anprall auf, wenn ein Fahrzeug auf der Straße den beabsichtigten Kurs an einer kritischen Stelle mit genügender Geschwindigkeit verlässt. Die Anprallgeschwindigkeit hängt vom Abstand der Straße zu dem Tragwerk oder Tragwerksteil, dem Winkel des Kollisionskurses, der Anfangsgeschwindigkeit und den topographischen Merkmalen des Terrains zwischen Straße und Tragwerk ab. Manchmal gibt es Hindernisse oder Höhendifferenzen im Terrain.

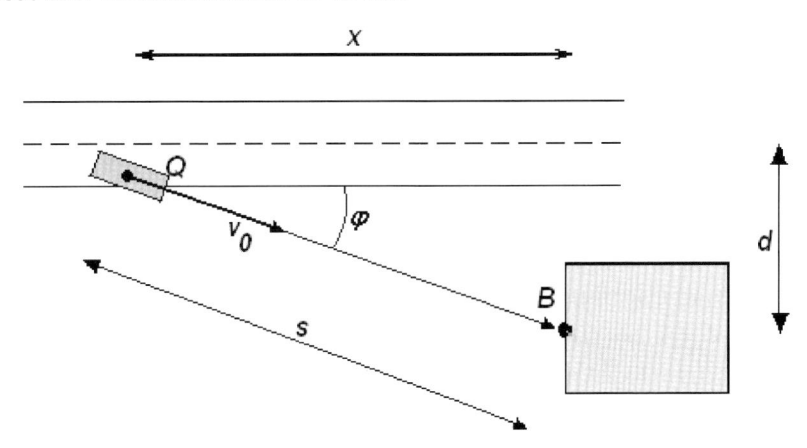

Ein Fahrzeug verlässt den beabsichtigten Kurs am Punkt Q mit der Geschwindigkeit v_0 und unter dem Winkel φ. Ein Tragwerk oder Tragwerksteil in der Nachbarschaft der Straße mit dem Abstand s wird mit der Geschwindigkeit v_r getroffen.

Bild B.5: Fahrzeuganprall

(2) Mit der allgemeinen Gleichung (B.3) lautet die Versagenswahrscheinlichkeit für diesen Fall, wie in Gleichung (B.4) dargestellt.

$$P_f = N \int [P(F > R)] \frac{b}{\sin\varphi} f(\varphi) \mathrm{d}\varphi \tag{B.4}$$

Dabei ist

$N = nT\lambda$ die Gesamtanzahl der auslösenden Ereignisse in dem betrachteten Zeitabschnitt;

n die Verkehrsdichte;

λ die Versagensrate der Fahrzeuge (Anzahl von Vorkommnissen je Fahrzeugkilometer);

T der Zeitabschnitt;

b die Breite des Bauteils, aber nicht breiter als 2 mal die Breite des anprallenden Fahrzeuges;

φ der Richtungswinkel;

$f(\varphi)$ die Verteilungsdichtefunktion;

R die Tragfähigkeit des Tragwerks;

F die Anpralllast.

Indem man ein einfaches Anprallmodell (siehe Anhang C) verwendet, lautet die Anprallkraft F:

$$F = \sqrt{mkv_r^2} = \sqrt{mk\left(v_0^2 - 2as\right)} \tag{B.5}$$

Dabei ist

m die Fahrzeugmasse;

k die Federsteifigkeit;

v_0 die Fahrzeuggeschwindigkeit bei Verlassen der Spur am Punkt Q;

a konstante Verzögerung des Fahrzeugs nach Verlassen der Straße (siehe Bild B.5);

s $= d/\sin \varphi$, ist der Abstand von Punkt Q bis zum Tragwerk.

B.9.3.3 Anwendung auf Schiffsanprall

(1) Für die Anwendung nach Bild B.6 darf die Gleichung (B.3) weiter zu Gleichung (B.6) entwickelt werden.

$$P_f(T) = N \int P\{F_{dyn}(x) > R\} dx \tag{B.6}$$

Dabei ist

$N = n \lambda T (1 - p_a)$ die Gesamtanzahl von Ereignissen in dem betrachteten Zeitabschnitt;

n die Anzahl der Schiffe in der Zeiteinheit (Verkehrsdichte);

λ die Wahrscheinlichkeit für Versagen je Reisewegeinheit;

T die Bezugszeitraum (gewöhnlich 1 Jahr);

p_a die Wahrscheinlichkeit, dass die Kollision durch menschliche Eingriffe vermieden werden kann;

x die Ortskoordinate des Punktes mit folgeschwerem Irrtum oder mechanischem Versagen;

F_{dyn} die Anpralllast auf das Tragwerk, aus der Anprallberechnung (siehe Anhang C);

R die Tragfähigkeit des Tragwerks.

Bei Bedarf darf die Verteilung der Anfangsposition des Schiffes in y-Richtung berücksichtigt werden, siehe Bild B.6.

Legende
A Objekt
B Tragwerk

Bild B.6: Szenario für Schiffsanprall

Hinweise zur Anwendung der Risikoanalyse auf den Anprall von Eisenbahnfahrzeugen B.9.4

(1) Die folgenden Faktoren sollten bei der Abschätzung des Risikos für Personen, das von der Entgleisung von Eisenbahnfahrzeugen mit zulässigen Geschwindigkeiten von über 120 km/h im Bereich von Tragwerken der Klasse A und allgemein im Bereich von Tragwerken der Klasse B ausgeht, berücksichtigt werden:
- die Wahrscheinlichkeit, dass Eisenbahnfahrzeuge in der Annäherung auf das Tragwerk entgleisen;
- die zulässige Geschwindigkeit der Eisenbahnfahrzeuge auf der Strecke;
- die abgeschätzte Verzögerung der entgleisten Eisenbahnfahrzeuge in der Annäherung auf das Tragwerk;
- der seitliche Weg, den ein entgleistes Eisenbahnfahrzeug voraussichtlich weiterfährt;
- ob eine eingleisige oder mehrgleisige Strecke vorliegt;
- der Zugtyp (Personenzug, Güterzug);
- die abgeschätzte Anzahl der Passagiere in dem passierenden Eisenbahnfahrzeug;
- die Häufigkeit von passierenden Eisenbahnfahrzeugen;
- das Vorhandensein von Weichen und Kreuzungen im Annäherungsbereich des Tragwerks;
- das statische System (Tragwerkskonzept) des Tragwerks und die Robustheit der Stützen;
- die Anordnung der Stütze in Relation zu den Gleisen;
- die abgeschätzte Anzahl von Personen außerhalb des Eisenbahnfahrzeuges, die durch das entgleiste Eisenbahnfahrzeug verletzt werden könnten.

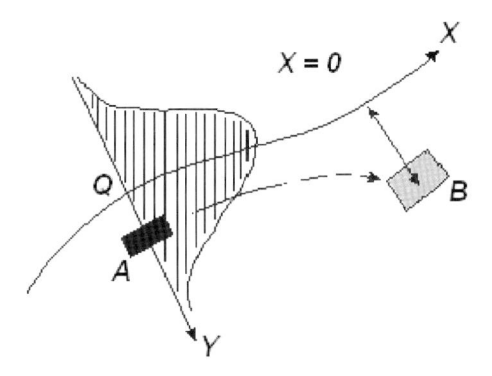

Die folgenden zusätzlichen Faktoren beeinträchtigen auch das Risiko aus entgleisten Eisenbahnfahrzeugen, aber in geringerem Umfang:
- die Krümmung des Gleises in der Nähe des Tragwerks;
- die Anzahl der Gleise bei mehr als zwei Gleisen.

Die Wirkung, die von vorgesehenen präventiven oder schützenden Maßnahmen auf andere Teile oder andere Nutzer der Infrastruktur ausgeht, sollte ebenfalls berücksichtigt werden. Dies schließt z. B. die Wirkung auf Sichtabstände für Signale, Zugangserlaubnis und andere Sicherheitsbetrachtungen mit Bezug auf die Führung des Gleises ein.

ANMERKUNG Weitere Empfehlungen und Hinweise für Tragwerke der Klassen A und B (siehe 4.5.1.2) sind dem UIC Code 777-2R (2002) „Überbauten von Gleisanlagen" (Bauliche Anforderungen im Gleisbereich) zu entnehmen. Der UIC Code 777-2R enthält besondere Empfehlungen und Hinweise zu folgenden Punkten:
- Durchführung von Risikoabschätzungen für Tragwerke der Klasse B;
- zu beachtende Maßnahmen (einschließlich Konstruktionsregeln) für Tragwerke der Klasse A, wenn die Maximalgeschwindigkeit kleiner als 50 km/h ist;
- zu beachtende Maßnahme für Tragwerke der Klasse A bei Abständen von Stützenkonstruktionen von der Gleisachse ≤ 3 m.

(2) Die folgenden Faktoren, entweder einzeln oder in Kombination, sollten bei der Bestimmung des Risikos für Personen, das von der Entgleisung von Eisenbahnfahrzeugen auf Tragwerke der Klasse B ausgeht, berücksichtigt bzw. vorgesehen werden:

- Robustheit der Stützen des Tragwerks, um der Anprallbeanspruchung des entlanggleitenden entgleisten Eisenbahnfahrzeuges zu widerstehen und die Wahrscheinlichkeit eines Tragwerksversagens zu reduzieren;
- Durchlaufwirkung der Überbauten, um die Wahrscheinlichkeit des Einsturzes als Folge des Anpralls auf eine Stütze zu reduzieren;
- Maßnahmen zur Begrenzung des seitlichen Ausscherens des entgleisten Eisenbahnfahrzeuges aus der Gleisachse, um die Wahrscheinlichkeit eines Anpralls zu reduzieren;
- größerer seitlicher Freiraum zu den Stützen des Tragwerks, um die Wahrscheinlichkeit des Anpralls zu reduzieren;
- Vermeidung von Stützen in der Flucht von Gleisen vor Weichen, um die Wahrscheinlichkeit der Weiterfahrt eines entgleisten Eisenbahnfahrzeuges auf die Stützen zu reduzieren;
- Verwendung durchlaufender Wände oder wandartiger Stützen (letztlich zur Vermeidung getrennter Einzelstützen), um die Wahrscheinlichkeit eines Versagens der Stützen nach dem Anprall zu reduzieren;
- wenn Einzelstützen sich praktisch nicht vermeiden lassen, sollten dennoch ausreichende Verbindungen einzelner Stützen vorgesehen werden, so dass die Überbauung auch bei Ausfall einer Stütze stehen bleibt;
- Vorsehen von Abweiseinrichtungen und Konstruktionen zur Energieaufnahme, um die Wahrscheinlichkeit des Anpralls entgleister Eisenbahnfahrzeuge zu reduzieren.

Anhang C
(informativ)
Dynamische Anprallberechnung

> **NCI Zu Anhang C, Dynamische Anprallberechnung**
>
> Der informative Anhang C ist in Deutschland (mit Ausnahme von C.4.1) nicht verbindlich. Die in C.2 beschriebene Stoßdynamik ist in der Regel nur für eine Vorbemessung geeignet.

Allgemeines C.1

(1) Der Anprall ist ein Interaktionsphänomen zwischen einem bewegten Objekt und einem Tragwerk, bei dem die kinetische Energie des Objektes plötzlich in Deformationsenergie umgewandelt wird. Um die dynamischen Interaktionskräfte zu bestimmen, sollten die mechanischen Eigenschaften des Objektes und des Tragwerks bestimmt werden. Bei der Bemessung werden gewöhnlich statisch äquivalente Kräfte verwendet.

(2) Weitergehende Tragwerksberechnungen für den Anprallnachweis dürfen eine oder beide der folgenden Aspekte enthalten:

— dynamische Wirkungen;

— nichtlineares Baustoffverhalten.

Nur die dynamischen Wirkungen werden in diesem Anhang behandelt.

ANMERKUNG Zu probabilistischen Aspekten und zur Untersuchung von Schadensfolgen siehe Anhang B.

(3) Dieser Anhang liefert Hinweise für eine näherungsweise dynamische Berechnung von Tragwerken für Anprall aus Straßenfahrzeugen, Eisenbahnfahrzeugen und Schiffen auf der Basis vereinfachter oder empirischer Modelle.

ANMERKUNG 1 Die Modelle im Anhang C lassen sich im Allgemeinen eher im Rahmen der Bemessung umsetzen als die Modelle im Anhang B, die im Einzelfall zu einfach sein könnten.

ANMERKUNG 2 Analoge Einwirkungen können Anprall in Tunnels, auf Schutzplanken (siehe EN 1317) usw. sein. Ähnliche Phänomene ergeben sich auch aus Explosionen (siehe Anhang D) und anderen dynamischen Einwirkungen.

Stoßdynamik C.2

Anprall wird als „harter Stoß" bezeichnet, wenn die Energie hauptsächlich durch das Anprallobjekt dissipiert wird, oder als „weicher Stoß", wenn sich das Tragwerk deformieren kann und Stoßenergie absorbiert.

Harter Stoß C.2.1

(1) Bei hartem Stoß dürfen äquivalente statische Kräfte nach 4.3 bis 4.7 entnommen werden. Alternativ darf eine dynamische Näherungsberechnung mit den vereinfachten Modellen in C.2.1 (2) and (3) durchgeführt werden.

(2) Bei hartem Stoß wird angenommen, dass das Tragwerk starr und unbeweglich ist und das Anprallobjekt sich während des Anpralls linear verformt. Die maximale dynamische Interaktionskraft wird durch Gleichung (C.1) ausgedrückt:

$$F = v_r \sqrt{km} \tag{C.1}$$

Dabei gilt

v_r Geschwindigkeit des Objektes bei Anprall;

k äquivalente elastische Steifigkeit des Anprallobjektes (d. h. Verhältnis der Kraft F zur Gesamtverformung);

m Masse des Anprallobjektes.

Der Anprallvorgang kann als Rechteckimpuls auf der Oberfläche des Tragwerks angesehen werden. Damit folgt die Stoßdauer aus:

$$F \Delta t = mv \quad \text{oder} \quad \Delta t = \sqrt{m/k} \tag{C.2}$$

Falls notwendig, kann eine definierte Anstiegszeit eingeführt werden (siehe Bild C.1).

Wird das Anprallobjekt als ein äquivalenter Körper mit gleichmäßigem Querschnitt modelliert (siehe Bild C.1), dann können die Ausdrücke (C.3) und (C.4) benutzt werden:

$$k = EA/L \tag{C.3}$$

$$m = \rho AL \tag{C.4}$$

Dabei ist

L die Länge des Anprallkörpers;

A der Querschnittsfläche;

E das E-Modul;

ρ die Massendichte des Anprallkörpers.

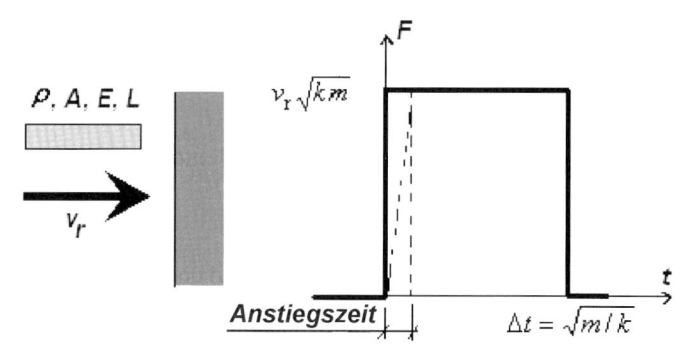

Bild C.1: Anprall-Modell, F = dynamische Interaktionskraft

(3) Die Gleichung (C.1) liefert den Maximalwert der dynamischen Kraft auf die Anprallfläche des Tragwerks. Die dynamischen Kräfte verursachen dynamische Tragwerksantworten. Eine obere Grenze dieser Antworten kann mit der Annahme bestimmt werden, dass das Tragwerk elastisch ist und die Last als Schrittfunktion (d. h. eine Funktion, die plötzlich auf ihren Endwert anwächst und dann konstant bleibt) definiert wird. In diesem Fall ist der dynamische Vergrößerungsfaktor (d. h. das Verhältnis von dynamischer zu statischer Antwort) φ_{dyn} = 2,0. Wenn die natürliche Impulsfunktion der Last (d. h. die kurze Zeit ihres Angriffs) berücksichtigt werden sollte, liefern Berechnungen einen Vergrößerungsfaktor φ_{dyn} zwischen 1,0 und 1,8 abhängig von den dynamischen Kennwerten des Tragwerks und des Anprallobjekts. Eine direkte dynamische Analyse zur Bestimmung von φ_{dyn} mit den Lasten, die in diesem Anhang spezifiziert sind, wird empfohlen.

C.2.2 Weicher Stoß

(1) Wird das Tragwerk als elastisch und das Anprallobjekt als starr angenommen, gelten die Gleichungen in Abschnitt C.2.1, indem für k die Steifigkeit des Tragwerks eingesetzt wird.

(2) Soll das Tragwerk die Anprallenergie mit plastischen Verformungen absorbieren, ist die Duktilität so einzustellen, dass die gesamte kinetische Energie $\tfrac{1}{2}mv_r^2$ des Anprallobjektes absorbiert wird.

(3) Im Grenzfall starr-plastischer Bauwerksantwort wird die obige Anforderung durch die Bedingung in Gleichung (C.5) erfasst.

$$\tfrac{1}{2}mv_r^2 \leq F_0 y_0 \tag{C.5}$$

Dabei gilt

- F_0 die plastische Tragfähigkeit des Tragwerks, d. h. der Grenzwert der Kraft F unter statischer Belastung;
- y_0 die Verformungskapazität, d. h. die Verschiebung am Angriffspunkt des Anpralls, die das Tragwerk erreichen kann.

ANMERKUNG   Analoge Überlegungen gelten für Bauteile oder andere Schutzkonstruktionen, die speziell entworfen werden, um ein Tragwerk vor Anprall zu schützen (siehe z. B. EN 1317 „Straßenbegrenzungssysteme").

Anprall von abirrenden Straßenfahrzeugen C.3

(1) Bei einem Lkw, der an ein Bauteil anprallt, sollte die Anprallgeschwindigkeit v_r im Ausdruck (C.1) mit der Gleichung (C.6) berechnet werden.

$$v_r = \sqrt{(v_0^2 - 2as)} = v_0\sqrt{1 - d/d_b} \quad \text{(mit } d < d_b\text{)} \tag{C.6}$$

Dabei ist (siehe auch Bild C.2)

- v_0 die Geschwindigkeit des Lkws beim Verlassen des Fahrstreifens;
- a der mittlere Verzögerung des Lkws nach Verlassen des Fahrstreifens;
- s der Abstand des Punktes, an dem der Lkw den Fahrstreifen verlässt, von dem Bauteil (siehe Bild C.2);
- d der Abstand der Mittellinie des Fahrstreifens von dem Bauteil;
- d_b der Bremsabstand $d_b = (v_0^2/2a) \sin \varphi$, wobei φ der Winkel zwischen dem Fahrstreifen und dem Kurs des anprallenden Lkws ist.

(2) Probabilistische Informationen zu den Basisvariablen, die teils auf statistischen Daten und teils auf Ingenieurabschätzungen beruhen, sind als Anhalt in Tabelle C.1 angegeben.

ANMERKUNG   Siehe auch Anhang B.

Table C.1: Anhaltswerte für probabilistische Berechnungen der Anpralllasten

Variable	Bezeichnung	Wahrscheinlich-keitsverteilung	Mittelwert	Standard-abweichung
v_0	Fahrzeuggeschwindigkeit – Autobahn – Stadtstraße – Einfahrt – Parkhaus	Lognormal Lognormal Lognormal Lognormal	80 km/h 40 km/h 15 km/h 5 km/h	10 km/h 8 km/h 5 km/h 5 km/h
a	Verzögerung	Lognormal	4,0 m/s²	1,3 m/s²
m	Fahrzeugmasse – Lkw	Normal	20 000 kg	12 000 kg
m	Fahrzeugmasse – Pkw	–	1 500 kg	–
k	Fahrzeugsteifigkeit	Deterministisch	300 kN/m	–
φ	Winkel	Rayleigh	10°	10°

(3) Mit Hilfe der Tabelle C.1 kann der folgende Näherungswert der dynamischen Interaktionskraft infolge Anprall bestimmt werden (C.7):

$$F_d = F_0\sqrt{1 - d/d_b} \tag{C.7}$$

Dabei ist

- F_0 die Anprallkraft;
- d und d_b wie in Absatz (1).

Anhaltswerte für F_0 und d_b sind in Tabelle C.2 zusammen mit Bemessungswerten für m und v angegeben. Alle diese Werte entsprechen näherungsweise den Mittelwerten zuzüglich oder abzüglich einer Standardabweichung, wie in Tabelle C.1 angegeben.

Liegen in Sonderfällen genauere Informationen vor, dürfen andere Bemessungswerte gewählt werden, die von der angestrebten Sicherheit, der Verkehrsdichte und der Unfallhäufigkeit abhängig gemacht werden.

ANMERKUNG 1   Das vorgestellte Modell ist eine grobe schematische Abschätzung und vernachlässigt viele Detaileinflüsse, die eine bedeutende Rolle spielen können, wie z. B. den Einfluss von Schrammborden, Büschen, Zäunen und die Ursache des Zwischenfalls. Es wird angenommen, dass die Streuung der Verzögerung zum Teil Wirkungen dieser detaillierten Einflüsse enthält.

ANMERKUNG 2   Die Berechnung der dynamischen Anpralllast (F_d) nach Gleichung (C.7) darf auf der Grundlage einer Risikoanalyse verbessert werden. Diese berücksichtigt die möglichen Folgen des Anpralls, die Verzögerungsrate, die Tendenz des Fahrzeugs, aus der Fahrtrichtung auszuscheren, die Wahrscheinlichkeit, den Fahrstreifen zu verlassen, und die Wahrscheinlichkeit, das Bauteil zu treffen.

(4)   Bei Fehlen dynamischer Berechnungen darf der dynamische Vergrößerungsfaktor für die elastische Bauwerksantwort mit 1,4 angesetzt werden.

ANMERKUNG   Die in diesem Anhang abgeleiteten Kräfte können für eine elastisch-plastische Bauwerksberechnung verwendet werden.

Tabelle C.2: Bemessungswerte für Fahrzeugmasse, Geschwindigkeit und dynamische Anprallkraft F_0

Straßentyp	Masse m kg	Geschwindigkeit v_0 km/h	Verzögerung a m/s²	Anprallkraft F_0 berechnet mit (C.1) und $v_r = v_0$ kN	Abstand d_b[a] m
Autobahnen	30 000	90	3	2 400	20
Stadtstraßen[b]	30 000	50	3	1 300	10
Einfahrten – nur Pkws – alle Fahrzeuge	 1 500 30 000	 20 15	 3 3	 120 500	 2 2
Parkhäuser – nur Pkws	 1 500	 10	 3	 60	 1
[a] Straßenbereiche mit Geschwindigkeitsbeschränkung auf 50 km/h.					
[b] Der Wert d_b darf bei Böschungen mit 0,6 und bei Abhängen mit 1,6 multipliziert werden (siehe Bild C.2).					

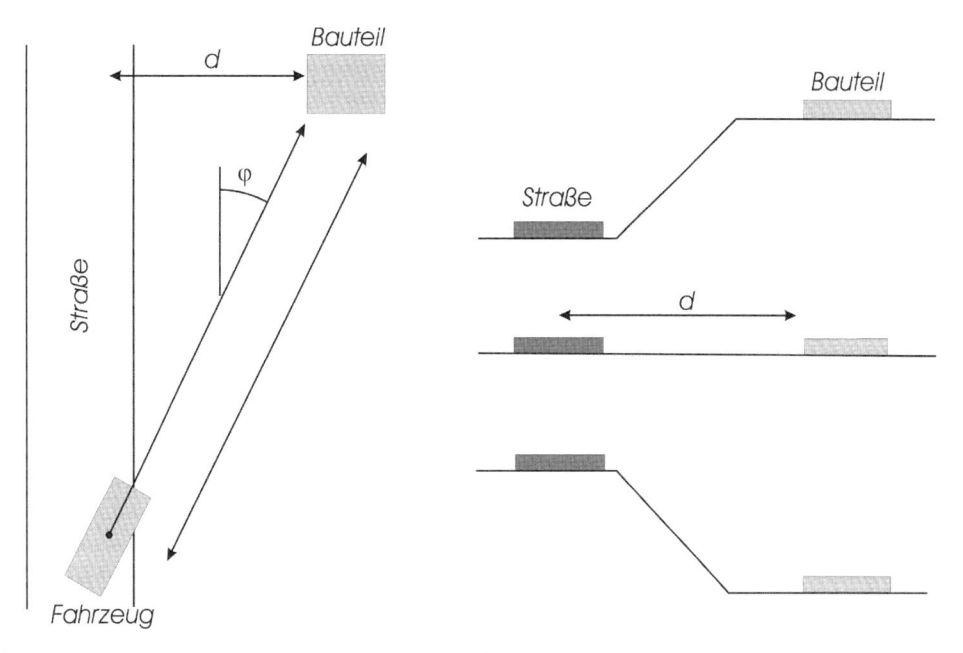

Bild C.2: Situationsskizze zu Fahrzeuganprall (Aufsicht und Querschnitte bei Böschung, flachem Terrain und Abhang)

Schiffsanprall C.4

Schiffsanprall auf Binnenwasserstraßen C.4.1

(1) Schiffsanprall auf massive Bauwerke in Binnenwasserstraßen ist in der Regel als harter Stoß anzusehen, bei dem die kinetische Energie durch elastische oder plastische Verformungen des Schiffes selbst dissipiert wird.

(2) Werden schiffsdynamische Berechnungen nicht durchgeführt, liefert die Tabelle C.3 Anhaltswerte für Kräfte aus Schiffsanprall auf Binnenwasserstraßen.

(3) Die dynamischen Anhaltswerte in Tabelle C.3 dürfen abhängig von den Versagensfolgen eines Schiffsanpralls angepasst werden. Es wird empfohlen, diese dynamischen Werte bei hohen Versagensfolgen zu vergrößern und bei niedrigen zu reduzieren, siehe 3.4.

(4) Bei Fehlen dynamischer Berechnungen für das getroffene Bauwerk wird empfohlen, die dynamischen Anhaltswerte in Tabelle C.3 mit einem geeigneten dynamischen Vergrößerungsfaktor zu versehen. Die Werte in Tabelle C.3 enthalten die dynamischen Wirkungen des Anprallobjekts, aber nicht die des Tragwerks. Hinweise zu dynamischen Berechnungen liefert Abschnitt C.4.3. Anhaltswerte für den dynamischen Vergrößerungsfaktor sind 1,3 für den Frontalstoß und 1,7 für den Lateralstoß.

(5) Im Hafenbereich dürfen die Kräfte in Tabelle C.3 mit dem Faktor 0,5 reduziert werden.

Tabelle C.3: Anhaltswerte für dynamische Kräfte aus Schiffsanprall auf Binnenwasserstraßen

CEMT[a] Klasse	Bezugstyp des Schiffes	Länge ℓ m	Masse m t[b]	Kraft F_{dx}[c] kN	Kraft F_{dy}[c] kN
I		30 bis 50	200 bis 400	2 000	1 000
II		50 bis 60	400 bis 650	3 000	1 500
III	„Gustav König"	60 bis 80	650 bis 1 000	4 000	2 000
IV	„Europa" Klasse	80 bis 90	1 000 bis 1 500	5 000	2 500
Va	Großmotorschiff	90 bis 110	1 500 bis 3 000	8 000	3 500
Vb	Schubschiff + 2 Leichter	110 bis 180	3 000 bis 6 000	10 000	4 000
VIa	Schubschiff + 2 Leichter	110 bis 180	3 000 bis 6 000	10 000	4 000
VIb	Schubschiff + 4 Leichter	110 bis 190	6 000 bis 12 000	14 000	5 000
VIc	Schubschiff + 6 Leichter	190 bis 280	10 000 bis 18 000	17 000	8 000
VII	Schubschiff + 9 Leichter	300	14 000 bis 27 000	20 000	10 000

[a] CEMT: Europäische Konferenz der Verkehrsminister, Klassifikationsvorschlag vom 19. Juni 1992, angenommen vom Rat der EU am 29. Oktober 1993.

[b] Die Masse m in t (1 t = 1 000 kg) enthält die Gesamtmasse des Schiffes aus Schiffskonstruktion, Fracht und Treibstoff. Sie wird auch Verdrängungstonnage genannt.

[c] Die Kräfte F_{dx} und F_{dy} enthalten die Wirkung der hydrodynamischen Masse. Sie beruhen auf Hintergrunduntersuchungen unter Berücksichtigung der für alle Wasserstraßenklassen erwarteten Bedingungen.

C.4.2 Schiffsanprall auf Seewasserstraßen

(1) Werden schiffsdynamische Berechnungen nicht durchgeführt, gibt Tabelle C.4 Anhaltswerte für Kräfte aus Schiffsanprall auf Seewasserstraßen.

Tabelle C.4: Anhaltswerte für dynamische Interaktionskräfte aus Schiffsanprall auf Seewasserstraßen

Schiffsklasse	Länge ℓ m	Masse m[a] t	Kraft F_{dx}[b,c] kN	Kraft F_{dy}[b,c] kN
Klein	50	3 000	30 000	15 000
Mittel	100	10 000	80 000	40 000
Groß	200	40 000	240 000	120 000
Sehr groß	300	100 000	460 000	230 000

[a] Die Masse (t = 1 000 kg) enthält die Gesamtmasse des Schiffes aus Schiffskonstruktion, Fracht und Treibstoff. Sie wird auch Verdrängungstonnage genannt.

[b] Die angegebenen Kräfte berücksichtigen eine Geschwindigkeit von etwa 5,0 m/s. Sie enthalten die Effekte aus mitwirkenden hydraulischen Massen.

[c] Gegebenenfalls sollten die Wirkungen des Wulst-Bugs berücksichtigt werden.

(2) Bei Fehlen dynamischer Berechnungen für das Tragwerk unter Stoßbelastung wird empfohlen, die dynamischen Anhaltswerte in Tabelle C.4 mit einem geeigneten dynamischen

Vergrößerungsfaktor zu vergrößern. Die dynamischen Werte enthalten die dynamischen Wirkungen des Anprallobjekts, aber nicht die des Tragwerks. Hinweise zu dynamischen Berechnungen liefert C.4.3. Anhaltswerte für den dynamischen Vergrößerungsfaktor sind 1,3 für den Frontalstoß und 1,7 für den Seitenstoß.

(3) Im Hafenbereich dürfen die Kräfte in Tabelle C.4 mit dem Faktor 0,5 reduziert werden.

(4) Für Lateral- und Heckanprall wird empfohlen, die Kräfte in Tabelle C.4 wegen der reduzierten Geschwindigkeit mit dem Faktor 0,3 zu multiplizieren. Lateralanprall kann in engen Fahrrinnen maßgebend werden, wenn Frontalstoß nicht möglich ist.

Weitergehende Anpralluntersuchung für Schiffe auf Binnenwasserstraßen C.4.3

(1) Die dynamische Anprallkraft F_d darf mit den Gleichungen (C.8) bis (C.13) bestimmt werden. In diesem Fall wird die Verwendung des Mittelwertes der Masse für die maßgebende Schiffsklasse nach Tabelle C.3 und eine Bemessungsgeschwindigkeit v_{rd} = 3 m/s, vergrößert um die Strömungsgeschwindigkeit, vorgeschlagen.

(2) Muss die hydrodynamische Masse berücksichtigt werden, werden dafür 10 % der verdrängten Wassermasse für den Frontalstoß und 40 % für den Lateralstoß empfohlen.

(3) Bei elastischen Verformungen (bei $E_{def} \leq 0{,}21$ MNm) darf die dynamische Anprallkraft mit Gleichung (C.8) berechnet werden:

$$F_{dyn,el} = 10{,}95 \cdot \sqrt{E_{def}} \quad [\text{MN}] \tag{C.8}$$

(4) Bei plastischen Verformungen (bei $E_{def} > 0{,}21$ MNm) darf die dynamische Anprallkraft mit Gleichung (C.9) berechnet werden

$$F_{dyn,pl} = 5{,}0 \cdot \sqrt{1 + 0{,}128 \cdot E_{def}} \quad [\text{MN}] \tag{C.9}$$

Die Verformungsenergie E_{def} MNm entspricht der am Anprallort verfügbaren kinetischen Energie E_a bei Frontalstoß, während im Fall von Lateralstoß mit einem Winkel $\alpha < 45°$ ein Anprall mit Gleitreibung angenommen werden und die Verformungsenergie mit

$$E_{def} = E_a (1 - \cos \alpha) \tag{C.10}$$

angesetzt werden darf.

(5) Werden für die Bestimmung der Anprallkräfte probabilistische Methoden angewendet, können Informationen zu probabilistischen Modellen der Basisvariablen benutzt werden, die die Verformungsenergie oder das Anprallverhalten des Schiffs bestimmen.

(6) Wird eine dynamische Bauwerksanalyse durchgeführt, sollten die Anprallkräfte mit halbsinusförmigem Zeitverlauf bei $F_{dyn} \leq 5$ MN (elastischer Stoß) und mit trapezförmigem Zeitverlauf bei $F_{dyn} > 5$ MN (plastischer Stoß) angesetzt werden. Die Belastungsdauer und andere Details sind in Bild C.3 dargestellt.

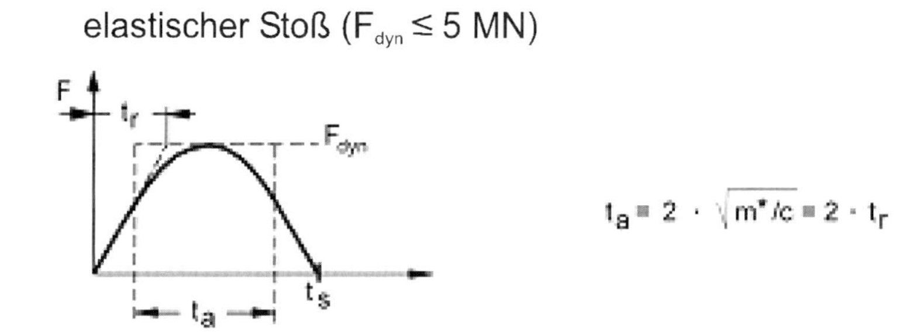

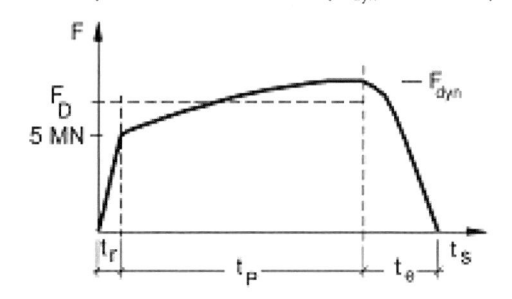

elastischer Stoß ($F_{dyn} \leq 5$ MN)

$$t_a = 2 \cdot \sqrt{m^*/c} = 2 \cdot t_r$$

plastischer Stoß ($F_{dyn} > 5$ MN)

$$F_D \approx (F_0 + F_{dyn})/2$$
$$t_r \approx x_e/v_n$$
$$t_p \approx m^* \cdot v_n/F_D$$
$$t_e \approx \pi/2 \cdot \sqrt{m^*/c}$$

Legende

t_r elastische Anstiegszeit, in s;

t_p plastische Stoßzeit, in s;

t_e elastische Rückfederzeit, in s;

t_a äquivalente Stoßdauer, in s;

t_s gesamte Stoßzeit [s] für die plastische Stoßzeit: $t_s = t_r + t_p + t_e$

c elastische Steifigkeit des Schiffes (= 60 MN/m);

F_0 elastisch-plastische Grenzkraft = 5 MN;

x_e elastisch Verformung ($\approx 0{,}1$ m);

v_n a) die Anfahrgeschwindigkeit v_r bei Frontalstoß;
b) Geschwindigkeit des anprallenden Schiffes senkrecht zum Stoßpunkt, $v_n = v_r \sin \alpha$ bei Seitenstoß.

Bei Frontalstoß entspricht die zu berücksichtigende Masse m^* der Gesamtmasse des anprallenden Schiffes; bei Seitenstoß: $m^* = (m_1 + m_{hydr})/3$, wobei m_1 die Masse des direkt am Stoß beteiligten Schiffes und m_{hydr} die hydrodynamische Zusatzmasse ist.

Bild C.3: Last-Zeitfunktion für Schiffsanprall bei elastischer und plastischer Schiffsantwort

(7) Ist die Anprallkraft gegeben, z. B. aus Tabelle C.3, und ist die Stoßzeit gefragt, darf die Masse m^* wie folgt berechnet werden:

– bei $F_{dyn} > 5$ MN: mit Gleichsetzen von E_{def}, nach Gleichung (C.9), zur kinetischen Energie $E_a = 0{,}5\, m^* v_n^2$,

– bei $F_{dyn} \leq 5$ MN: direkt mit $m^* = (F_{dyn}/v_n)^2 * (1/c)$ MNs²/m.

(8) Wenn keine genaueren Angaben vorliegen, wird eine Bemessungsgeschwindigkeit $v_{rd} = 3$ m/s, vergrößert um die Strömungsgeschwindigkeit, empfohlen; in Häfen darf die Geschwindigkeit mit 1,5 m/s angesetzt werden. Der Winkel α darf mit 20° angenommen werden.

Weitergehende Anpralluntersuchung für Schiffe auf Seewasserstraßen C.4.4

(1) Die dynamische Anprallkraft für seegängige Güterschiffe mit 500 DWT bis 300 000 DWT (Dead Weight Tons) darf mit Gleichung (C.11) ermittelt werden.

$$F_{bow} = \begin{cases} F_0 \cdot \overline{L}\left[\overline{E}_{imp} + (5{,}0 - \overline{L})\overline{L}^{1{,}6}\right]^{0{,}5} & \text{bei } \overline{E}_{imp} \geq \overline{L}^{2{,}6} \\ 2{,}24 \cdot F_0\left[\overline{E}_{imp}\overline{L}\right]^{0{,}5} & \text{bei } \overline{E}_{imp} < \overline{L}^{2{,}6} \end{cases} \quad (C.11)$$

Dabei gilt

$$\overline{L} = L_{pp}/275 \text{ m}$$

$$\overline{E}_{imp} = E_{imp}/1\,425 \text{ MNm}$$

$$E_{imp} = \frac{1}{2}m_x v_r^2$$

und

F_{bow} maximale Buganpralllast, in MN;

F_0 Bezugswert der Anpralllast = 210 MN;

E_{imp} Energie, die durch plastische Verformungen zu absorbieren ist;

L_{pp} Länge des Schiffes, in m;

m_x Masse plus Zusatzmasse bei Längsbewegung, in 10^6 kg;

v_r Anprallgeschwindigkeit des Schiffes, v_r = 5 m/s (in Häfen: 2,5 m/s).

(2) Für die Bestimmung der Anpralllasten mit probabilistischen Methoden dürfen probabilistische Modelle der Basisvariablen benutzt werden, die die Verformungsenergie oder das Anprallverhalten des Schiffes bestimmen.

(3) Aus der Energiebilanz wird mit Hilfe von Gleichung (C.12) die größte Schiffsverformung s_{max} bestimmt:

$$s_{max} = \frac{\pi E_{imp}}{2 F_{bow}} \quad (C.12)$$

(4) Die zugehörige Stoßzeit, T_0, wird durch Gleichung (C.13) bestimmt.

$$T_0 \approx 1{,}67 \frac{s_{max}}{v_r} \quad (C.13)$$

(5) Wenn keine genaueren Angaben vorliegen, wird die Bemessungsgeschwindigkeit v_{rd} = 5 m/s vergrößert um die Strömungsgeschwindigkeit empfohlen; in Häfen kann die Geschwindigkeit mit 1,5 m/s angesetzt werden.

Anhang D
(informativ)
Innenraumexplosionen

> **NCI Zu Anhang D, Innenraumexplosionen**
>
> Der informative Anhang D ist – mit Ausnahme von D.2 – in Deutschland nicht verbindlich. Explosionen in Straßen- und Eisenbahntunneln sind in der Regel nicht zu berücksichtigen.

Staubexplosionen in Innenräumen, Behältern und Bunkern D.1

(1) Die Staubart wird üblicherweise durch den Stoffparameter K_{St} beschrieben, der das Explosionsverhalten unter Abschluss-Bedingungen angibt. K_{St} kann nach Standardprüfverfahren für jede Staubart experimentell ermittelt werden.

Tabelle D.1: K_{St}-Werte für Stäube

Staubart	K_{St} kN/m² × m/s
Braunkohle	18 000
Cellulose	27 000
Kaffee	9 000
Mais, auch gebrochen	12 000
Maisstärke	21 000
Getreide	13 000
Milchpuder	16 000
Steinkohle	13 000
Mischfutter	4 000
Papier	6 000
Erbsmehl	14 000
Pigment	29 000
Gummi	14 000
Roggenmehl, Weizenmehl	10 000
Sojamehl	12 000
Zucker	15 000
Waschpulver	27 000
Holz, Holzmehl	22 000

ANMERKUNG 1 Ein größerer Wert von K_{St} führt zu größeren Drücken und kürzeren Anstiegszeiten für Innenraumexplosionsdrücke. Der Wert von K_{St} hängt von der chemischen Zusammensetzung, der Partikelgröße und dem Feuchtigkeitsgehalt ab. Beispiele für K_{St}-Werte liefert Tabelle D.1.

ANMERKUNG 2 Bei Staubexplosionen erreichen die Drücke ihren maximalen Wert nach 20 ms bis 50 ms. Der Abfall auf normale Werte hängt stark von dem Öffnungselement und der Geometrie des Raumes ab.

ANMERKUNG 3 Siehe auch ISO 1684-1 *Explosionsschutzsysteme – Teil 1: Bestimmung der Explosionsindizes von brennbaren Stäuben in der Luft.*

(2) Die Öffnungsfläche kubischer und langer Behälter und Bunker für Staubexplosionen in einem Innenraum darf nach Gleichung (D.1) bestimmt werden

$$A = [4{,}485 \times 10^{-8} \, p_{max} \, K_{St} \, p_{red.max}^{-0,569} + 0{,}027 \, (p_{stat} - 10) \, p_{red.max}^{-0,5}] \, V^{0,753} \quad \text{(D.1)}$$

Dabei ist

A die Öffnungsfläche, in m²;

p_{max} der maximale Druck des Staubes, in kN/m²;

K_{St} der Deflagrationsindex der Staubwolke, in kN/m² m s⁻¹, siehe Tabelle D.1;

$p_{red.max}$ der angenommene reduzierte maximale Druck im geöffneten Behälter, in kN/m²;

p_{stat} der statische Aktivierungsdruck aufgrund der Größe der Öffnungsflächen, in kN/m²;

V das Volumen des Behälters oder Bunkers, in m³.

Die Gleichung (D.1) gilt mit den folgenden Einschränkungen:

- 0,1 m³ ≤ V ≤ 10 000 m³
- H/D ≤ 2, dabei ist H die Höhe und D der Durchmesser des langen Behälters
- 10 kN/m² ≤ p_{stat} ≤ 100 kN/m², Bruch von Scheiben und Paneelen mit geringer Masse, praktisch ohne Massenträgheit
- 10 kN/m² ≤ $p_{red.max}$ ≤ 200 kN/m²
- 500 kN/m² ≤ p_{max} ≤ 1 000 kN/m² für 1 000 kN/m² m s⁻¹ ≤ K_{St} ≤ 30 000 kN/m² m s⁻¹

  bzw.

- 500 kN/m² ≤ p_{max} ≤ 1 200 kN/m² für 30 000 kN/m² m s⁻¹ ≤ K_{St} ≤ 80 000 kN/m² m s⁻¹

(3) Die Öffnungsflächen rechteckiger Räume können mit Gleichung (D.2) bestimmt werden.

$$A = [4{,}485 \times 10^{-8} \, p_{max} \, K_{St} \, p_{Bem}^{-0,569} + 0{,}027 \, (p_{stat} - 10) \, p_{Bem}^{-0,5}] V^{0,753} \quad \text{(D.2)}$$

Dabei ist

A die Öffnungsfläche, in m²;

p_{max} der maximale Druck des Staubes, in kN/m²;

K_{St} der Deflagrationsindex der Staubwolke, in kN/m² m s⁻¹, siehe Tabelle D.1;

p_{Bem} der Druck entsprechend der Bemessungsfestigkeit des Tragwerks, in kN/m²;

p_{stat} der statische Aktivierungsdruck aufgrund der Größe der Öffnungsflächen, in kN/m²;

V das Volumen der rechteckigen Räume, in m³.

Die Gleichung (D.2) gilt mit folgenden Einschränkungen:

- 0,1 m³ ≤ V ≤ 10 000 m³
- L_3/D_E ≤ 2, dabei ist L_3 die größte Abmessung des Raumes, $D_E = 2 \times (L_1 \times L_2/\pi)^{0,5}$ sowie L_1, L_2 als die anderen Raum-Abmessungen
- 10 kN/m² ≤ p_{stat} ≤ 100 kN/m², Bruch von Scheiben und Paneelen mit geringer Masse, also praktisch ohne Massenträgheit
- 10 kN/m² ≤ $p_{red.max}$ ≤ 200 kN/m²
- 500 kN/m² ≤ p_{max} ≤ 1 000 kN/m² für 1 000 kN/m² m s⁻¹ ≤ K_{St} ≤ 30 000 kN/m² m s⁻¹

  bzw.

- 500 kN/m² ≤ p_{max} ≤ 1 200 kN/m² für 30 000 kN/m² m s⁻¹ ≤ K_{St} ≤ 80 000 kN/m² m s⁻¹

(4) Bei langen Räumen mit $L_3/D_E \geq 2$ sollte die folgende Vergrößerung der Öffnungsfläche berücksichtigt werden.

$$\Delta A_H = A(-4{,}305 \log p_{Bem} + 9{,}368) \log L_3/D_E \quad \text{(D.3)}$$

Dabei ist

ΔA_H die Vergrößerung der Öffnungsfläche, in m².

Erdgasexplosionen D.2

(1) Bei Gebäuden mit geplanten Erdgasanschlüssen darf das Tragwerk für eine Innenraum-Erdgasexplosion mit einem äquivalenten statischen Nenndruck nach den Gleichungen (D.4) und (D.5) bemessen werden.

$$p_d = 3 + p_{stat} \tag{D.4}$$

oder

$$p_d = 3 + p_{stat}/2 + 0{,}04/(A_v/V)^2 \tag{D.5}$$

Der größere Wert ist maßgebend.

Dabei ist

p_{stat} der gleichmäßig verteilte statische Druck, bei dem die Öffnungselemente versagen, in kN/m²;

A_v die Fläche der Öffnungselemente, in m²;

V das Volumen des rechteckigen Raumes, in m³.

Die Gleichungen (D.4) und (D.5) gelten für Räume bis 1 000 m³ Volumen.

ANMERKUNG Der Deflagrationsdruck wirkt praktisch gleichzeitig auf alle Begrenzungsflächen des Raumes ein.

(2) Wenn Öffnungselemente mit verschiedenen p_{stat}-Werten zur Öffnungsfläche beitragen, ist der größte Wert p_{stat} zu benutzen. Werte p_d > 50 kN/m² brauchen nicht berücksichtigt zu werden.

(3) Das Verhältnis der Öffnungsfläche zum Volumen ist nach Gleichung (D.6) begrenzt:

$$0{,}05\ (1/m) \leq A_v/V \leq 0{,}15 \tag{D.6}$$

Explosionen in Straßen- und Eisenbahntunneln D.3

(1) Für eine Detonation in Straßen oder Eisenbahntunneln darf die Druck-Zeit-Funktion nach den Gleichungen (D.7) bis (D.9), siehe Bild D.1(a), verwendet werden:

$$p(x,t) = p_0 \exp\left\{-\left(t - \frac{|x|}{c_1}\right)/t_0\right\} \quad \text{bei} \quad \frac{|x|}{c_1} \leq t \leq \frac{|x|}{c_2} - \frac{|x|}{c_1} \tag{D.7}$$

$$p(x,t) = p_0 \exp\left\{-\left(\frac{|x|}{c_2} - 2\frac{|x|}{c_1}\right)/t_0\right\} \quad \text{bei} \quad \frac{|x|}{c_2} - \frac{|x|}{c_1} \leq t \leq \frac{|x|}{c_2} \tag{D.8}$$

$$p(x,t) = 0 \quad \text{bei allen anderen Bedingungen} \tag{D.9}$$

Dabei ist

p_0 der maßgebende Spitzendruck (= 2 000 kN/m² für einen typischen Treibstoff aus verflüssigtem Gas);

c_1 die Ausbreitungsgeschwindigkeit der Schockwelle (~ 1 800 m/s);

c_2 die Schallausbreitungsgeschwindigkeit in heißen Gasen (~ 800 m/s);

t_0 die Zeitkonstante (= 0,01 s);

$|x|$ Abstand zum Explosionskern;

t die Zeit, in s.

(2) Bei einer Deflagration in Straßen- oder Eisenbahntunneln darf die folgende Druck-Zeit-Charakteristik berücksichtigt werden, siehe Bild D.1(b):

$$p(t) = 4p_0 \frac{t}{t_0}\left(1 - \frac{t}{t_0}\right) \quad \text{für } 0 \leq t \leq t_0 \tag{D.10}$$

Dabei ist

- p_0 der maßgebende Spitzendruck (= 100 kN/m²);
- t_0 die Zeitkonstante (= 0,1 s);
- t die Zeit, in s.

(3) Der Druck nach Gleichung (D.10) gilt für die gesamte innere Tunneloberfläche.

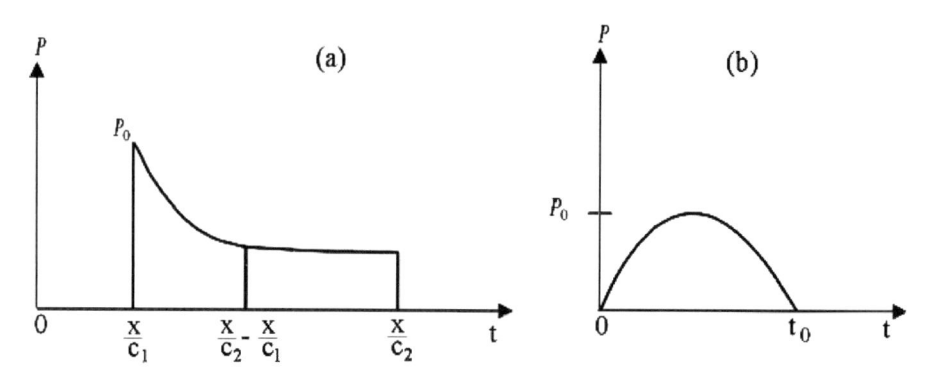

Bild D.1: Druck als eine Funktion der Zeit für Detonation (a) und Deflagration (b)

NCI   Anhang NA.E
(normativ)
Einwirkungen aus Trümmern

Überbauungen von Bahnanlagen mit Aufbauten sind zusätzlich mit statisch äquivalenten Einwirkungen zu bemessen. Hierfür sind die Einwirkungen nach Tabelle NA.E.1 anzusetzen.

Tabelle NA.E.1: Einwirkungen aus Trümmern

		Anzahl n der Vollgeschosse	
		$n \leq 5$	$n > 5$
Trümmereinwirkungen			
Vertikale gleichmäßig verteilte Last auf Decken	p_v	10,0 kN/m²	15,0 kN/m²
Horizontale gleichmäßig verteilte Last für nicht erdberührte Umfassungswände	p_{hi}	10,0 kN/m²	15,0 kN/m²
Horizontale gleichmäßig verteilte Last für erdberührte Umfassungswände, abhängig von der Bodenart:			
Sand und Kies	p_{ha}	4,5 kN/m²	6,75 kN/m²
Lehm mittlerer Konsistenz	p_{ha}	6,0 kN/m²	9,0 kN/m²
Lehm von weicher Konsistenz und Ton	p_{ha}	7,5 kN/m²	11,25 kN/m²
Böden im Grundwasser	p_{ha}	10,0 kN/m²	15,0 kN/m²
Diese Einwirkungen sind zusätzlich zu ständigen und/oder veränderlichen Einwirkungen (z. B. Eigengewicht, Nutz- und Verkehrslasten, Erddruck, ggf. Wasserdruck) des zu bemessenden Bauteils zur Freihaltung der Verkehrswege nach dem Verkehrssicherstellungsgesetz (VSG) gemäß der Bekanntmachung der Bautechnischen Grundsätze für Hausschutzräume des Grundschutzes, Fassung Mai 1991 – veröffentlicht in der Beilage zum Bundesanzeiger Nr. 184a und 185b vom 8.7.1991 – zu berücksichtigen.			

NCI Literaturhinweise

[1] CEMT, 1992, *Europäische Konferenz der Verkehrsminister, Klassifizierungsvorschlag vom 19. Juni 1992, angenommen vom Rat der EU am 29. Oktober 1993*

[2] EBO *Eisenbahn-Bau- und Betriebsordnung (EBO), vom 08. Mai 1967 (BGBl. II S. 1563), zuletzt geändert durch Gesetz vom 21. Juni 2005 (BGBl. I S. 1818)*[3)]

[3] RPS *Richtlinie für passive Schutzeinrichtungen an Straßen*[4)]

[3)] Zu beziehen bei: Beuth Verlag GmbH, 10772 Berlin.
[4)] Zu beziehen bei: FGSV Verlag GmbH, Wesselinger Straße 17.

Dezember 2010

DIN EN 1991-3

DIN

Eurocode 1: Einwirkungen auf Tragwerke – Teil 3: Einwirkungen infolge von Kranen und Maschinen; Deutsche Fassung EN 1991-3:2006

Ersatzvermerk

Ersatz für DIN EN 1991-3:2007-03;
mit DIN EN 1991-3/NA:2010-12 Ersatz für die 2010-07 zurückgezogene Norm DIN 1055-10:2004-07

Dezember 2010

DIN EN 1991-3/NA

DIN

Nationaler Anhang – National festgelegte Parameter – Eurocode 1: Einwirkungen auf Tragwerke – Teil 3: Einwirkungen infolge von Kranen und Maschinen

Ersatzvermerk

Ersatz für DIN EN 1991-3/NA:2010-07;
mit DIN EN 1991-3:2010-12 Ersatz für die 2010-07 zurückgezogene Norm DIN 1055-10:2004-07

Inhalt

DIN EN 1991-3 einschließlich Nationaler Anhang

Seite

Nationales Vorwort DIN EN 1991-3 131

Vorwort EN 1991-3 131
Zusätzliche Informationen besonders für EN 1991-3 132
Nationaler Anhang für EN 1991-3 132

1	**Allgemeines**	133
1.1	Anwendungsbereich	133
1.2	Normative Verweisungen	133
1.3	Unterscheidung zwischen Prinzipien und Anwendungsregeln	133
1.4	Begriffe	134
1.4.1	Begriffe, speziell für Hebezeuge und Krane auf Kranbahnträgern	134
1.4.2	Begriffe, speziell für Einwirkungen verursacht durch Maschinen	136
1.5	Symbole	136
2	**Einwirkungen aus Hebezeugen und Kranen auf Kranbahnträger**	139
2.1	Anwendungsbereich	139
2.2	Einteilung der Einwirkungen	139
2.2.1	Allgemeines	139
2.2.2	Veränderliche Einwirkungen	139
2.2.3	Außergewöhnliche Einwirkungen	140
2.3	Bemessungssituationen	141
2.4	Darstellung der Kraneinwirkungen	141
2.5	Lastanordnungen	142
2.5.1	Einschienen-Unterflansch-Laufkatzen	142
2.5.2	Brückenlaufkrane	142
2.5.3	Einwirkungen aus weiteren Kranen	145
2.6	Vertikale Kranlasten – charakteristische Werte	145
2.7	Horizontale Kranlasten – charakteristische Werte	146
2.7.1	Allgemeines	146
2.7.2	Horizontale Kräfte $H_{L,i}$ längs der Fahrbahn und $H_{T,i}$ quer zur Fahrbahn aus Beschleunigung und Bremsen eines Krans	147
2.7.3	Antriebskraft K	148
2.7.4	Horizontale Kräfte $H_{S,i,j,k}$ und Führungskraft S infolge Schräglauf eines Krans	149
2.7.5	Horizontalkräfte $H_{T,3}$ aus Beschleunigen oder Bremsen der Laufkatze	152
2.8	Temperatureinwirkungen	152
2.9	Lasten auf Laufstegen, Treppen, Podesten und Geländern	153
2.9.1	Vertikale Lasten	153
2.9.2	Horizontale Lasten	153
2.10	Prüflasten	153
2.11	Außergewöhnliche Einwirkungen	153
2.11.1	Pufferkräfte $H_{B,1}$ infolge Anprall des Krans	153
2.11.2	Pufferkräfte $H_{B,2}$ infolge Anprall der Laufkatze	154
2.11.3	Kippkräfte	154

Seite

2.12	**Ermüdungslasten**	154
2.12.1	Einzelne Kraneinwirkungen	154
2.12.2	Spannungsschwingbreiten aus mehrfachen Rad- und Kraneinwirkungen	156
3	**Einwirkungen aus Maschinen**	157
3.1	**Anwendungsbereich**	157
3.2	**Einteilung der Einwirkungen**	157
3.2.1	Allgemeines	157
3.2.2	Ständige Einwirkungen	157
3.2.3	Veränderliche Einwirkungen	157
3.2.4	Außergewöhnliche Einwirkungen	158
3.3	**Bemessungssituationen**	158
3.4	**Darstellung der Einwirkungen**	158
3.4.1	Herkunft der Lasten	158
3.4.2	Modellierung dynamischer Einwirkungen bei Maschinen	158
3.4.3	Modellierung des gegenseitigen Einflusses von Tragwerk und Maschinen	159
3.5	**Charakteristische Werte**	159
3.6	**Gebrauchstauglichkeitskriterien**	161

Anhang A (normativ) **Grundlage der Tragwerksplanung – Ergänzende Regeln zur EN 1990 für Kranbahnträger** ... 163

A.1	**Allgemeines**	163
A.2	**Grenzzustand der Tragfähigkeit**	163
A.2.1	Kombinationen der Einwirkungen	163
A.2.2	Teilsicherheitsfaktoren	163
A.2.3	ψ-Faktoren für Kranlasten	164
A.3	**Grenzzustand der Gebrauchstauglichkeit**	165
A.3.1	Kombinationen der Einwirkungen	165
A.3.2	Teilsicherheitsfaktoren	165
A.3.3	ψ-Faktoren für Kraneinwirkungen	165
A.4	**Ermüdung**	165

Anhang B (informativ) **Kranklassifizierung für die Ermüdungsbeanspruchung** ... 167

Nationales Vorwort DIN EN 1991-3

Diese Europäische Norm (EN 1991-3:2006) ist in der Verantwortung von CEN/TC 250/SC 1 „Eurocode 1 — Grundlagen der Tragwerksplanung und Einwirkungen auf Tragwerke" entstanden.

Die Arbeiten wurden auf nationaler Ebene vom NABau-Arbeitsausschuss NA 005-51-02 AA „Einwirkungen auf Bauten" begleitet.

Die Norm ist Bestandteil einer Reihe von Einwirkungs- und Bemessungsnormen, deren Anwendung nur im Paket sinnvoll ist. Dieser Tatsache wird durch die Richtlinie der Kommission der Europäischen Gemeinschaft für die Anwendung der Eurocodes Rechnung getragen, indem dort Übergangsfristen für die verbindliche Umsetzung der Eurocodes in den Mitgliedstaaten vorgesehen sind. Die Übergangsfristen müssen im Einzelfall von CEN und der Kommission präzisiert werden.

Die Anwendung dieser Norm gilt in Deutschland in Verbindung mit dem Nationalen Anhang.

Es wird auf die Möglichkeit hingewiesen, dass einige Texte dieses Dokuments Patentrechte berühren können.

Änderungen

Gegenüber DIN V ENV 1991-5:2000-10 wurden folgende Änderungen vorgenommen:

a) Umnummerierung in DIN EN 1991-3;

b) der Vornormcharakter wurde aufgehoben;

c) Stellungnahmen der nationalen Normungsinstitute eingearbeitet;

d) der Text vollständig überarbeitet.

Gegenüber DIN EN 1991-3:2007-03 und DIN 1055-10:2004-07 wurden folgende Änderungen vorgenommen:

a) auf europäisches Bemessungskonzept umgestellt;

b) Ersatzvermerke korrigiert;

c) redaktionelle Änderungen durchgeführt.

Frühere Ausgaben

DIN 1055-10: 2004-07
DIN V ENV 1991-5: 2000-10
DIN EN 1991-3: 2007-03

Vorwort EN 1991-3

Dieses Dokument (EN 1991-3:2006) wurde vom Technischen Komitee CEN/TC 250 „Eurocodes für den konstruktiven Ingenieurbau" erarbeitet, dessen Sekretariat vom BSI gehalten wird.

Das Technische Komitee CEN/TC 250 ist für alle Eurocodes des konstruktiven Ingenieurbaus zuständig.

Dieses Dokument ersetzt die Europäische Norm ENV 1991-5:1998.

Diese Europäische Norm muss den Status einer nationalen Norm erhalten, entweder durch Veröffentlichung eines identischen Textes oder durch Anerkennung bis Oktober 2006, und etwaige entgegenstehende nationale Normen müssen bis März 2010 zurückgezogen werden.

Entsprechend der CEN/CENELEC-Geschäftsordnung sind die nationalen Normungsinstitute der folgenden Länder gehalten, diese Europäische Norm zu übernehmen: Belgien, Dänemark, Deutschland, Estland, Finnland, Frankreich, Griechenland, Irland, Island, Italien, Lettland, Litauen, Luxemburg, Malta, Niederlande, Norwegen, Österreich, Polen, Portugal, Rumänien, Schweden, Schweiz, Slowakei, Slowenien, Spanien, Tschechische Republik, Ungarn, Vereinigtes Königreich und Zypern.

Zusätzliche Informationen besonders für EN 1991-3

EN 1991-3 gibt Hinweise und Einwirkungen für die Tragwerksbemessung von Hochbauten und Ingenieurbauwerken, die folgende Aspekte einschließen:
- Einwirkungen hervorgerufen durch Krane und
- Einwirkungen hervorgerufen durch Maschinen.

EN 1991-3 ist für folgende Anwender gedacht:
- Planer oder Vertragsparteien,
- die Bauaufsicht und öffentliche Auftraggeber.

Es ist vorgesehen, dass EN 1991-3 zusammen mit EN 1990, den anderen Teilen von EN 1991 sowie EN 1992 bis EN 1999 für die Bemessung von Tragwerken angewendet wird.

Nationaler Anhang für EN 1991-3

Diese Norm enthält alternative Verfahren und Werte sowie Empfehlungen für Klassen mit Hinweisen, an welchen Stellen nationale Festlegungen getroffen werden. Dazu sollte die jeweilige nationale Ausgabe von EN 1991-3 einen Nationalen Anhang mit den national festzulegenden Parametern erhalten, mit dem die Tragwerksplanung von Hochbauten und Ingenieurbauten, die in dem Ausgabeland gebaut werden sollen, möglich ist.

Die Wahl nationaler Festlegungen ist in den folgenden Regelungen der EN 1991-3 vorgesehen:

Abschnitt	Punkt
2.1 (2)	Vorgehensweise, wenn die Einwirkungen vom Kranhersteller angegeben werden
2.5.2.1 (2)	Exzentrizität der Radlasten
2.5.3 (2)	Maximale Anzahl von Kranen, die in der ungünstigsten Stellung zu berücksichtigen sind
2.7.3 (3)	Reibbeiwert
A.2.2 (1)	Definition von γ-Werten für die Fälle STR und GEO
A.2.2 (2)	Definition von γ-Werten für den Fall EQU
A.2.3 (1)	Definition von ψ-Werten

Allgemeines 1

Anwendungsbereich 1.1

(1) EN 1991-3 legt die Nutzlasten (Modelle und repräsentative Zahlenwerte) aus Kranen auf Kranbahnträgern und stationären Maschinen fest, die, wo notwendig, dynamische Einflüsse, Brems- und Beschleunigungskräfte sowie Anprallkräfte einschließen.

(2) Abschnitt 1 definiert allgemeine Definitionen und Bezeichnungen.

(3) Abschnitt 2 legt die durch Krane verursachten Einwirkungen auf Kranbahnträgern fest.

(4) Abschnitt 3 spezifiziert die durch stationäre Maschinen hervorgerufenen Einwirkungen.

Normative Verweisungen 1.2

Diese Norm enthält durch datierte oder undatierte Verweisungen Festlegungen aus anderen Publikationen. Diese normativen Verweisungen sind an den jeweiligen Stellen im Text zitiert, und die Publikationen sind nachstehend aufgeführt. Bei datierten Verweisungen gehören spätere Änderungen oder Überarbeitungen dieser Publikationen nur zu dieser Norm, falls sie durch Änderung oder Überarbeitung eingearbeitet sind. Bei undatierten Verweisungen gilt die letzte Ausgabe der in Bezug genommenen Publikation (einschließlich Änderungen).

ISO 3898, *Bases for design of structures — Notations — General symbols*

ISO 2394, *General principles on reliability for structures*

ISO 8930, *General principles on reliability for structures — List of equivalent terms*

EN 1990, *Eurocode: Grundlagen der Tragwerksplanung*

EN 13001-1, *Krane — Konstruktion allgemein — Teil 1: Allgemeine Prinzipien und Anforderungen*

EN 13001-2, *Krane – Konstruktion allgemein — Teil 2: Lasteinwirkungen*

EN 1993-1-9, *Bemessung und Konstruktion von Stahlbauten — Teil 1-9: Ermüdung*

EN 1993-6, *Bemessung und Konstruktion von Stahlbauten — Teil 6: Kranbahnträger*

Unterscheidung zwischen Prinzipien und Anwendungsregeln 1.3

(1) Abhängig vom Charakter der einzelnen Absätze wird in diesem Teil nach Prinzipien und Anwendungsregeln unterschieden.

(2) Die Prinzipien enthalten:

– Allgemeine Bestimmungen und Begriffsbestimmungen, für die es keine Alternativen gibt, genauso wie

– Anforderungen und Rechenmodelle, die immer gültig sind, soweit auf die Möglichkeit von Alternativen nicht ausdrücklich hingewiesen wird.

(3) Die Prinzipien werden durch den Buchstaben P nach der Absatznummer gekennzeichnet.

(4) Die Anwendungsregeln sind allgemein anerkannte Regeln, die den Prinzipien folgen und deren Anforderungen erfüllen.

(5) Es sind von der EN 1991-3 abweichende Anwendungsregeln zulässig, wenn nachgewiesen wird, dass sie mit den maßgebenden Prinzipien übereinstimmen und im Hinblick auf die Bemessungsergebnisse bezüglich der Tragsicherheit, Gebrauchstauglichkeit und Dauerhaftigkeit, die bei Anwendung der Eurocodes erwartet werden, mindestens gleichwertig sind.

ANMERKUNG Wird bei dem Entwurf eine abweichende Anwendungsregel verwendet, kann keine vollständige Übereinstimmung mit EN 1991-3 erklärt werden, auch wenn die abweichende Anwendungsregel den Prinzipien in EN 1990-1-3 entspricht. Wird EN 1991-3 für eine Eigenschaft in Anhang Z einer Produktnorm oder einer ETAG verwendet, so kann die Anwendung einer abweichenden Anwendungsregel möglicherweise das CE-Zeichen ausschließen.

(6) In diesem Teil werden die Anwendungsregeln durch Absatznummern in Klammern, z. B. wie für diesen Absatz, gekennzeichnet.

1.4 Begriffe

Für die Anwendung dieser Norm gelten die Begriffe nach ISO 2394, ISO 3898, ISO 8930 und die folgenden Begriffe. Des Weiteren ist für die Anwendung dieser Norm eine Basisliste mit Begriffen und Definitionen in EN 1990, 1.5, enthalten.

1.4.1 Begriffe, speziell für Hebezeuge und Krane auf Kranbahnträgern

1.4.1.1 dynamischer Faktor

Faktor, der das Verhältnis der dynamischen Tragwerksreaktion zur statischen darstellt

1.4.1.2 Eigengewicht Q_c des Krans

Eigengewicht aller festen und beweglichen Elementen, einschließlich der mechanischen und elektronischen Ausstattung des Krantragwerks, jedoch ohne Lastaufnahmemittel und einen Teil der hängenden Seile oder Ketten des Hebezeugs, die durch das Krantragwerk bewegt werden, siehe 1.4.1.3

1.4.1.3 Hublast Q_h

umfasst die Massen der Nutzlast, das Lastaufnahmemittel und einen Teil der hängenden Seile oder Ketten des Hebezeugs, die durch das Krantragwerk bewegt werden, siehe Bild 1.1

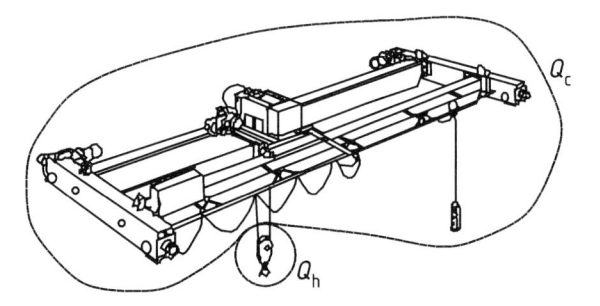

Bild 1.1: Definition der Hublast und des Eigengewichtes eines Krans

1.4.1.4 Laufkatze

Teil eines Brückenlaufkrans, an dem das Hebezeug angebracht ist und das auf Schienen über der Kranbrücke verfahrbar ist

1.4.1.5 Kranbrücke

Teil eines Brückenlaufkrans, welches die Stützweite der Kranbahnträger überbrückt und die Laufkatze oder die Unterflansch-Laufkatze trägt

1.4.1.6 Führungsmittel

System, das dazu dient, den Kran durch horizontale Reaktionskräfte zwischen Kran und Kranbahnträger auf der Kranbahn ausgerichtet zu halten

ANMERKUNG   Die Führungsmittel können aus Spurkränzen an den Laufrädern oder aus separaten Führungsrollen bestehen, die seitlich an den Kranschienen oder an den Kranbahnträgern laufen.

1.4.1.7 Hubwerk

Maschine zum Anheben der Lasten

1.4.1.8 Unterflansch-Laufkatze

Laufkatze, die ein Hubwerk besitzt und auf dem Unterflansch eines Trägers fahren kann, der entweder fest montiert wird (wie in Bild 1.2 dargestellt) oder die Kranbrücke eines Brückenlaufkrans bildet (wie in Bildern 1.3 und 1.4 abgebildet)

Einschienen-Unterflansch-Laufkatze 1.4.1.9

Unterflansch-Laufkatze, die von einem fest montierten Träger getragen wird, siehe Bild 1.2

Kranbahnträger 1.4.1.10

Träger, der von einem Brückenlaufkran befahren wird

Brückenlaufkran 1.4.1.11

Maschine zum Heben und Bewegen von Lasten, die auf Rädern über den Kranbahnträgern fährt. Sie besitzt ein oder mehrere Hebezeuge, die an einer Laufkatze oder Unterflansch-Laufkatze befestigt sind

Kranbahnträger für Unterflansch-Laufkatze 1.4.1.12

zum Tragen von Einschienen-Unterflansch-Laufkatzen vorgesehener Kranbahnträger, wobei die Laufkatze auf dem Unterflansch des Kranbahnträgers fährt, siehe Bild 1.2

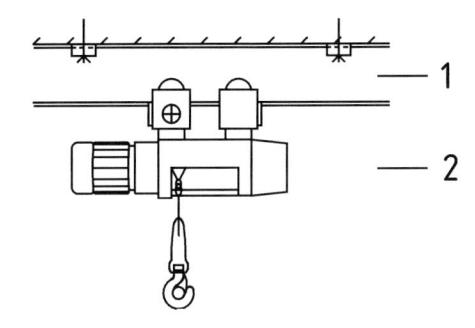

Legende
1 Kranbahnträger
2 Unterflansch-Laufsätze

Bild 1.2: Kranbahnträger mit Unterflansch-Laufkatze

Hängekran 1.4.1.13

Brückenlaufkran, der auf den Unterflanschen der Kranbahnträger fährt, siehe Bild 1.3

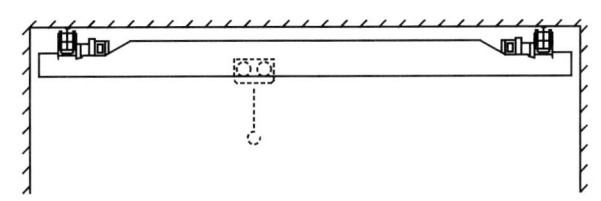

Bild 1.3: Hängekran mit Unterflansch-Laufkatze

angesetzter Brückenlaufkran 1.4.1.14

Brückenlaufkran, der den Kranbahnträger von oben belastet

ANMERKUNG   Dieser fährt üblicherweise auf Schienen, nur gelegentlich direkt auf dem Obergurt der Träger, siehe Bild 1.4.

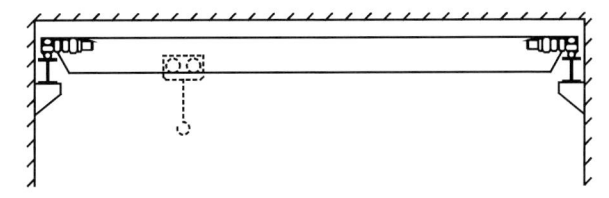

Bild 1.4: Aufgesetzter Brückenlaufkran mit Unterflansch-Laufkatze

1.4.2 Begriffe, speziell für Einwirkungen verursacht durch Maschinen

1.4.2.1 Eigenfrequenz

Frequenz einer freien Schwingung eines Systems

ANMERKUNG   Für Systeme mit mehreren Freiheitsgraden sind die Eigenfrequenzen die Frequenzen der Eigenformen der Schwingung.

1.4.2.2 freie Schwingung

Schwingung eines Systems, die ohne erzwungene Schwingung auftritt

1.4.2.3 erzwungene Schwingung

Schwingung eines Systems, so lange das System durch eine äußere Last angeregt wird

1.4.2.4 Dämpfung

Dissipation der Energie mit der Zeit oder Entfernung

1.4.2.5 Resonanz

Resonanzfall eines Systems bei einer erzwungenen harmonischen Schwingung liegt vor, wenn jede Änderung der Erregerfrequenz, sei sie noch so klein, zu einer Abnahme der Systemantwort führt

1.4.2.6 Eigenform der Schwingung

charakteristische Schwingungsform eines schwingenden Systems, bei der die Bewegung jedes einzelnen Teilchens harmonisch mit der gleichen Frequenz erfolgt

ANMERKUNG   Bei einem Schwinger mit mehreren Freiheitsgraden können zwei oder mehr Eigenformen gleichzeitig auftreten. Eine (natürliche) Schwingungseigenform ist eine Schwingung, sofern sie von den anderen Schwingungsformen des Systems entkoppelt ist.

1.5 Symbole

(1)   Für die Anwendung dieser Europäischen Norm gelten die folgenden Symbole.

ANMERKUNG   Die benutzten Bezeichnungen basieren auf ISO 3898:1997.

(2)   Eine Basisliste von Symbolen ist in EN 1990, Abschnitt 1.6, enthalten, und die unten aufgeführten zusätzlichen Bezeichnungen sind speziell für diesen Teil der EN 1991 gültig.

Lateinische Großbuchstaben

$F_{\varphi,k}$	charakteristischer Wert einer Kraneinwirkung
F_k	charakteristischer statischer Anteil einer Kraneinwirkung
F_s	freie Kraft des Rotors
F_w^*	Kräfte verursacht durch Wind in Betrieb
$H_{B,1}$	Pufferkräfte bezogen auf die Bewegung des Kranes
$H_{B,2}$	Pufferkräfte bezogen auf die Bewegung der Laufkatze
H_K	horizontale Last auf die Führungsschienen
H_L	Längskräfte verursacht durch Beschleunigen und Bremsen des Krans
H_S	Horizontalkräfte verursacht durch Schräglauf des Krans
$H_{T,1}; H_{T,2}$	Horizontalkräfte verursacht durch Beschleunigen und Bremsen des Krans
$H_{T,3}$	Horizontalkräfte quer zur Fahrbahn verursacht durch Beschleunigen und Bremsen der Laufkatze
H_{TA}	Kippkraft

K	Antriebskraft
$M_k(t)$	Kurzschlussmoment
Q_e	Ermüdungslast
Q_c	Eigengewicht des Krans
Q_h	Hublast
Q_T	Prüflast
Q_r	Radlast
S	Führungskraft

Lateinische Kleinbuchstaben

b_r	Breite des Schienenkopfes
e	Exzentrizität der Radlast
e_M	Exzentrizität der Masse des Rotors
h	Abstand zwischen dem momentanen Gleitpol und dem Führungsmittel
kQ	Lastkollektivbeiwert
ℓ	Spannweite der Kranbrücke
m_c	Masse des Krans
m_w	Anzahl der einzeln angetriebenen Räder
m_r	Masse des Rotors
n	Anzahl der Radpaare
n_r	Anzahl der Kranbahnträger

Griechische Kleinbuchstaben

α	Schräglaufwinkel
ζ	Dämpfungsverhältnis
η	Anteil der Hublast, der nach Entfernen der Nutzlast verbleibt, jedoch nicht im Eigengewicht des Krans enthalten ist
λ	Schadensäquivalenz-Beiwert
λ_s	Lastbeiwerte
μ	Reibungsbeiwert
ξ_b	Puffercharakteristik
φ	dynamischer Faktor
$\varphi_1, \varphi_2, \varphi_3, \varphi_4, \varphi_5, \varphi_6, \varphi_7$	dynamische Faktoren angewendet auf Einwirkungen, die durch Krane verursacht werden
φ_{fat}	schadensäquivalenter dynamischer Faktor
φ_M	dynamische Faktoren angewendet auf Einwirkungen, die durch Maschinen verursacht werden
ω_e	Eigenfrequenz des Tragwerks
ω_r	Kreisfrequenz des Rotors
ω_s	Frequenz der Erregerkraft

Einwirkungen aus Hebezeugen und Kranen auf Kranbahnträger 2

Anwendungsbereich 2.1

(1) Dieser Abschnitt legt Einwirkungen fest (Modelle und repräsentative Werte), verursacht durch:

- Einschienen-Unterflansch-Laufkatzen, siehe 2.5.1 und 2.5.2;
- Brückenlaufkrane, siehe 2.5.3 und 2.5.4.

(2) Die in diesem Abschnitt angegebenen Verfahren stehen im Einklang mit den in EN 13001-1 und EN 13001-2 enthaltenen Vorschriften, um den Austausch von Daten mit den Kranherstellern zu erleichtern.

ANMERKUNG Wenn der Kranhersteller zur Zeit der Bemessung des Kranbahnträgers bekannt ist, dürfen für das Einzelprojekt genauere Daten benutzt werden. Der Nationale Anhang darf Informationen zu der Vorgehensweise angeben.

> **NDP Zu 2.1 (2)**
>
> Ist der Kranhersteller zum Zeitpunkt der Bemessung bekannt, dürfen dessen Angaben zur geplanten Krananlage verwendet werden. Die Daten sind den bautechnischen Unterlagen beizufügen.

Einteilung der Einwirkungen 2.2

Allgemeines 2.2.1

(1)P Die durch Krane verursachten Einwirkungen sind als veränderliche und außergewöhnliche Einwirkungen zu klassifizieren, die durch verschiedene Modelle, wie in 2.2.2 und 2.2.3 beschrieben, dargestellt werden.

Veränderliche Einwirkungen 2.2.2

(1) Unter normalen Betriebsbedingungen ergeben sich aus Kranen zeitlich und örtlich veränderliche Einwirkungen. Sie beinhalten Gravitationskräfte einschließlich Hublasten, Trägheitskräfte aus Beschleunigen und Bremsen sowie Kräfte, die aus Schräglauf und anderen dynamischen Einflüssen resultieren.

(2) Die veränderlichen Kraneinwirkungen sollten getrennt werden in:
- veränderliche vertikale Kraneinwirkungen, die durch das Eigengewicht des Krans und die Hublast verursacht werden;
- veränderliche horizontale Kraneinwirkungen, die durch das Beschleunigen und Bremsen, durch Schräglauf oder andere dynamische Einwirkungen verursacht werden.

(3) Die verschiedenen repräsentativen Werte für veränderliche Kraneinwirkungen sind charakteristische Werte, die sich aus statischen und dynamischen Anteilen zusammensetzen.

(4) Dynamische Anteile infolge von Schwingungen, die durch Trägheitskräfte und Dämpfungswirkungen hervorgerufen werden, werden im Allgemeinen durch dynamische Faktoren φ_i erfasst, mit denen die statischen Lasten zu vervielfachen sind.

$$F_{\varphi,k} = \varphi_i \cdot F_k \tag{2.1}$$

Dabei ist

$F_{\varphi,k}$ der charakteristische Wert der Kraneinwirkung;

φ_i der dynamische Faktor, siehe Tabelle 2.1;

F_k der charakteristische statische Anteil der Kraneinwirkung.

(5) Die verschiedenen dynamischen Faktoren und ihre Anwendungen sind in Tabelle 2.1 aufgelistet.

(6) Das gleichzeitige Auftreten von Kranlastanteilen darf durch die Bildung von Lastgruppen berücksichtigt werden, siehe Tabelle 2.2. Jede dieser Lastgruppen sollte für die Kombination mit anderen, nicht aus Kranbetrieb resultierenden Einwirkungen als eine einzige charakteristische Kraneinwirkung angesehen werden.

ANMERKUNG   Die Gruppeneinteilung sieht vor, dass zum jeweiligen Zeitpunkt nur eine horizontale Kraneinwirkung berücksichtigt wird.

2.2.3 Außergewöhnliche Einwirkungen

(1) Krane können außergewöhnliche Einwirkungen infolge Pufferanprall (Pufferkräfte) oder durch Kollision von Lastaufnahmemitteln mit Hindernissen (Kippkräfte) erzeugen.

Diese Einwirkungen sollten in der statischen Berechnung berücksichtigt werden, sofern ein geeigneter Schutz davor nicht sichergestellt ist.

(2) Die in 2.11 beschriebenen außergewöhnlichen Einwirkungen beziehen sich auf allgemeine Situationen. Sie werden durch verschiedene Lastmodelle repräsentiert, die Bemessungswerte (z. B. in Anwendung mit $\gamma_A = 1,0$) in Form von äquivalenten statischen Lasten definieren.

(3) Das gleichzeitige Auftreten von außergewöhnlichen Kranlasten darf durch den Ansatz von Lastgruppen, wie in Tabelle 2.2 angegeben, berücksichtigt werden. Jede dieser Lastgruppen definiert für die Kombination mit nicht durch den Kran hervorgerufenen Lasten eine einzige Kraneinwirkung.

Tabelle 2.1: Dynamische Faktoren φ_i

Dynamische Faktoren	Einfluss, der berücksichtigt wird	Anzuwenden auf
φ_1	– Schwingungsanregung des Krantragwerks infolge Anheben der Hublast vom Boden	Eigengewicht des Krans
φ_2 oder φ_3	– dynamische Wirkungen beim Anheben der Hublast vom Boden – dynamische Wirkungen durch plötzliches Loslassen der Nutzlast, wenn zum Beispiel Greifer oder Magneten benutzt werden	Hublast
φ_4	– dynamische Wirkung hervorgerufen durch Fahren auf Schienen oder Fahrbahnen	Eigengewicht des Krans und Hublast
φ_5	– dynamische Wirkungen verursacht durch Antriebskräfte	Antriebskräfte
φ_6	– dynamische Wirkungen infolge einer Prüflast, die durch die Antriebe entsprechend den Einsatzbedingungen bewegt wird	Prüflast
φ_7	– dynamische elastische Wirkungen verursacht durch Pufferanprall	Pufferkräfte

Tabelle 2.2: Lastgruppen mit dynamischen Faktoren, die als eine einzige charakteristische Einwirkung anzusehen sind

		Symbol	Abschnitt	Lastgruppen									
				ULS							Prüflast	Außergewöhnlich	
				1	2	3	4	5	6	7	8	9	10
1	Eigengewicht des Krans	Q_c	2.6	φ_1	φ_1	1	φ_4	φ_4	φ_4	1	φ_1	1	1
2	Hublast	Q_h	2.6	φ_2	φ_3	–	φ_4	φ_4	φ_4	$\eta^{1)}$	–	1	1
3	Beschleunigung der Kranbrücke	H_L, H_T	2.7	φ_5	φ_5	φ_5	φ_5	–	–	–	φ_5	–	–
4	Schräglauf der Kranbrücke	H_S	2.7	–	–	–	–	1	–	–	–	–	–
5	Beschleunigen oder Bremsen der Laufkatze oder Hubwerk	H_{T3}	2.7	–	–	–	–	–	1	–	–	–	–
6	Wind in Betrieb	F_W^*	Anhang A	1	1	1	1	1	–	–	1	–	–
7	Prüflast	Q_T	2.10	–	–	–	–	–	–	–	φ_6	–	–
8	Pufferkraft	H_B	2.11	–	–	–	–	–	–	–	–	φ_7	–
9	Kippkraft	H_{TA}	2.11	–	–	–	–	–	–	–	–	–	1

ANMERKUNG Zu Wind außerhalb Betrieb siehe Anhang A.

[1)] η ist der Anteil der Hublast, der nach Entfernen der Nutzlast verbleibt, jedoch nicht im Eigengewicht des Krans enthalten ist.

Bemessungssituationen 2.3

(1)P Es sind für jede der in EN 1990 angegebenen Bemessungssituationen die maßgebenden Einwirkungen, die durch Krane verursacht werden, zu bestimmen.

(2)P Es sind ausgewählte Bemessungssituationen zu berücksichtigen und kritische Lastfälle festzustellen. Für jeden kritischen Lastfall sind die Bemessungswerte der Beanspruchungen infolge der Einwirkungskombination zu bestimmen.

(3) Einwirkungen, die durch den Betrieb mehrerer Krane hervorgerufen werden, sind in 2.5.3 angegeben.

(4) Kombinationsregeln für Kraneinwirkungen mit anderen Einwirkungen sind in Anhang A angegeben.

(5) Für den Ermüdungsnachweis sind Ermüdungslastmodelle in 2.12 angegeben.

(6) Für den Fall, dass für den Gebrauchstauglichkeitsnachweis Prüfversuche mit Kranen auf der tragenden Unterkonstruktion durchgeführt werden, ist in 2.10 ein Prüflastmodell angegeben.

Darstellung der Kraneinwirkungen 2.4

(1) Es sollten die über die Räder des Krans und möglicherweise über Führungsrollen oder sonstige Führungsmittel auf den Kranbahnträger ausgeübten Einwirkungen angesetzt werden.

(2) Die auf die Kranunterkonstruktion einwirkenden Horizontalkräfte, die durch die horizontalen Bewegungen von Einschienen-Unterflansch-Laufkatzen bzw. Hubwerke entstehen, sollten nach 2.5.1.2, 2.5.2.2 und 2.7 bestimmt werden.

2.5 Lastanordnungen

2.5.1 Einschienen-Unterflansch-Laufkatzen

2.5.1.1 Vertikale Lasten

(1) Bei normalen Betriebsbedingungen sollte die vertikale Last aus dem Eigengewicht des Hubwerks, der Hublast und dem dynamischen Faktor zusammengesetzt werden, siehe Tabellen 2.1 und 2.2.

2.5.1.2 Horizontalkräfte

(1) Im Falle fest montierter Kranbahnträger für Einschienen-Unterflansch-Laufkatzen sollten die horizontalen Lasten, sofern kein genauerer Wert vorliegt, 5 % der maximalen vertikalen Radlast ohne den dynamischen Faktor betragen.

(2) Dies gilt auch für horizontale Lasten im Fall pendelnd aufgehängter Kranbahnträger.

2.5.2 Brückenlaufkrane

2.5.2.1 Vertikale Lasten

(1) Die maßgebenden vertikalen Radlasten eines Krans auf einem Kranbahnträger sollten unter Berücksichtigung der kritischen Lastanordnungen nach Bild 2.1 bestimmt werden. Dabei sind die in 2.6 angegebenen charakteristischen Werte zu verwenden.

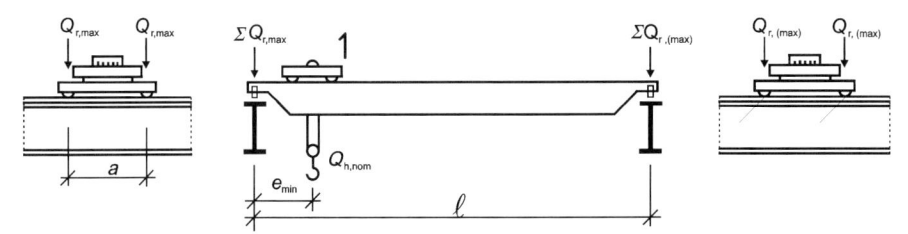

a) **Lastanordnung des belasteten Krans zur Bestimmung der maximalen Belastung des Kranbahnträgers**

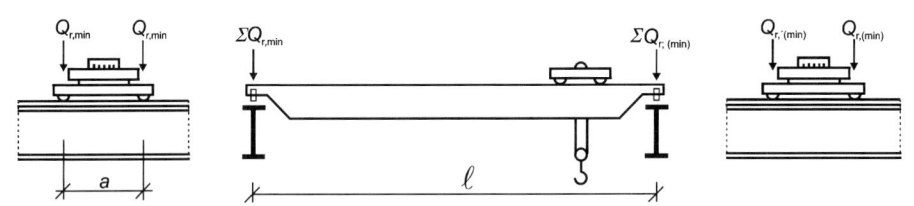

b) **Lastanordnung des unbelasteten Krans zur Bestimmung der minimalen Belastung des Kranbahnträgers**

Dabei ist

- $Q_{r,max}$ die maximale Last je Rad des belasteten Krans;
- $Q_{r,(max)}$ die zugehörige Last je Rad des belasteten Krans;
- $\Sigma Q_{r,max}$ die Summe der maximalen Radlasten $Q_{r,max}$ des belasteten Krans je Kranbahn;
- $\Sigma Q_{r,(max)}$ die Summe der zugehörigen Radlasten $Q_{r,(max)}$ des belasteten Krans je Kranbahn;
- $Q_{r,min}$ die minimale Last je Rad des unbelasteten Krans;
- $Q_{r,(min)}$ die zugehörige Last je Rad auf dem mehrbelasteten Kranbahnträger;
- $\Sigma Q_{r,min}$ die Summe der minimalen Radlasten $Q_{r,min}$ des unbelasteten Krans je Kranbahn;
- $\Sigma Q_{r,(min)}$ Summe der zugehörigen Radlasten $Q_{r,(min)}$ des unbelasteten Krans je Kranbahn;
- $Q_{h,nom}$ die Nennhublast.

Legende
1 Laufkatze

Bild 2.1: Lastanordnung zur Bestimmung der maßgebenden vertikalen Einwirkungen auf den Kranbahnträger

(2) Die Exzentrizität e der Radlast Q_r zur Schiene sollte als ein Bruchteil der Schienenkopfbreite b_r angenommen werden, siehe Bild 2.2.

ANMERKUNG Der Nationale Anhang darf den Zahlenwert für e festlegen. Es wird der Wert $e = 0{,}25\, b_r$ empfohlen.

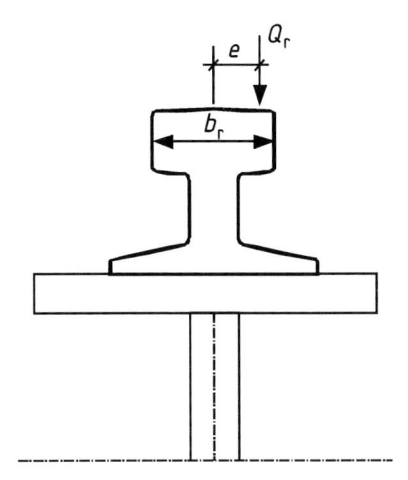

Bild 2.2: Exzentrizität der Radlast

Horizontalkräfte 2.5.2.2

(1) Bei Brückenlaufkranen sollten die folgenden Horizontalkräfte berücksichtigt werden:

a) Horizontalkräfte, hervorgerufen durch das Beschleunigen und Bremsen des Krans in Richtung seiner Bewegung entlang des Kranbahnträgers, siehe 2.7.2;

b) Horizontalkräfte, hervorgerufen durch das Beschleunigen oder Bremsen der Laufkatze oder der Unterflansch-Laufkatze in Richtung ihrer Bewegung entlang der Kranbrücke, siehe 2.7.5;

c) Horizontalkräfte, hervorgerufen durch Schräglauf des Krans in Richtung seiner Bewegung entlang des Kranbahnträgers, siehe 2.7.4;

d) Pufferkräfte in Richtung der Kranbewegung, siehe 2.11.1;

e) Pufferkräfte in Richtung der Bewegung der Laufkatze oder der Unterflansch-Laufkatze, siehe 2.11.2.

(2) Wenn nicht anderweitig festgelegt, sollte nur eine der in (1) aufgeführten Horizontalkräfte (a) bis (e) in einer Gruppe gleichzeitig auftretender Kranlastanteile berücksichtigt werden, siehe Tabelle 2.2.

(3) Bei Hängekranen sollten die Horizontalkräfte in der Radlauffläche in der Größe von mindestens 10 % der größten vertikalen Radlast ohne dynamischen Faktor angesetzt werden, es sei denn, ein genauerer Wert ist gerechtfertigt.

(4) Wenn nicht anderweitig festgelegt, sollten die horizontalen Radlasten $H_{L,i}$ längs der Fahrbahn und die horizontalen Radlasten $H_{T,i}$ quer zur Fahrbahn infolge Beschleunigung und Bremsen des Krans oder der Laufkatze usw. nach Bild 2.3 angesetzt werden. Die charakteristischen Werte dieser Kräfte sind in 2.7.2 angegeben.

ANMERKUNG Diese Kräfte beinhalten keine Einwirkungen aus schrägem Hub-Schräglauf infolge Fehlausrichtung von Last und Laufkatze, da im Allgemeinen Schräghub nicht zulässig ist. Unvermeidbare Einwirkungen aus geringfügigem Schräghub sind in den Trägheitskräften enthalten.

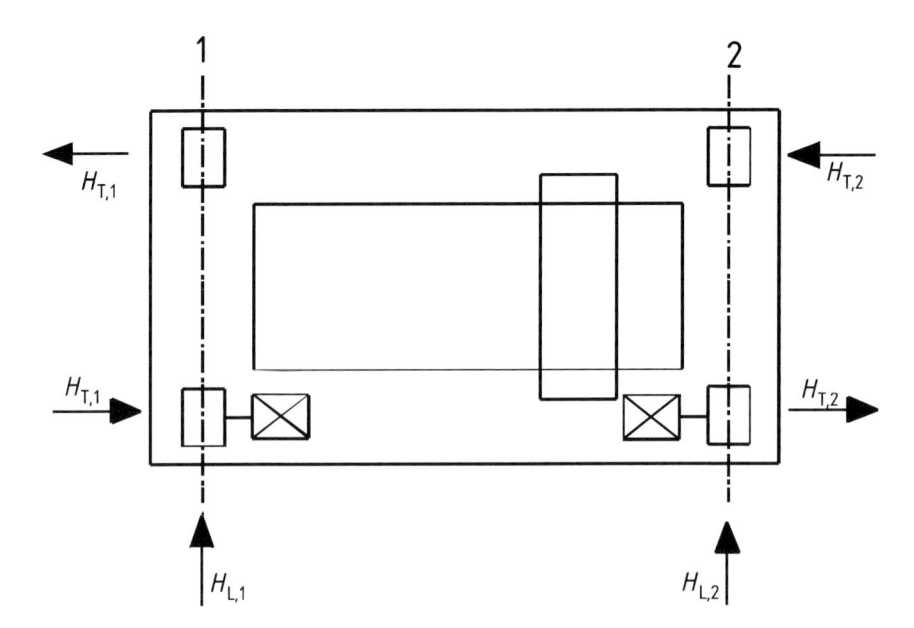

Legende
1 Schiene i = 1
2 Schiene i = 2

Bild 2.3: Anordnung der horizontalen Radlasten infolge Beschleunigung und Bremsen längs und quer zur Fahrbahn

(5) Die horizontalen Radlasten $H_{S,i,j,k}$ längs und quer zur Fahrbahn sowie die Führungskraft S aus Schräglauf können beim Fahren des Krans oder der Laufkatze mit konstanter Geschwindigkeit an den Führungsmitteln von Kranen oder Laufkatzen auftreten, siehe Bild 2.4. Diese Lasten werden von den Führungsmitteln verursacht, indem diese die Räder an ihrer freien, natürlichen Laufrichtung beim Fahren des Krans oder der Laufkatze hindern. Die charakteristischen Werte sind in 2.7.4 angegeben.

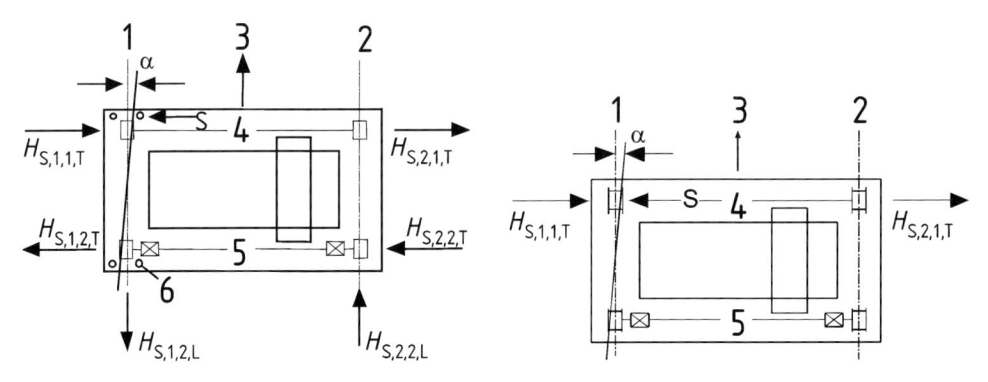

a) mit zusätzlichen Führungsmitteln   **b) Spurführung mittels Spurkränzen**

Legende
1 Schiene i = 1
2 Schiene i = 2
3 Bewegungsrichtung
4 Radpaar j = 1
5 Radpaar j = 2
6 Führungsmittel

ANMERKUNG 1 Die Richtung der Horizontalkräfte ist abhängig von der Art des Führungsmittels, von der Fahrrichtung und von der Antriebsart.

ANMERKUNG 2 Die Kräfte $H_{S,i,j,k}$ sind in 2.7.4 (1) festgelegt.

Bild 2.4: Anordnung der horizontalen Radlasten aus Schräglauf längs und quer zur Fahrbahn

Einwirkungen aus weiteren Kranen 2.5.3

(1)P Krane, die zusammenarbeiten müssen, sind wie ein Kran zu behandeln.

> **NDP Zu 2.5.3**
>
> Die Exzentrizität e der Radlast beträgt: $e = 0,25\ b_r$

(2) Für den Fall, dass mehrere Krane unabhängig voneinander arbeiten, sollte die maximale Anzahl der Krane, die als gleichzeitig wirkend zu berücksichtigen sind, festgelegt werden.

ANMERKUNG Die maximale Anzahl der in ungünstigster Stellung zu berücksichtigenden Krane darf im Nationalen Anhang festgelegt werden. Es wird die in Tabelle 2.3 angegebene Anzahl empfohlen.

> **NDP Zu 2.5.3 (2)**
>
> Es gilt die Tabelle 2.3.

Tabelle 2.3: Empfehlung für die maximale Anzahl von Kranen in ungünstigster Stellung

	Krane je Kranbahn	Krane je Hallenschiff	Krane in mehrschiffigen Hallen	
Vertikale Kraneinwirkung	3	4	4	2
Horizontale Kraneinwirkung	2	2	2	2

Vertikale Kranlasten – charakteristische Werte 2.6

(1) Die charakteristischen Werte der vertikalen Kranlasten auf die Kranunterkonstruktionen sollten nach Tabelle 2.2 bestimmt werden.

(2)P Für das Eigengewicht und die Hublast des Krans sind die vom Kranhersteller angegebenen Nennwerte der vertikalen Lasten als charakteristische Werte anzunehmen.

Tabelle 2.4: Dynamische Faktoren φ_i für vertikale Lasten

	Werte für dynamische Faktoren	
φ_1	$0,9 < \varphi_1 < 1,1$ Die beiden Werte 1,1 und 0,9 decken die unteren und oberen Werte des Schwingungsimpulses ab.	
φ_2	$\varphi_1 = \varphi_{2,min} + \beta_2 \cdot v_h$ v_h – konstante Hubgeschwindigkeit in m/s $\varphi_{2,min}$ und β_2 siehe Tabelle 2.5	
φ_3	$\varphi_3 = 1 - \dfrac{\Delta m}{m}(1 + \beta_3)$ Dabei ist	
	Δm	der losgelassene oder abgesetzte Teil der Masse der Hublast;
	m	die Masse der gesamten Hublast;
	$\beta_3 = 0,5$	bei Kranen mit Greifern oder ähnlichen Vorrichtungen für langsames Absetzen;
	$\beta_3 = 1,0$	bei Kranen mit Magneten oder ähnlichen Vorrichtungen für schnelles Absetzen;
φ_4	$\varphi_3 = 1,0$	vorausgesetzt, dass die in EN 1993-6 festgelegten Toleranzen für Kranschienen eingehalten werden.
ANMERKUNG Für den Fall, dass die in EN 1993-6 festgelegten Toleranzen nicht eingehalten werden, kann der Faktor φ_4 mit dem in CEN/TS 13001-2 enthaltenen Modell bestimmt werden.		

(3) Falls die in Tabelle 2.1 festgelegten Faktoren φ_1, φ_2, φ_3 und φ_4 nicht in den Unterlagen des Kranherstellers festgelegt sind, können die in Tabelle 2.4 angegebenen Anhaltswerte verwendet werden.

(4) Für Wind in Betrieb wird auf Anhang A verwiesen.

Tabelle 2.5: Werte für β_2 und $\varphi_{2,min}$

Hubklasse	β_2	$\varphi_{2,min}$
HC1	0,17	1,05
HC2	0,34	1,10
HC3	0,51	1,15
HC4	0,68	1,20
ANMERKUNG Die Krane werden zur Berücksichtigung der dynamischen Wirkungen beim Aufheben der Last vom Boden in die Hubklassen HC1 bis HC4 eingestuft. Die Auswahl der Hubklasse hängt vom jeweiligen Krantyp ab, siehe Anhang B.		

2.7 Horizontale Kranlasten – charakteristische Werte

2.7.1 Allgemeines

(1)P Für die Auswirkungen von Beschleunigen und Schräglauf sind die von dem Kranhersteller festgelegten Nennwerte der horizontalen Lasten als charakteristische Werte anzunehmen.

(2) Die charakteristischen Werte für die horizontalen Lasten dürfen von dem Kranhersteller festgelegt oder nach 2.7.2 bis 2.7.5 bestimmt werden.

Horizontale Kräfte $H_{L,i}$ längs der Fahrbahn und $H_{T,i}$ quer zur Fahrbahn aus Beschleunigung und Bremsen eines Krans 2.7.2

(1) Die entlang der Fahrbahn wirkende horizontale Kraft $H_{L,i}$ wird durch das Beschleunigen und Bremsen eines Krans verursacht. Sie resultiert aus der Antriebskraft, die in der Kontaktfläche zwischen Schiene und dem angetriebenen Rad wirkt, siehe Bild 2.5.

(2) Die entlang eines Kranbahnträgers wirkende horizontale Last $H_{L,i}$ darf wie folgt berechnet werden:

$$H_{L,i} = \varphi_5 K \frac{1}{n_r} \qquad (2.2)$$

Dabei ist

n_r die Anzahl der Kranbahnträger;

K die Antriebskraft nach 2.7.3;

φ_5 der dynamische Faktor, siehe Tabelle 2.6;

i ein ganzzahliger Wert zur Kennzeichnung des Kranbahnträgers ($i = 1, 2$).

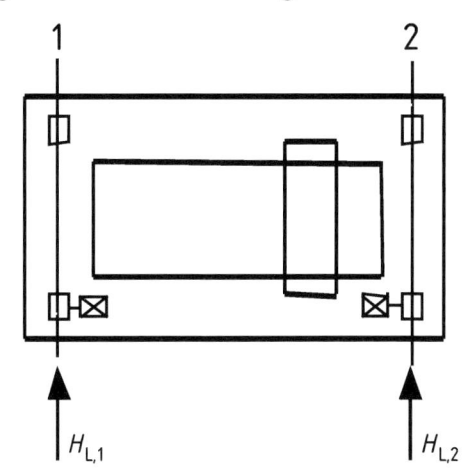

Legende
1 Schiene i = 1
2 Schiene i = 2

Bild 2.5: Horizontale Lasten $H_{L,i}$ längs der Fahrbahn

(3) Das durch die Antriebskräfte erzeugte Moment M, das im Massenschwerpunkt angreift, steht im Gleichgewicht mit den quer zur Fahrbahn wirkenden horizontalen Kräften $H_{T,1}$ and $H_{T,2}$, siehe Bild 2.6. Die Horizontalkräfte dürfen wie folgt bestimmt werden:

$$H_{T,1} = \varphi_5 \, \xi_2 \, \frac{M}{a} \qquad (2.3)$$

$$H_{T,2} = \varphi_5 \, \xi_1 \, \frac{M}{a} \qquad (2.4)$$

Dabei ist

$$\xi_1 = \frac{\sum Q_{r,max}}{\sum Q_r}$$

$\xi_2 = 1 - \xi_1$;

$\sum Q_r = \sum Q_{r,max} + \sum Q_{r(max)}$;

$\sum Q_{r,max}$ siehe Bild 2.1;

$\sum Q_{r(max)}$ siehe Bild 2.1;

a der Abstand der Führungsrollen bzw. der Spurkränze;

M $= K \cdot \ell_s$;

ℓ_s $\quad = (\xi_1 - 0{,}5) \cdot \ell$;

ℓ $\quad$ die Spannweite der Kranbrücke;

φ_5 $\quad$ der dynamische Faktor nach Tabelle 2.6;

K $\quad$ die Antriebskraft, siehe 2.7 und 2.7.3.

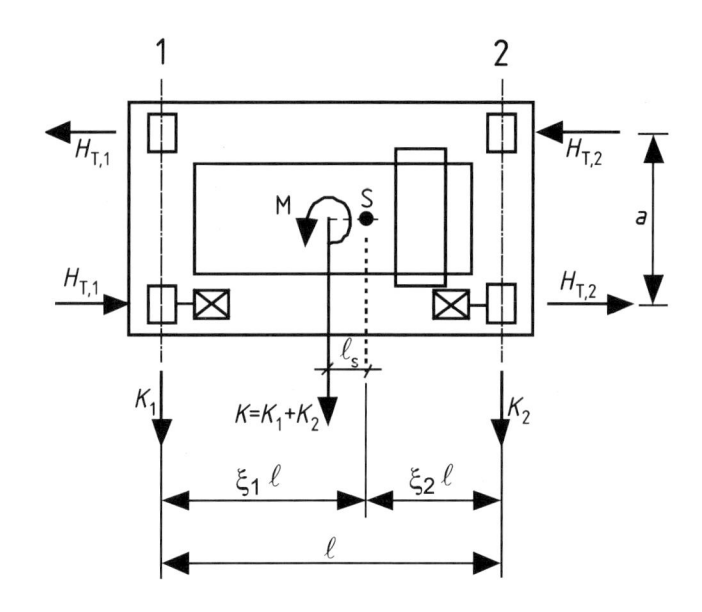

Legende
1 Schiene i = 1
2 Schiene i = 2

Bild 2.6: Horizontale Kräfte $H_{T,i}$ quer zur Fahrbahn

(4) Bei einem gekrümmten Kranbahnträger sollte die auftretende Fliehkraft mit dem Faktor φ_5 vervielfacht werden.

(5) Für den Fall, dass der Faktor φ_5 nicht in den Unterlagen des Kranherstellers enthalten ist, dürfen die Anhaltswerte in der Tabelle 2.6 verwendet werden.

Tabelle 2.6: Dynamischer Faktor φ_5

Zahlenwerte für für den Faktor φ_5	Anzuwenden auf
$\varphi_5 = 1{,}0$	Fliehkräfte
$1{,}0 \leq \varphi_5 \leq 1{,}5$	Systeme mit stetiger Veränderung der Kräfte
$1{,}5 \leq \varphi_5 \leq 2{,}0$	wenn plötzliche Veränderungen der Kräfte auftreten
$\varphi_5 = 3{,}0$	bei Antrieben mit beträchtlichem Spiel

2.7.3 Antriebskraft K

(1) Die Antriebskraft K eines angetriebenen Rades sollte so angenommen werden, als wäre ein Durchdrehen der Räder verhindert.

(2) Die Antriebskraft K sollte von dem Kranhersteller angegeben werden.

(3) Wenn kein radkontrolliertes System verwendet wird, darf die Antriebskraft K wie folgt bestimmt werden:

$$K = K_1 + K_2 = \mu \Sigma\, Q^{\star}_{r,\min} \tag{2.5}$$

Dabei ist

    μ der Reibungsbeiwert;

- bei Einzelradantrieb: $\Sigma Q^*_{r,min} = m_w \, Q_{r,min}$, wobei m_w die Anzahl der einzeln angetriebenen Räder ist;
- bei Zentralantrieb: $\Sigma Q^*_{r,min} = Q_{r,min} + Q_{r,(min)}$.

ANMERKUNG   Moderne Krananlagen haben üblicherweise keinen Zentralantrieb mehr.

NDP Zu 2.7.3 (3)

Der Zahlenwert des Reibungsbeiwerts ist

- $\mu = 0{,}2$ für Stahl auf Stahl;
- $\mu = 0{,}5$ für Stahl auf Gummi.

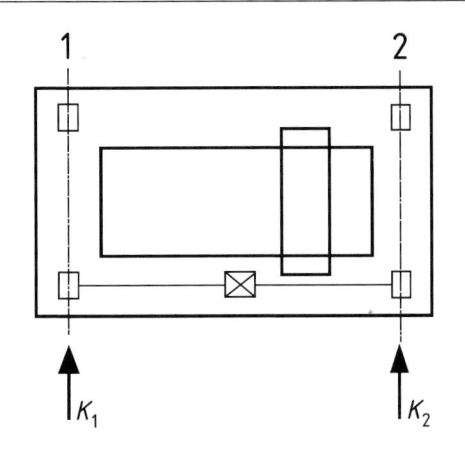

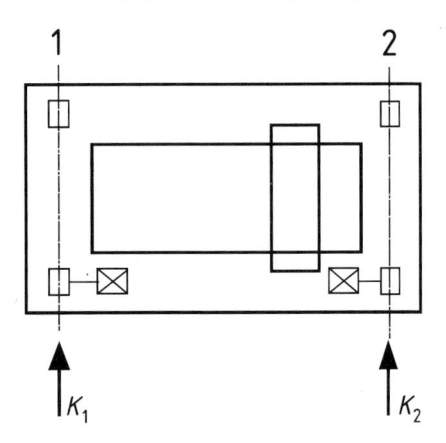

Legende
1 Schiene $i = 1$
2 Schiene $i = 2$

Bild 2.7: Definition der Antriebskraft K

Horizontale Kräfte $H_{S,i,j,k}$ und Führungskraft S infolge Schräglauf eines Krans   2.7.4

(1) Die Führungskraft S und die Seitenkräfte $H_{S,i,j,k}$ aus Schräglauf dürfen wie folgt bestimmt werden:

$$S = f \cdot \lambda_{S,j} \cdot \Sigma Q_r \tag{2.6}$$

$$H_{S,1,j,L} = f \cdot \lambda_{S,1,j,L} \cdot \Sigma Q_r \ (j \text{ ist die Nummer der angetriebenen Radpaarachse}) \tag{2.7}$$

$$H_{S,2,j,L} = f \cdot \lambda_{S,2,j,L} \cdot \Sigma Q_r \ (j \text{ ist die Nummer der angetriebenen Radpaarachse}) \tag{2.8}$$

$$H_{S,1,j,T} = f \cdot \lambda_{S,1,j,T} \cdot \Sigma Q_r \tag{2.9}$$

$$H_{S,2,j,T} = f \cdot \lambda_{S,2,j,T} \cdot \Sigma Q_r \tag{2.10}$$

Dabei ist

    f der Kraftschlussbeiwert, siehe (2);

    $\lambda_{S,2,j,k}$ der Kraftbeiwert, siehe (4);

    i die Schienenachse i;

    j die Radpaarachse j;

    k die Richtung der Kraft (L = längs, T = quer).

(2) Der Kraftschlussbeiwert kann bestimmt werden zu:

$$f = 0{,}3 \, (1 - \exp(-250 \, \alpha)) \le 0{,}3 \tag{2.11}$$

Dabei ist

α der Schräglaufwinkel, siehe (3).

(3) Der Schräglaufwinkel α, siehe Bild 2.8, sollte höchstens 0,015 rad sein; er sollte unter Berücksichtigung des Abstandes zwischen den Führungsmitteln und der Schiene sowie eines angemessenen Wertes für Maßtoleranz und Verschleiß der Räder und der Schienen gewählt werden. Er kann wie folgt bestimmt werden:

$$\alpha = \alpha_F + \alpha_V + \alpha_0 \leq 0,015 \text{ rad} \tag{2.12}$$

Dabei sind

α_F, α_V und α_0 wie in Tabelle 2.7 definiert.

Tabelle 2.7: Definition von α_F, α_V und α_0

Winkel α_i	Mindestwerte von α_i
$\alpha_F = \dfrac{0,75x}{a_{ext}}$	$0,75x \geq 5$ mm bei Führungsrollen
	$0,75x \geq 10$ mm bei Spurkränzen
$\alpha_V = \dfrac{y}{a_{ext}}$	$y \geq 0,03b$ in mm bei Führungsrollen
	$y \geq 0,10b$ in mm bei Spurkränzen
α_0	$\alpha_0 = 0,001$
Dabei ist a_{ext} der Abstand der äußeren Führungsrollen bzw. Spurkränze an der Schiene; b die Schienenkopfbreite; x der Freiraum zwischen Schiene und Führungsmittel (Querschlupf); y die Abnutzung der Schiene und Führungsmittel; α_0 die Toleranz für Rad und Schienenrichtung.	

(4) Der Kraftbeiwert $\lambda_{S,i,j,k}$ ist abhängig von der Kombination der Radpaare und dem Abstand h zwischen dem momentanen Gleitpol und dem relevanten Führungsmittel, z. B. dem in Fahrtrichtung vordersten Führungsmittel, siehe Bild 2.8. Der Wert des Abstandes h kann Tabelle 2.8 entnommen werden. Der Kraftbeiwert $\lambda_{S,i,j,k}$ kann mit Hilfe der in Tabelle 2.9 angegebenen Gleichung bestimmt werden.

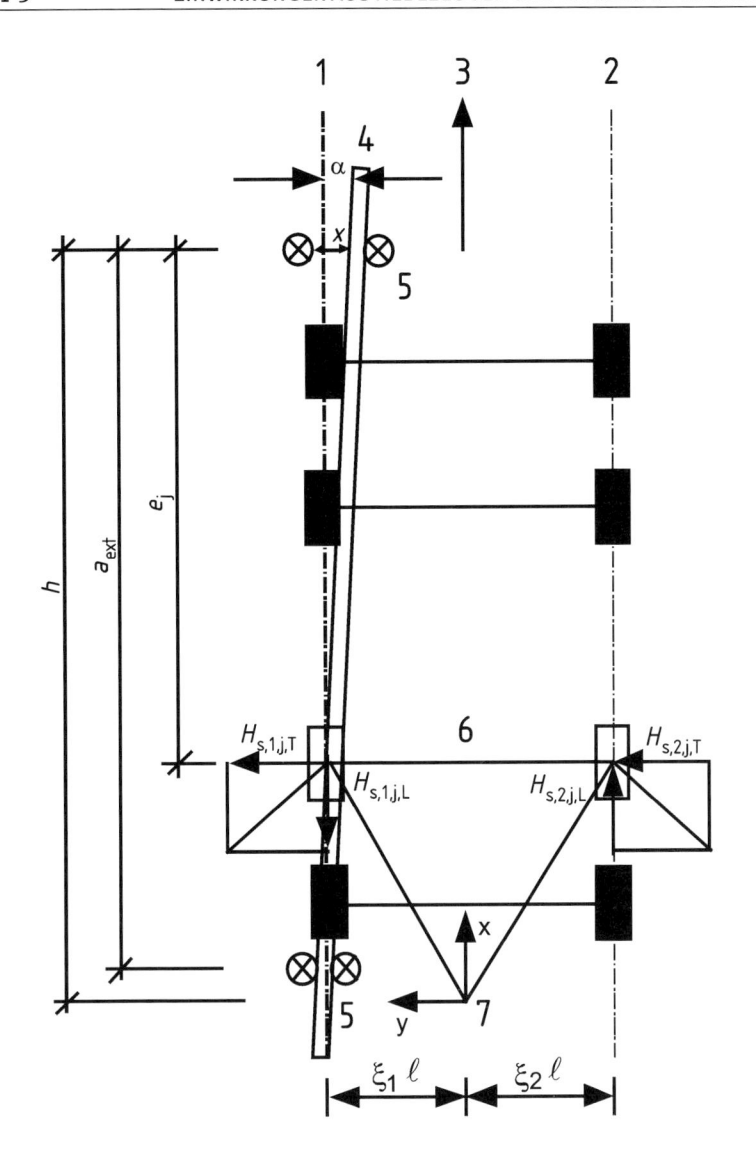

Legende
1. Schiene $i = 1$
2. Schiene $i = 2$
3. Bewegungsrichtung
4. Richtung der Schiene
5. Führungsmittel
6. Radpaar j
7. Momentaner Gleitpol

Bild 2.8: Definition des Winkels α und des Abstandes h

Tabelle 2.8: Bestimmung des Abstandes h

Befestigung des Rades bezüglich seitlicher Bewegung	Kombination von Radpaaren		h
	gekoppelt (c)	unabhängig (i)	
Fest/Fest FF	CFF	IFF	$\dfrac{m\xi_1\xi_2\ell^2 + \Sigma e_j^2}{\Sigma e_j}$
Fest/Beweglich FM	CFM	IFM	$\dfrac{m\xi_1\ell^2 + \Sigma e_j^2}{\Sigma e_j}$

Dabei ist
- h der Abstand zwischen dem momentanen Gleitpol und dem relevanten Führungsmittel;
- m die Anzahl der Paare mit gekoppelten Rädern ($m = 0$ für unabhängige Radpaare);
- $\xi_1\ell$ der Abstand zwischen dem momentanen Gleitpol und der Kranbahnachse 1;
- $\xi_2\ell$ der Abstand zwischen dem momentanen Gleitpol und der Kranbahnachse 2;
- ℓ die Spannweite des Krans;
- e_j der Abstand zwischen der Radpaarachse j und dem relevanten Führungsmittel.

Tabelle 2.9: Definition von $\lambda_{S,i,j,k}$-Werten

System	$\lambda_{S,j}$	$\lambda_{S,1,j,L}$	$\lambda_{S,1,j,T}$	$\lambda_{S,2,j,L}$	$\lambda_{S,2,j,T}$
CFF	$1 - \dfrac{\Sigma\varepsilon_j}{nh}$	$\dfrac{\xi_1\xi_2}{n}\dfrac{\ell}{h}$	$\dfrac{\xi_2}{n}\left(1-\dfrac{e_j}{h}\right)$	$\dfrac{\xi_1\xi_2}{n}\dfrac{\ell}{h}$	$\dfrac{\xi_2}{n}\left(1-\dfrac{e_j}{h}\right)$
IFF		0	$\dfrac{\xi_2}{n}\left(1-\dfrac{e_j}{h}\right)$	0	$\dfrac{\xi_2}{n}\left(1-\dfrac{e_j}{h}\right)$
CFM	$\xi_2\left(1-\dfrac{\Sigma\varepsilon_j}{nh}\right)$	$\dfrac{\xi_1\xi_2}{n}\dfrac{\ell}{h}$	$\dfrac{\xi_2}{n}\left(1-\dfrac{e_j}{h}\right)$	$\dfrac{\xi_1\xi_2}{n}\dfrac{\ell}{h}$	0
IFM		0	$\dfrac{\xi_2}{n}\left(1-\dfrac{e_j}{h}\right)$	0	0

Dabei ist
- n die Anzahl der Radpaare;
- $\xi_1\ell$ der Abstand zwischen dem momentanen Gleitpol und der Kranbahnachse 1;
- $\xi_2\ell$ der Abstand zwischen dem momentanen Gleitpol und der Kranbahnachse 2;
- ℓ die Spannweite des Krans;
- e_j der Abstand zwischen der Radpaarachse j und dem relevanten Führungsmittel;
- h der Abstand zwischen dem momentanen Gleitpol und dem relevanten Führungsmittel.

2.7.5 Horizontalkräfte $H_{T,3}$ aus Beschleunigen oder Bremsen der Laufkatze

(1) Es wird angenommen, dass die durch das Beschleunigen und Bremsen der Laufkatze hervorgerufene Horizontalkraft $H_{T,3}$ durch die in 2.11.2 angegebene Horizontalkraft $H_{B,2}$ abgedeckt wird.

2.8 Temperatureinwirkungen

(1)P Die infolge Temperaturschwankungen auftretenden Einwirkungen auf die Kranbahn sind, wo notwendig, zu berücksichtigen. Im Allgemeinen brauchen ungleichmäßige Temperaturverteilungen nicht berücksichtigt zu werden.

(2) Zu den Temperaturunterschieden für Kranbahnen im Freien siehe EN 1991-1-5.

Lasten auf Laufstegen, Treppen, Podesten und Geländern 2.9
Vertikale Lasten 2.9.1

(1) Wenn nicht anderweitig festgelegt, sollten Laufstege, Treppen und Podeste mit einer vertikalen Last Q, die über eine quadratische Fläche von 0,3 m × 0,3 m verteilt ist, belastet werden.

(2) Wo Materialien abgelagert werden können, sollte eine vertikale Einzellast von $Q_k = 3$ kN angesetzt werden.

(3) Sofern Laufstege, Treppen und Podeste nur für den Zugang vorgesehen sind, darf der charakteristische Wert in (2) auf 1,5 kN abgemindert werden.

(4) Die vertikale Last Q_k darf für Bauteile außer Acht gelassen werden, wenn diese durch Kraneinwirkungen belastet werden.

Horizontale Lasten 2.9.2

(1) Wenn nicht anderweitig festgelegt, sollte das Geländer mit einer horizontalen Last von $H_k = 0,3$ kN belastet werden.

(2) Die horizontale Last H_k darf für Bauteile vernachlässigt werden, wenn diese durch Kraneinwirkungen beansprucht werden.

Prüflasten 2.10

(1) Werden nach Montage der Krane auf der Unterkonstruktion Prüfversuche durchgeführt, sollte die Unterkonstruktion für die Prüflasten nachgewiesen werden.

(2) Falls maßgebend, sollte die Kranunterkonstruktion für diese Prüflasten bemessen werden.

(3)P Die Hubprüflast ist mit dem Faktor φ_6 zu vervielfachen.

(4) Bei Berücksichtigung dieser Prüflasten sollten die folgenden Fälle unterschieden werden:

– Dynamische Prüflast:

Die Prüflast wird entsprechend dem vorgesehenen Kraneinsatz von den Antrieben bewegt. Die Prüflast sollte mindestens 110 % der Nenn-Hublast betragen.

$$\varphi_6 = 0,5 \cdot (1,0 + \varphi_2) \tag{2.13}$$

– Statische Prüflast:

Die Belastung des Krans wird zu Prüfzwecken ohne Verwendung der Antriebe erhöht.

Die Prüflast sollte mindestens 125 % der Nenn-Hublast betragen.

$$\varphi_6 = 1,0 \tag{2.14}$$

Außergewöhnliche Einwirkungen 2.11
Pufferkräfte $H_{B,1}$ infolge Anprall des Krans 2.11.1

(1)P Bei Verwendung von Puffern sind die aus dem Pufferanprall resultierenden Kräfte auf die Kranunterkonstruktion aus der kinetischen Energie aller relevanten Teile des Krans, die sich mit der 0,7- bis 1,0-fachen Nenngeschwindigkeit bewegen, zu berechnen.

(2) Die zur Berücksichtigung der dynamischen Einflüsse mit φ_7 nach Tabelle 2.10 multiplizierten Pufferkräfte dürfen unter Berücksichtigung der maßgebenden Massenverteilungen und der Puffereigenschaften berechnet werden, siehe Bild 2.9b).

$$H_{B,1} = \varphi_7 v_1 \sqrt{m_c S_B} \tag{2.15}$$

Dabei ist

- φ_7 siehe Tabelle 2.10;
- v_1 70 % der Fahrgeschwindigkeit (m/s);
- m_c die Masse des Krans und der Hublast (kg);
- S_B die Federkonstante des Puffers (N/m).

Tabelle 2.10: Faktor φ_7

Werte für Faktor φ_7	Eigenschaft des Puffers
$\varphi_7 = 1{,}25$	$0{,}0 \leq \xi_b \leq 0{,}5$
$\varphi_7 = 1{,}25 + 0{,}7\,(\xi_b - 0{,}5)$	$0{,}5 \leq \xi_b \leq 1$
ANMERKUNG ξ_b darf näherungsweise nach Bild 2.9 bestimmt werden.	

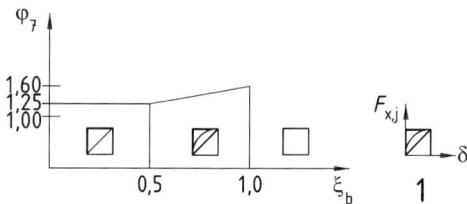

a) Pufferkraft

b) Eigenschaft des Puffers $\xi_b = \dfrac{1}{F \cdot u}\displaystyle\int_0^u F\,\mathrm{d}u$

Legende
1 Eigenschaft des Puffers

ANMERKUNG Zu weiteren Informationen über die Eigenschaften von Puffern siehe EN 13001-2.

Bild 2.9: Definition der Pufferkraft

2.11.2 Pufferkräfte $H_{B,2}$ infolge Anprall der Laufkatze

(1) Wenn die Nutzlast freischwingend ist, darf als horizontale Last $H_{B,2}$ für die Pufferkräfte aus Anprall der Laufkatze oder der Unterflansch-Laufkatze ein Betrag von 10 % der Summe aus Hublast und Eigengewicht der Katze oder Unterflansch-Laufkatze angesetzt werden. In anderen Fällen sollten die Pufferkräfte wie beim Anprall der Kranbrücke bestimmt werden, siehe 2.11.1.

2.11.3 Kippkräfte

(1)P Falls ein Kran mit Hublastführung bei Kollision des Lastaufnahmemittels oder der Last mit einem Hindernis kippen kann, sind die hieraus resultierenden statischen Kräfte zu berücksichtigen.

2.12 Ermüdungslasten

2.12.1 Einzelne Kraneinwirkungen

(1)P Ermüdungslasten sind derart zu bestimmen, dass die Betriebsbedingungen für die Verteilung der Hublasten und die Einflüsse aus Änderung der Kranposition auf das Kerbdetail ordnungsgemäß berücksichtigt werden.

ANMERKUNG   Wenn genügend Informationen über die Arbeitsweise des Krans verfügbar sind, können die Ermüdungslasten nach EN 13001 und EN 1993-1-9, Anhang A bestimmt werden. Wenn diese Informationen nicht verfügbar sind oder ein einfacher Ansatz bevorzugt wird, gelten die folgenden Regelungen.

(2) Unter normalen Betriebsbedingungen des Krans dürfen die Ermüdungslasten mittels schadensäquivalenter Ermüdungslasten Q_e bestimmt werden. Diese dürfen zur Bestimmung von Ermüdungseinwirkungen als konstant für alle Kranpositionen angenommen werden.

ANMERKUNG   Das Verfahren ist mit EN 13001 vergleichbar. Es ist jedoch ein einfaches Verfahren für Kranbahnträger, um den unvollständigen Informationen zum Entwurfszeitpunkt zu entsprechen.

(3) Die schadensäquivalente Ermüdungslast Q_e darf derart bestimmt werden, dass sie die Einflüsse der aus spezifizierten Betriebsbedingungen entstehenden Spannungs-Zeit-Verläufe und des Verhältnisses der Anzahl der Lastspiele während der erwarteten Nutzungsdauer des Tragwerks zum Bezugswert von $N = 2{,}0 \times 10^6$ Lastspielen beinhaltet.

Tabelle 2.11: Klassifizierung der Ermüdungseinwirkungen von Kranen nach EN 13001-1

Klasse des Lastkollektivs		Q_0	Q_1	Q_2	Q_3	Q_4	Q_5
		$kQ \leq$ 0,031 3	0,031 3 $< kQ \leq$ 0,062 5	0,062 5 $< kQ \leq$ 0,125	0,125 $< kQ \leq$ 0,25	0,25 $< kQ \leq$ 0,5	0,5 $< kQ \leq$ 1,0
Klasse der Gesamtzahl von Arbeitsspielen							
U_0	$C \leq 1{,}6 \times 10^4$	S_0	S_0	S_0	S_0	S_0	S_0
U_1	$1{,}6 \times 10^4 < C \leq 3{,}15 \times 10^4$	S_0	S_0	S_0	S_0	S_0	S_1
U_2	$3{,}15 \times 10^4 < C \leq 6{,}30 \times 10^4$	S_0	S_0	S_0	S_0	S_1	S_2
U_3	$6{,}30 \times 10^4 < C \leq 1{,}25 \times 10^5$	S_0	S_0	S_0	S_1	S_2	S_3
U_4	$1{,}25 \times 10^5 < C \leq 2{,}50 \times 10^5$	S_0	S_0	S_1	S_2	S_3	S_4
U_5	$2{,}50 \times 10^5 < C \leq 5{,}00 \times 10^5$	S_0	S_1	S_2	S_3	S_4	S_5
U_6	$5{,}00 \times 10^5 < C \leq 1{,}00 \times 10^6$	S_1	S_2	S_3	S_4	S_5	S_6
U_7	$1{,}00 \times 10^6 < C \leq 2{,}00 \times 10^6$	S_2	S_3	S_4	S_5	S_6	S_7
U_8	$2{,}00 \times 10^6 < C \leq 4{,}00 \times 10^6$	S_3	S_4	S_5	S_6	S_7	S_8
U_9	$4{,}00 \times 10^6 < C \leq 8{,}00 \times 10^6$	S_4	S_5	S_6	S_7	S_8	S_9

Dabei ist

kQ ein Lastkollektivbeiwert für alle Arbeitsvorgänge des Krans;

C die Gesamtzahl von Arbeitsspielen während der Nutzungsdauer des Krans.

ANMERKUNG   Die Klassen S_i werden in EN 13001-1 durch den Lasteinwirkungs-Verlaufsparameter s bestimmt. Dieser ist definiert als: $s = v\,k$ mit:

k der Spannungsspektrumfaktor;

v die Anzahl der Lastspiele C bezogen auf $2{,}0 \times 10^6$ Lastspiele.

Die Klassifizierung basiert auf einer Gesamtnutzungsdauer von 25 Jahren.

(4) Die Ermüdungslast kann angegeben werden mit:

$$Q_e = \varphi_{fat} \cdot \lambda_i \cdot Q_{max,i} \qquad (2.16)$$

Dabei ist

$Q_{max,i}$ der Maximalwert der charakteristischen vertikalen Radlast i:

$\lambda_i = \lambda_{1,i} \cdot \lambda_{2,i}$ der schadensäquivalente Beiwert zur Berücksichtigung des entsprechenden genormten Ermüdungslastspektrums und der absoluten Anzahl der Lastspiele im Verhältnis zu $N = 2{,}0 \times 10^6$ Lastspielen;

$$\lambda_{1,i} = \sqrt[m]{kQ} = \left[\sum_j \left(\left(\frac{\Delta Q_{i,j}}{\max \Delta Q_i}\right)^m \frac{n_{i,j}}{\Sigma n_{i,j}}\right)\right]^{1/m} \quad (2.17)$$

$$\lambda_{2,i} = \sqrt[m]{nv} = \left[\frac{\sum\limits_j n_{i,j}}{N}\right]^{1/m} \quad (2.18)$$

Dabei ist

$\Delta Q_{i,j}$	die Lastamplitude j für das Rad i: $\Delta Q_{i,j} = Q_{i,j} - Q_{min,i}$;
$\max \Delta Q_i$	die maximale Lastamplitude für das Rad i: $\max \Delta Q_i = Q_{max,i} - Q_{min,i}$;
kQ, v	die schadensäquivalenten Beiwerte;
m	die Neigung der Ermüdungsfestigkeitskurve;
φ_{fat}	der schadensäquivalente dynamische Faktor, siehe (7);
i	die Nummer des Rades;
N	2×10^6.

ANMERKUNG   Für die Zahlenwerte von m siehe EN 1993-1-9, siehe auch Anmerkung zur Tabelle 2.12.

(5) Zur Bestimmung des λ-Wertes können die Einsatzbedingungen von Kranen entsprechend dem Lastkollektiv und der Gesamtzahl der Lastspiele, wie in Tabelle 2.11 angegeben, eingestuft werden.

(6) λ-Werte dürfen der Tabelle 2.12 entsprechend der Kranklassifizierung entnommen werden.

Tabelle 2.12: λ_i-Werte entsprechend der Kranklassifizierung

Klassen S	S_0	S_1	S_2	S_3	S_4	S_5	S_6	S_7	S_8	S_9
Normalspannung	0,198	0,250	0,315	0,397	0,500	0,630	0,794	1,00	1,260	1,587
Schubspannung	0,379	0,436	0,500	0,575	0,660	0,758	0,871	1,00	1,149	1,320
ANMERKUNG 1 Bei der Bestimmung der λ-Werte sind genormte Spektren mit einer Gaußverteilung der Lasteinwirkungen, die Miner-Regel und Ermüdungsfestigkeitskurven S-N mit einer Neigung von $m = 3$ für Normalspannungen und $m = 5$ für Schubspannungen verwendet worden. ANMERKUNG 2 Falls die Kranklassifizierung nicht in den Betriebsanforderungen des Betreibers der Krananlage enthalten ist, sind Hinweise zur Kranklassifizierung im Anhang B angegeben.											

(7) Der schadensäquivalente dynamische Faktor φ_{fat} kann unter normalen Betriebsbedingungen wie folgt angenommen werden:

$$\varphi_{fat,1} = \frac{1+\varphi_1}{2} \quad \text{und} \quad \varphi_{fat,2} = \frac{1+\varphi_2}{2} \quad (2.19)$$

2.12.2 Spannungsschwingbreiten aus mehrfachen Rad- und Kraneinwirkungen

(1) Die Spannungsschwingbreiten infolge der schadensäquivalenten Radlasten Q_e können durch Auswertung der Spannungs-Zeit-Verläufe für das zu berücksichtigende Kerbdetail bestimmt werden.

ANMERKUNG   Zu einfachen Verfahren, die die λ_i-Werte aus Tabelle 2.12 benutzen, siehe EN 1993-6, 9.4.2.3.

Einwirkungen aus Maschinen 3

Anwendungsbereich 3.1

(1) Dieser Abschnitt gilt für Konstruktionen, die durch rotierende Maschinen beansprucht werden, die dynamische Einwirkungen in einer oder mehreren Ebenen hervorrufen.

(2) Dieser Abschnitt enthält Verfahren zur Bestimmung des dynamischen Verhaltens und der Beanspruchungen für den Nachweis der Tragwerkssicherheit.

ANMERKUNG Obwohl keine genauen Grenzen festgelegt werden können, darf im Allgemeinen angenommen werden, dass für kleinere Maschinen mit nur umlaufenden Teilen und einem Gewicht von weniger als 5 kN oder einer Leistung von weniger als 50 kW die Beanspruchungen in den Nutzlasten enthalten sind und deshalb separate Überlegungen nicht erforderlich sind. In diesen Fällen ist der Einsatz von sogenannten Schwingungsdämpfern unter der tragenden Konstruktion ausreichend, um die Maschine und die Umgebung zu schützen. Beispiele sind Waschmaschinen und kleine Ventilatoren.

Einteilung der Einwirkungen 3.2

Allgemeines 3.2.1

(1)P Einwirkungen aus Maschinen werden als ständige, veränderliche und außergewöhnliche Einwirkungen klassifiziert, die jeweils durch verschiedene Modelle nach 3.2.2 bis 3.2.4 wiedergegeben werden.

Ständige Einwirkungen 3.2.2

(1) Ständige Einwirkungen während des Betriebs beinhalten das Eigengewicht aller festen und beweglichen Teile sowie statische Einwirkungen aus Betrieb, wie z. B.:

- Eigengewicht der Rotoren und des Gehäuses (vertikal);
- Eigengewicht der Kondensatoren und falls maßgebend der Wasserfüllung (vertikal);
- Einwirkung aus dem Vakuum für Turbinen, deren Kondensatoren mittels Kompensatoren mit dem Gehäuse verbunden sind (vertikal und horizontal);
- Antriebsdrehmomente der Maschine, die durch das Gehäuse in das Fundament weitergeleitet werden (vertikale Kräftepaare);
- Kräfte aus Reibung an den Lagern, die durch Wärmeausdehnung des Gehäuses (horizontal) verursacht werden;
- Einwirkungen aus Eigengewicht, Kräfte und Momente aus Rohrleitungen infolge Wärmeausdehnung, Einwirkungen aus Gas, Strömungen und Gasdruck (vertikal und horizontal);
- Temperatureinwirkungen aus der Maschine und Rohrleitungen, z. B. Temperaturunterschiede zwischen Maschine und Rohrleitungen und der Gründung.

(2) Bei vorübergehenden Zuständen (Montage, Wartung oder Reparatur) bestehen ständige Einwirkungen nur aus dem Eigengewicht, einschließlich dem Eigengewicht von Hubgeräten, Gerüsten und anderen Hilfsvorrichtungen.

Veränderliche Einwirkungen 3.2.3

(1) Veränderliche Einwirkungen aus Maschinen sind dynamische Einwirkungen, die während des üblichen Betriebes durch beschleunigte Massen entstehen, z. B.:

- periodische frequenzabhängige Auflagerkräfte infolge Exzentrizitäten der umlaufenden Massen in allen Richtungen, hauptsächlich senkrecht zur Achse des Rotors;
- freie Massenkräfte und Massenmomente;
- periodische Einwirkungen infolge Maschinenbetrieb, die in Abhängigkeit vom Typ der Maschine über das Gehäuse oder die Lager in das Fundament weitergeleitet werden;
- Kräfte oder Momente infolge Ein- oder Ausschalten oder anderer vorübergehender Vorgänge, wie z. B. Synchronisation.

3.2.4 Außergewöhnliche Einwirkungen

(1) Außergewöhnliche Einwirkungen können auftreten durch:
- ungewollte Vergrößerung der Exzentrizitäten von Massen (z. B. durch den Bruch von Schaufeln oder ungewollte Verformungen oder Bruch von Achsen von beweglichen Teilen);
- Kurzschluss oder fehlende Synchronisation zwischen Generatoren und Maschinen;
- Stoßeinwirkungen von Rohrleitungen beim Verschließen.

3.3 Bemessungssituationen

(1)P Die maßgebenden Einwirkungen aus Maschinen sind für jede Bemessungssituation nach EN 1990 zu bestimmen.

(2)P Die Bemessungssituationen sind insbesondere für folgende Nachweise auszuwählen:
- die Gebrauchsbedingungen der Maschine erfüllen die Betriebsanforderungen und es werden keine Schäden an der Unterstützungskonstruktion der Maschinen und ihrer Gründungen durch außergewöhnliche Einwirkungen hervorgerufen, die die weitere Nutzung und den Gebrauch der Konstruktion verhindern;
- die Stoßeinwirkung auf die Umgebung, z. B. die Störung empfindlicher Einrichtungen, liegt innerhalb akzeptabler Grenzen;
- Grenzzustand der Tragfähigkeit tritt nicht im Tragwerk auf;
- Grenzzustand der Ermüdung tritt nicht im Tragwerk auf.

ANMERKUNG Wenn nicht anders festgelegt, sollten die Gebrauchstauglichkeitsanforderungen für das Einzelprojekt festgelegt werden.

3.4 Darstellung der Einwirkungen

3.4.1 Herkunft der Lasten

(1)P Bei der Ermittlung der Einwirkungen ist zwischen den statischen und dynamischen Einwirkungen zu unterscheiden.

(2)P In den statischen Einwirkungen sind sowohl die Anteile der Maschine als auch die des Tragwerks enthalten.

ANMERKUNG Die statischen Einwirkungen der Maschine sind die in 3.2.2 festgelegten ständigen Einwirkungen. Sie dürfen zur Bestimmung von Kriecheinwirkungen angesetzt werden oder wenn Grenzungen von statischen Verformungen einzuhalten sind.

(3)P Die dynamischen Einwirkungen sind unter Berücksichtigung des gegenseitigen Einflusses von Maschinenanregung und Tragwerk zu bestimmen.

ANMERKUNG Die dynamischen Einwirkungen aus der Maschine sind die in 3.2.3 festgelegten veränderlichen Einwirkungen.

(4)P Die dynamischen Beanspruchungen sind durch eine dynamische Berechnung zu bestimmen, wobei eine geeignete Modellierung des schwingenden Systems und der dynamischen Einwirkung zu wählen ist.

(5) Dynamische Einwirkungen dürfen vernachlässigt werden, wo sie keinen nennenswerten Einfluss haben.

3.4.2 Modellierung dynamischer Einwirkungen bei Maschinen

(1) Die dynamischen Einwirkungen mit nur umlaufenden Teilen, wie z. B. Rotationskompressoren, Turbinen, Generatoren und Ventilatoren, bestehen aus sich periodisch ändernden Kräften, die als Sinusfunktion definiert werden können, siehe Bild 3.1.

(2) Ein Kurzschlussmoment $M_k(t)$, das zwischen Rotor und Gehäuse wirkt, darf durch eine Kombination von sinusförmigen Moment-Zeit-Diagrammen dargestellt werden.

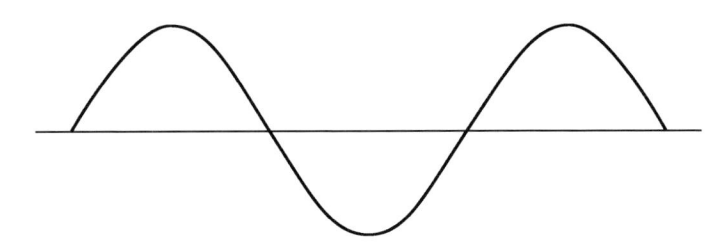

Bild 3.1: Periodische Kraft

Modellierung des gegenseitigen Einflusses von Tragwerk und Maschinen 3.4.3

(1)P Das aus der Maschine und dem Tragwerk zusammengesetzte schwingende System ist so zu modellieren, dass bei der Bestimmung des tatsächlichen dynamischen Verhaltens die Erregung, die Massen, die Steifigkeitseigenschaften und die Dämpfung hinreichend genau berücksichtigt werden.

(2) Es darf ein linear-elastisches Modell mit konzentrierten oder räumlich verteilten Massen verwendet werden, die durch Federn miteinander verbunden sind oder federnd gelagert sind.

(3) Der gemeinsame Schwerpunkt des Systems (z. B. von Fundament und Maschine) sollte so nah wie möglich an der Vertikalen liegen, die durch den Schwerpunkt der mit dem Boden in Kontakt stehenden Fundamentfläche verläuft. In jedem Fall sollte die aus der Massenverteilung resultierende Exzentrizität 5 % der Seitenlänge der Kontaktfläche nicht überschreiten. Außerdem sollte der Schwerpunkt des Systems (Maschine und Fundament) nach Möglichkeit unterhalb der Oberkante des Fundamentkörpers liegen.

(4) Üblicherweise sollten die drei möglichen Translationsfreiheitsgrade und die drei Rotationsfreiheitsgrade berücksichtigt werden; es ist jedoch im Allgemeinen nicht notwendig, ein räumliches Modell zu verwenden.

(5) Für den Untergrund der Gründungskonstruktion sollten die Eigenschaften durch ein Modell (Feder, Dämpfer usw.) berücksichtigt werden. Die erforderlichen Eigenschaften sind:

- für Böden: dynamischer G-Modul und Dämpfungskonstante;
- für Pfähle: dynamische Federkonstanten für vertikale und horizontale Bewegungen;
- für Federn: Federkonstanten in horizontalen und vertikalen Richtungen und für Gummifedern die Dämpfungswerte.

Charakteristische Werte 3.5

(1) Für die verschiedenen Bemessungssituationen sollte der Hersteller der Maschine eine vollständige Übersicht über die statischen und dynamischen Kräfte angeben, zusammen mit allen anderen technischen Daten der Maschine, wie z. B. Übersichtszeichnungen, Gewichtskräfte von ruhenden und beweglichen Teilen, Drehzahlen und Auswuchtungen.

(2) Der Hersteller der Maschine sollte folgende Daten zur Verfügung stellen:
- Belastungsbild der Maschine, das den Ort, den Betrag und die Richtung aller Lasten, einschließlich der dynamischen Lasten zeigt;
- Drehzahl der Maschine;
- kritische Drehzahl der Maschine;
- Umrissabmessungen des Fundamentes;
- Massenträgheitsmoment von Maschinenbauteilen;
- Einzelheiten über Einsätze und Bettungen;
- Rohrleitungsplan, System der Leitungskanäle usw. und ihre Lagerungen;
- Temperaturen in unterschiedlichen Bereichen während des Betriebes;
- zulässige Verschiebungen an den Auflagerpunkten der Maschine während des normalen Betriebes.

(3) In einfachen Fällen dürfen die dynamischen Kräfte (freie Kräfte) für umlaufende Maschinenteile wie folgt bestimmt werden:

$$F_s = m_R \cdot \omega_r^2 \cdot e_M = m_R \cdot \omega_r \cdot (\omega_r \cdot e_M) \tag{3.1}$$

Dabei ist

$\quad F_s \quad$ die freie Kraft des Rotors;

$\quad m_R \quad$ die Masse des Rotors;

$\quad \omega_r \quad$ die Kreisfrequenz des Rotors (rad/s);

$\quad e_M \quad$ die Exzentrizität der Rotormasse;

$\quad \omega_r \cdot e \quad$ die Auswuchtgenauigkeit des Rotors, ausgedrückt als Geschwindigkeitsamplitude.

(4) Für die Auswuchtgenauigkeit sollten die folgenden Situationen berücksichtigt werden:

– ständige Situationen:

Die Maschine ist gut ausgewuchtet. Die Auswuchtung der Maschine nimmt jedoch mit der Zeit in einem solchen Maße ab, dass sie für eine normale Betriebsweise gerade noch akzeptabel ist. Mit einem Warnsystem an der Maschine wird sichergestellt, dass der Bediener der Maschine gewarnt wird, sobald eine gewisse Grenze überschritten wird. Bis zu diesem Zeitpunkt dürfen keine das Tragwerk und die Umgebung beeinträchtigenden Schwingungen auftreten. Zusätzlich müssen die Anforderungen hinsichtlich des Schwingungsniveaus erfüllt werden.

– außergewöhnliche Situationen:

Die Auswuchtung ist durch ein zufälliges Ereignis vollständig gestört. Die Betriebsüberwachungsanlage schaltet die Maschine selbständig ab. Das Tragwerk muss die dynamischen Kräfte aufnehmen.

(5) Die Wechselwirkung zwischen der Erregung einer Maschine mit umlaufender Masse und dem dynamischen Verhalten des Tragwerks kann in einfachen Fällen durch eine äquivalente statische Einzellast ausgedrückt werden:

$$F_{eq} = F_s \cdot \varphi_M \tag{3.2}$$

Dabei ist

$\quad F_s \quad$ die freie Kraft des Rotors;

$\quad \varphi_M \quad$ ein Vergrößerungsfaktor, der vom Verhältnis der Eigenfrequenz n_e (oder ω_e) des Tragwerks zur Frequenz der Erregerkraft n_s (oder ω_s) und dem Dämpfungsmaß ζ abhängig ist.

(6) Bei harmonisch veränderlichen Kräften (freie Kräfte von umlaufenden Geräten) kann der Vergrößerungsfaktor in folgender Weise ermittelt werden:

a) bei kleiner Dämpfung oder genügend Abstand von der Resonanzstelle

$$\varphi_M = \frac{\omega_e^2}{\omega_e^2 - \omega_s^2} \tag{3.3}$$

b) im Resonanzfall $\omega_e = \omega_s$ und bei einem Dämpfungsmaß ζ

$$\varphi_M = \left[\left(1 - \frac{\omega_s^2}{\omega_e^2}\right)^2 + \left(2\zeta\frac{\omega_s}{\omega_e}\right)^2\right]^{-1/2} \tag{3.4}$$

(7) Falls der Zeitverlauf des Kurzschlussmomentes $M_k(t)$ nicht vom Hersteller angegeben wird, kann folgender Ausdruck benutzt werden:

$$M_k(t) = 10 \cdot M_0 \cdot \left(e_m^{-\frac{t}{0,4}} \sin\Omega_N t - \frac{1}{2} e_m^{-\frac{t}{0,4}} \sin 2\Omega_N t\right) - M_0 \cdot \left(1 - e_m^{-\frac{t}{0,15}}\right) \tag{3.5}$$

Dabei ist

M_0 das Nennmoment, das sich aus der Nutzleistung ergibt;

Ω_N die Frequenz des Elektronetzes (rad/s);

t die Zeit (s).

(8) Bei Eigenfrequenzen im Bereich 0,95 Ω_N bis 1,05 Ω_N sollten diese mit den rechnerischen Frequenzen des elektrischen Netzes übereinstimmen.

(9) Als Vereinfachung darf folgendes äquivalentes statisches Moment bestimmt werden:

$$M_{k,eq} = 1{,}7\, M_{k,max} \tag{3.6}$$

Dabei ist

$M_{k,max}$ der Maximalwert von $M_k(t)$.

(10) Falls der Hersteller keine Angaben über $M_{k,max}$ bereitstellt, kann folgender Wert benutzt werden:

$$M_{k,max} = 12\, M_0 \tag{3.7}$$

Gebrauchstauglichkeitskriterien 3.6

(1) Gebrauchstauglichkeitskriterien beziehen sich im Allgemeinen auf folgende Schwingungsbewegungen:

a) der Achse der Maschine und ihrer Lager;

b) der Randpunkte des Tragwerks und der Maschine.

(2) Kenndaten der Bewegung sind:

– die Wegamplitude A;

– die Geschwindigkeitsamplitude $\omega_s A$;

– die Beschleunigungsamplitude $\omega_s^2 A$.

(3)P Bei der Berechnung der Amplituden des Systems sind sowohl die durch dynamische Kräfte und Momente erzeugten Translations- und Rotationsschwingungen zu berücksichtigen als auch die Spanne der Steifigkeitseigenschaften der Gründung und des Untergrundes (Boden, Pfähle).

(4) Im einfachen Fall des Einmassen-Feder-Systems, siehe Bild 3.2, dürfen die Wegamplituden wie folgt berechnet werden:

$$A = \frac{F_{eq}}{k} \tag{3.8}$$

Dabei ist

k die Federkonstante des Systems.

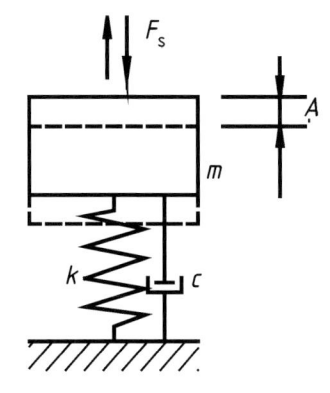

Bild 3.2: Masse-Feder-System

Anhang A
(normativ)
Grundlage der Tragwerksplanung – Ergänzende Regeln zur EN 1990 für Kranbahnträger

Allgemeines A.1

(1)   Dieser Anhang hält sowohl Regeln für die Teilsicherheitsbeiwerte (γ-Faktoren) für Einwirkungen als auch für die Kombinationswerte ψ bereit, die bei der Kombination der aus dem Kranbetrieb resultierenden Einwirkungen mit ständigen Einwirkungen, quasi-statischen Windeinwirkungen sowie Einwirkungen aus Schnee und Temperatur zu berücksichtigen sind.

(2)   Falls andere Einwirkungen zu berücksichtigen sind (z. B. infolge Bergbau-Setzungen), sollten die Lastfallkombinationen um diese Einwirkungen ergänzt werden. Die Lastfallkombinationen sollten auch für die Montagezustände ergänzt und angepasst werden.

(3)   Wird eine Gruppe von Kranlasten mit anderen Einwirkungen kombiniert, sollte die Gruppe der Kranlasten als eine einzelne Kraneinwirkung betrachtet werden.

(4)   Werden durch Kranlasten erzeugte Einwirkungen mit anderen Einwirkungen kombiniert, sollten die folgenden Fälle unterschieden werden:
- die Kranbahn ist außerhalb eines Gebäudes angeordnet;
- die Kranbahn ist innerhalb des Gebäudes angeordnet, so dass die klimatischen Einwirkungen auf das Gebäude wirken und tragende Elemente des Gebäudes direkt oder indirekt durch Kranlasten beansprucht werden.

(5)   Für außerhalb des Gebäudes angeordnete Kranbahnträger darf die auf die Krankonstruktionen und auf die Hubvorrichtungen einwirkende charakteristische Windeinwirkung nach EN 1991-1-4 in Form der charakteristischen Windkraft F_{wk} bestimmt werden.

(6)   Sind Kombinationen von Hublasten mit Windeinwirkungen zu berücksichtigen, sollte auch die maximale Windkraft berücksichtigt werden, bei der noch Kranbetrieb möglich ist. Diese Windkraft F_w^* ist mit einer Windgeschwindigkeit von 20 m/s zu ermitteln. Im speziellen Fall sollte die Windangriffsfläche $A_{ref,x}$ für die Hublasten abhängig vom Einzelfall ermittelt werden.

(7)   Bei innerhalb von Gebäuden angeordneten Kranbahnträgern dürfen die auf die Krankonstruktion einwirkenden Wind- und Schneelasten vernachlässigt werden. Werden tragende Bauteile eines Gebäudes durch Wind-, Schnee- und Kranlasten beansprucht, sollten die zugehörigen Lastfallkombinationen berücksichtigt werden.

Grenzzustand der Tragfähigkeit A.2
Kombinationen der Einwirkungen A.2.1

(1)   Die Bemessungswerte der Beanspruchungen infolge der Einwirkungen sollten für jeden kritischen Lastfall bestimmt werden, indem die Bemessungswerte der Einwirkungen, die gleichzeitig auftreten, nach EN 1990 kombiniert werden.

(2)   Ist eine außergewöhnliche Einwirkung zu berücksichtigen, brauchen weder weitere auftretende außergewöhnliche Einwirkungen noch Einwirkungen aus Wind oder Schnee als gleichzeitig wirkend berücksichtigt zu werden.

Teilsicherheitsfaktoren A.2.2

(1)   Für die Nachweise des Grenzzustandes der Tragfähigkeit, die durch die Festigkeit des Tragwerks oder des Untergrundes bestimmt werden, sollten die Teilsicherheitsbeiwerte der Einwirkungen für ständige, vorübergehende und außergewöhnliche Bemessungssituationen definiert werden. Für den Fall EQU siehe (2).

> **NDP zu A.2.2 (1)**
>
> Es gelten die Werte der γ-Faktoren entsprechend der nachfolgenden Tabelle NA.A.1.
>
> **Tabelle NA.A.1:** Teilsicherheitsfaktoren
>
> | Einwirkung | Symbol | Situation P/T | Situation A |
> |---|---|---|---|
> | **Ständige Kraneinwirkung** | | | |
> | – ungünstig Auswirkung | γ_{Gsup} | 1,35 | 1,00 |
> | – günstige Auswirkungen | γ_{Ginf} | 1,00 | 1,00 |
> | **Veränderliche Kraneinwirkung** | | | |
> | – ungünstige Auswirkung | γ_{Qsup} | 1,35 | 1,00 |
> | – günstige Auswirkungen | γ_{Qinf} | | |
> | – Kran vorhanden | | 1,00 | 1,00 |
> | – Kran nicht vorhanden | | 0,00 | 0,00 |
> | **Andere veränderliche Einwirkungen** | γ_Q | | |
> | – ungünstig | | 1,50 | 1,00 |
> | – günstig | | 0,00 | 0,00 |
> | **Außergewöhnliche Einwirkung** | γ_A | | 1,00 |
>
> P – Ständige Bemessungssituation
> T – Vorübergehende Bemessungssituation
> A – Außergewöhnliche Bemessungssituation

(2) Beim Nachweis des statischen Gleichgewichtes EQU und Abhebesicherheit von Lagern sind die günstig und ungünstig wirkenden Anteile der Kraneinwirkung als einzelne Einwirkungen zu betrachten. Sofern nichts anderes festgelegt ist (siehe besonders die maßgebenden Bemessungs-Eurocodes), sollten die ungünstig und günstig wirkenden Anteile der ständigen Einwirkungen mit den zugehörigen Faktoren γ_{Gsup} und γ_{Ginf} verwendet werden.

ANMERKUNG Die anderen γ-Faktoren für Einwirkungen (besonders für veränderliche Einwirkungen) sind in (1) festgelegt.

> **NDP Zu A.2.2 (2)**
>
> Beim Nachweis des statischen Gleichgewichtes EQU und Abhebesicherheit von Lagern sind die günstig und ungünstig wirkenden Anteile der variablen Kraneinwirkungen als einzelne Einwirkungen zu betrachten.
>
> Folgende γ-Werte sind umzusetzen:
> - $\gamma_{Gsup} = 1,05$
> - $\gamma_{Ginf} = 0,95$

A.2.3 ψ-Faktoren für Kranlasten

> **NDP Zu A.2.3 (1)**
>
> Es gelten die ψ-Faktoren für Kranlasten der nachfolgenden Tabelle NA.A.2.

Tabelle NA.A.2: ψ-Faktoren für Kranlasten

Einwirkung	Symbol	ψ_0	ψ_1	ψ_2
Einzelkran oder Lastgruppe aus Kranen	Q_r	1,0	0,9	ψ_2

ψ_2 = Verhältnis zwischen den ständig vorhandenen Kraneinwirkungen und den gesamten Kraneinwirkungen.

Grenzzustand der Gebrauchstauglichkeit   A.3

Kombinationen der Einwirkungen   A.3.1

(1) Für den Nachweis der Gebrauchstauglichkeit sollten die verschiedenen Kombinationen der EN 1990 entnommen werden.

(2) Für den Fall, dass Prüfversuche durchgeführt werden, sollte als Kraneinwirkung die in 2.10 definierte Prüflast des Krans berücksichtigt werden.

Teilsicherheitsfaktoren   A.3.2

(1) Für den Grenzzustand der Gebrauchstauglichkeit sollten die Teilsicherheitsfaktoren für Einwirkungen, die auf die Kranunterkonstruktionen wirken, mit 1,0 angenommen werden, wenn nichts anderes festgelegt ist.

ψ-Faktoren für Kraneinwirkungen   A.3.3

(1) Die ψ-Faktoren sind in Tabelle NA.2 angegeben.

Ermüdung   A.4

(1) Die Nachweisregeln der Ermüdung hängen vom Ermüdungslastmodell ab und sind in den Bemessungs-Eurocodes angegeben.

Anhang B
(informativ)
Kranklassifizierung für die Ermüdungsbeanspruchung

Tabelle B.1: Empfehlung für die Beanspruchungsklassen

Zeile	Art des Krans	Hubklasse	S-Klasse
1	Handbetriebene Kräne	HC 1	S0, S1
2	Montagekräne	HC1, HC2	S0, S1
3	Maschinenhauskräne	HC1	S1, S2
4	Lagerkräne – mit diskontinuierlichem Betrieb	HC2	S4
5	Lagerkräne, Traversenkräne, Schrottplatzkräne – mit kontinuierlichem Betrieb	HC3, HC4	S6, S7
6	Werkstattkräne	HC2, HC3	S3, S4
7	Brückenlaufkräne, Anschlagkräne – mit Greifer- oder Magnetarbeitsweise	HC3, HC4	S6, S7
8	Gießereikräne	HC2, HC3	S6, S7
9	Tiefofenkräne	HC3, HC4	S7, S8
10	Stripperkräne, Beschickungskräne	HC4	S8, S9
11	Schmiedekräne	HC4	S6, S7
12	Transportbrücken, Halbportalkräne, Portalkräne mit Katz oder Drehkran – mit Lasthakenarbeitsweise	HC2	S4, S5
13	Transportbrücken, Halbportalkräne, Portalkräne mit Katz oder Drehkran – mit Greifer- oder Magnetarbeitsweise	HC3, HC4	S6, S7
14	Förderbandbrücke mit festem oder gleitendem Förderband	HC1	S3, S4
15	Werftkräne, Hellingkräne, Ausrüstungskräne – mit Lasthakenarbeitsweise	HC2	S3, S4
16	Hafenkräne, Drehkräne, Schwimmkräne, Wippdrehkräne – mit Lasthakenarbeitsweise	HC2	S4, S5
17	Hafenkräne, Drehkräne, Schwimmkräne, Wippdrehkräne – mit Greifer- oder Magnetarbeitsweise	HC3, HC4	S6, S7
18	Schwerlastschwimmkräne, Bockkräne	HC1	S1, S2
19	Frachtschiffkräne – mit Lasthakenarbeitsweise	HC2	S3, S4
20	Frachtschiffkräne – mit Greifer- oder Magnetarbeitsweise	HC3, HC4	S4, S5
21	Turmdrehkrane für die Bauindustrie	HC1	S2, S3
22	Montagekräne, Derrickkräne – mit Lasthakenarbeitsweise	HC1, HC2	S1, S2
23	Schienendrehkräne – mit Lasthakenarbeitsweise	HC2	S3, S4
24	Schienendrehkräne – mit Greifer- oder Magnetarbeitsweise	HC3, HC4	S4, S5
25	Eisenbahnkräne zugelassen auf Züge	HC2	S4
26	Autokräne, Mobilkräne – mit Lasthakenarbeitsweise	HC2	S3, S4
27	Autokräne, Mobilkräne – mit Greifer- oder Magnetarbeitsweise	HC3, HC4	S4, S5
28	Schwerlastautokräne, Schwerlastmobilkräne	HC1	S1, S2

Dezember 2010

DIN EN 1991-4

DIN

Eurocode 1: Einwirkungen auf Tragwerke – Teil 4: Einwirkungen auf Silos und Flüssigkeitsbehälter; Deutsche Fassung EN 1991-4:2006

Ersatzvermerk

Ersatz für DIN EN 1991-4:2006-12;
mit DIN EN 1991-4/NA:2010-12 Ersatz für die 2010-04 zurückgezogene Norm DIN 1055-6:2005-03 und die 2010-04 zurückgezogene Norm DIN 1055-6 Berichtigung 1:2006-02

Dezember 2010

DIN EN 1991-4/NA

DIN

Nationaler Anhang – National festgelegte Parameter – Eurocode 1: Einwirkungen auf Tragwerke – Teil 4: Einwirkungen auf Silos und Flüssigkeitsbehälter

Ersatzvermerk

Ersatz für DIN EN 1991-4/NA:2010-04;
mit DIN EN 1991-4:2010-12 Ersatz für die 2010-04 zurückgezogene Norm DIN 1055-6:2005-03 und die 2010-04 zurückgezogene Norm DIN 1055-6 Berichtigung 1:2006-02

Inhalt

DIN EN 1991-4 einschließlich Nationaler Anhang

Seite

Nationales Vorwort DIN EN 1991-4 177

Vorwort EN 1991-4 177

Zusätzliche Informationen insbesondere für EN 1991-4 178

Nationaler Anhang für EN 1991-4 178

1	**Allgemeines**	179
1.1	**Anwendungsbereich**	179
1.1.1	Anwendungsbereich von EN 1991 – Eurocode 1	179
1.1.2	Anwendungsbereich von EN 1991-4 – Einwirkungen auf Silos und Flüssigkeitsbehälter	179
1.2	**Normative Verweisungen**	181
1.3	**Annahmen**	182
1.4	**Unterscheidung zwischen Prinzipien und Anwendungsregeln**	182
1.5	**Definitionen**	183
1.5.1	belüfteter Siloboden	183
1.5.2	charakteristische Abmessung des inneren Querschnittes	183
1.5.3	kreisförmiger Silo	183
1.5.4	Kohäsion	183
1.5.5	konischer Trichter	183
1.5.6	exzentrisches Entleeren	183
1.5.7	exzentrisches Füllen	183
1.5.8	äquivalente Schüttgutoberfläche	183
1.5.9	Trichter für „erweitertes Fließen" („expanded flow")	184
1.5.10	waagerechter Siloboden	184
1.5.11	Fließprofil	184
1.5.12	fluidisiertes Schüttgut	184
1.5.13	frei fließendes granulares Material	184
1.5.14	vollständig gefüllter Zustand	184
1.5.15	Kernfluss	184
1.5.16	granulares Material	184
1.5.17	hohe Füllgeschwindigkeiten	184
1.5.18	Homogenisierungssilo	185
1.5.19	Trichter	185
1.5.20	Trichterlastverhältniswert F	185
1.5.21	Silo mit mittlerer Schlankheit	185
1.5.22	innerer Schlotfluss (oder Schachtfließen)	185
1.5.23	Horizontallastverhältnis K	185
1.5.24	geringe Kohäsion	185
1.5.25	Massenfluss	185
1.5.26	gemischtes Fließen	185
1.5.27	nicht kreisförmiger Silo	185
1.5.28	Schüttgut	185
1.5.29	Teilflächenlast	185
1.5.30	Schlotfluss	186
1.5.31	ebenes Fließen	186
1.5.32	staubförmiges Schüttgut	186
1.5.33	Schüttgutdruck, -spannung	186

		Seite
1.5.34	Stützwandsilo	186
1.5.35	flacher Trichter	186
1.5.36	Silo	186
1.5.37	schlanker Silo	186
1.5.38	Schlankheit	186
1.5.39	niedriger Silo	186
1.5.40	steiler Trichter	186
1.5.41	Spannung im Schüttgut	186
1.5.42	Flüssigkeitsbehälter	187
1.5.43	dickwandiger Silo	187
1.5.44	dünnwandiger kreisförmiger Silo	187
1.5.45	Wandreibungslast	187
1.5.46	Trichterübergang	187
1.5.47	vertikaler Siloschaft	187
1.5.48	keilförmiger Trichter	187
1.6	**Formelzeichen**	**187**
1.6.1	Große lateinische Buchstaben	187
1.6.2	Kleine lateinische Buchstaben	188
1.6.3	Große griechische Buchstaben	191
1.6.4	Kleine griechische Buchstaben	191
1.6.5	Indizes	192
2	**Darstellung und Klassifikation der Einwirkungen**	**193**
2.1	**Darstellung von Einwirkungen in Silos**	**193**
2.2	**Darstellung der Einwirkung auf Flüssigkeitsbehälter**	**194**
2.3	**Einstufung der Einwirkung auf Silozellen**	**194**
2.4	**Einstufung der Einwirkungen auf Flüssigkeitsbehälter**	**194**
2.5	**Anforderungsklassen**	**194**
3	**Bemessungssituationen**	**197**
3.1	**Allgemeines**	**197**
3.2	**Bemessungssituationen für in Silos gelagerte Schüttgüter**	**197**
3.3	**Bemessungssituationen für unterschiedliche geometrische Ausbildungen der Silogeometrie**	**199**
3.4	**Bemessungssituationen für spezielle Konstruktionsformen von Silos**	**203**
3.5	**Bemessungssituationen für in Flüssigkeitsbehältern gelagerte Flüssigkeiten**	**203**
3.6	**Bemessungsprinzipien für Explosionen**	**204**
4	**Schüttgut**	**205**
4.1	**Allgemeines**	**205**
4.2	**Schüttgutkennwerte**	**206**
4.2.1	Allgemeines	206
4.2.2	Ermittlung der Schüttgutkennwerte	207
4.2.3	Vereinfachte Vorgehensweise	208
4.3	**Messung der Schüttgutkennwerte in Versuchen**	**208**
4.3.1	Experimentelle Ermittlung (Messverfahren)	208
4.3.2	Schüttgutwichte γ	209
4.3.3	Wandreibungskoeffizient μ	209
4.3.4	Winkel der inneren Reibung ϕ_i	209
4.3.5	Horizontallastverhältnis K	210
4.3.6	Kohäsion c	210
4.3.7	Schüttgutbeiwert für die Teilflächenlast C_{op}	210

Seite

5	**Lasten auf vertikale Silowände**	213
5.1	Allgemeines	213
5.2	**Schlanke Silos**	213
5.2.1	Fülllasten auf vertikale Silowände	213
5.2.2	Entleerungslasten auf vertikale Wände	218
5.2.3	Gleichförmige Erhöhung der Lasten als Ersatz für die Teilflächenlasten der Lastfälle Füllen und Entleeren bei kreisförmigen Silos	222
5.2.4	Entleerungslasten für kreisförmige Silos mit großen Exzentrizitäten bei der Entleerung	223
5.3	**Niedrige Silos und Silos mit mittlerer Schlankheit**	227
5.3.1	Fülllasten auf die vertikalen Wände	227
5.3.2	Entleerungslasten auf die vertikalen Silowände	229
5.3.3	Große Exzentrizitäten beim Befüllen von kreisförmigen niedrigen Silos und kreisförmigen Silos mit mittlerer Schlankheit	231
5.3.4	Große Entleerungsexzentrizitäten in kreisförmigen niedrigen Silos und kreisförmigen Silos mit mittlerer Schlankheit	232
5.4	**Stützwandsilos**	232
5.4.1	Fülllasten auf vertikale Wände	232
5.4.2	Entleerungslasten auf vertikale Wände	234
5.5	**Silos mit Gebläse**	234
5.5.1	Allgemeines	234
5.5.2	Lasten in Silos zur Lagerung von fluidisiertem Schüttgut	234
5.6	**Temperaturunterschiede zwischen Schüttgut und Silokonstruktion**	235
5.6.1	Allgemeines	235
5.6.2	Lasten infolge einer Abnahme der atmosphärischen Umgebungstemperaturen	235
5.6.3	Lasten infolge heiß eingefüllter Schüttgüter	236
5.7	**Lasten in rechteckigen Silos**	236
5.7.1	Rechtecksilos	236
5.7.2	Silos mit inneren Zuggliedern	236
6	**Lasten auf Silotrichter und Silobőden**	237
6.1	Allgemeines	237
6.1.1	Physikalische Kennwerte	237
6.1.2	Allgemeine Regelungen	238
6.2	**Waagerechte Silobőden**	240
6.2.1	Vertikallasten auf waagerechte Silobőden in schlanken Silos	240
6.2.2	Vertikallasten auf ebene Silobőden in niedrigen Silos und Silos mit mittlerer Schlankheit	240
6.3	**Steiler Trichter**	241
6.3.1	Mobilisierte Reibung	241
6.3.2	Fülllasten	242
6.3.3	Entleerungslasten	242
6.4	**Flacher Trichter**	243
6.4.1	Mobilisierte Reibung	243
6.4.2	Fülllasten	243
6.4.3	Entleerungslasten	244
6.5	**Trichter in Silos mit Gebläse**	244
7	**Lasten auf Flüssigkeitsbehälter**	245
7.1	Allgemeines	245
7.2	Lasten infolge gelagerter Flüssigkeiten	245

		Seite
7.3	Kennwerte der Flüssigkeiten	245
7.4	Soglasten infolge von unzureichender Belüftung	245

Anhang A (informativ) **Grundlagen der Tragwerksplanung – Regeln in Ergänzung zu EN 1990 für Silos und Flüssigkeitsbehälter** .. 247

A.1	Allgemeines	247
A.2	Grenzzustand der Tragfähigkeit	247
A.2.1	Teilsicherheitsbeiwerte γ	247
A.2.2	Kombinationsbeiwerte ψ	247
A.3	Einwirkungskombinationen	247
A.4	Bemessungssituation und Einwirkungskombinationen für die Anforderungsklassen 2 und 3	248
A.5	Einwirkungskombinationen für die Anforderungsklasse 1	252

Anhang B (informativ) **Einwirkungen, Teilsicherheitsfaktoren und Kombinationsbeiwerte der Einwirkungen auf Flüssigkeitsbehälter** ... 253

B.1	Allgemeines	253
B.2	Einwirkungen	253
B.2.1	Lasten aus gelagerten Flüssigkeiten	253
B.2.2	Lasten aus Innendrücken	253
B.2.3	Lasten aus Temperatur(-änderung)	253
B.2.4	Eigengewichtslasten	253
B.2.5	Lasten aus Dämmung	253
B.2.6	Verteilte Nutzlasten	254
B.2.7	Konzentrierte Nutzlasten	254
B.2.8	Schnee	254
B.2.9	Wind	254
B.2.10	Unterdruck durch unzureichende Belüftung	255
B.2.11	Seismische Lasten	255
B.2.12	Lasten aus Verbindungsbauten	255
B.2.13	Lasten aus ungleichförmigen Setzungen	255
B.2.14	Katastrophenlasten	255
B.3	Teilsicherheitsbeiwerte der Einwirkungen	255
B.4	Kombinationen von Einwirkungen	255

Anhang C (normativ) **Messung von Schüttgutkennwerten für die Ermittlung von Silolasten** | 257

C.1	Allgemeines	257
C.2	Anwendung	257
C.3	Symbole	257
C.4	Begriffe	258
C.4.1	sekundäre Parameter	258
C.4.2	Probenahme	258
C.4.3	Referenzspannung	258
C.5	Probenahme und Probenvorbereitung	258
C.6	Bestimmung der Schüttgutwichte γ	259
C.6.1	Kurzbeschreibung	259
C.6.2	Prüfgerät	259
C.6.3	Durchführung	260
C.7	Wandreibung	260
C.7.1	Allgemeines	260

Seite

C.7.2	Wandreibungskoeffizient μ_m zur Ermittlung der Lasten	261
C.7.3	Wandreibungswinkel ϕ_{wh} für Untersuchungen zum Fließverhalten	262
C.8	**Horizontallastverhältnis K**	262
C.8.1	Direkte Messung	262
C.8.2	Indirekte Messung	263
C.9	**Festigkeitsparameter: Kohäsion c und Winkel der inneren Reibung ϕ_i**	264
C.9.1	Direkte Messung	264
C.9.2	Indirekte Messung	266
C.10	**Effektiver Elastizitätsmodul E_s**	267
C.10.1	Direkte Messung	267
C.10.2	Indirekte Abschätzung	269
C.11	**Bestimmung der oberen und unteren charakteristischen Werte von Schüttgutparametern und Ermittlung des Umrechnungsfaktors a**	269
C.11.1	Kurzbeschreibung	269
C.11.2	Methoden zur Abschätzung	270

Anhang D (normativ) **Abschätzung der Schüttgutkennwerte für die Ermittlung der Silolasten** 273

D.1	Ziel	273
D.2	Abschätzung des Wandreibungskoeffizienten für eine gewellte Wand	273
D.3	Innere Reibung und Wandreibung eines grobkörnigen Schüttgutes ohne Feinanteile	274

Anhang E (normativ) **Angabe von Schüttgutkennwerten** 275

E.1	Allgemeines	275
E.2	Angegebene Werte	275

Anhang F (informativ) **Bestimmung der Fließprofile** 277

F.1	Massen- und Kernfluss	277

Anhang G (normativ) **Alternative Regeln zur Ermittlung von Trichterlasten** . 279

G.1	Allgemeines	279
G.2	Symbole	279
G.3	Begriffe	279
G.3.1	Lastspitze	279
G.4	Bemessungssituation	279
G.5	Ermittlung des Bodenlastvergrößerungsfaktors C_b	279
G.6	Fülllasten auf waagerechte und nahezu waagerechte Böden	280
G.7	Fülllasten auf die Trichterwände	280
G.8	Entleerungslasten auf waagerechte und nahezu waagerechte Böden	281
G.9	Entleerungslasten auf die Trichterwände	281
G.10	Alternative Gleichungen für den Trichterlastbeiwert F_e für den Lastfall Entleeren	281

Anhang H (normativ) **Einwirkungen infolge von Staubexplosionen** 283

H.1	Allgemeines	283
H.2	Anwendung	283
H.3	Symbole	283
H.4	Explosionsfähige Stäube und ihre Kennwerte	283
H.5	Zündquellen	284
H.6	Schutzmaßnahmen	284

Seite

H.7	**Bemessung der Bauteile**	284
H.8	**Bemessung für Explosionsüberdruck**	285
H.9	**Bemessung für Unterdruck**	285
H.10	**Sicherung der Abschlusselemente der Entlastungsöffnungen**	285
H.11	**Rückstoßkräfte durch Druckentlastung**	285

Nationales Vorwort DIN EN 1991-4

Diese Europäische Norm EN 1991-4:2006 ist in der Verantwortung von CEN/TC 250 „Eurocodes für den konstruktiven Ingenieurbau" (Sekretariat: BSI, Vereinigtes Königreich) entstanden.

Die Arbeiten wurden auf nationaler Ebene vom NA 005-51-02 AA „Einwirkungen auf Bauten (Sp CEN/TC 250/SC 1)" begleitet.

Die Norm EN 1991-4:2006 wurde am 2005-10-12 angenommen.

Die Norm ist Bestandteil einer Reihe von Einwirkungs- und Bemessungsnormen, deren Anwendung nur im Paket sinnvoll ist. Dieser Tatsache wird durch die Richtlinie der Kommission der Europäischen Gemeinschaft für die Anwendung der Eurocodes Rechnung getragen, indem dort Übergangsfristen für die verbindliche Umsetzung der Eurocodes in den Mitgliedstaaten vorgesehen sind. Die Übergangsfristen sind im Vorwort der EN angegeben.

Es wird auf die Möglichkeit hingewiesen, dass einige Texte dieses Dokuments Patentrechte berühren können. Das DIN [und/oder die DKE] sind nicht dafür verantwortlich, einige oder alle diesbezüglichen Patentrechte zu identifizieren.

Änderungen

Gegenüber DIN V ENV 1991-4:1996-12 wurden folgende Änderungen vorgenommen:

a) der Vornormcharakter wurde aufgehoben;

b) die Stellungnahmen der nationalen Normungsinstitute wurden eingearbeitet und der Text vollständig überarbeitet.

Gegenüber DIN EN 1991-4:2006-12, DIN 1055-6:2005-03 und DIN 1055-6 Berichtigung 1:2006-02 wurden folgende Änderungen vorgenommen:

a) auf europäisches Bemessungskonzept umgestellt;

b) Ersatzvermerke berichtigt;

c) redaktionelle Änderungen vorgenommen.

Frühere Ausgaben

DIN 1055-6: 1964-11, 1987-05, 2005-03
DIN 1055-6 Berichtigung 1: 2006-02
DIN V ENV 1991-4: 1996-12
DIN EN 1991-4: 2006-12

Vorwort EN 1991-4

Dieses Dokument (EN 1991-4:2006) wurde vom Technischen Komitee CEN/TC 250 „Structural Eurocodes" erarbeitet, dessen Sekretariat vom BSI gehalten wird.

Diese Europäische Norm muss den Status einer nationalen Norm erhalten, entweder durch Veröffentlichung eines identischen Textes oder durch Anerkennung bis November 2006, und etwaige entgegenstehende nationale Normen müssen bis März 2010 zurückgezogen werden.

Dieses Dokument ersetzt ENV 1991-4:1995.

Entsprechend der CEN/CENELEC-Geschäftsordnung sind die nationalen Normungsinstitute der folgenden Länder gehalten, diese Europäische Norm zu übernehmen: Belgien, Dänemark, Deutschland, Estland, Finnland, Frankreich, Griechenland, Irland, Island, Italien, Lettland, Litauen, Luxemburg, Malta, Niederlande, Norwegen, Österreich, Polen, Portugal, Schweden, Schweiz, Slowakei, Slowenien, Spanien, Tschechische Republik, Ungarn, Vereinigtes Königreich und Zypern.

Zusätzliche Informationen insbesondere für EN 1991-4

EN 1991-4 enthält Hinweise für die Beurteilung von Einwirkungen auf Silos und Flüssigkeitsbehälter für die Tragwerksbemessung.

EN 1991-4 ist bestimmt für Bauherrn, Tragwerksplaner, Bauausführende und einschlägige Behörden.

EN 1991-4 ist im Zusammenhang mit EN 1990, mit den weiteren Teilen der Reihe EN 1991, mit EN 1992 und EN 1993 sowie mit den anderen für die Bemessung von Silos und Flüssigkeitsbehältern maßgebenden Teilen der Normen EN 1994 bis EN 1999 anwendbar.

Nationaler Anhang für EN 1991-4

Diese Norm enthält alternative Methoden und Werte sowie Empfehlungen für Klassen mit Hinweisen, an welchen Stellen nationale Festlegungen getroffen werden. Dazu sollte die jeweilige nationale Ausgabe von EN 1991-4 einen Nationalen Anhang mit den national festzulegenden Parametern erhalten, mit dem die Tragwerksplanung von Hochbauten und Ingenieurbauwerken, die in dem Ausgabeland gebaut werden sollen, möglich ist.

Für EN 1991-4 bestehen nationale Wahlmöglichkeiten in:

- 2.5 (5)
- 3.6 (2)
- 5.2.4.3.1 (3)
- 5.4.1 (3)
- 5.4.1 (4)
- A.4 (3)
- B.2.14 (1)

Allgemeines 1

Anwendungsbereich 1.1

Anwendungsbereich von EN 1991 – Eurocode 1 1.1.1

(1)P Die Reihe EN 1991 macht Angaben zu allgemeinen Prinzipien und zu Einwirkungen für die Bemessung von Bauten und Ingenieurbauwerken, einschließlich einer Reihe von geotechnischen Fragen. Die Norm ist in Verbindung mit EN 1990 sowie den Normen der Reihen EN 1992 bis EN 1999 anzuwenden.

(2) Die Reihe EN 1991 deckt darüber hinaus Einwirkungen während der Bauausführung und Einwirkungen auf Bauwerke mit begrenzter Standzeit ab. Die Reihe bezieht sich auf alle Umstände, unter denen das Tragwerk ein angemessenes Verhalten erfordert.

(3) Die Reihe EN 1991 ist nicht unmittelbar für die Anwendung auf bereits ausgeführte Konstruktion bzw. die Bemessung bei Instandsetzung und Tragwerksänderung und die Beurteilung bei Nutzungsänderung vorgesehen.

(4) Die Reihe EN 1991 deckt nicht vollständig besondere Bemessungssituationen ab, die außergewöhnliche Zuverlässigkeitsbetrachtungen erfordern, wie z. B. für Tragwerke aus dem Kerntechnikbereich, bei denen besondere Überlegungen bei der Bemessung angestellt werden müssen.

Anwendungsbereich von EN 1991-4 – Einwirkungen auf Silos und Flüssigkeitsbehälter 1.1.2

(1)P Diese Norm enthält allgemeine Prinzipien und Angaben zu den Einwirkungen für den Entwurf und die Bemessung von Silos für die Lagerung von Schüttgütern und von Flüssigkeitsbehältern. Sie ist in Verbindung mit EN 1990, mit den anderen Teilen der Reihe EN 1991 sowie mit den Normen der Reihen EN 1992 bis EN 1999 anzuwenden.

(2) Diese Norm enthält auch einige Bestimmungen für Einwirkungen auf Silos und Flüssigkeitsbehälter, die über die unmittelbaren Einwirkungen infolge von den gelagerten Schüttgütern oder Flüssigkeiten hinausgehen (z. B. Auswirkungen von Temperaturunterschieden).

(3) Für die Anwendung der Bemessungsregeln für Silozellen und Silobauwerke gelten folgende geometrische Einschränkungen:

– Die Querschnittsformen von Silozellen sind auf die in Bild 1.1d) dargestellten Fälle begrenzt. Kleinere Abweichungen sind unter der Voraussetzung erlaubt, dass die möglichen Auswirkungen auf das Silotragwerk infolge sich durch diese Abweichungen ergebender Druckänderungen beachtet werden.

– Für die geometrischen Abmessungen gelten folgende Einschränkungen:

  $h_b/d_c < 10$

  $h_b < 100$ m

  $d_c < 60$ m

– Der Übergang vom vertikalen Siloschaft in den Trichter erfolgt in einer einzigen horizontalen Ebene (siehe Bild 1.1a)).

– Einflüsse auf die Silodrücke infolge von Einbauten oder spezielle Querschnittseinengungen bzw. Einbauten, wie Entlastungskegel, Entlastungsbalken usw. werden nicht erfasst. Ein rechteckiger Silo kann jedoch innere Zugbänder beinhalten.

(4) Für die Anwendung der Bemessungsregeln für Silozellen und Silobauwerke gelten hinsichtlich des gelagerten Schüttgutes folgende Anwendungsgrenzen:

– Jeder Silo wird für einen definierten Bereich von Schüttguteigenschaften bemessen.

– Das Schüttgut ist frei fließend oder es kann sichergestellt werden, dass es sich im speziellen Fall wie ein frei fließendes Schüttgut verhält (siehe 1.5.13 und Anhang C).

– Die maximale Korngröße des Schüttgutes ist nicht größer als $0{,}03 d_c$ (siehe Bild 1.1d)).

ANMERKUNG Wenn die Schüttgutpartikel im Vergleich zur Dicke der Silowand groß sind, sind die Auswirkungen des Kontaktes einzelner großer Schüttgutpartikel mit der Wand in Form eines Ansatzes von Einzellasten zu berücksichtigen.

(5) Für die Anwendung der Bemessungsregeln für Silozellen und Silobauwerke gelten hinsichtlich der Betriebsbedingungen beim Füllen und Entleeren folgende Einschränkungen:

- Beim Befüllen entstehen nur geringfügige, vernachlässigbare Einwirkungen infolge von Trägheits- und Stoßkräften.
- Bei Anwendung von Austrags- bzw. Entleerungshilfen (z. B. Förderanlagen (feeders) oder Zentralrohre mit Schlucköffnungen) ist der Schüttgutfluss gleichmäßig ungestört und zentral.

(6) Die angegebenen Lastansätze auf Silotrichter gelten nur für konische (i. Allg. axialsymmetrisch geformte oder pyramidenförmig mit quadratischen bzw. rechteckigen Querschnitten ausgebildete) und keilförmig (i. Allg. mit vertikalen Wänden an der Stirn- und Rückseite) ausgebildete Trichter. Davon abweichende Trichterformen oder Trichter mit Einbauten erfordern spezielle, weitergehende Überlegungen.

(7) Silos mit entlang der vertikalen Achse sich ändernden Symmetrieachsen der geometrischen Grundrissform sind nicht Gegenstand dieser Norm. Darunter fallen z. B. Silos mit einem von einer Zylinderform in eine Keilform übergehenden Trichter unterhalb eines zylindrischen Silos und diamond-back-Trichter.

(8) Die Bemessungsregeln für Flüssigkeitsbehälter gelten nur für Flüssigkeiten unter üblichem atmosphärischem Druck.

(9) Lasten auf die Dächer von Silos und Flüssigkeitsbehältern sind in geeigneter Weise den entsprechenden Normen EN 1991-1-1, EN 1991-1-3 bis EN 1991-1-7 und EN 1991-3 zu entnehmen.

(10) Die Bemessung von Silos mit Umlaufbetrieb ist außerhalb des Anwendungsbereiches dieser Norm.

(11) Die Bemessung von Silos gegen dynamische Beanspruchungen, die beim Entleeren auftreten können, wie z. B. Silobeben, Stöße, Hupen oder Siloschlagen, ist außerhalb des Anwendungsbereichs dieser Norm.

ANMERKUNG Diese Phänomene sind bis heute noch nicht ganz geklärt, so dass bei Anwendung dieser Norm weder sichergestellt werden kann, dass diese nicht auftreten werden, noch dass die Silostruktur für die daraus resultierende Beanspruchung ausreichend dimensioniert ist.

a) Geometrie   **b) Exzentrizitäten**   **c) Lasten**

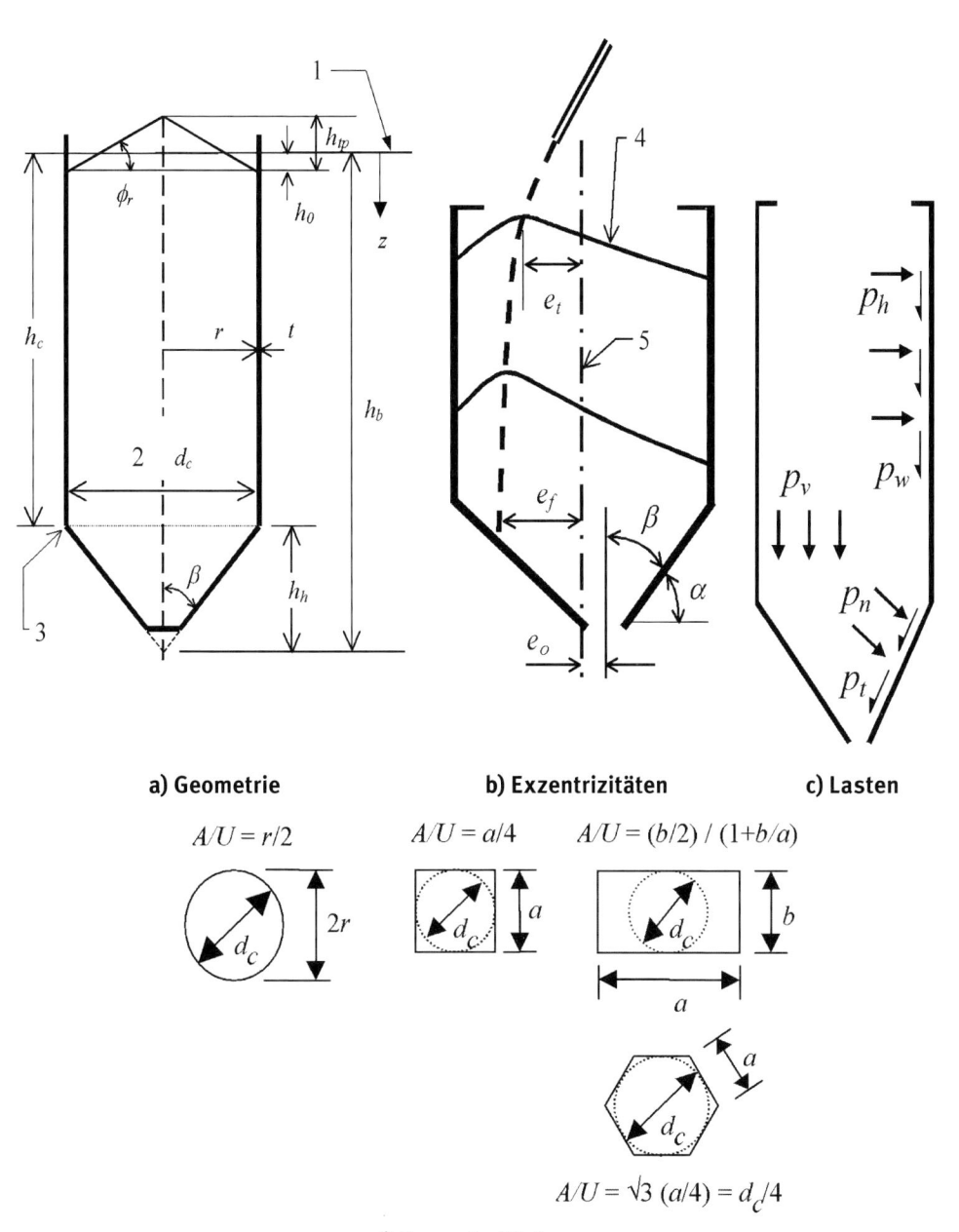

$A/U = r/2$ $A/U = a/4$ $A/U = (b/2) / (1+b/a)$

$A/U = \sqrt{3}\,(a/4) = d_c/4$

d) Querschnittsformen

Legende
1. äquivalente Schüttgutoberfläche
2. Innenmaß
3. Übergang
4. Oberflächenprofil bei vollem Silo
5. Silomittelachse

Bild 1.1: Darstellung von Silozellen mit Benennung der geometrischen Kenngrößen und Lasten

Normative Verweisungen 1.2

Die folgenden zitierten Dokumente sind für die Anwendung dieses Dokuments erforderlich. Bei datierten Verweisungen gilt nur die in Bezug genommene Ausgabe. Bei undatierten Verweisungen gilt die letzte Ausgabe des in Bezug genommenen Dokuments (einschließlich aller Änderungen).

ISO 3898:1997, *Basis for design of structures — Notations — General symbols*

ANMERKUNG   Folgende veröffentlichte oder in Vorbereitung befindliche Europäische Normen werden an jeweiligen Stellen im Text zitiert:

EN 1990, *Eurocode: Grundlagen der Tragwerksplanung*

EN 1991-1-1, *Eurocode 1: Einwirkungen auf Tragwerke — Teil 1-1: Wichten, Eigengewicht und Nutzlasten im Hochbau*

EN 1991-1-2, *Eurocode 1: Einwirkungen auf Tragwerke — Teil 1-2: Allgemeine Einwirkungen — Brandeinwirkungen auf Tragwerke*

EN 1991-1-3, *Eurocode 1: Einwirkungen auf Tragwerke — Teil 1-3: Allgemeine Einwirkungen — Schneelasten*

EN 1991-1-4, *Eurocode 1: Einwirkungen auf Tragwerke — Teil 1-4: Allgemeine Einwirkungen — Windlasten*

EN 1991-1-5, *Eurocode 1: Einwirkungen auf Tragwerke — Teil 1-5: Allgemeine Einwirkungen — Temperatureinwirkungen*

EN 1991-1-6, *Eurocode 1: Einwirkungen auf Tragwerke — Teil 1-6: Allgemeine Einwirkungen — Einwirkungen während der Bauausführung*

EN 1991-1-7, *Eurocode 1: Einwirkungen auf Tragwerke — Teil 1-7: Allgemeine Einwirkungen — Außergewöhnliche Einwirkungen*

EN 1991-2, *Eurocode 1: Einwirkungen auf Tragwerke — Teil 2: Verkehrslasten auf Brücken*

EN 1991-3, *Eurocode 1: Einwirkungen auf Tragwerke — Teil 3: Einwirkungen infolge von Kranen und Maschinen*

EN 1992, *Eurocode 2: Bemessung und Konstruktion von Stahlbeton- und Spannbetontragwerken*

EN 1992-4, *Eurocode 2: Planung von Stahlbeton- und Spannbetontragwerken — Teil 4: Stütz- und Behälterbauwerke aus Beton*

EN 1993, *Eurocode 3: Bemessung und Konstruktion von Stahlbauten*

EN 1993-1-6, *Eurocode 3: Bemessung und Konstruktion von Stahlbauten: Allgemeine Bemessungsregeln — Teil 1-6: Ergänzende Regeln für Schalenkonstruktionen*

EN 1993-4-1, *Eurocode 3: Bemessung und Konstruktion von Stahlbauten — Teil 4-1: Silos, Tankbauwerke und Rohrleitungen — Silos*

EN 1993-4-2, *Eurocode 3: Bemessung und Konstruktion von Stahlbauten — Teil 4-2: Silos, Tankbauwerke und Rohrleitungen — Tankbauwerke*

EN 1994, *Eurocode 4: Bemessung und Konstruktion von Verbundtragwerken aus Stahl und Beton*

EN 1995, *Eurocode 5: Entwurf, Berechnung und Bemessung von Holzbauwerken*

EN 1996, *Eurocode 6: Bemessung und Konstruktion von Mauerwerksbauten*

EN 1997, *Eurocode 7: Entwurf, Berechnung und Bemessung in der Geotechnik*

EN 1998, *Eurocode 8: Auslegung von Bauwerken gegen Erdbeben*

EN 1999, *Eurocode 9: Bemessung und Konstruktion von Aluminiumtragwerken*

1.3 Annahmen

(1)P Die Annahmen, die in EN 1990, 1.3 aufgezählt werden, können in dieser Norm angewandt werden.

1.4 Unterscheidung zwischen Prinzipien und Anwendungsregeln

(1) Je nach Art der einzelnen Absätze wird in diesem Teil der Lastnorm zwischen Prinzipien und Anwendungsregeln unterschieden.

(2) Die Prinzipien bestehen aus:
- allgemeinen Festlegungen und Definitionen, für die es keine Alternative gibt, sowie
- Anforderungen und Rechenmodellen, für die keine Alternativen erlaubt werden, außer wenn dies ausdrücklich erwähnt wird.

(3) Die Prinzipien sind durch einen zusätzlichen Buchstaben P gekennzeichnet, der der Nummer des Absatzes folgt.

(4) Die Anwendungsregeln stellen allgemein anerkannte Regeln der Technik dar, die den Prinzipien folgen und deren Anforderungen erfüllen.

(5) Es ist zulässig, alternative Regeln in Abweichung zu den Anwendungsregeln dieses Eurocodes zu verwenden, vorausgesetzt, es wird nachgewiesen, dass die alternativen Regeln sich in Übereinstimmung mit den einschlägigen Prinzipien befinden und mindestens das gleiche Sicherheitsniveau aufweisen.

(6) In diesem Teil werden die Anwendungsregeln von einer in Klammern geschriebenen Zahl, z. B. wie in diesem Absatz, kenntlich gemacht.

Definitionen 1.5

Für die Anwendung dieser Norm gelten die Definitionen von EN 1990, 1.5. Die folgenden zusätzlichen Definitionen sind speziell auf diesen Teil der Lastnorm bezogen.

belüfteter Siloboden 1.5.1

Siloboden, in welchem Schlitze angeordnet sind, durch die Luft in das Schüttgut injiziert wird, um Schüttgutfließen im Bereich oberhalb des Silobodens zu aktivieren (siehe Bild 3.5b))

charakteristische Abmessung des inneren Querschnittes 1.5.2

die charakteristische Abmessung d_c ist der Durchmesser des größten eingeschriebenen Kreises des inneren Querschnittes einer Silozelle (siehe Bild 1.1d))

kreisförmiger Silo 1.5.3

Silo, dessen Grundriss bzw. Schaftquerschnitt eine Kreisform aufweist (siehe Bild 1.1d))

Kohäsion 1.5.4

Scherfestigkeit des Schüttgutes in dem Fall, dass in der Bruchebene keine Normalspannungen wirken

konischer Trichter 1.5.5

Trichter, bei dem die geneigten Seitenflächen in einem Punkt zusammenlaufen, womit in der Regel ein axialsymmetrisches Schüttgutfließen sichergestellt werden kann

exzentrisches Entleeren 1.5.6

Fließprofil im Schüttgut mit einer in Bezug auf die vertikale Mittelachse unsymmetrischen Verteilung des sich bewegenden Schüttgutes. Dies ist üblicherweise die Folge einer exzentrisch angeordneten Auslauföffnung (siehe Bilder 3.2c) und 3.2d), 3.3b) und 3.3c)). Es kann aber auch durch andere zur Unsymmetrie führenden Phänomene hervorgerufen sein (siehe Bild 3.4d)).

exzentrisches Füllen 1.5.7

Zustand während bzw. nach dem Befüllen des Silos, bei dem die Spitze der angeschütteten Schüttgutoberfläche (Spitze des Anschüttkegels) nicht mehr in der vertikalen Mittelachse des Silos zentriert ist (siehe Bild 1.1b))

äquivalente Schüttgutoberfläche 1.5.8

Höhe der gedachten eingeebneten (horizontalen) Schüttgutoberfläche, die sich aus der Volumenbilanz zwischen diesem gedachten und dem tatsächlichen Verlauf der Oberflächenform ergibt (siehe Bild 1.1a))

1.5.9 Trichter für „erweitertes Fließen" („expanded flow")

Trichter, bei dem die Trichterseitenflächen im unteren Bereich des Trichters ausreichend steil ausgebildet sind, um einen Massenfluss zu erzeugen, während der Trichter im oberen Bereich flacher geneigte Seitenflächen aufweist, wodurch dort Kernfluss zu erwarten ist (siehe Bild 3.5d)). Diese Anordnung reduziert die Trichterhöhe bei gleichzeitiger Sicherstellung einer zuverlässigen Entleerung.

1.5.10 waagerechter Siloboden

innere Grundfläche eines Silos mit einer Neigung von weniger als 5 %

1.5.11 Fließprofil

geometrische Form des ausfließenden Schüttgutes, wenn sich diese bereits voll ausgebildet hat (siehe Bilder 3.1 bis 3.4). Der Silo ist dabei nahe dem gefüllten Zustand (maximaler Füllzustand).

1.5.12 fluidisiertes Schüttgut

Zustand eines gespeicherten staubförmigen Schüttgutes, in dem dieses einen großen Anteil von Luftporen enthält, mit einem Druckgradienten, der dem Gewicht der Partikel entgegenwirkt und dieses kompensiert. Die Luft kann entweder durch eine spezielle Belüftung oder durch den Füllprozess eingetragen sein. Ein Schüttgut wird als teilweise fluidisiert bezeichnet, wenn nur ein Teil des Gewichtes der Schüttgutpartikel durch den Porendruckgradienten kompensiert wird.

1.5.13 frei fließendes granulares Material

granulares Schüttgut, dessen Fließverhalten nicht merklich von Kohäsion beeinflusst ist

1.5.14 vollständig gefüllter Zustand

ein Silo ist im vollständig gefüllten Zustand, wenn sich die Oberfläche des Schüttgutes an ihrer höchstmöglichen Position befindet, die sie innerhalb der Nutzungsdauer der Konstruktion während des Silobetriebs einnehmen kann. Dieser Zustand wird für den Silo als die maßgebliche Bemessungsbedingung angenommen.

1.5.15 Kernfluss

Fließprofil, bei dem sich im Schüttgut ein Fließkanal über der Auslauföffnung entwickelt, während das Schüttgut im Bereich zwischen diesem Fließkanal und der Silowand in Ruhe verbleibt (siehe Bild 3.1). Der Fließkanal kann hierbei in Kontakt mit der vertikalen Silowand kommen – man spricht dann von „gemischtem Fließen" – oder er kann sich ohne jegliche Kontaktbereiche mit der Wand bis zur Oberfläche hin erstrecken. Dieser Fall wird mit „Schlotfluss" oder „Schachtfließen" bezeichnet.

1.5.16 granulares Material

Material, das sich aus einzelnen voneinander getrennten Körnern aus festen Partikeln zusammensetzt, mit Partikeln in etwa gleicher Größenordnung, bei dem bei der Ermittlung der Lasten die zwischen den Einzelkörnern befindliche Luft nur eine geringe Rolle spielt und auf das Schüttgutfließen nur geringen Einfluss hat

1.5.17 hohe Füllgeschwindigkeiten

Bedingung in einem Silo, bei der die Geschwindigkeit des Einfüllens zu einem Lufteintrag in einer Größenordnung führt, sodass dadurch die Druckverhältnisse an der Wand beeinflusst werden

Homogenisierungssilo 1.5.18

Silo, in dem das Schüttgut unter Zuhilfenahme von Fluidisierung homogenisiert, d. h. durch Mischung vergleichmäßigt wird

Trichter 1.5.19

Siloboden mit geneigten Wänden

Trichterlastverhältniswert F 1.5.20

Wert, der angibt, in welchem Verhältnis die Normallast p_n auf die geneigten Trichterwände und die mittlere Vertikallast p_v an dieser Stelle im Schüttgut zueinander stehen

Silo mit mittlerer Schlankheit 1.5.21

Silo, dessen Verhältnis von Höhe zum Durchmesser zwischen $1{,}0 < h_c/d_c < 2{,}0$ liegt (Ausnahmen sind in 3.3 definiert)

innerer Schlotfluss (oder Schachtfließen) 1.5.22

Fließprofil mit Schlotfluss, in dem die Fließkanalgrenze sich bis zur Schüttgutoberfläche erstreckt, ohne dass es dabei zu Berührungen des Fließbereiches mit der Silowand kommt (siehe Bilder 3.1 und 3.2)

Horizontallastverhältnis K 1.5.23

Wert, der angibt, in welchem Verhältnis die auf die vertikale Silowand wirkende mittlere Horizontallast p_h und die mittlere Vertikallast p_v an dieser Stelle im Schüttgut zueinander stehen

geringe Kohäsion 1.5.24

eine Schüttgutprobe weist eine geringe Kohäsion auf, wenn die Kohäsion c kleiner als 4 % der Vorkonsolidierungsspannung σ_r ist (ein Verfahren zur Bestimmung der Kohäsion ist in C.9 gegeben)

Massenfluss 1.5.25

Fließprofil, bei dem alle sich im Silo befindlichen Schüttgutpartikel beim Entleeren gleichzeitig in Bewegung sind (siehe Bild 3.1a))

gemischtes Fließen 1.5.26

Kernflussprofil, bei dem der Fließkanal noch unterhalb der Schüttgutoberfläche mit der vertikalen Silowand in Berührung kommt (siehe Bilder 3.1c) und 3.3)

nicht kreisförmiger Silo 1.5.27

Silo mit einem nicht kreisförmigen Querschnitt (siehe Bild 1.1d))

Schüttgut 1.5.28

Bezeichnung für einen Festkörper, der aus einer Vielzahl voneinander unabhängiger Einzelpartikel besteht

Teilflächenlast 1.5.29

lokale Last, die in beliebiger Höhenlage auf eine bestimmte Teilfläche senkrecht auf die vertikale Silowand wirkend angesetzt wird

1.5.30 Schlotfluss

Fließprofil, in dem das Schüttgut in einem vertikalen oder nahezu vertikalen Fließkanal oberhalb der Auslauföffnung in Bewegung ist, sich aber neben dem Fließkanal in Ruhe befindet (siehe Bilder 3.1b) und 3.2). Wenn die Auslauföffnung exzentrisch angeordnet ist (siehe Bilder 3.2c) und d)), oder wenn spezielle Faktoren dazu führen, dass der Fließkanal aus der vertikalen Achse über dem Auslauf abweicht (siehe Bild 3.4d)), kann sich ein Schüttgutfließen gegen die Silowand einstellen.

1.5.31 ebenes Fließen

Fließprofil in einem Silo mit rechteckiger oder quadratischer Querschnittsfläche und einer schlitzförmigen Auslauföffnung. Der Auslaufschlitz verläuft parallel zu zwei Silowänden. Seine Länge entspricht der Länge dieser beiden Silowände.

1.5.32 staubförmiges Schüttgut

ein Material, dessen mittlere Partikelgröße kleiner als 0,05 mm ist

1.5.33 Schüttgutdruck, -spannung

Kraft durch Flächeneinheit im Schüttgut

1.5.34 Stützwandsilo

Silo mit einem waagrechten Boden und einem Verhältnis von Höhe zu Durchmesser von $h_c/d_c \leq 0,4$

1.5.35 flacher Trichter

Trichter, in dem nach dem Befüllen nicht der volle Betrag der Wandreibung mobilisiert wird

1.5.36 Silo

Behälterkonstruktion zur Speicherung von Schüttgütern (d. h. Bunker, Lagerbehälter oder Silo)

1.5.37 schlanker Silo

Silo mit einem Verhältnis von Höhe zu Durchmesser von $h_c/d_c \geq 2,0$ oder bei dem die zusätzlichen Bedingungen nach 3.3 erfüllt sind

1.5.38 Schlankheit

Verhältnis von Höhe zu Durchmesser h_c/d_c des vertikalen Teils eines Silos

1.5.39 niedriger Silo

Silo mit einem Verhältnis von Höhe zu Durchmesser von $0,4 < h_c/d_c \leq 1,0$ oder bei dem die zusätzlichen Bedingungen nach 3.3 erfüllt sind. Bei einem Verhältnis von Höhe zu Durchmesser von $h_c/d_c \leq 0,4$ und wenn der Silo einen Trichter besitzt, fällt der Silo auch unter die Kategorie eines niedrigen Silos. Ansonsten – bei einem ebenen Siloboden – fällt er unter die Kategorie Stützwandsilo

1.5.40 steiler Trichter

Trichter, in dem nach dem Befüllen der volle Betrag der Wandreibung mobilisiert wird

1.5.41 Spannung im Schüttgut

Kraft je Flächeneinheit innerhalb des gespeicherten Schüttgutes

Flüssigkeitsbehälter 1.5.42

Behälterkonstruktion zur Lagerung von Flüssigkeiten

dickwandiger Silo 1.5.43

Silo mit einem Verhältnis von Durchmesser zur Wanddicke von kleiner als $d_c/t = 200$

dünnwandiger kreisförmiger Silo 1.5.44

kreisförmiger Silo mit einem Verhältnis von Durchmesser zur Wanddicke von größer als $d_c/t = 200$

Wandreibungslast 1.5.45

Kraft je Flächeneinheit entlang der Silowand (vertikal oder geneigt) aufgrund der Reibung zwischen Schüttgut und Silowand

Trichterübergang 1.5.46

Schnittfläche zwischen Trichter und vertikalem Siloschaft, d. h. Übergang vom vertikalen Teil des Silos in den Trichter

vertikaler Siloschaft 1.5.47

der Teil eines Silos mit vertikalen Wänden

keilförmiger Trichter 1.5.48

Trichter, bei dem die geneigten Flächen zu einem Schlitz mit dem Ziel eines ebenen Schüttgutflusses konvergieren. Die jeweils anderen beiden Trichterwände verlaufen in der Regel vertikal.

Formelzeichen 1.6

Eine Liste von grundlegenden Symbolen (Kurzzeichen) ist in EN 1990 enthalten. Im Folgenden werden zusätzliche Kurzzeichen (Symbole) für diesen Teil der Norm angegeben. Die verwendeten Kurzzeichen basieren auf den Konventionen von ISO 3898:1997.

Große lateinische Buchstaben 1.6.1

A Querschnittsfläche des vertikalen Schaftes

A_c Querschnittsfläche des Fließkanals beim exzentrischen Entleeren (große Exzentrizitäten)

B Tiefenparameter bei exzentrisch befüllten niedrigen Silos

C Lastvergrößerungsfaktor

C_o Entleerungsfaktor (Lastvergrößerungsfaktor beim Entleeren) für das Schüttgut

C_{op} Schüttgutkennwert der Teilflächenlast (Lastvergrößerungsfaktor)

C_b Lastvergrößerungsfaktor für die Bodenlasten

C_h Lastvergrößerungsfaktor der horizontalen Entleerungslasten

C_{pe} Lastvergrößerungsfaktor der Teilflächenlast beim Entleeren

C_{pf} Lastvergrößerungsfaktor der Teilflächenlast beim Lastfall Füllen

C_S Schlankheitsbeiwert bei einem Silo mit mittlerer Schlankheit

C_T Lastvergrößerungsfaktor bei der Berücksichtigung von Temperaturunterschieden bzw. -änderungen

C_w Lastvergrößerungsfaktor für die Wandreibungslasten

E Verhältnis von Exzentrizität des Fließkanals zum Siloradius

E_s effektiver Elastizitätsmodul des gespeicherten Schüttgutes bei relevantem Spannungsniveau

E_w Elastizitätsmodul der Silowand

F Verhältnis zwischen den Lasten senkrecht auf die Trichterwand und mittlerer Vertikallast im Schüttgut an dieser Stelle

F_e Lastverhältnis im Trichter während der Entleerung (Verhältnis zwischen Lasten senkrecht auf die Trichterwand und mittleren Vertikallasten im Schüttgut)

F_f Lastverhältnis im Trichter nach dem Füllen (Verhältnis zwischen Lasten senkrecht auf die Trichterwand und mittleren Vertikallasten im Schüttgut)

F_{pe} Integral der horizontalen Teilflächenlast bei dünnwandigen kreisförmigen Silos des Lastfalls der Entleerung

F_{pf} Integral der horizontalen Teilflächenlast bei dünnwandigen kreisförmigen Silos des Lastfalls Füllen

G Verhältnis zwischen dem Radius des Fließkanals und dem Radius des inneren Querschnittes eines kreisförmigen Silos

K charakteristischer Wert des Horizontallastverhältnisses

K_m Mittelwert des Horizontallastverhältnisses

K_o Wert von K bei Ausschluss von horizontalen Dehnungen sowie horizontal und vertikal gerichteten bzw. verlaufenden Hauptspannungen

S Geometriefaktor für die Trichterlasten (= 2 bei konisch geformten Trichtern, = 1 bei keilförmigen Trichtern)

T Temperatur

U innerer Umfang des Querschnittes des vertikalen Siloschaftes

U_{sc} (innere) Umfangslänge des Fließkanals im Kontaktbereich zum nichtfließenden Bereich des Schüttgutes bei der Entleerung mit großen Exzentrizitäten

U_{wc} (innere) Umfangslänge des Fließkanals im Kontaktbereich mit der Silowand bei der Entleerung mit großen Exzentrizitäten

Y Tiefenvariationsfunktion: Funktion zur Beschreibung der Lastzunahme mit zunehmender Tiefe im Silo

Y_J Tiefenvariationsfunktion der Janssen-Theorie

Y_R Tiefenvariationsfunktion bei niedrigen Silos

1.6.2 Kleine lateinische Buchstaben

a Seitenlänge eines Silos mit rechteckiger oder hexagonaler Querschnittsfläche (siehe Bild 1.1d)

a_x Streukoeffizient (-faktor) bzw. Umrechnungsfaktor zur Berechnung der oberen und unteren charakteristischen Schüttgutkennwerte aus den Mittelwerten

a_K Streukoeffizient bzw. Umrechnungsfaktor für das Horizontallastverhältnis

a_γ Streukoeffizient bzw. Umrechnungsfaktor für die Schüttgutwichte

a_ϕ Streukoeffizient bzw. Umrechnungsfaktor für den Winkel der inneren Reibung

a_μ Streukoeffizient (-faktor) bzw. Umrechnungsfaktor für den Wandreibungskoeffizienten

b Breite eines rechteckigen Silo (siehe Bild 1.1d))

b empirischer Koeffizient für die Trichterlasten

c	Kohäsion des Schüttgutes
d_c	charakteristische Abmessung für den inneren Siloquerschnitt (siehe Bild 1.1d))
e	der größere Wert der Exzentrizitäten e_f und e_o
e_c	Exzentrizität der Mittelachse des Fließkanals beim Entleeren mit großen Exzentrizitäten (siehe Bild 5.5)
e_f	größte Exzentrizität des Schüttkegels an der Schüttgutoberfläche beim Füllen (siehe Bild 1.1b))
$e_{f,cr}$	größte Füllexzentrizität, für die die vereinfachten Regeln zur Berücksichtigung geringer Exzentrizitäten verwendet werden können ($e_{f,cr} = 0{,}25 d_c$)
e_o	Exzentrizität des Mittelpunktes der Auslauföffnung (siehe Bild 1.1b))
$e_{o,cr}$	größte Exzentrizität der Auslauföffnung, für die die vereinfachten Regeln zur Berücksichtigung der Exzentrizitäten verwendet werden können ($e_{o,cr} = 0{,}25 d_c$)
e_t	Exzentrizität der Spitze des Aufschüttkegels an der Schüttgutoberfläche beim gefüllten Silo (siehe Bild 1.1b))
$e_{t,cr}$	größte Exzentrizität des Aufschüttkegels, für die die vereinfachten Regeln zur Berücksichtigung von Exzentrizitäten verwendet werden können ($e_{t,cr} = 0{,}25 d_c$)
h_b	Gesamthöhe eines Silos mit Trichter, gemessen von der gedachten Trichterspitze bis zur äquivalenten Schüttgutoberfläche (siehe Bild 1.1a))
h_c	Höhe des vertikalen Siloschaftes, gemessen vom Trichterübergang bis zur äquivalenten Schüttgutoberfläche (siehe Bild 1.1a))
h_h	Trichterhöhe, gemessen von der gedachten Trichterspitze bis zum Trichterübergang (siehe Bild 1.1a))
h_o	Abstand zwischen äquivalenter Schüttgutoberfläche und dem tiefsten Fußpunkt des Schüttkegels (am tiefsten gelegener Punkt der Silowand, der bei einem bestimmten Füllzustand nicht in Kontakt mit dem gespeicherten Schüttgut ist (siehe Bilder 1.1a), 5.6 und 6.3))
h_{tp}	Gesamthöhe des Anschüttkegels an der Schüttgutoberfläche (vertikaler Abstand vom am tiefsten gelegenen Punkt der Silowand, der bei einem bestimmten Füllzustand nicht in Kontakt mit dem gespeicherten Schüttgut ist, bis zur Spitze des Aufschüttkegels (siehe Bilder 1.1a) und 6.3))
n	Parameter in den Bestimmungsgleichungen der Trichterlasten
n_{zSk}	charakteristischer Wert der Resultierenden der Kräfte in der Silowand je laufendem Meter in Umfangsrichtung der Wand
p	Last in der Einheit Kraft durch Fläche
p_h	Horizontallast aus dem gespeicherten Schüttgut (siehe Bild 1.1c))
p_{hae}	Horizontallast im sich in Ruhe befindlichen Bereich des Schüttgutes neben dem Fließkanal bei einer Entleerung mit großen Exzentrizitäten
p_{hce}	Horizontallast im Fließkanal bei einer Entleerung mit großen Exzentrizitäten
p_{hco}	asymptotische Horizontallast in großer Tiefe im Fließkanal bei einer Entleerung mit großen Exzentrizitäten
p_{he}	Horizontallasten beim Entleeren
$p_{he,u}$	Horizontallasten beim Entleeren und Verwendung der vereinfachten Rechenverfahren
p_{hf}	Horizontallasten nach dem Füllen
p_{hfb}	Horizontallasten nach dem Füllen am unteren Ende des vertikalen Siloschaftes
$p_{hf,u}$	Horizontallasten nach dem Füllen bei Anwendung der vereinfachten Rechenverfahren
p_{ho}	asymptotische Horizontallasten in großer Tiefe aus gespeichertem Schüttgut

p_{hse}	Horizontallasten im sich in Ruhe befindlichen Schüttgut in größerem Abstand zum Fließkanal während einer Entleerung mit großen Exzentrizitäten
p_{hT}	Zunahme der Horizontallasten infolge Temperaturunterschiede bzw. -änderungen
p_n	Lasten senkrecht auf die Trichterwände aus dem gelagerten Schüttgut (siehe Bild 1.1c))
p_{ne}	Lasten senkrecht auf die Trichterwände während der Entleerung
p_{nf}	Lasten senkrecht auf die Trichterwände nach dem Füllen
p_p	Teilflächenlast
p_{pe}	Grundwert der Teilflächenlast während des Entleerens
p_{pei}	komplementäre Teilflächenlast beim Entleeren
$p_{pe,nc}$	streifenförmige Teilflächenlast bei Silos mit nicht kreisförmigen Querschnitten beim Entleeren
p_{pf}	Grundwert der Teilflächenlast nach dem Füllen
p_{pfi}	komplementäre Teilflächenlast nach dem Füllen
$p_{pf,nc}$	streifenförmige Teilflächenlast bei Silos mit nicht kreisförmigen Querschnitten nach dem Füllen
$p_{p,sq}$	Teilflächenlast in flachen Silos
p_{pes}	Teilflächenlast an der Zylinderkoordinate θ bei dünnwandigen kreisförmigen Silos während der Entleerung
p_{pfs}	Teilflächenlast an der Zylinderkoordinate θ bei dünnwandigen kreisförmigen Silos nach dem Füllen
p_t	Reibungslasten im Trichter (siehe Bild 1.1c))
p_{te}	Reibungslasten im Trichter beim Entleeren
p_{tf}	Reibungslasten im Trichter nach dem Füllen
p_v	Vertikallasten im Schüttgut (siehe Bild 1.1c))
p_{vb}	Vertikallasten am Boden niedriger Silos unter Verwendung von Gleichung (6.2)
p_{vf}	Vertikallasten im Schüttgut nach dem Füllen
p_{vft}	Vertikallasten nach dem Füllen am Trichterübergang (Fußpunkt des vertikalen Siloschaftes)
p_{vho}	am Fußpunkt des Anschüttkegels an der Schüttgutoberfläche nach Gleichung (5.79) und mit der Schüttguttiefe $z = h_o$ berechnete Vertikallast
p_{vsq}	Vertikallasten auf dem waagrechten Boden eines niedrigen Silos oder Silos mittlerer Schlankheit
p_{vtp}	geostatische Vertikallast am Fußpunkt des Anschüttkegels an der Schüttgutoberfläche
p_w	Wandreibungslasten entlang der vertikalen Wand (Scherkraft infolge Reibung je Flächeneinheit) (siehe Bild 1.1c))
p_{wae}	Wandreibungslasten im sich in Ruhe befindlichen Schüttgut unmittelbar neben dem Fließkanal während der Entleerung mit großen Exzentrizitäten (am Übergang vom ruhenden zum fließenden Schüttgut)
p_{wce}	Wandreibungslasten im Fließkanal während der Entleerung mit großen Exzentrizitäten
p_{we}	Wandreibungslasten während der Entleerung
$p_{we,u}$	Wandreibungslasten während der Entleerung unter Verwendung des vereinfachten Berechnungsverfahrens
p_{wf}	Wandreibungslasten nach dem Füllen

$p_{wf,u}$	Wandreibungslasten nach dem Füllen unter Verwendung des vereinfachten Berechnungsverfahrens
p_{wse}	Wandreibungslasten im sich in Ruhe befindlichen Schüttgut in größerem Abstand zum Fließkanal während der Entleerung mit großen Exzentrizitäten
r	äquivalenter Siloradius ($r = 0{,}5d_c$)
r_c	Radius des exzentrischen Fließkanals bei der Entleerung mit großen Exzentrizitäten
s	Abmessung der mit der Teilflächenlast belasteten Fläche ($s = \pi d_c/16 \cong 0{,}2d_c$)
t	Dicke der Silowand
x	vertikale Koordinate im Trichter mit dem Ursprung in der Trichterspitze (siehe Bild 6.2)
z	Tiefe unterhalb der äquivalenten Schüttgutoberfläche im gefüllten Zustand (siehe Bild 1.1a))
z_o	charakteristische Tiefe nach der Janssen-Theorie
z_{oc}	charakteristische Tiefe nach der Janssen-Theorie für den Fließkanal bei der Entleerung mit großen Exzentrizitäten
z_p	Tiefe des Mittelpunktes der Teilflächenlast unterhalb der äquivalenten Schüttgutoberfläche in einem dünnwandigen Silo
z_s	Tiefe unterhalb der höchstliegenden Kontaktstelle zwischen Schüttgut und Silowand (siehe Bilder 5.7 und 5.8)
z_V	Maß für die Tiefe beim Ansatz der Vertikallasten in niedrigen Silos

Große griechische Buchstaben   1.6.3

Δ	Horizontalverschiebung des oberen Teils einer Scherzelle
Δ	Operator für inkrementelle Größen (siehe folgende Kurzzeichen)
Δp_{sq}	Vertikallastanteil infolge nicht ebener Schüttgutoberfläche bei nicht schlanken Silos
ΔT	Temperaturunterschied zwischen gespeichertem Schüttgut und der Silowand
Δv	bei Materialuntersuchungen gemessene inkrementelle Vertikalverschiebung
$\Delta \sigma$	bei Materialuntersuchungen inkrementelle auf eine Probe aufgebrachte Spannung

Kleine griechische Buchstaben   1.6.4

α	mittlerer Neigungswinkel der Trichterwände bezogen auf die Horizontale (siehe Bild 1.1b))
α_w	thermischer Ausdehnungskoeffizient der Silowand
β	Neigungswinkel der Trichterwand bezogen auf die Vertikale (siehe Bilder 1.1a) und 1.1b)) bzw. der steilste Winkel der Trichterwände bei einem quadratischen oder rechteckigen Trichter
γ	charakteristischer Wert der Wichte der gespeicherten Flüssigkeit oder des gespeicherten Schüttgutes
γ_l	Schüttgutwichte des Schüttgutes im fluidisierten Zustand
δ	Standardabweichung eines Kennwertes
θ	Zylinderkoordinate: Winkel in Umfangsrichtung
θ_c	Umfangswinkel des Fließkanals beim Entleeren mit großen Exzentrizitäten (siehe Bild 5.5) bezogen auf die Mittelachse des Siloschaftes
ψ	Wandkontaktwinkel des exzentrischen Fließkanals bezogen auf die Mittelachse des Fließkanals
μ	charakteristischer Wert des Wandreibungswinkels an der vertikalen Silowand

μ_{heff}		effektiver oder mobilisierter Wandreibungskoeffizient in einem flachen Trichter
μ_h		Wandreibungskoeffizient im Trichter
μ_m		Mittelwert des Wandreibungskoeffizienten zwischen Schüttgut und Silowand
ν		Poisson-Zahl des Schüttgutes
ϕ_c		charakteristischer Wert des Winkels der inneren Reibung eines vorverdichteten Schüttgutes bei Entlastung (siehe C.9)
ϕ_i		charakteristischer Wert des Winkels der inneren Reibung eines Schüttgutes bei Erstbelastung (siehe C.9)
ϕ_{im}		Mittelwert des Winkels der inneren Reibung (siehe C.9)
ϕ_r		Böschungswinkel eines Schüttgutes (konischer Schütthaufen) (siehe Bild 1.1a))
ϕ_w		Wandreibungswinkel ($\arctan\mu$) zwischen Schüttgut und Trichterwand
ϕ_{wh}		Wandreibungswinkel im Trichter ($\arctan\mu_h$) zwischen Schüttgut und Trichterwand
σ_r		Bezugs- bzw. Referenzspannung für die Versuche zur Bestimmung der Schüttgutkennwerte

1.6.5 Indizes

d	Bemessungswert (mit Teilsicherheitsbeiwert versehen)
e	Entleerung von Schüttgütern (Entleerungszustand)
f	Füllzustand, Schüttgut während der Lagerung
h	Trichter
h	horizontal
K	Horizontallastverhältnis
m	Mittelwert
n	senkrecht auf die Wand
nc	nicht kreisförmiger Silo
p	Teilflächenlast
t	für tangential entlang der Wand
u	gleichmäßig
v	für vertikal
w	für Wandreibung
γ	Schüttgutwichte
ϕ	Winkel der inneren Reibung
μ	Wandreibungskoeffizient

2 Darstellung und Klassifikation der Einwirkungen

2.1 Darstellung von Einwirkungen in Silos

(1)P   Die Einwirkungen in Silos sind unter Berücksichtigung der Silostruktur, der Eigenschaften der gespeicherten Schüttgüter und der sich beim Entleeren der Silos einstellenden Fließprofile zu ermitteln.

(2)P   Unsicherheiten bezüglich der sich einstellenden Fließprofile, des Einflusses der Füll- und Entleerungsexzentrizitäten auf die Füll- und Entleerungsvorgänge, des Einflusses der Siloform auf die Art des Fließprofiles und bezüglich der zeitabhängigen Füll- und Entleerungsdrücke sind zu berücksichtigen.

ANMERKUNG   Die Größenordnung und die Verteilung der Bemessungslasten hängen von der Silostruktur, von den Materialkennwerten der gelagerten Schüttgüter und von den Fließprofilen ab, die sich beim Entleeren ausbilden. Die inhärenten Unterschiede in den Eigenschaften der unterschiedlich gelagerten Schüttgüter und die Vereinfachungen in den Lastmodellen führen zu Abweichungen zwischen den tatsächlich auftretenden Silolasten und den Lastannahmen (Bemessungslasten) nach den Abschnitten 5 und 6. So ändert sich mit der Zeit auch zum Beispiel die Verteilung der Entleerungsdrücke entlang der Silowand. Eine genaue Vorhersage des vorherrschenden mittleren Drucks, seiner Streuung und seiner zeitlichen Veränderlichkeit ist mit den heutigen Erkenntnissen nicht möglich.

(3)P   Lasten auf die vertikalen Wände von Silos im Füllzustand und während des Entleerens mit geringen Füll- und Entleerungsexzentrizitäten sind durch einen symmetrischen Lastanteil und eine unsymmetrische Teilflächenlast anzusetzen. Bei größeren Exzentrizitäten sind die Lasten durch unsymmetrische Druckverteilungskurven zu beschreiben.

(4)   Die charakteristischen Werte der Einwirkungen auf Silos dieser Norm sind so zu verstehen, dass sie mit einer Wahrscheinlichkeit von 98 % während einer Bezugsdauer von einem Jahr nicht überschritten werden.

ANMERKUNG   Da bisher keine aussagekräftigen Daten vorliegen, basieren die angegebenen charakteristischen Werte der Einwirkungen auf Silos nicht auf statistischen Berechnungen. Sie basieren wesentlich auf Erfahrungswerten durch die Anwendung bisher gültiger Normen. Die Definition von oben korrespondiert somit mit der Definition nach EN 1990.

(5)   Reagiert die gewählte Form der Silostruktur empfindlich gegenüber Änderungen der anzusetzenden Lastvorgaben, sollte dies durch entsprechende Untersuchungen berücksichtigt werden.

(6)   Die symmetrischen Lasten auf Silowände sollten durch horizontale Lastanteile p_h auf die inneren Oberflächen der senkrechten Silowand, durch senkrecht auf geneigte Wände wirkende Lasten p_n, durch in tangentialer Richtung der Wand wirkende Reibungslasten p_w und p_t und durch vertikale Lastanteile im gelagerten Schüttgut p_v angesetzt werden (siehe Bild 1c)).

(7)   Die unsymmetrischen Lasten auf die vertikalen Silowände bei geringen Füll- und Entleerungsexzentrizitäten sollten durch den Ansatz einer Teilflächenlast berücksichtigt werden. Diese Teilflächenlasten bestehen aus lokal wirkenden Horizontaldrücken p_h auf die innere Oberfläche der Silowand.

(8)   Die unsymmetrischen Lasten auf die vertikalen Silowände bei großen Füll- und Entleerungsexzentrizitäten sollten zusätzlich durch eine unsymmetrische Verteilung der Horizontaldrücke p_h und Reibungslasten p_w erfasst werden.

(9)   Zur Erfassung unplanmäßiger nicht berücksichtigter Lasteinflüsse sollten Lastvergrößerungsfaktoren C verwendet werden.

(10)   Die Lastvergrößerungsfaktoren C sollten bei Silozellen der Anforderungsklassen 2 und 3 (siehe 2.5) ausschließlich dafür verwendet werden, nicht berücksichtigte zusätzliche Lasteinflüsse zu erfassen, die durch den Schüttgutfluss beim Entleeren des Silos auftreten.

(11)   Die Lastvergrößerungsfaktoren C bei Silozellen der Anforderungsklasse 1 sollten verwendet werden, um sowohl zusätzliche Lasteinflüsse beim Entleeren infolge der Schüttgutbewegungen als auch Einflüsse durch die Streuung der Schüttgutparameter zu erfassen.

ANMERKUNG Die Lastvergrößerungsfaktoren C haben die Aufgabe, die Unsicherheiten bezüglich der sich einstellenden Fließprofile, die Einflüsse von Exzentrizitäten beim Füllen und Entleeren, den Einfluss der Siloform auf die Art des Fließprofils und Näherungseinflüsses infolge der Nichtberücksichtigung vorhandener zeitabhängiger Füll- und Entleerungsdrücke abzudecken. Für Silos der Anforderungsklasse 1 (siehe 2.5) berücksichtigt der Lastvergrößerungsfaktor auch die inhärente Streuung der Materialeigenschaften der Schüttgüter. Für Silos der Anforderungsklassen 2 und 3 wird die Streuung der die Lasten beeinflussenden Materialkennwerte der Schüttgüter nicht durch einen Lastvergrößerungsfaktor C, sondern durch den Ansatz von entsprechenden charakteristischen Bemessungswerten der Schüttgutparameter γ, μ, K und ϕ_i berücksichtigt.

(12) Für Silos der Anforderungsklasse 1 sollten die unsymmetrischen Lasten durch eine Erhöhung der symmetrischen Lasten durch Verwendung eines Vergrößerungsfaktors für die Entleerungslasten C berücksichtigt werden.

(13) Für Silos der Anforderungsklasse 2 dürfen die unsymmetrischen Teilflächenlasten alternativ durch eine ersatzweise Vergrößerung der symmetrischen Lasten berücksichtigt werden, deren Betrag auf die Auswirkung der Teilflächenlast abgestimmt ist.

2.2 Darstellung der Einwirkung auf Flüssigkeitsbehälter

(1)P Lasten auf Flüssigkeitsbehälter infolge ihrer Füllung sind durch hydrostatische Lastansätze zu berücksichtigten.

(2) Die charakteristischen Werte der Einwirkungen auf Flüssigkeitsbehälter dieser Norm sind so zu verstehen, dass sie mit einer Wahrscheinlichkeit von 98 % während einer Bezugsdauer von einem Jahr nicht überschritten werden.

ANMERKUNG Die charakteristischen Werte basieren nicht auf einer formalen statistischen Berechnung. Sie basieren dagegen auf historisch gewachsenen Erfahrungen bei der Anwendung bisher gültiger Normen. Die oben angegebene Definition richtet sich nach EN 1990.

2.3 Einstufung der Einwirkung auf Silozellen

(1)P Lasten infolge von in Silozellen gelagerten Schüttgütern sind als veränderliche Einwirkungen nach EN 1990 einzustufen.

(2)P Symmetrische Lasten auf Silos sind als veränderliche ortsfeste Einwirkungen nach EN 1990 einzustufen.

(3)P Teilflächenlasten zur Berücksichtigung der Füll- und Entleerungsprozesse in Silozellen sind als veränderliche freie Einwirkungen nach EN 1990 einzustufen.

(4)P Außermittige Lasten zur Berücksichtigung exzentrischer Füll- und Entleerungsprozesse in Silozellen sind als veränderliche ortsfeste Einwirkungen einzustufen.

(5)P Lasten aus Luft- bzw. Gasdrücken in Verbindung mit pneumatischen Förderungsanlagen sind als veränderliche ortsfeste Einwirkungen anzusehen.

(6)P Lasten infolge von Staubexplosionen sind als außergewöhnliche Einwirkungen einzustufen.

2.4 Einstufung der Einwirkungen auf Flüssigkeitsbehälter

(1)P Lasten auf Flüssigkeitsbehälter sind als veränderliche ortsfeste Einwirkungen nach EN 1990 einzustufen.

2.5 Anforderungsklassen

(1) In Abhängigkeit von der Zuverlässigkeit der strukturellen Ausbildung und der Empfindlichkeit hinsichtlich unterschiedlicher Versagensformen sollten bei der Ermittlung der Einwirkungen auf Silostrukturen verschiedene Stufen der Genauigkeit verwendet werden.

(2) Die Siloeinwirkungen sollten nach den Vorgaben für eine der folgenden drei, in dieser Norm verwendeten Anforderungsklassen ermittelt werden (siehe Tabelle 2.1), welche zu

Lastansätzen mit grundsätzlich gleichem Sicherheitsniveau führen. Sie berücksichtigen den notwendigen Aufwand und die erforderlichen Verfahren, die zur Reduzierung des Risikos für die unterschiedlichen Strukturen erforderlich sind (siehe EN 1990, 2.2 (3) und (4)). Es wird zwischen folgenden Anforderungsklassen unterschieden:

– Anforderungsklasse 1 (AAC 1)

– Anforderungsklasse 2 (AAC 2)

– Anforderungsklasse 3 (AAC 3)

(3) Es kann für ein Silo immer eine höhere Anforderungsklasse als nach 2.5 (2) gefordert ausgewählt werden. Für jeden Teil der in dieser Lastnorm beschriebenen Vorgehensweise (Lastansätze) kann, wenn dies zweckdienlich ist, eine höhere Anforderungsklasse zugrunde gelegt werden.

(4) Für Silos der Anforderungsklasse 1 können die für die Klasse konzipierten vereinfachten Verfahren dieser Norm angewendet werden.

(5) Wo mehrere Silozellen gebäudetechnisch miteinander verbunden sind, sollte für jede einzelne Zelle die geeignete Anforderungsklasse bestimmt werden, nicht für die gesamte Silobatterie.

ANMERKUNG 1 Die Nationalen Anhänge können die Grenzen zwischen den Anwendungsklassen festlegen. Tabelle 2.1 gibt hierzu empfohlene Werte an.

> **NDP Zu 2.5 (5)**
> ANMERKUNG 1 Es gelten die empfohlenen Regelungen.

Tabelle 2.1: Klassifikation von Bemessungssituationen

Anforderungsklasse	Beschreibung
Anforderungsklasse 3	Silos mit einem Fassungsvermögen von mehr als 10 000 Tonnen Silos mit einem Fassungsvermögen von mehr als 1 000 Tonnen, bei denen eine der folgenden Bemessungssituationen vorliegt: a) exzentrische Entleerung mit $e_o/d_c > 0{,}25$ (siehe Bild 1.1b)) b) niedrige Silos mit einer exzentrischen Befüllung von mehr als $e_t/d_c > 0{,}25$
Anforderungsklasse 2	Alle Silos, die durch diese Lastnorm abgedeckt sind und nicht in den anderen beiden Klassen enthalten sind.
Anforderungsklasse 1	Silos mit einem Fassungsvermögen von weniger als 100 Tonnen

ANMERKUNG 2 Die in Tabelle 2.1 angeführte Differenzierung in die unterschiedlichen Anforderungsklassen ist unter Berücksichtigung der Unsicherheiten einer genauen Bestimmung der Einwirkungen festgelegt worden. Die Regelungen für kleine Silos sind einfach und konservativ auf der sicheren Seite, weil sie eine ihnen eigene Robustheit besitzen und die hohen Kosten z. B. für eine Bestimmung von Schüttgutkennwerten nicht gerechtfertigt sind. Die Auswirkungen auf die Standsicherheit und die Risiken in Hinblick auf Leben und Eigentum werden in den Klasseneinteilungen der EN 1992 und EN 1993 berücksichtigt.

ANMERKUNG 3 Die Einteilung in eine Anforderungsklasse sollte getrennt für jedes Projekt erfolgen.

Bemessungssituationen 3

Allgemeines 3.1

(1)P Die Einwirkungen auf Silos und Flüssigkeitsbehälter sind für jede relevante Bemessungssituation in Übereinstimmung mit den allgemeinen Festlegungen von EN 1990 zu bestimmen.

ANMERKUNG Dies bedeutet nicht, dass die Abschnitte und Werte für den allgemeinen Hochbau und Brückenbauwerke in EN 1990, A.1 und A.2 auf Silos und Flüssigkeitsbehälter anzuwenden sind.

(2)P Es sind die maßgebenden Bemessungssituationen zu betrachten und die kritischen Lastfälle zu ermitteln. Bei Silos müssen die maßgeblichen Bemessungssituationen auf der Fließcharakteristik der gespeicherten Schüttgüter entsprechend Anhang C basieren.

(3)P Für jeden kritischen Lastfall sind die Bemessungswerte der Auswirkungen aus der Kombination der Einwirkungen zu bestimmen.

(4)P Die Kombinationsregeln hängen vom jeweiligen Nachweis ab und sind nach EN 1990 zu wählen.

ANMERKUNG Maßgebende Kombinationsregeln sind in Anhang A angegeben.

(5) Einwirkungen, die von angrenzenden Gebäudestrukturen übertragen werden, sollten berücksichtigt werden.

(6) Einwirkungen aus Förder- und Einfüllanlagen sollten berücksichtigt werden. Besondere Aufmerksamkeit ist bei nicht fest installierten Förderanlagen geboten. Sie können über das eingelagerte Schüttgut Lasten auf die Silostruktur übertragen.

(7) Je nach Situation sollten die folgenden außergewöhnlichen Einwirkungen und Situationen berücksichtigt werden:

- Einwirkungen infolge von Explosionen;
- Einwirkungen infolge von Fahrzeuganprall;
- Einwirkungen infolge von Erdbeben;
- Einwirkungen infolge von Brandbelastungen.

Bemessungssituationen für in Silos gelagerte Schüttgüter 3.2

(1)P Lasten auf Silos infolge der gelagerten Schüttgüter sind zu berücksichtigen, wenn sich der Silo im vollständig befüllten Zustand befindet.

(2)P Die Lastansätze für das Befüllen und Entleeren sind sowohl für die Tragsicherheitsnachweise als auch die Gebrauchstauglichkeitsnachweise zu verwenden.

(3) Die Bemessung für das Befüllen und Entleeren von Schüttgütern sollte sich nach den Hauptlastfällen richten, die zu unterschiedlichen Grenzzuständen für das Bauwerk führen können:

- maximale Lasten senkrecht auf die vertikale Silowand (Horizontallasten);
- maximale vertikale Wandreibungslast auf die vertikale Silowand;
- maximale Vertikallasten auf den Siloboden;
- maximale Lasten auf den Silotrichter.

(4) Bei der Ermittlung der Lasten sollten immer die oberen charakteristischen Werte der Schüttgutwichte γ verwendet werden.

(5) Die Ermittlung der Lasten eines Lastfalles sollte immer für eine bestimmte Kombination von zusammengehörigen Schüttgutkennwerten μ, K und ϕ_i erfolgen, so dass jedem Grenzzustand eine spezielle, definierte Beschaffenheit eines Schüttgutes zugeordnet ist.

(6) Für jeden dieser Lastfälle werden seine Extremwerte erreicht, wenn die Schüttgutkennwerte μ, K und ϕ_i jeweils unterschiedliche Extremwerte innerhalb der Streubreiten ihrer charakteristischen Schüttgutkennwerte annehmen. Um bei der Bemessung eine ausreichende Sicherheit für alle Grenzzustände sicherzustellen, sollten unterschiedliche Kombinationen

der Extremwerte dieser Materialparameter betrachtet werden. Die Extremwerte der Schüttgutwerte, die verwendet werden sollten, sind in Tabelle 3.1 angegeben.

Tabelle 3.1: Maßgebliche Kennwerte für die unterschiedlichen Lastansätze

Lastfalluntersuchung	Anzusetzender charakteristischer Wert		
	Wandreibungskoeffizient μ	Horizontallastverhältnis K	Winkel der inneren Reibung ϕ_i
Vertikaler Wandabschnitt			
Maximale Horizontallasten senkrecht auf die vertikalen Wände	Unterer Grenzwert	Oberer Grenzwert	Unterer Grenzwert
Maximale Wandreibungslasten auf die vertikalen Wände	Oberer Grenzwert	Oberer Grenzwert	Unterer Grenzwert
Maximale Vertikallasten auf den Trichter oder den Siloboden	Unterer Grenzwert	Unterer Grenzwert	Oberer Grenzwert
Lastfalluntersuchung	Wandreibungskoeffizient μ	Trichterdruck F	Winkel der inneren Reibung ϕ_i
Trichterwände			
Maximale Trichterlasten im Füllzustand	Unterer Grenzwert für den Trichter	Unterer Grenzwert	Unterer Grenzwert
Maximale Trichterlasten beim Entleeren	Unterer Grenzwert für den Trichter	Oberer Grenzwert	Oberer Grenzwert

ANMERKUNG 1   Es sollte beachtet werden, dass der Wandreibungswinkel immer kleiner oder gleich dem Winkel der inneren Reibung des gelagerten Schüttgutes ist (d. h. $\phi_{wh} \leq \phi_i$), da sich sonst innerhalb des Schüttgutes eine Gleitfläche ausbildet, wenn an der Wandkontaktfläche größere Schubspannungen aufnehmbar sind als durch die innere Reibung des Schüttgutes. Das bedeutet, dass in allen Fällen der Wandreibungskoeffizient nicht größer als $\tan \phi_i$ angenommen werden sollte ($\mu = \tan \phi_w \leq \tan \phi_i$).

ANMERKUNG 2   Die Lasten senkrecht auf die Trichterwände p_n sind in der Regel am größten, wenn die Wandreibung im Trichter klein ist, weil dadurch ein kleinerer Teil der Lasten im Trichter über Reibung an der Wand abgetragen wird. Es sollte sorgfältig überlegt werden, welche maximalen Kennwerte bei den einzelnen Bemessungsaufgaben maßgeblich werden (d. h., ob die Wandreibungslasten oder Lasten senkrecht zur Trichterwand als maximal angesetzt werden sollten, hängt von dem zu untersuchenden Bruchzustand des Bauteils ab).

(7)   Ungeachtet der obigen Ausführungen können Silos der Anforderungsklasse 1 unter Verwendung der Mittelwerte der Schüttgutkennwerte, also des Mittelwerts des Wandreibungskoeffizienten μ_m, des Mittelwerts des Horizontallastverhältnisses K_m und des Mittelwerts des Winkels der inneren Reibung ϕ_{im} bemessen werden.

(8)   Die grundlegenden Gleichungen zur Berechnung der Silolasten sind in den Abschnitten 5 und 6 enthalten. Sie sollten der Berechnung folgender charakteristischen Lasten zugrunde gelegt werden:
– Fülllasten auf vertikale Wandabschnitte (siehe Abschnitt 5);
– Entleerungslasten auf vertikale Wandabschnitte (siehe Abschnitt 5);
– Füll- und Entleerungslasten auf waagerechte Böden (siehe Abschnitt 6);
– Fülllasten auf Trichter (siehe Abschnitt 6);
– Entleerungslasten auf Trichter (siehe Abschnitt 6).

Bemessungssituationen für unterschiedliche geometrische Ausbildungen der Silogeometrie 3.3

(1)P Unterschiedliche Siloschlankheiten (Verhältnis von Höhe zu Durchmesser), Trichtergeometrien und Anordnungen der Auslauföffnungen führen zu unterschiedlich zu betrachtenden Bemessungssituationen.

(2) Wenn bei einigen Füllständen die Flugbahn des Füllstrahles des eingefüllten Schüttgutes zu einem exzentrisch ausgebildeten Anschüttkegel an der Schüttgutoberfläche führt (siehe Bild 1.1b)), können in unterschiedlichen Bereichen des Silos unterschiedliche Lagerungsdichten auftreten, die zu unsymmetrischen Lasten führen. Bei der Ermittlung der Größe dieser Lasten sollte die größtmögliche Exzentrizität des Füllstrahles e_f zugrunde gelegt werden (siehe 5.2.1.2 und 5.3.1.2).

(3) Bei der Bemessung sollten die Auswirkungen der sich beim Entleeren einstellenden Fließprofile beachtet werden, die in folgende Kategorien eingeteilt werden können (siehe Bild 3.1):
– Massenfluss
– Schlotfluss
– Gemischtes Fließen.

(4) Wenn bei Schlotfluss zusätzlich sichergestellt werden kann, dass sich der Fließkanal immer innerhalb des Schüttgutes ohne Berührung mit der Silowand befindet (siehe Bilder 3.2a) und b)), können die Entleerungsdrücke vernachlässigt werden. Niedrige Silos mit konzentrischer Entleerung mit Hilfe der Schwerkraft und Silos mit einem an der Schüttgutoberfläche befindlichen mechanischen Entleerungssystem, das eine Schlotflussausbildung innerhalb des Schüttgutkörpers sicherstellt (siehe Bilder 3.4a) und b) und 3.5a)), erfüllen diese Bedingungen (siehe 5.1 (8) und 5.3.2.1 (2) und (4)).

ANMERKUNG Ein geeignet ausgelegtes Zentralrohr mit seitlichen Entnahmeöffnungen („Anti-Dynamic Tube") kann diese Bedingung, d. h. die Ausbildung eines inneren Schlotflusses, auch sicherstellen.

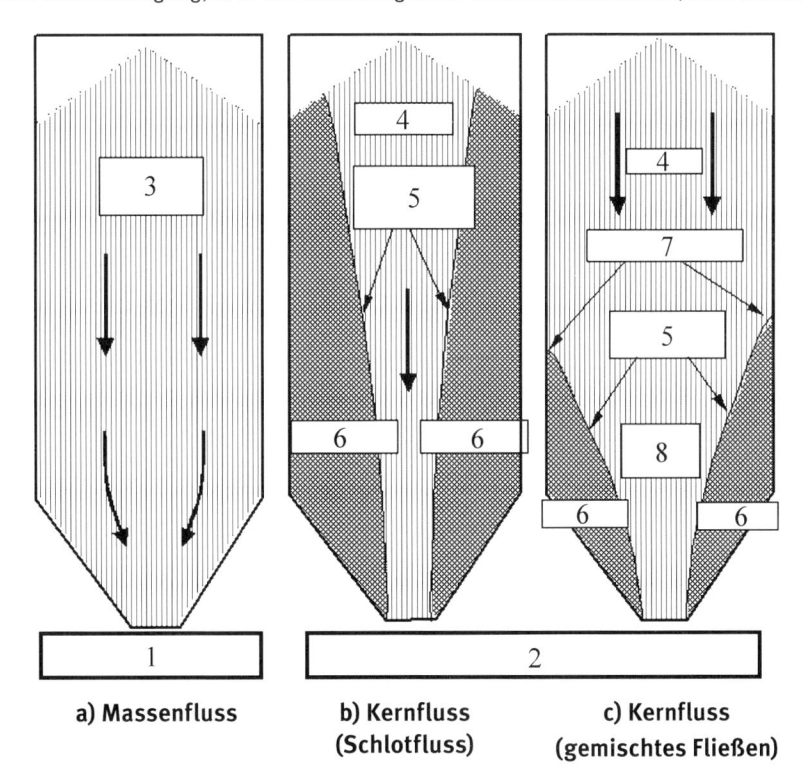

a) Massenfluss   b) Kernfluss (Schlotfluss)   c) Kernfluss (gemischtes Fließen)

Legende
1 Massenfluss
2 Kernfluss
3 gesamtes Schüttgut in Bewegung
4 fließendes Schüttgut
5 Fließkanalgrenzen
6 Schüttgut in Ruhe
7 effektiver Übergang
8 effektiver Trichter

Bild 3.1: Grundlegende Fließprofile

(5) Bei symmetrischem Massenfluss oder bei gemischtem Fließen (siehe Bild 3.1) sollte die Bemessung der dort üblicherweise auftretenden unsymmetrischen Lasten berücksichtigt werden (siehe 5.2.2.2 und 5.3.2.2).

(6) Bei Fließprofilen mit Kernfluss und teilweisem Kontakt der sich in Bewegung befindlichen Schüttgutbereiche mit der Silowand sollten bei der Bemessung weitere unsymmetrische Lastanteile berücksichtigt werden, die speziell in diesem Fall auftreten können (siehe Bilder 3.2c) und d) sowie Bilder 3.3b) und c)) (siehe auch 5.2.4).

(7) Bei Silos mit mehreren Auslauföffnungen sollte unter Annahme des maximal möglichen Füllzustandes berücksichtigt werden, dass im Betrieb entweder eine Auslauföffnung allein oder Kombinationen von gleichzeitig geöffneten Auslauföffnungen wirksam sein können.

(8) Bei Silos mit mehreren Auslauföffnungen sollten die im Betrieb vorgesehenen Kombinationen von aktiven Auslauföffnungen als gewöhnliche Bemessungssituationen behandelt werden. Andere nicht auszuschließende Öffnungssituationen, die der planmäßige Betrieb nicht vorsieht, sollten als außergewöhnliche Bemessungssituationen behandelt werden.

ANMERKUNG   Der Begriff „gewöhnliche Bemessungssituation" in obigem Absatz bezieht sich auf eine Grundkombination in EN 1990, 6.4.3.2. Der Begriff „außergewöhnliche Bemessungssituation" bezieht sich auf die außergewöhnlichen Bemessungssituationen in EN 1990, 6.4.3.3.

(9) Wenn bei einem exzentrisch gefüllten sehr schlanken Silo in unterschiedlichen Bereichen im Silo Entmischungseffekte entweder zu unterschiedlichen Packungsdichten oder Kohäsion des Schüttgutes führen, kann die asymmetrische Anlagerung der Schüttgutpartikel einen unsymmetrischen Kernfluss auslösen (siehe Bild 3.4d)). Dies führt im Silo zu Bereichen, in denen das Schüttgut entlang der Silowand fließt und dabei unsymmetrische Lasten hervorruft. Für diese Fälle sollten spezielle Lastansätze (siehe 5.2.4.1 (2)) verwendet werden.

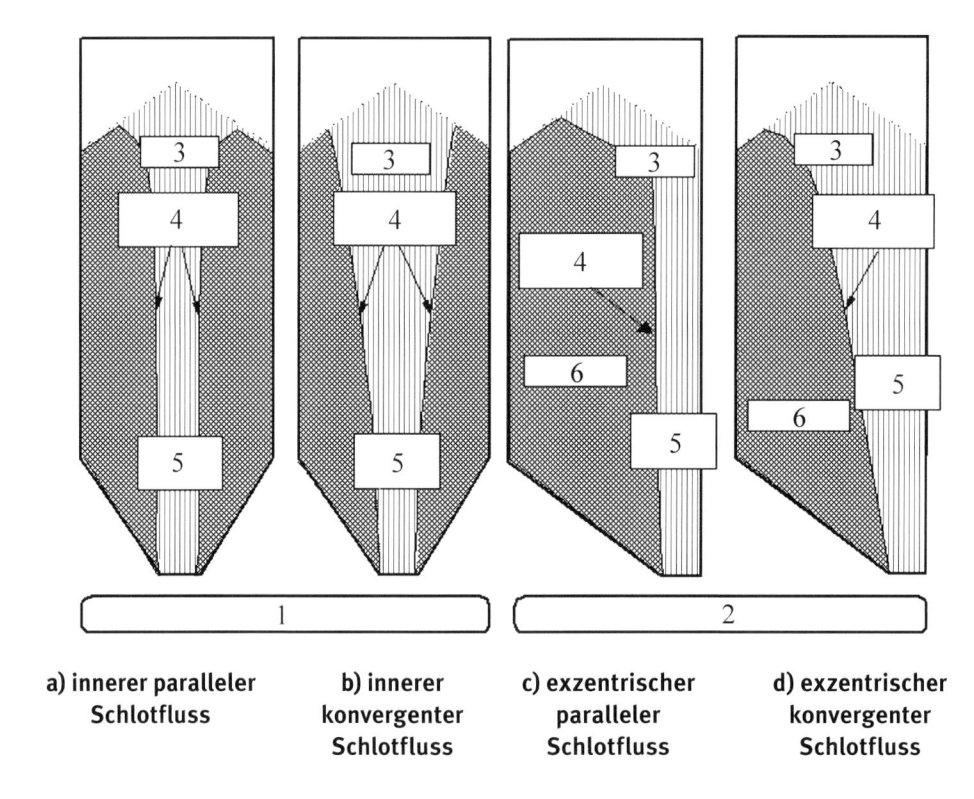

a) innerer paralleler Schlotfluss   b) innerer konvergenter Schlotfluss   c) exzentrischer paralleler Schlotfluss   d) exzentrischer konvergenter Schlotfluss

Legende
1 innerer Schlotfluss
2 exzentrischer Schlotfluss
3 fließendes Schüttgut
4 Fließkanalgrenzen
5 fließender Schlot
6 Schüttgut in Ruhe

Bild 3.2: Fließprofile mit Schlotfluss

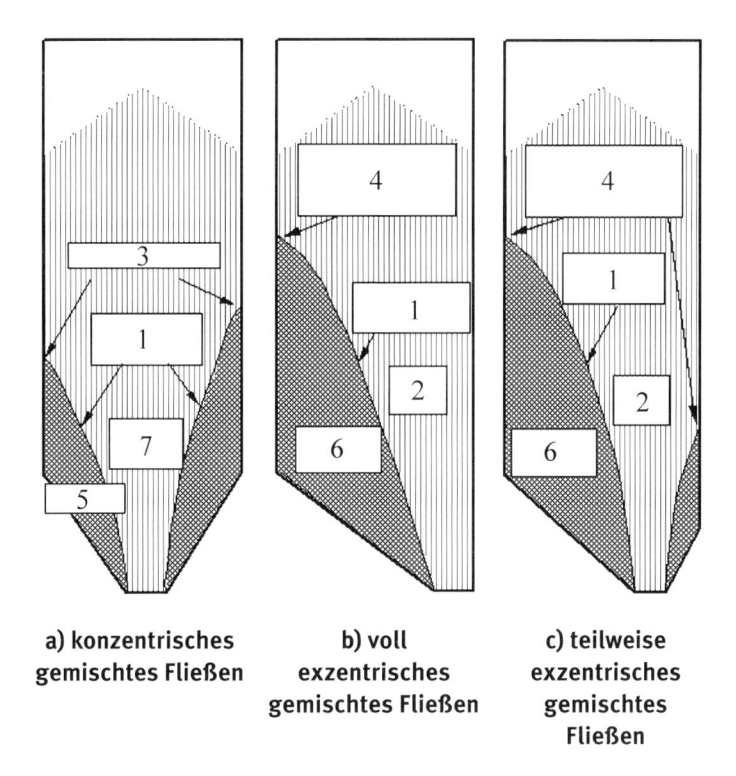

a) konzentrisches gemischtes Fließen	b) voll exzentrisches gemischtes Fließen	c) teilweise exzentrisches gemischtes Fließen

Legende
1 Fließkanalgrenze
2 Fließzone
3 effektiver Übergang
4 effektiver Übergang variiert in Siloumfangsrichtung
5 ruhendes Schüttgut
6 ruhendes Schüttgut
7 effektiver Trichter

Bild 3.3: Fließprofile mit gemischtem Schüttgutfließen

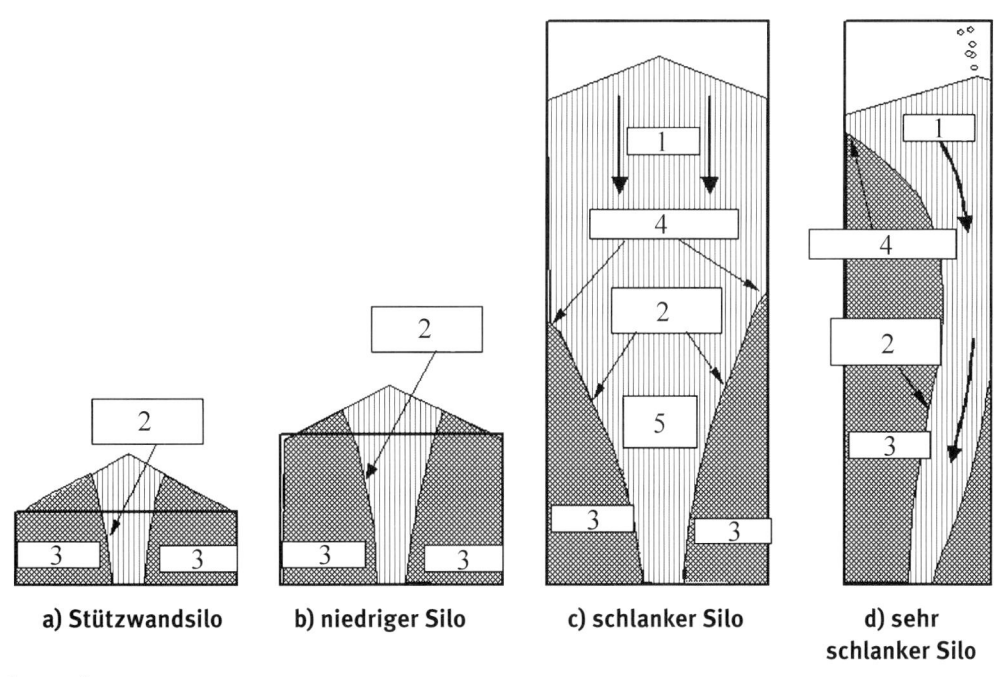

a) Stützwandsilo	b) niedriger Silo	c) schlanker Silo	d) sehr schlanker Silo

Legende
1 Schüttgut in Ruhe
2 Fließkanalgrenze
3 effektiver Trichter
4 effektiver Übergang
5 Fließen

Bild 3.4: Auswirkung der Schlankheit (Verhältnis Höhe zu Durchmesser) auf das gemischte Schüttgutfließen und den Schlotfluss

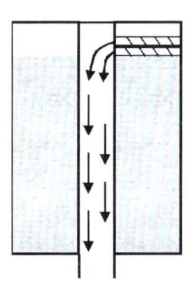

| a) Mechanisch unterstütztes Entleeren mit konzentrischen Lasten | b) Lufteinblasen und Luftschlitze erzeugen Massenfluss | c) Pneumatisches Befüllen von staubförmigen Schüttgütern bewirkt meistens eine ebene Schüttgutoberfläche | d) „expanded flow"-Trichter führen lediglich im unteren Trichter zu Massenfluss |

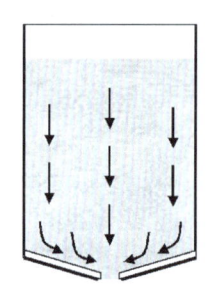

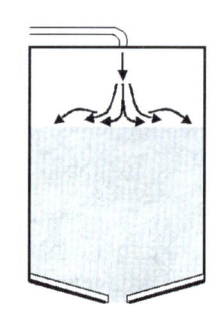

Bild 3.5: Spezielle Füll- und Entleerungsanordnungen

(10) Bei Silos mit pneumatisch beförderten staubförmigen Schüttgütern sollten zwei Bemessungssituationen bei jeweils maximaler Befüllung betrachtet werden. Erstens: Das eingefüllte Schüttgut kann einen Schüttkegel ausbilden, wie dies bei den anderen Schüttgütern der Fall ist. Zweitens: Es sollte berücksichtigt werden, dass sich die Schüttgutoberfläche unabhängig vom Böschungswinkel und der Einfüllexzentrizität unter Umständen auch eben ausformt (siehe Bild 3.5c)). In diesem Fall dürfen die Exzentrizitäten e_f und e_t zu null angesetzt werden.

(11) Bei Silos zur Lagerung von staubförmigen Schüttgütern mit kontinuierlicher Lufteinblasung im Bodenbereich als Entleerungshilfe (siehe Bild 3.5b)) kann der gesamte Schüttgutbereich in Bodennähe fluidisiert werden, was sogar in einem niedrigen Silo einen wirksamen Massenfluss hervorrufen kann. Solche Silos sollten unabhängig von der tatsächlichen Schlankheit h_c/d_c entsprechend dem Vorgehen bei schlanken Silos berechnet werden.

(12) Bei Silos für staubförmige Schüttgüter mit kontinuierlicher Lufteinblasung im Bodenbereich als Entleerungshilfe (siehe Bild 3.5b)) darf auch nur ein Teilbereich des Schüttgutes in Bodennähe fluidisiert werden. Dies kann einen exzentrischen Schlotfluss hervorrufen (siehe Bild 3.3b)), was bei der Bemessung zu berücksichtigen ist. Die Exzentrizität des resultierenden Fließkanals und der resultierende Wert für die anzusetzende Exzentrizität e_o sollten unter Beachtung des fluidisierten Bereiches und nicht nur aus der Lage der Auslauföffnung abgeleitet werden.

(13) Die vertikalen Silowände mit einem Entleerungstrichter, der zu einem „erweiterten Fließen" („expanded flow") (siehe Bild 3.5d)) führt, können den Bedingungen eines gemischten Schüttgutfließens unterliegen. Dies kann zu unsymmetrischen Entleerungslasten führen. Als Schlankheit sollte bei diesem Silotyp das Verhältnis h_b/d_c anstatt h_c/d_c (siehe Bild 1.1a)) angesetzt werden.

(14) Ein Silo mit einer Schlankheit h_c/d_c von kleiner als 0,4 und mit einem Auslauftrichter sollte als niedriger Silo eingestuft werden. Bei einem waagerechten Siloboden sollte dieser Silo als Stützwandsilo eingestuft werden.

(15) Bei einem Silo mit einem nicht konischen, nicht pyramidisch geformten oder nicht keilförmigen Trichter sollte eine geeignete Methode zur Berechnung der Trichterlasten verwendet werden. Bei einem Trichter mit inneren Einbauten sollten sowohl die Trichterlasten als auch die Lasten auf diese Einbauten mit einer geeigneten Methode bestimmt werden.

(16) Bei einem Silo mit keilförmigem Trichter unter einem kreisförmigen Zylinder (meißelförmigen Trichter) ist eine geeignete Berechnungsmethode für die Trichterlasten anzuwenden.

ANMERKUNG Langgestreckte Auslauföffnungen können zu speziellen Problemen führen. Die Verwendung von Entleerungshilfen zur Kontrolle der Schüttgutentleerung von Silos beeinflusst das Fließprofil. Dies kann entweder zu Massenfluss, zu voll exzentrischem gemischtem Fließen oder zu voll exzentrischem Schlotfluss führen.

Bemessungssituationen für spezielle Konstruktionsformen von Silos 3.4

(1) Bei der Bemessung von Stahlbetonsilos für den Gebrauchszustand sollten die Rissbreiten auf ein geeignetes Maß beschränkt werden. Die Kontrolle der Rissbreite sollte die Nachweise zur Rissbreitenbeschränkung nach EN 1992 unter Berücksichtigung der sich aus den Umgebungsbedingungen des Silos ergebenden Expositionsklassen erfüllen.

(2) Bei Metallsilos, die maßgeblich aus Konstruktionen mit Bolzen- und Schraubenverbindungen bestehen, sollten die Festlegungen für die unsymmetrischen Lastansätze (Teilflächenlast) nach 5.2.1.4 (4) getroffen werden. Dabei sollte berücksichtigt werden, dass die ungleichförmigen Lasten überall im Silo auftreten können.

(3) Bei Metallsilos mit rechteckigem Querschnitt, die innerhalb des Siloschaftes Zugbänder zur Reduzierung der Wandbiegemomente enthalten, sollten die Ausführungen von 5.7 beachtet werden.

(4) Die Auswirkungen von Ermüdungseffekten sollten bei Silos und Flüssigkeitsbehältern berücksichtigt werden, wenn diese durchschnittlich mehr als einmal am Tag mit einem Lastzyklus beaufschlagt werden. Ein Lastzyklus entspricht einer vollständigen Befüllung und Entleerung eines Silos oder, im Falle eines mit Lufteinblasen beaufschlagten Silos (siehe Bild 3.5b)), einer vollständigen Abarbeitung (Rotation) der mit Lufteinblasen beaufschlagten Sektoren. Ermüdungseffekte sollten auch bei Silos berücksichtigt werden, die von schwingenden Maschinen/Anlagenkomponenten beeinflusst werden.

(5) Vorgefertigte Silos sollten auch für Einwirkungen bei der Herstellung, beim Transport und bei der Montage bemessen werden.

(6) Bei Schlupf- und Einstiegsöffnungen in den Silo- oder Trichterwänden sollten die Lasten auf die Verschlussdeckel mit dem doppelten Wert der auf die angrenzenden Wandabschnitte anzusetzenden maximalen Lasten berücksichtigt werden. Diese Last sollte nur für die Bemessung des Verschlussdeckels und seine Auflagerung bzw. Befestigungskonstruktionen angesetzt werden.

(7) Wenn das Silodach Lasten von Staubfilteranlagen, Zyklonen, mechanischen Transportvorrichtungen oder sonstigen Anlagenteilen aufzunehmen hat, sollten diese Lasten als Nutzlasten behandelt werden.

(8) Wenn pneumatische Beförderungssysteme zur Befüllung oder Entleerung von Silos verwendet werden, sollten entsprechende resultierende Luftdruckunterschiede berücksichtigt werden.

ANMERKUNG Diese Drücke betragen zwar im Regelfall < 10 kPa, es können aber auch erhebliche Unterdrücke (z. B. 40 kPa $\cong$ 0,4 bar) zufolge einer fehlerhaften Dimensionierung von speziellen Förderanlagen oder bei Betriebsstörungen auftreten. Silos sollten deshalb mit geeigneten Entlastungsvorrichtungen für unvorhergesehene Ereignisse ausgestattet sein, wenn der Konstrukteur des Silos diese nicht anderweitig sicher ausschließen kann.

(9) Beim Einsatz von Schwingungseinrichtungen, Luftkanonen oder rotierenden Entnahmearmen am Siloboden sollten die dadurch bedingten Laständerungen im Hinblick auf den Grenzzustand der Ermüdung untersucht werden. Schwingungen aus pneumatischen Förderanlagen sollten ebenfalls berücksichtigt werden.

(10) Bei einem Umbau eines bestehenden Silos durch Einsetzen einer Auskleidung der Silowände sollten die Folgen einer veränderten Wandreibung auf die Silobemessung betrachtet werden, einschließlich der möglichen Konsequenzen infolge eines sich möglicherweise einstellenden veränderten Fließprofils.

Bemessungssituationen für in Flüssigkeitsbehältern gelagerte Flüssigkeiten 3.5

(1)P Lasten auf Flüssigkeitsbehälter infolge der gelagerten Flüssigkeiten sind jeweils während des Füllens und für den maximalen Füllzustand zu ermitteln.

(2) Wenn der Flüssigkeitsspiegel des Betriebszustandes von dem des maximalen Füllzustandes abweichen kann, sollte dieser zusätzlich als außergewöhnliche Bemessungssituation berücksichtigt werden.

3.6 Bemessungsprinzipien für Explosionen

(1) Da in Flüssigkeitsbehältern und Silos gelagerte Flüssigkeiten bzw. Schüttgüter zu Explosionen neigen können, sollten die potenziellen Schädigungen durch folgende Maßnahmen begrenzt oder vermieden werden:

– Anordnung von ausreichenden Druckentlastungsflächen;
– Anordnung von geeigneten Explosionsunterdrückungssystemen;
– Auslegung/Bemessung der Struktur für die Aufnahme der Explosionsdrücke.

Einige Schüttgüter, die zu Staubexplosionen neigen, sind in Tabelle E.1 genannt.

ANMERKUNG Hilfen zur Behandlung des Lastfalls Staubexplosion sind in Anhang H gegeben.

(2) Einwirkungen infolge einer Staubexplosion in einer Siloanlage auf benachbarte Gebäude oder Gebäudeteile sollten berücksichtigt werden.

ANMERKUNG Der Nationale Anhang darf Hinweise zur Behandlung der Staubexplosionsauswirkung auf benachbarte Bauwerke geben.

> **NDP Zu 3.6 (2)**
>
> Keine weitere nationale Festlegung.

Schüttgut 4

Allgemeines 4.1

(1)P Bei der Ermittlung der Silolasten infolge von Schüttgut sind folgende Einflüsse zu berücksichtigen:
- die Streuung der Schüttgutkennwerte;
- die Schwankungen der Wandreibung an der Silowand;
- die Silogeometrie;
- die Befüll- und Entleerungsverfahren.

(2) Günstig wirkende Einflüsse der Schüttgutsteifigkeit sollten bei der Lastermittlung und den Stabilitätsbetrachtungen der Wand nicht berücksichtigt werden. Eine positive Wirkung einer Wandverformung auf die sich im Schüttgut entwickelnden Drücke sollte vernachlässigt werden, außer wenn eine verständig verifizierte Berechnungsmethode nachgewiesen werden kann.

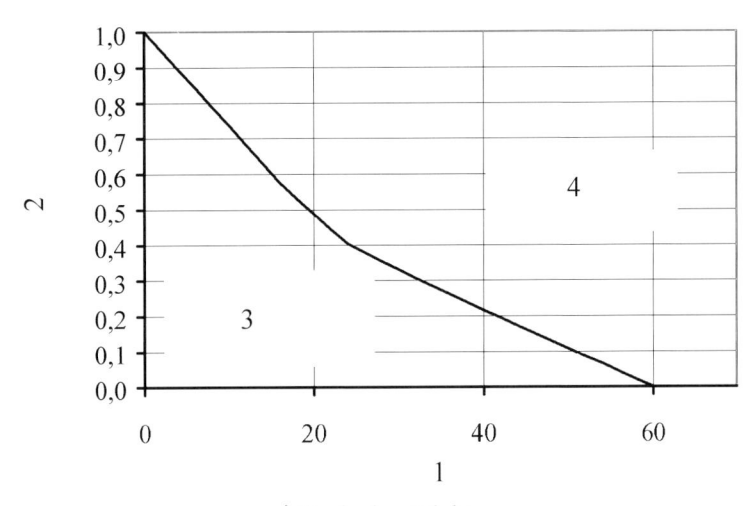

a) Konischer Trichter

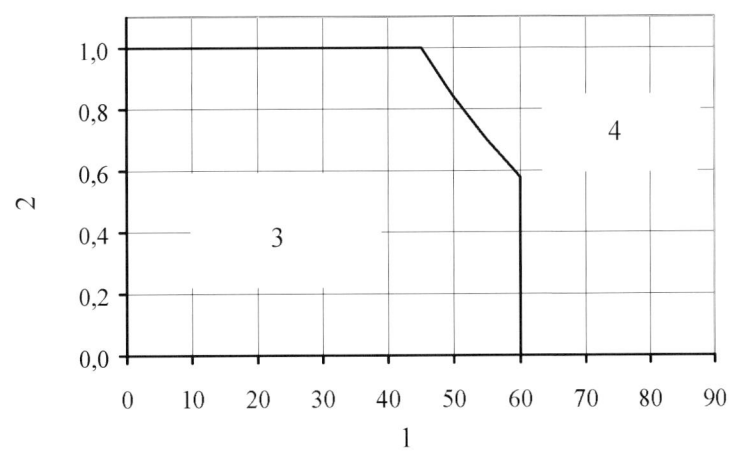

b) Keilförmiger Trichter

Legende
1 halber Scheitelwinkel β des Trichters
2 Wandreibungskoeffizient μ_h des Trichters
3 Bereich mit der Möglichkeit von Massenfluss
4 Bereich mit Kernfluss

Bild 4.1: Bedingungen, unter denen Drücke infolge Massenfluss auftreten

(3) Falls erforderlich, sollte die Art des Fließprofils (Massen- oder Kernfluss) aus Bild 4.1 ermittelt werden. Bild 4.1 sollte aufgrund der zugrunde gelegten vereinfachenden Annahmen aber nicht für die verfahrenstechnische Gestaltung der Silos herangezogen werden, da z. B. der Einfluss der inneren Reibung vernachlässigt ist.

ANMERKUNG Die Auslegung der Silogeometrie für einen Massenfluss ist außerhalb des Anwendungsbereiches dieser Norm. Für diese Zwecke sind die speziellen Methoden und Verfahren der schüttgutmechanischen Verfahrenstechnik anzuwenden.

4.2 Schüttgutkennwerte

4.2.1 Allgemeines

(1)P Die für die Berechnung der Lasten zu quantifizierenden Materialeigenschaften von in Silozellen gespeicherten Schüttgütern sind entweder aus Versuchsergebnissen oder aus anderem geeigneten Datenmaterial zu beschaffen bzw. abzuleiten.

(2)P Bei Verwendung von Werten aus Versuchsergebnissen und anderen Datenquellen sind diese im Hinblick auf den jeweilig betrachteten Lastfall in geeigneter Weise auszuwerten.

(3)P Es ist zu berücksichtigen, dass zwischen den in Versuchen gemessenen Materialparametern und den Kennwerten, die das tatsächliche Schüttgutverhalten im Silo bestimmen, signifikante Unterschiede bestehen können.

(4)P Bei der Abschätzung der unter (3)P erwähnten Unterschiede in den Schüttgutkennwerten sind unter anderem folgende Faktoren zu beachten:

- viele Parameter sind keine Konstanten, die vom Spannungsniveau und der Belastungsgeschichte abhängig sind;
- Einflüsse infolge Partikelform, Größe und Korngrößenverteilung können sich im Versuch und im Silo unterschiedlich stark auswirken;
- Zeiteinflüsse;
- Schwankungen des Feuchtigkeitsgehalts;
- Einflüsse von dynamischen Einwirkungen;
- die Sprödigkeit oder Duktilität der getesteten Schüttgüter;
- die Art und Weise des Einbringens des Schüttgutes in den Silo und in das Prüfgerät.

(5)P Bei der Abschätzung der unter (3)P erwähnten Unterschiede in Bezug auf den Wandreibungskoeffizienten sind folgende Faktoren zu beachten:

- Korrosion und chemische Reaktion zwischen den Schüttgutpartikeln, Feuchte und der Wand;
- Abrieb und Verschleiß, die die Silowand aufrauen können;
- Glättung der Wandoberfläche;
- Anreicherung von Fettablagerungen an der Wand;
- Partikel, die in die Wandoberfläche hineingedrückt werden (gewöhnlich ein Einfluss, der zur Aufrauung der Wandoberfläche führt).

(6)P Bei der Festlegung der Werte der Materialparameter ist Folgendes zu beachten:

- veröffentlichte und allgemein anerkannte Angaben zu der Anwendung der jeweiligen Versuche;
- Vergleichsbetrachtungen zu den in Versuchen gemessenen Werten der einzelnen Parameter mit entsprechend veröffentlichten Kennwerten und unter Berücksichtigung von allgemeinen Erfahrungswerten;
- die Streuung der für die Bemessung relevanten Parameter;
- die Ergebnisse aus großmaßstäblichen Messungen an Silos ähnlicher Bauweise;
- Korrelationen zwischen den Ergebnissen von unterschiedlichen Arten von Versuchen;
- während der Nutzungsdauer des Silos erkennbare Veränderungen in den Materialkennwerten.

(7)P Die Auswahl der charakteristischen Materialkennwerte hat auf der Grundlage von in Laboruntersuchungen bestimmten Werten unter Berücksichtigung von gründlich erworbenem Erfahrungswissen zu erfolgen.

(8) Der charakteristische Wert einer Materialeigenschaft sollte als eine vorsichtige Abschätzung des geeigneten, entweder des unteren oder oberen charakteristischen Wertes, in Abhängigkeit seines Einflusses auf die ermittelte Last, gewählt werden.

(9) Bezüglich der Interpretation der Versuchsergebnisse wird auf EN 1990 verwiesen.

ANMERKUNG   Weiterer Hinweis auf Anhang D von EN 1990.

Ermittlung der Schüttgutkennwerte   4.2.2

(1)P   Die für die Bemessung anzunehmenden Schüttgutkennwerte haben mögliche Streuungen infolge der Änderungen in der Zusammensetzung, Produktionsverfahren, Korngrößenverteilung, Feuchtigkeitsgehalt, Temperatur, Alter und elektrischer Aufladung während der Handhabung zu berücksichtigen.

(2)   Die Schüttgutkennwerte sollten entweder nach der vereinfachten Vorgehensweise nach 4.2.3 oder durch Messungen in Versuchen nach 4.3 bestimmt werden.

(3)   Bei Silos der Anforderungsklasse 3 sollten die Schüttgutkennwerte über Versuche nach 4.3 ermittelt werden.

(4)   Für jedes Schüttgut können vereinfacht auch die Kennwerte von das „Allgemeine Schüttgut" nach Tabelle E.1 verwendet werden.

(5)   Die der Bemessung zugrunde gelegten Wandreibungsbeiwerte μ von Schüttgütern sollten die Rauheit der Wandoberflächen, an welchen sie entlang gleiten, berücksichtigt werden. In Tabelle 4.1 sind unterschiedliche Klassen von Wandoberflächen definiert, wie sie in dieser Norm verwendet werden.

(6)   Bei Silos mit Wandoberflächen der Klasse (Kategorie) D4 nach Tabelle 4.1 sollte der effektive Wandreibungskoeffizient nach dem in D.2 beschriebenen Vorgehen bestimmt werden.

(7)   Der Schüttgutbeiwert C_{op} für die Teilflächenlasten sollte Tabelle E.1 entnommen werden oder nach Gleichung (4.8) berechnet werden.

Tabelle 4.1: Kategorien der Wandoberflächen

Kategorie	Wandoberfläche Erläuterung	Beispielhafte Materialien
D1	Geringe Reibung Klassifiziert als: „Sehr glatt"	Kaltgewalzter nichtrostender Stahl Polierter nichtrostender Stahl Beschichtete Oberfläche, Beschichtung ausgelegt für geringe Reibung Aluminium Stranggepresstes hochverdichtetes Polyethylen[a]
D2	Mäßige Reibung Klassifiziert als: „Glatt"	Karbonstahl mit leichtem Oberflächenrost (geschweißt oder geschraubt) Gewalzter nichtrostender Stahl Galvanisierter Kohlenstoffstahl Beschichtete Oberfläche, Beschichtung ausgelegt gegen Korrosion oder Abrieb
D3	Große Reibung Klassifiziert als: „Rau"	Ausgeschalter Beton, schalungsgrauer Beton (Stahlschalung), alter Beton Alter (korrodierter) Kohlenstoffstahl Verschleißfester Stahl Keramische Fliesen (Platten)
D4	Sonstige	Horizontal gewellte Wände Profilierte Bleche mit horizontalen Schlitzen Nicht standardisierte Wände mit tiefen Profilierungen
[a] Bei diesen Oberflächen ist mit besonderer Sorgfalt der Effekt der Aufrauung durch in die Wandoberfläche eingedrückte Partikel zu betrachten.		

ANMERKUNG   Die in Tabelle 4.1 angeführten Klassifizierungen und Erläuterungen beziehen sich auf die Reibung und weniger auf die Rauheit. Der maßgebliche Grund hierfür ist, dass nur eine geringe Korrelation zwischen dem Maß der Rauheit und der gemessenen Wandreibung infolge eines entlang der Wandoberfläche gleitenden Schüttgutes besteht.

4.2.3 Vereinfachte Vorgehensweise

(1) Die Kennwerte von allgemein bekannten Schüttgütern sollten der Tabelle E.1 entnommen werden. Die dort angegebenen Werte für die Wichte γ entsprechen dem oberen charakteristischen Wert, die Kennwerte für die Wandreibung μ_m, für das Horizontallastverhältnis K_m und für den Winkel der inneren Reibung ϕ_{im} stellen Mittelwerte dieser Kenngrößen dar.

(2) Können einzelne Schüttgüter nicht eindeutig den in Tabelle E.1 aufgelisteten Schüttgütern zugeordnet werden, sollten deren Kennwerte nach den in 4.3 beschriebenen Verfahren experimentell bestimmt werden.

(3) Zur Ermittlung der charakteristischen Kennwerte von μ, K und ϕ_i sollten die aufgelisteten Werte von μ_m, K_m und ϕ_{im} mit so genannten Konversions- oder Umrechnungsfaktoren multipliziert bzw. dividiert werden. Die Umrechnungsfaktoren a sind in der Tabelle E.1 für die dort gelisteten Schüttgüter angegeben. Bei der Berechnung der maximalen Lasten sollten die folgenden Kombinationen verwendet werden:

$$\text{oberer charakteristischer Wert von } K = a_K K_m \tag{4.1}$$

$$\text{unterer charakteristischer Wert von } K = K_m / a_K \tag{4.2}$$

$$\text{oberer charakteristischer Wert von } \mu = a_\mu \mu_m \tag{4.3}$$

$$\text{unterer charakteristischer Wert von } \mu = \mu_m / a_\mu \tag{4.4}$$

$$\text{oberer charakteristischer Wert von } \phi_i = a_\phi \phi_{im} \tag{4.5}$$

$$\text{unterer charakteristischer Wert von } \phi_i = \phi_{im} / a_\phi \tag{4.6}$$

(4) Bei der Ermittlung der Einwirkungen auf Silos der Anforderungsklasse 1 können anstatt der oberen und unteren charakteristischen Werte die Mittelwerte μ_m, K_m und ϕ_{im} verwendet werden.

4.3 Messung der Schüttgutkennwerte in Versuchen

4.3.1 Experimentelle Ermittlung (Messverfahren)

(1)P Die experimentelle Ermittlung der Kennwerte sollte mit repräsentativen Schüttgutproben durchgeführt werden. Für jede Schüttguteigenschaft ist ein Mittelwert des betreffenden Kennwertes unter Berücksichtigung der Streuung ihrer maßgeblichen so genannten sekundären Einflussparameter wie Schüttgutzusammensetzung, Siebkurve, Feuchtigkeitsgehalt, Temperatur, Alter und die Möglichkeit einer elektrischen Aufladung während des Betriebs oder der Herstellung zu bestimmen.

(2) Die charakteristischen Werte werden aus den experimentell ermittelten Mittelwerten unter Zuhilfenahme der Gleichungen (4.1) bis (4.6) und den entsprechenden Umrechnungsfaktoren a abgeleitet.

(3) Jeder Umrechnungsfaktor a sollte sorgfältig bestimmt werden. Dabei ist in geeigneter Weise Rechnung zu tragen, dass sich die Schüttgutkennwerte während der Nutzungsdauer des Silos verändern können. Ebenso sind die möglichen Auswirkungen von Entmischungserscheinungen im Silo und die Ungenauigkeiten bei der Aufbereitung der Materialproben zu berücksichtigen.

(4) Liegen ausreichend Versuchsdaten vor, um die Standardabweichung der Kennwerte zu bestimmen, sollten die Umrechnungsfaktoren a nach C.11 ermittelt werden.

(5) Die Spanne zwischen dem Mittelwert und dem charakteristischen Wert der Schüttgutkennwerte drückt sich durch den Umrechnungsfaktor a aus. Wenn ein sekundärer Einflussparameter für sich allein für mehr als 75 % des Umrechnungsfaktors a verantwortlich ist, sollte dieser um den Faktor 1,10 erhöht werden.

ANMERKUNG   Durch die oben angeführten Festlegungen sollte sichergestellt werden, dass die Werte von a eine angemessene Auftretenswahrscheinlichkeit der abgeleiteten Lasten repräsentieren.

Schüttgutwichte γ 4.3.2

(1) Die Schüttgutwichte γ sollte für eine Packungsdichte der Schüttgutpartikel und bei einem Druckniveau bestimmt werden, die der Packungsdichte bzw. dem Druckniveau im Bereich des maximalen vertikalen Fülldrucks p_{vft} entsprechen. Der Vertikaldruck p_{vft} im Silo kann aus den Gleichungen (5.3) oder (5.79) für die Schüttguttiefe am unteren Ende des Bereiches mit vertikalen Wänden bestimmt werden.

(2) Zur Messung der Schüttgutwichte γ sollten die Prüfverfahren nach C.6 verwendet werden.

(3) Der Umrechnungsfaktor zur Ableitung des charakteristischen Wertes aus dem gemessenen Wert sollte nach dem in C.11 beschriebenen Vorgehen bestimmt werden. Der Umrechnungsfaktor a_γ sollte nicht kleiner als $a_\gamma = 1{,}10$ angenommen werden, außer, wenn ein kleinerer Wert durch Versuche und durch eine geeignete Abschätzung gesondert nachgewiesen werden kann (siehe C.11).

Wandreibungskoeffizient μ 4.3.3

(1) Die experimentelle Bestimmung des Wandreibungskoeffizienten μ für die Ermittlung der Lasten sollte für eine Packungsdichte der Schüttgutpartikel und bei einem Druckniveau bestimmt werden, die der Packungsdichte bzw. dem Druckniveau im Bereich des maximalen horizontalen Fülldruckes p_{hfb} entsprechen. Das Druckniveau p_{hfb} im Silo kann aus den Gleichungen (5.1) oder (5.71) für die Schüttguttiefe am unteren Ende des Bereiches mit vertikalen Wänden bestimmt werden.

(2) Zur Messung des Wandreibungskoeffizienten μ sollten die Prüfverfahren nach C.7 verwendet werden.

(3) Der Mittelwert μ_m des Wandreibungskoeffizienten und seine Standardabweichung sollten aus Versuchen bestimmt und abgeleitet werden. Wenn aus dem Datenmaterial nur ein Mittelwert ermittelt werden kann, sollte die Standardabweichung nach dem in C.11 beschriebenen Vorgehen geschätzt werden.

(4) Der Umrechnungsfaktor zur Ableitung des charakteristischen Wertes aus dem gemessenen Wert sollte nach dem in C.11 beschriebenen Vorgehen bestimmt werden. Der Umrechnungsfaktor sollte nicht kleiner als $a_\mu = 1{,}10$ angenommen werden, außer, wenn ein kleinerer Wert durch Versuche und durch eine geeignete Abschätzung gesondert nachgewiesen werden kann (siehe C.11).

Winkel der inneren Reibung ϕ_i 4.3.4

(1) Der Winkel der inneren Reibung ϕ_i für die Berechnung der Lasten – als Arcustangens aus dem Verhältnis von Scherkraft und Normalkraft beim Bruch unter Erstbelastung – sollte für eine Packungsdichte der Schüttgutpartikel und bei einem Druckniveau bestimmt werden, die der Packungsdichte und dem Druckniveau im Bereich des maximalen vertikalen Fülldruckes p_{vf} entsprechen. Das Druckniveau p_{vf} kann aus den Gleichungen (5.3) oder (5.79) für die Schüttguttiefe am unteren Ende des Bereiches mit vertikalen Wänden bestimmt werden.

(2) Zur Messung des Winkels der inneren Reibung ϕ_i sollten die Prüfverfahren nach C.9 verwendet werden.

(3) Der Mittelwert ϕ_{im} des Winkels der inneren Reibung und seine Standardabweichung δ sollten aus Versuchen bestimmt und abgeleitet werden. Wenn aus dem Datenmaterial nur ein Mittelwert ermittelt werden kann, sollte die Standardabweichung nach dem in C.11 beschriebenen Vorgehen abgeschätzt werden.

(4) Der Umrechnungsfaktor zur Ableitung des charakteristischen Wertes aus dem gemessenen Wert sollte nach dem in C.11 beschriebenen Vorgehen bestimmt werden. Der Umrechnungsfaktor a_ϕ sollte nicht kleiner als $a_\phi = 1{,}10$ angenommen werden, außer, wenn ein kleinerer Wert durch Versuche und durch die geeignete Abschätzung gesondert nachgewiesen werden kann (siehe C.11).

4.3.5 Horizontallastverhältnis K

(1) Das Horizontallastverhältnis K für die Ermittlung der Lasten (Verhältnis von mittlerem Horizontaldruck zu mittlerem Vertikaldruck) sollte für eine Packungsdichte der Schüttgutpartikel und bei einem Druckniveau bestimmt werden, die der Packungsdichte und dem Druckniveau im Bereich des maximalen vertikalen Fülldruckes entsprechen. Das Druckniveau p_{vf} kann aus den Gleichungen (5.3) oder (5.79) für die Schüttguttiefe am unteren Ende des Bereiches mit vertikalen Wänden bestimmt werden.

(2) Zur Ermittlung des Horizontallastverhältnisses K sollten die Prüfverfahren nach C.8 verwendet werden.

(3) Der Mittelwert K_m des Horizontallastverhältnisses und seine Standardabweichung sollten aus Versuchen zu bestimmt und abgeleitet werden. Wenn aus dem Datenmaterial nur ein Mittelwert ermittelt werden kann, sollte die Standardabweichung nach dem in C.11 beschriebenen Vorgehen abgeschätzt werden.

(4) Ein Näherungswert für K_m darf alternativ auch aus dem Mittelwert des über Versuche ermittelten Winkels der inneren Reibung bei Erstbelastung ϕ_{im} (siehe 4.3.4) nach Gleichung (4.7) ermittelt werden:

$$K_m = 1{,}1\,(1 - \sin\phi_{im}) \tag{4.7}$$

ANMERKUNG Der Faktor 1,1 in Gleichung (4.7) wird verwendet, um ein angemessenes Vorhaltemaß zur Berücksichtigung des Unterschiedes zwischen einem unter nahezu keinen Wandreibungseinflüssen gemessenen Wert von K ($= K_0$) und einem unter Vorliegen von Wandreibungseinflüssen gemessenen Wert von K (siehe auch 4.2.2 (5)) sicherzustellen.

(5) Der Umrechnungsfaktor zur Ableitung des charakteristischen Wertes aus dem gemessenen Wert sollte nach dem in C.11 beschriebenen Vorgehen bestimmt werden. Der Umrechnungsfaktor a_K sollte nicht kleiner als $a_K = 1{,}10$ angenommen werden, außer, wenn ein kleinerer Wert durch Versuche und durch eine geeignete Abschätzung gesondert nachgewiesen werden kann (siehe C.11).

4.3.6 Kohäsion c

(1) Die Kohäsion von Schüttgütern variiert mit der Konsolidierungsspannung, mit der die Probe beaufschlagt wurde. Sie sollte für eine Packungsdichte der Schüttgutpartikel und bei einem Druckniveau bestimmt werden, die der Packungsdichte und dem Druckniveau im Bereich des maximalen vertikalen Fülldruckes entsprechen. Das Druckniveau p_{vf} kann aus den Gleichungen (5.3) oder (5.79) für die Schüttguttiefe am unteren Ende des Bereiches mit vertikalen Wänden bestimmt werden.

(2) Zur Messung der Kohäsion c sollten die Prüfverfahren nach C.9 verwendet werden.

ANMERKUNG Alternativ darf die Kohäsion c über Ergebnisse von Versuchen in der Jenike-Scherzelle ermittelt werden. Eine Methode zur Berechnung der Kohäsion aus den Versuchsergebnissen ist C.9 zu entnehmen.

4.3.7 Schüttgutbeiwert für die Teilflächenlast C_{op}

(1)P Der Schüttgutbeiwert für die Teilflächenlast C_{op} ist auf der Grundlage von geeigneten Versuchsdaten zu ermitteln.

ANMERKUNG 1 Die Entleerungsfaktoren C berücksichtigen eine Reihe von Phänomenen, die beim Entleeren von Silos auftreten. Die symmetrische Zunahme der Drücke ist relativ unabhängig vom gelagerten Schüttgut, die unsymmetrischen Komponenten sind jedoch stark vom Material abhängig. Die Materialabhängigkeit der unsymmetrischen Komponenten wird durch den Schüttgutbeiwert C_{op} repräsentiert. Dieser Parameter ist mit Hilfe von experimentellen Prüfverfahren an Schüttgütern nicht leicht zu bestimmen.

ANMERKUNG 2 Ein geeignetes experimentelles Prüfverfahren für den Parameter C_{op} ist bisher noch nicht entwickelt. Dieser Faktor basiert daher auf Auswertungen von Versuchen an Silos und auf Erfahrungswerten an Silos mit konventionellen Füll- und Entleerungssystemen, die innerhalb üblicher Bautoleranzen errichtet wurden.

(2) Werte für den Schüttgutbeiwert für die Teilflächenlast C_{op} für allgemein bekannte Schüttgüter sollten Tabelle E.1 entnommen werden.

(3) Für Schüttgüter, die nicht in Tabelle E.1 aufgeführt sind, darf der Schüttgutbeiwert für die Teilflächenlast aus den Streufaktoren für das Horizontallastverhältnis a_K und dem Wandreibungsbeiwert a_μ nach der Gleichung (4.8) abgeschätzt werden:

$$C_{op} = 3{,}5\, a_\mu + 2{,}5\, a_K - 6{,}2 \tag{4.8}$$

Dabei ist

a_μ der Streufaktor des Wandreibungskoeffizienten μ;

a_K der Streufaktor für das Horizontallastverhältnis K des Schüttgutes.

(4) Für spezielle Silos oder spezielle Schüttgüter (im Einzelfall) dürfen geeignete Schüttgutbeiwerte für die Teilflächenlast C_{op} über großmaßstäbliche experimentelle Untersuchungen in Silos mit vergleichbarer Bauart ermittelt werden.

Lasten auf vertikale Silowände 5

Allgemeines 5.1

(1)P Für die Lastfälle Füllen und Entleeren sind die in diesem Abschnitt beschriebenen charakteristischen Werte der Lasten anzusetzen. Dabei wird unterschieden zwischen Lasten auf:

- schlanke Silos;
- Silos mit mittlerer Schlankheit;
- niedrige Silos;
- Stützwandsilos;
- Silos für die Lagerung von Schüttgütern mit zwischen den Schüttgutpartikeln eingeschlossener Luft.

(2)P Die Lasten auf die vertikalen Silowände sind entsprechend den folgenden Kriterien der Schlankheit des Silos, siehe Bilder 1.1a) und 5.1, zu bestimmen:

- schlanke Silos, mit $2{,}0 \leq h_c/d_c$ (mit Ausnahmen nach 3.3);
- Silos mit mittlerer Schlankheit, mit $1{,}0 < h_c/d_c < 2{,}0$ (mit Ausnahmen nach 3.3);
- niedrige Silos, mit $0{,}4 < h_c/d_c \leq 1{,}0$ (mit Ausnahmen nach 3.3);
- Stützwandsilos (Silos bestehend aus Stützwänden) mit waagerechtem Boden und $h_c/d_c \leq 0{,}4$.

(3) Ein Silo mit einem belüfteten Boden sollte unabhängig von seiner tatsächlichen Schlankheit h_c/d_c wie ein schlanker Silo behandelt werden.

(4)P Die Lasten auf die vertikalen Wände setzen sich aus einem ortsfesten Lastanteil, den symmetrischen Lasten und einem freien Lastanteil, den Teilflächenlasten, zusammen. Beide Anteile sind als gleichzeitig wirkend anzusetzen.

(5) Ausführliche Regeln zur Berechnung der Füll- und Entleerungslasten sind in Abhängigkeit von der Siloschlankheit in 5.2, 5.3 und 5.4 angegeben.

(6) Regeln für zusätzliche Lastfälle sollten für spezielle Silotypen wie folgt berücksichtigt werden:

- Silos mit Lufteinblasvorrichtungen zum vollen oder teilweisen Fluidisieren des Schüttgutes, siehe 5.5;
- Silos, bei denen eine Temperaturdifferenz zwischen eingelagerten Schüttgütern und der Silokonstruktion auftreten können, siehe 5.6;
- Silos mit rechteckigem Grundriss, siehe 5.7.

(7) Beim Auftreten größerer Exzentrizitäten der Schüttgutlagerung während des Füllens oder Entleerens sind besondere Lastfälle anzusetzen. Diese dürfen nicht gleichzeitig mit den symmetrischen bzw. den Teilflächenlasten wirken, sondern müssen einen eigenen getrennten Lastfall darstellen.

(8) Wenn ein Schlotfluss innerhalb des Schüttgutes ohne Kontaktbereiche zwischen Fließzone und Silowand sichergestellt werden kann (siehe 3.3 (4)), kann sich die Bemessung auf den Ansatz der Füllasten beschränken, wobei erforderlichenfalls die Teilflächenlasten mit zu berücksichtigen sind.

Schlanke Silos 5.2

Fülllasten auf vertikale Silowände 5.2.1

Symmetrische Fülllasten 5.2.1.1

(1) Die symmetrischen Fülllasten (siehe Bild 5.1) sollten nach den Gleichungen (5.1) bis (5.6) berechnet werden.

(2) Nach dem Füllen und während der Schüttgutlagerung sollten die Horizontallasten p_{hf}, die Wandreibungslasten p_{wf} und die Vertikallasten p_{vf} wie folgt angenommen werden:

$$p_{hf}(z) = p_{ho}\, Y_J(z) \tag{5.1}$$

$$p_{wf}(z) = \mu\, p_{ho}\, Y_J(z) \tag{5.2}$$

$$p_{vf}(z) = p_{ho}/K\, Y_J(z) \tag{5.3}$$

mit:

$$p_{ho} = \gamma\, K\, z_0 \tag{5.4}$$

$$z_0 = \frac{1}{K\mu}\frac{A}{U} \tag{5.5}$$

$$Y_J(z) = 1 - e^{-z/z_0} \tag{5.6}$$

Dabei ist

- γ der charakteristische Wert der Schüttgutwichte;
- μ der charakteristische Wert des Wandreibungskoeffizienten für das Schüttgut an der vertikalen Silowand;
- K der charakteristische Wert des Horizontallastverhältnisses;
- z die Siloguttiefe unterhalb der äquivalenten Schüttgutoberfläche des Schüttgutes;
- A die innere Querschnittsfläche des Silos;
- U der Umfang der inneren Querschnittsfläche des Silos.

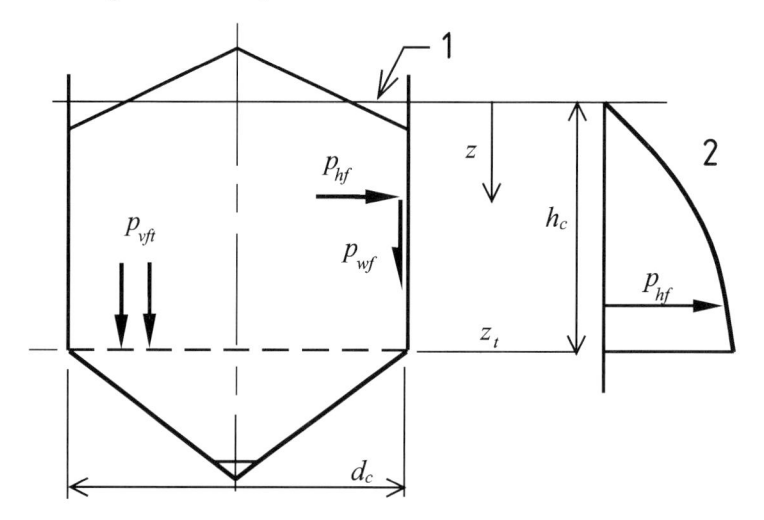

Legende
1 äquivalente Schüttgutoberfläche
2 Druckverteilung im Abschnitt mit vertikalen Wänden

Bild 5.1: Symmetrische Fülllasten im Bereich der vertikalen Silowände

(3) Für den Zustand nach dem Füllen errechnet sich der resultierende charakteristische Wert der vertikalen Wandschnittkräfte (Druck) n_{zSk} – mit der Einheit Kraft je Längeneinheit in Umfangsrichtung der Wand – aus:

$$n_{zSk} = \int_0^z p_{wf}(z)\,dz = \mu\, p_{ho}\,[z - z_0 Y_J(z)] \tag{5.7}$$

ANMERKUNG Die über Gleichung (5.7) definierte resultierende Kraft ist ein charakteristischer Wert. Es ist bei der Anwendung dieser Gleichung darauf zu achten, dass der entsprechende Teilsicherheitsbeiwert für Einwirkungen nicht vergessen wird. Dieser Hinweis ist deshalb zu beachten, weil diese Gleichung bereits als ein Ergebnis einer statischen Berechnung (unter Verwendung der Schalenmembrantheorie) zu werten ist. Die Gleichung ist in dieser Norm angeführt, um den Tragwerksplaner bei der Integration der Gleichung (5.2) zu unterstützen. Es wird zudem darauf hingewiesen, dass auch andere Lasten (z. B. die Teilflächenlasten) zusätzliche Vertikalkräfte in der Wand hervorrufen können.

(4) Zur Bestimmung der charakteristischen Werte für die erforderlichen Schüttgutkennwerte (Wichte γ, Wandreibungsbeiwert μ und Horizontallastverhältnis K) sollten die unter 4.2 und 4.3 beschriebenen Verfahren angewendet werden.

Teilflächenlast für den Lastfall Füllen: allgemeine Erfordernisse 5.2.1.2

(1)P Um die unplanmäßigen unsymmetrischen Lasten infolge von Exzentrizitäten und Imperfektionen beim Befüllen der Silos zu berücksichtigen, sind für den Lastfall Füllen Teilflächenlasten oder andere geeignete Lastansätze anzusetzen.

(2) Bei Silos der Anforderungsklasse 1 kann die Teilflächenlast für den Lastfall Füllen vernachlässigt werden.

(3) Bei Silos zur Lagerung von staubförmigen Schüttgütern, die unter Zuhilfenahme von Lufteinblasvorrichtungen befüllt werden, kann auf den Ansatz der Teilflächenlasten für den Lastfall Füllen verzichtet werden.

(4) Der Betrag der für den Lastfall Füllen anzusetzenden Teilflächenlast p_{pf} sollte unter Zugrundelegung der maximal möglichen Exzentrizität e_f des sich einstellenden Aufschüttkegels an der Schüttgutoberfläche ermittelt werden (siehe Bild 1.1b)).

(5) Der Grundwert der Teilflächenlast für den Lastfall Füllen p_{pf} sollte angesetzt werden mit:

$$p_{pf} = C_{pf}\, p_{hf} \tag{5.8}$$

mit:

$$C_{pf} = 0{,}21\, C_{op}\, [1+2E^2]\, (1 - e^{\{-1{,}5\,[(h_c/d_c)-1]\}}) \tag{5.9}$$

$$E = 2\, e_f / d_c \tag{5.10}$$

Wenn jedoch Gleichung (5.9) einen negativen Wert ergibt, sollte C_{pf} angesetzt werden zu

$$C_{pf} = 0 \tag{5.11}$$

Dabei ist

e_f die maximale Exzentrizität des sich beim Befüllen an der Schüttgutoberfläche einstellenden Aufschüttkegels (siehe Bild 1.1b));

p_{hf} der lokale Wert des horizontalen Fülldruckes nach Gleichung (5.1) an der Stelle, an der die Teilflächenlast angesetzt wird;

C_{op} der Schüttgutbeiwert für die Teilflächenlast (siehe Tabelle E.1).

(6) Die Höhe des Bereiches, auf den die Teilflächenlast angesetzt werden sollte (siehe Bild 5.2), beträgt:

$$s = \pi d_c / 16 \cong 0{,}2 d_c \tag{5.12}$$

(7) Die Teilflächenlast besteht nur aus einem horizontal wirkenden Lastanteil. Es sollten keine Reibungskräfte infolge dieser horizontalen Lastkomponente berücksichtigt werden.

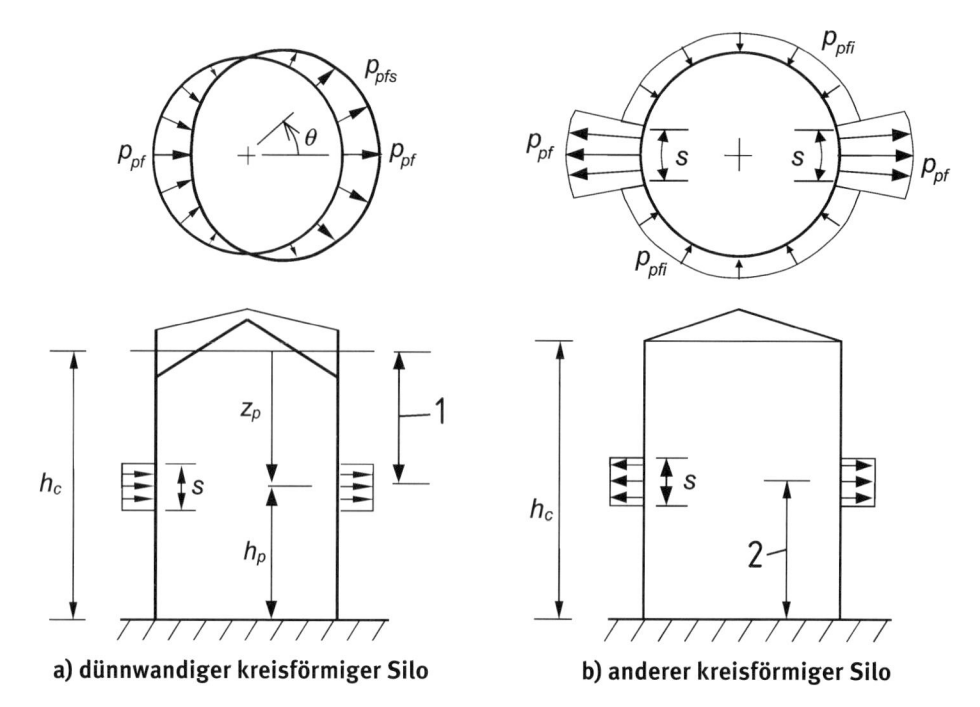

a) dünnwandiger kreisförmiger Silo   **b) anderer kreisförmiger Silo**

Legende
1 kleinerer Wert von z_0 und $h_c/2$ bei geschweißten Silos der Anforderungsklasse 2 bzw. beliebig bei anderen dünnwandigen Silos der Anforderungsklassen 2 und 3
2 beliebig

Bild 5.2: Längs- und Querschnitt mit Darstellung der Lastbilder der Teilflächenlasten

(8) Die Form der Teilflächenlast für den Lastfall Füllen hängt von der Konstruktionsform des Silos ab. Es sollte hinsichtlich der anzusetzenden Teilflächenlasten zwischen folgenden Konstruktionsformen von Silos unterschieden werden:

- dickwandige Silos mit kreisförmigem Querschnitt, siehe 5.2.1.3 (Stahlbetonsilos);
- dünnwandige Silos mit kreisförmigem Querschnitt, siehe 5.2.1.4 (Metallsilos);
- Silos mit nicht kreisförmigem Querschnitt, siehe 5.2.1.5.

5.2.1.3 Teilflächenlast für den Lastfall Füllen: dickwandige kreisförmige Silos

(1) Bei dickwandigen kreisförmigen Silos sollte der Grundwert der Teilflächenlast für den Lastfall Füllen p_{pf} auf einer quadratischen Teilfläche mit der Seitenlänge s (siehe Gleichung (5.12)) an entgegengesetzten Seiten nach außen wirkend angesetzt werden. Das Maß für die Seitenlänge s ist in geeigneter Weise auf die gekrümmte Fläche zu beziehen (siehe Bild 5.2b)).

(2) Zusätzlich zur nach außen wirkenden Teilflächenlast p_{pf} sollte im verbleibenden Bereich des Siloumfanges über die gleiche Wandhöhe (siehe Bild 5.2b)) eine nach innen gerichtete komplementäre Teilflächenlast p_{pfi} angesetzt werden, mit:

$$p_{pfi} = p_{pf}/7 \tag{5.13}$$

Dabei ist

p_{pf} der Grundwert der nach außen wirkenden Teilflächenlast für den Lastfall Füllen nach Gleichung (5.8).

ANMERKUNG Der Betrag und die Wirkungsfläche der nach innen gerichteten Last p_{pfi} sind so gewählt, dass sich die Resultierenden der beiden Lastanteile an der Stelle, an der diese anzusetzen sind, im Mittel aufheben.

(3) Die Teilflächenlast für den Lastfall Füllen sollte an jeder beliebigen Stelle der Silowand angesetzt werden. Dies kann aber in der unter 5.2.1.3 (4) beschriebenen Weise ausgelegt werden.

(4) In dickwandigen kreisförmigen Silos der Anforderungsklasse 2 darf ein vereinfachter Nachweis geführt werden. Als die ungünstigste Stelle für den Ansatz der Teilflächenlast darf die halbe Höhe des vertikalen Zellenschafts angesehen werden. Die größte prozentuale Erhöhung der Spannungen als Ergebnis aus einem Ansatz der Teilflächenlast an dieser Stelle kann auf die anderen Wandbereiche übertragen werden, indem diese mit dem Verhältniswert zwischen horizontalem Fülldruck an der betrachteten Stelle und dem horizontalen Fülldruck an der Ansatzstelle der Teilflächenlast multipliziert werden.

Teilflächenlast für den Lastfall Füllen: dünnwandige kreisförmige Silos 5.2.1.4

(1) Bei dünnwandigen kreisförmigen Silos ($d_c/t > 200$) der Anforderungsklassen 2 und 3 sollte die Teilflächenlast für den Lastfall Füllen über die Höhe s nach Gleichung (5.12) angesetzt werden. Sie geht von einem an einer Stelle nach außen wirkenden Maximaldruck mit dem Betrag p_{pf} in einen maximalen nach innen wirkenden Druck gleichen Betrags p_{pf} auf der gegenüberliegenden Seite über (siehe Bild 5.2a)). Der Verlauf in Umfangsrichtung sollte wie folgt angesetzt werden:

$$p_{pfs} = p_{pf} \cos\theta \tag{5.14}$$

Dabei ist

p_{pf} die nach außen wirkende Teilflächenlast nach Gleichung (5.8);

θ die Winkelkoordinate in Umfangsrichtung (siehe Bild 5.2a)).

(2) Die aus der Teilflächenlast des Lastfalls Füllen resultierende Horizontallast F_{pf} sollte bei dünnwandigen kreisförmigen Silos nach Gleichung (5.15) berechnet werden:

$$F_{pf} = \frac{\pi}{2} s \, d_c \, p_{pf} \tag{5.15}$$

(3) Bei Wellblechsilos der Anforderungsklasse 2 darf die Teilflächenlast als in einer Tiefe z_p unterhalb der Schüttgutoberfläche wirkend angesetzt werden. Für z_p ist der kleinere der folgenden Werte anzusetzen:

$$z_p = z_0 \quad \text{und} \quad z_p = 0{,}5 \, h_c \tag{5.16}$$

Dabei ist

h_c die Höhe des vertikalen Siloschaftes (siehe Bild 1.1a)).

(4) Bei Silos mit Bolzen- und Schraubenverbindungen der Anforderungsklasse 2 sollte die Teilflächenlast an jeder beliebigen Stelle wirkend angesetzt werden. Die Größe der senkrecht auf die Silowand entlang der gesamten Silohöhe wirkenden Last darf vereinfachend über eine einheitliche prozentuale Lasterhöhung ermittelt werden.

Teilflächenlast für den Lastfall Füllen: nicht kreisförmige Silos 5.2.1.5

(1) Bei nicht kreisförmigen Silos der Anwendungsklassen 2 und 3 dürfen die Teilflächenlasten des Lastfalls Füllen durch eine Erhöhung der symmetrischen Lasten nach (2) und (3) berücksichtigt werden.

(2) Die nach außen gerichtete Teilflächenlast sollte an jeder Stelle und Tiefe im Silo über eine Höhe s (nach Gleichung (5.12)) wirkend angesetzt werden (siehe Bild 5.3a)).

(3) Der Betrag der gleichmäßigen Teilflächenlast $p_{pf,nc}$ sollte mit

$$p_{pf,nc} = 0{,}36 \, p_{pf} \tag{5.17}$$

angesetzt werden, wobei p_{pf} der Grundwert der Teilflächenlast des Lastfalls Füllen nach Gleichung (5.8) darstellt. Eine geeignete Abschätzung für d_c darf aus Bild 1.1d) abgeleitet werden.

ANMERKUNG Der Wert und der Umfang der gleichmäßigen Last $p_{hf,nc}$ sind so gewählt, dass die resultierenden Biegemomente bei einem Silo mit rechteckigem Siloquerschnitt ohne innere Zugglieder näherungsweise die gleichen Größenordnungen annehmen, wie sich diese beim Ansatz einer lokalen Teilflächenlast p_{pf} in der Mitte der Wand ergeben würden.

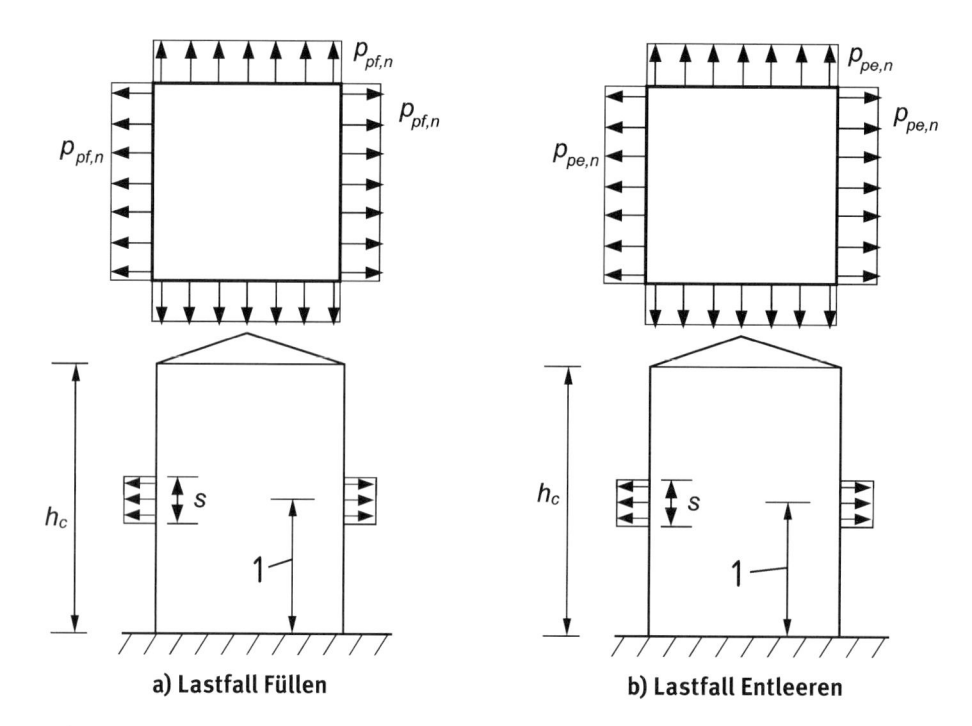

a) Lastfall Füllen b) Lastfall Entleeren

Legende
1 beliebig

Bild 5.3: Längs- und Querschnitt mit Darstellung der Lastbilder der Teilflächenlasten für nicht kreisförmige Silos

5.2.2 Entleerungslasten auf vertikale Wände

5.2.2.1 Symmetrische Entleerungslasten

(1)P Zur Berücksichtigung von möglichen vorübergehenden Zunahmen der Lasten während der Entleerungsvorgänge ist im Lastfall Entleeren eine Erhöhung der symmetrischen Lastanteile anzusetzen.

(2) Bei Silos aller Anforderungsklassen sollten die symmetrischen Entleerungslasten p_{he} und p_{we} bestimmt werden aus:

$$p_{he} = C_h \, p_{hf} \tag{5.18}$$

$$p_{we} = C_w \, p_{wf} \tag{5.19}$$

Dabei ist

C_h der Entleerungsfaktor für Horizontallasten;

C_w der Entleerungsfaktor für die Wandreibungslasten.

Die Entleerungsfaktoren C_h und C_w sollten je nach vorliegendem Fall aus den Gleichungen (5.20) bis (5.24) ermittelt werden.

(3) Bei Silos aller Anforderungsklassen, die von der Schüttgutoberfläche aus entleert werden (und somit kein Fließen innerhalb des gespeicherten Schüttgutes aufweisen), dürfen die Werte von C_h und C_w zu

$$C_h = C_w = 1{,}0 \tag{5.20}$$

angenommen werden.

(4) Bei schlanken Silos der Anforderungsklassen 2 und 3 sollten die Entleerungsfaktoren mit

$$C_h = C_o = 1{,}15 \tag{5.21}$$

$$C_w = 1{,}1 \tag{5.22}$$

angesetzt werden.

Dabei ist

C_o der Entleerungsfaktor für Schüttgüter.

(5) Bei schlanken Silos der Anforderungsklasse 1, bei denen die Mittelwerte der Schüttgutkennwerte K und μ zur Lastermittlung verwendet werden, sollten als Entleerungsfaktoren folgende Werte angenommen werden:

$$C_h = 1{,}15 + 1{,}5\,(1 + 0{,}4\,e/d_c)\,C_{op} \tag{5.23}$$

$$C_w = 1{,}4\,(1 + 0{,}4\,e/d_c) \tag{5.24}$$

$$e = \max(e_f, e_o) \tag{5.25}$$

Dabei ist

e_f die maximale Exzentrizität des sich beim Befüllen an der Schüttgutoberfläche einstellenden Aufschüttkegels;

e_o die Exzentrizität des Mittelpunktes der Auslauföffnung;

C_{op} der Schüttgutbeiwert für die Teilflächenlast (siehe Tabelle E.1).

(6) Für den Lastfall Entleeren errechnet sich der resultierende charakteristische Wert der vertikalen Wandschnittkräfte n_{zSk} – mit der Einheit Kraft je Längeneinheit in Umfangsrichtung der Wand – aus:

$$n_{zSk} = \int_0^z p_{we}(z)\,dz = C_w\,\mu\,p_{ho}\,[z - z_o Y_J(z)] \tag{5.26}$$

ANMERKUNG Die über Gleichung (5.26) definierte resultierende Kraft ist ein charakteristischer Wert. Es sollte bei der Anwendung dieser Gleichung darauf geachtet werden, dass der entsprechende Teilsicherheitsbeiwert für Einwirkungen nicht vergessen wird. Dieser Hinweis ist deshalb zu beachten, weil diese Gleichung bereits als ein Ergebnis einer statischen Berechnung (unter Verwendung der Schalenmembrantheorie) zu werten ist. Die Gleichung ist in dieser Norm angeführt, um den Tragwerksplaner bei der Integration der Gleichung (5.19) zu unterstützen. Es wird zudem darauf hingewiesen, dass auch andere Lasten (z. B. die Teilflächenlasten) zusätzliche Vertikalkräfte in der Wand hervorrufen können.

Teilflächenlast für den Lastfall Entleeren: allgemeine Anforderungen 5.2.2.2

(1)P Teilflächenlasten für den Lastfall Entleeren sind anzusetzen, um sowohl die unplanmäßigen unsymmetrischen Lasten beim Entleeren der Silos, als auch die Exzentrizitäten beim Befüllen und Entleeren zu berücksichtigen (siehe Bild 1.1b)).

(2) Bei Silos der Anforderungsklasse 1 darf die Teilflächenlast für den Lastfall Entleeren vernachlässigt werden.

(3) Bei Silos der Anforderungsklassen 2 und 3 sollten zur Abschätzung der Entleerungslasten die Verfahren dieses Abschnittes angewendet werden.

(4) Bei Silos der Anforderungsklassen 2 und 3 sollten zusätzlich zu den Verfahren dieses Abschnittes die Lastansätze bei schlanken Silos (5.2.4) mit großen Entleerungsexzentrizitäten (siehe 5.1 (7)) als ein separater Lastfall angewendet werden, wenn eine der folgenden Bedingungen zutrifft:

- die Exzentrizität der Auslauföffnung e_o ist größer als der kritische Wert $e_{o,cr} = 0{,}25 d_c$ (siehe Bild 1.1b));
- die maximale Exzentrizität beim Füllen e_f ist größer als der kritische Wert $e_{f,cr} = 0{,}25 d_c$ und die Siloschlankheit ist größer als der Grenzwert $(h_c/d_c)_{lim} = 4{,}0$ (siehe Bild 1.1b)).

(5) Der Grundwert der nach außen wirkenden Teilflächenlast für den Lastfall Entleeren p_{pe} sollte angewendet werden mit:

$$p_{pe} = C_{pe}\,p_{he} \tag{5.27}$$

wobei für $h_c/d_c > 1{,}2$, C_{pe} nach Gleichung (5.28) gilt.

$$C_{pe} = 0{,}42\,C_{op}\,[1 + 2E^2]\,(1 - \exp\{-1{,}5\,[(h_c/d_c) - 1]\}) \tag{5.28}$$

Für $h_c/d_c \leq 1{,}2$ gilt der größte nach den Gleichungen (5.28), (5.29) oder (5.30) ermittelte Wert.

$$C_{pe} \geq 0{,}272\, C_{op}\, \{(h_c/d_c - 1 + E)\} \qquad (5.29)$$

$$C_{pe=0} \qquad (5.30)$$

mit

$$E = 2\, e\, /\, d_c \qquad (5.31)$$

und

$$e = \max(e_f, e_0) \qquad (5.32)$$

Dabei ist

e_f die maximale Exzentrizität des sich während des Befüllens an der Schüttgutoberfläche einstellenden Aufschüttkegels (siehe Bild 1.1b));

e_0 die Exzentrizität des Mittelpunktes der Auslauföffnung;

p_{he} der lokale Wert des horizontalen Entleerungsdruckes nach Gleichung (5.18) an der Stelle, an der die Teilflächenlast angesetzt wird;

C_{op} der Schüttgutbeiwert für die Teilflächenlast (siehe Tabelle E.1).

(6) Die Teilflächenlast für den Lastfall Entleeren besteht nur aus einem horizontal wirkenden Lastanteil. Zusätzliche Reibungskräfte infolge dieser horizontalen Lastkomponente sollten nicht berücksichtigt werden.

(7) Die Form der Teilflächenlast für den Lastfall Entleeren hängt von der Konstruktionsform des Silos ab. In dieser Norm wird hinsichtlich der anzusetzenden Teilflächenlasten zwischen folgenden Konstruktionsformen von Silos unterschieden:

– dickwandige Silos mit kreisförmigem Querschnitt, siehe 5.2.2.3 (Stahlbetonsilos);
– dünnwandige Silos mit kreisförmigem Querschnitt, siehe 5.2.2.4 (Metallsilos);
– Silos mit nicht kreisförmigem Querschnitt, siehe 5.2.2.5.

5.2.2.3 Teilflächenlast für den Lastfall Entleeren: dickwandige kreisförmige Silos

(1) Bei dickwandigen kreisförmigen Silos sollte der Grundwert der Teilflächenlast für den Lastfall Entleeren p_{pe} auf einer quadratischen Teilfläche mit der Seitenlänge s (siehe Gleichung (5.12)) an entgegengesetzten Seiten nach außen wirkend entsprechend Bild 5.4b) angesetzt werden.

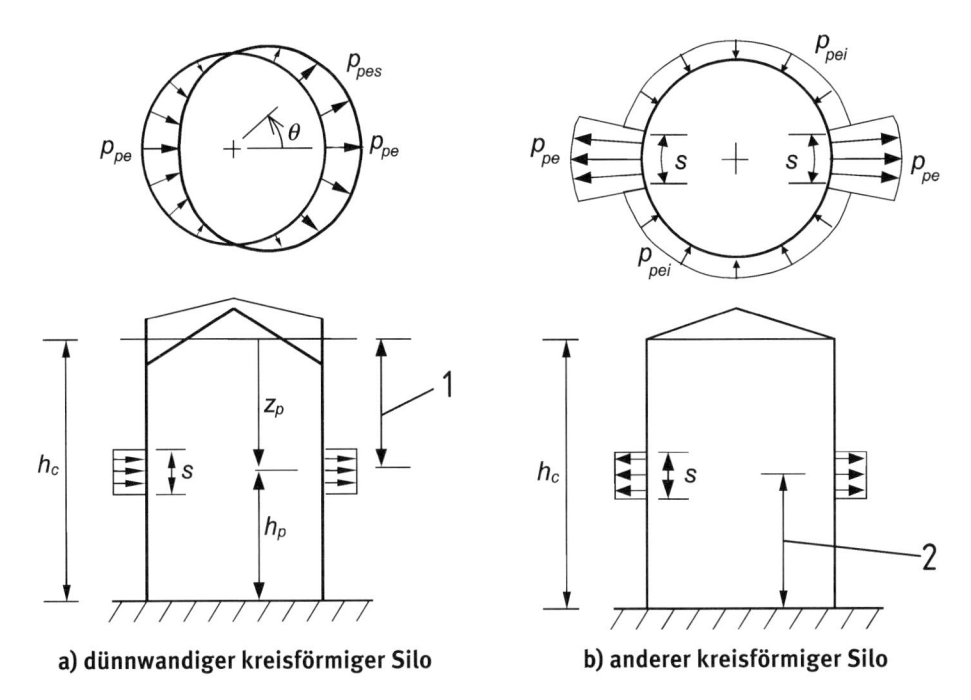

a) dünnwandiger kreisförmiger Silo   **b) anderer kreisförmiger Silo**

Legende
1 kleinerer Wert von z_0 und $h_c/2$ bei geschweißten Silos der Anforderungsklasse 2 bzw. beliebig bei anderen dünnwandigen Silos der Anforderungsklassen 2 und 3
2 beliebig

Bild 5.4: Längs- und Querschnitt mit Darstellung der Lastbilder der Teilflächenlasten bei Entleerung

(2) Zusätzlich zu der nach außen wirkenden Teilflächenlast p_{pe} sollte im verbleibenden Bereich des Siloumfanges über die gleiche Wandhöhe (siehe Bild 5.4b)) eine nach innen gerichtete komplementäre Teilflächenlast p_{pei} angesetzt werden:

$$p_{pei} = p_{pe}/7 \tag{5.33}$$

wobei p_{pe} der Grundwert der nach außen gerichteten Teilflächenlast nach Gleichung (5.27) ist.

ANMERKUNG Der Betrag und die Wirkungsfläche der nach innen gerichteten Last p_{pei} sind so gewählt, dass sich die Resultierenden der beiden Lastanteile an der Stelle, an der diese anzusetzen sind, im Mittel aufheben.

(3) Die Teilflächenlast für den Lastfall Entleeren sollte an jeder beliebigen Stelle an der Silowand angesetzt werden. Dies kann aber in der unter 5.2.2.3 (4) beschriebenen Weise ausgelegt werden.

(4) In dickwandigen kreisförmigen Silos der Anforderungsklasse 2 darf ein vereinfachter Nachweis geführt werden. Als die ungünstigste Stelle für den Ansatz der Teilflächenlast darf die halbe Höhe des vertikalen Zellenschafts angesehen werden. Die prozentuale Steigerung der Membranspannungen als Ergebnis aus einem Ansatz der Teilflächenlast an dieser Stelle darf auf die anderen Wandbereiche übertragen werden, indem diese mit dem Verhältniswert zwischen horizontalem Fülldruck an der betrachteten Stelle und dem horizontalen Fülldruck an der Ansatzstelle der Teilflächenlast multipliziert werden.

Teilflächenlast für den Lastfall Entleeren: dünnwandige Silos 5.2.2.4

(1) Bei dünnwandigen kreisförmigen Silos der Anwendungsklassen 2 und 3 sollte die Teilflächenlast für den Lastfall Entleeren über die Höhe s nach Gleichung (5.12) angesetzt werden. Sie geht von einem an einer Stelle nach außen wirkenden Maximaldruck mit dem Betrag p_{pe} in einen maximalen nach innen wirkenden Druck gleichen Betrags p_{pe} auf der gegenüberliegenden Seite über (siehe Bild 5.4a)). Der Verlauf in Umfangsrichtung sollte angesetzt werden mit:

$$p_{\text{pes}} = p_{\text{pe}} \cos\theta \tag{5.34}$$

Dabei ist

p_{pe} die nach außen gerichtete Teilflächenlast nach Gleichung (5.27);

θ die Winkelkoordinate in Umfangsrichtung (siehe Bild 5.4a)).

(2) Die aus der Teilflächenlast des Lastfalls Entleeren resultierende Horizontallast F_{pe} sollte bei dünnwandigen kreisförmigen Silos nach Gleichung (5.35) berechnet werden:

$$F_{\text{pe}} = \frac{\pi}{2} s \, d_c \, p_{\text{pe}} \tag{5.35}$$

(3) Bei geschweißten Silos der Anforderungsklasse 2 darf die Teilflächenlast als in einer Tiefe z_p unterhalb der Schüttgutoberfläche wirkend angesetzt werden. Für z_p sollte der kleinere der folgenden Werte angesetzt werden:

$$z_p = z_0 \quad \text{und} \quad z_p = 0{,}5 \, h_c \tag{5.36}$$

Dabei ist

h_c die Höhe des vertikalen Siloschaftes (siehe Bild 1.1a)).

(4) Bei Silos mit Bolzen- und Schraubenverbindungen der Anforderungsklasse 2 sollte die Teilflächenlast an jeder beliebigen Stelle wirkend angesetzt werden. Die Größe der senkrecht auf die Silowand entlang der gesamten Silohöhe wirkenden Last darf vereinfachend über eine einheitliche prozentuale Lasterhöhung ermittelt werden. Es darf alternativ das Verfahren nach 5.2.3 angewendet werden.

5.2.2.5 Teilflächenlast für den Lastfall Entleeren: Nicht kreisförmige Silos

(1) Bei nicht kreisförmigen Silos der Anwendungsklassen 2 und 3 dürfen die Teilflächenlasten des Lastfalls Füllen durch eine Erhöhung der symmetrischen Lasten nach (2) und (3) berücksichtigt werden.

(2) Die nach außen gerichtete Teilflächenlast sollte an jeder Stelle und Tiefe im Silo über eine Höhe s (nach Gleichung (5.12)) wirkend angesetzt werden (siehe Bild 5.3b)).

(3) Der Betrag der Zunahme der gleichmäßigen, symmetrischen Teilflächenlast $p_{\text{pe,nc}}$ sollte bei nicht kreisförmigen Siloquerschnitten angesetzt werden mit

$$p_{\text{pe,nc}} = 0{,}36 \, p_{\text{pe}} \tag{5.37}$$

Dabei ist

p_{pe} der Grundwert der Teilflächenlast des Lastfalls Entleeren (siehe Gleichung (5.27)).

ANMERKUNG Der Wert und der Umfang der gleichmäßigen Last $p_{\text{pe,nc}}$ sind so gewählt, dass die resultierenden Biegemomente bei einem Silo mit rechteckigem Siloquerschnitt ohne innere Zugbänder näherungsweise die gleichen Größenordnungen annehmen, wie sich diese beim Ansatz einer lokalen Teilflächenlast p_{pe} in der Mitte der Wand ergeben würden.

5.2.3 Gleichförmige Erhöhung der Lasten als Ersatz für die Teilflächenlasten der Lastfälle Füllen und Entleeren bei kreisförmigen Silos

(1) Bei Silos der Anforderungsklasse 2 darf das Verfahren der Teilflächenlasten nach 5.2.1 und 5.2.2 zur Berücksichtigung der Unsymmetrien beim Füllen und Entleeren näherungsweise durch einen gleichmäßigen Anstieg der Lasten ersetzt werden.

(2) Für nicht kreisförmige Silos ist der gleichmäßige Anstieg in 5.2.1.5 und 5.2.2.5 festgelegt.

(3) Bei kreisförmigen Silos dürfen die folgenden Ansätze nur angewendet werden, wenn der senkrechte Siloschaft an seinem unteren und oberen Ende ausreichend durch geeignete Aussteifungselemente gegen horizontale Verformungen ausgebildet ist. Die kreisförmige Silozylinderschale muss am oberen Ende und am Fußpunkt entlang ihres Umfangs z. B. über eine konstruktive Verbindung mit dem Dach oder eine Ringsteife gehalten sein.

(4) Bei dickwandigen kreisförmigen Silos sollten die resultierenden Horizontallasten für die Lastfälle Füllen ($p_{hf,u}$) und Entleeren ($p_{he,u}$) berechnet werden aus

$$p_{hf,u} = p_{hf}(1 + \zeta C_{pf}) \tag{5.38}$$

$$p_{he,u} = p_{he}(1 + \zeta C_{pe}) \tag{5.39}$$

mit:

$$\zeta = 0{,}5 + 0{,}01\,(d_c/t) \tag{5.40}$$

und

$$\zeta \geq 1{,}0 \tag{5.41}$$

Dabei ist

- p_{hf} die symmetrische Horizontallast nach dem Füllen nach Gleichung (5.1);
- p_{he} die symmetrisch Horizontallast beim Entleeren nach Gleichung (5.18);
- C_{pf} der Beiwert für die Teilflächenlasten für den Lastfall Füllen nach Gleichung (5.9);
- C_{pe} der Beiwert für die Teilflächenlasten für den Lastfall Entleeren nach Gleichung (5.28).

(5) Bei dünnwandigen kreisförmigen Silos sollten die resultierenden Horizontallasten für die Lastfälle Füllen ($p_{hf,u}$) und Entleeren ($p_{he,u}$) und die daraus resultierenden Wandreibungslasten $p_{wf,u}$ und $p_{we,u}$ berechnet werden aus

$$p_{hf,u} = p_{hf}(1 + 0{,}5 C_{pf}) \tag{5.42}$$

$$p_{wf,u} = p_{wf}(1 + C_{pf}) \tag{5.43}$$

$$p_{he,u} = p_{he}(1 + 0{,}5 C_{pe}) \tag{5.44}$$

$$p_{we,u} = p_{we}(1 + C_{pe}) \tag{5.45}$$

Dabei ist

- p_{wf} die symmetrische Wandreibungslast des Lastfalls Füllen nach Gleichung (5.2);
- p_{we} die symmetrische Wandreibungslast des Lastfalls Entleeren nach Gleichung (5.19).

Die Parameter p_{hf}, p_{he}, C_{pf} und C_{pe} sind nach dem unter (4) beschriebenen Vorgehen zu berechnen.

5.2.4 Entleerungslasten für kreisförmige Silos mit großen Exzentrizitäten bei der Entleerung

5.2.4.1 Allgemeines

(1) Ist die Exzentrizität der Auslauföffnung e_o größer als der kritische Wert $e_{o,cr} = 0{,}25 d_c$, sollten bei Silos der Anforderungsklassen 2 und 3 zur Berücksichtigung der exzentrischen Entleerung in Form eines Kaminflusses oberhalb der Auslauföffnung nachfolgende Verfahren zur Bestimmung der Lastverteilung angenommen werden (siehe Bild 5.5a)).

(2) Ist die maximale Exzentrizität beim Befüllen e_f größer als der kritische Wert $e_{f,cr} = 0{,}25 d_c$ und die Siloschlankheit größer als $h_c/d_c = 4{,}0$, sollten bei Silos der Anforderungsklassen 2 und 3 die nachfolgenden Verfahren zur Bestimmung der Silodruckverteilung angewendet werden. Diese Druckverteilung kann sich als Ergebnis der Ausbildung eines exzentrischen Schlotfließkanals (siehe Bilder 3.4d) und 5.5a)) einstellen.

(3) Wenn anwendbar (siehe (1) und (2)), sollten die Verfahren nach 5.2.4.2 und 5.2.4.3 als getrennte unabhängige Lastfälle angesetzt werden. Diese zusätzlichen Lastfälle sind unabhängig von denen, die durch Füll- und Entleerungsdrücke nach den Verfahren der Teilflächenbelastung in 5.2.2 und 5.2.3 festgelegt sind.

(4) Die Ermittlung dieser Lasten sollte unter Verwendung des unteren charakteristischen Wertes der Wandreibung μ und des oberen charakteristischen Wertes des Winkels der inneren Reibung ϕ_i durchgeführt werden.

(5) Bei Silos der Anforderungsklasse 2 ist ein vereinfachtes Verfahren nach 5.2.4.2 erlaubt. Bei Silos der Anforderungsklasse 3 sollten Verfahren nach 5.2.4.3 verwendet werden.

5.2.4.2 Verfahren für Silos der Anforderungsklasse 2

5.2.4.2.1 Geometrie des Fließkanals

(1) Bei Silos der Anforderungsklasse 2 sollten die Berechnungen nur für eine Größe des in Kontakt mit der Silowand befindlichen Fließkanals durchgeführt werden. Die Größe der Fließzone ist dabei über den Wert des Winkels

$$\theta_c = 35° \tag{5.46}$$

zu bestimmen.

5.2.4.2.2 Wanddrücke bei exzentrischer Entleerung

(1) In der Fließzone sollten die Horizontallasten auf die vertikale Silowand (siehe Bild 5.5c)) zu

$$p_{hce} = 0 \tag{5.47}$$

angenommen werden.

(2) Im Bereich, in dem das Schüttgut in Ruhe bleibt, sollten die Horizontallasten auf die vertikale Silowand in einer Tiefe z (siehe Bild 5.5c)) angesetzt werden mit:

$$p_{hse} = p_{hf} \tag{5.48}$$

$$p_{hae} = 2\, p_{hf} \tag{5.49}$$

und die Wandreibungslast an der Wand in der Tiefe z:

$$p_{wse} = p_{wf} \tag{5.50}$$

$$p_{wae} = 2\, p_{wf} \tag{5.51}$$

Dabei ist

p_{hf} die Horizontallast des Lastfalls Füllen nach Gleichung (5.1);

p_{wf} die Wandreibungslast des Lastfalls Füllen nach Gleichung (5.2).

ANMERKUNG Dieses vereinfachte Verfahren entspricht einem „leeren" Schlot (leerer Fließkanal) und liefert daher manchmal sehr konservative Lasten.

(3) Alternativ dürfen auch die Verfahren nach 5.2.4.3 angewendet werden.

5.2.4.3 Verfahren für Silos der Anforderungsklasse 3

5.2.4.3.1 Geometrie des Fließkanals

(1)P Die Geometrie und Lage des Fließkanals sind so zu wählen, dass dadurch die Geometrie des Silos, die Entleerungsbedingungen und die Schüttguteigenschaften adäquat berücksichtigt werden.

(2) Wenn die Entleerungsbedingungen zur Ausbildung eines Fließkanals mit eindeutig definierter Geometrie und Lage führen, sollten für das weitere Vorgehen die aus diesem Fließkanal ableitbaren Parameter angenommen werden.

(3) Wenn die Geometrie des Fließkanals nicht unmittelbar aus der Anordnung der Auslauföffnung und der Silogeometrie abgeleitet werden kann, sollten Berechnungen mit mindestens drei verschiedenen Fließkanalradien r_c durchgeführt werden, um die zufällige Veränderlichkeit der Größe des Fließkanals mit der Zeit zu berücksichtigen. Dabei sollten folgende drei Werte beachtet werden:

$$r_c = k_1 r \tag{5.52}$$

$$r_c = k_2 r \tag{5.53}$$

$$r_c = k_3 r \tag{5.54}$$

Dabei ist

r der Radius des kreisförmigen Silos ($= d_c/2$).

ANMERKUNG Die Werte für k_1, k_2 und k_3 dürfen im Nationalen Anhang festgelegt werden. Empfohlen werden jeweils 0,25, 0,4 bzw. 0,6.

> **NDP Zu 5.2.4.3.1 (3)**
>
> Es gelten die empfohlenen Regelungen.

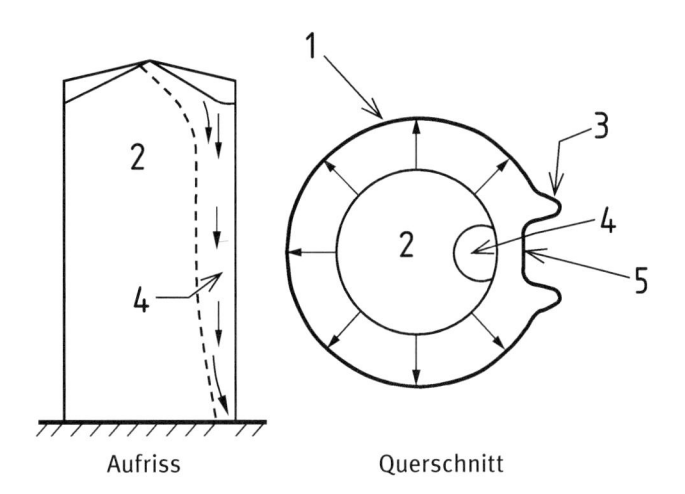

Legende
1 statischer Druck
2 ruhendes Schüttgut
3 örtliche Druckerhöhung
4 Fließkanal
5 Fließdruck

a) Fließkanal und Druckverteilung

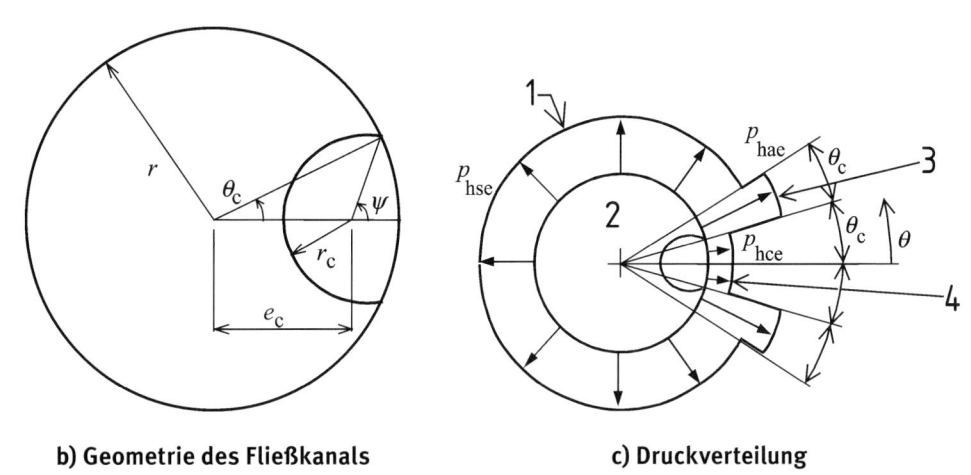

b) Geometrie des Fließkanals

c) Druckverteilung

Legende
1 statischer Druck
2 ruhendes Schüttgut
3 Fließkanal-Randlasten
4 Fließkanaldruck

Bild 5.5: Fließkanal und Druckverteilung bei der Entleerung mit großen Exzentrizitäten

(4) Die Exzentrizität des Fließkanals e_c (siehe Bild 5.5) sollte angesetzt werden mit:

$$e_c = r\left\{\eta(1-G) + (1-\eta)\cdot\sqrt{1-G}\right\} \tag{5.55}$$

mit:

$$G = r_c/r \tag{5.56}$$

und

$$\eta = \mu/\tan\phi_i \tag{5.57}$$

Dabei ist

μ der untere charakteristische Wert des Wandreibungskoeffizienten für die vertikale Silowand;

ϕ_i der obere charakteristische Wert des Winkels der inneren Reibung des gelagerten Schüttgutes;

r_c der Bemessungswert des Fließkanalradius nach den Gleichungen (5.52) bis (5.54).

ANMERKUNG 1 Es wird darauf hingewiesen, dass stets $\phi_w \leq \phi_i$, da sich sonst eine Gleitfläche innerhalb des Schüttgutes ausbilden würde. Das bedeutet, dass in Gleichung (5.57) stets $\eta \leq 1$.

ANMERKUNG 2 Die Exzentrizität des Fließkanals e_c darf, wie in Bild 3.4d) angedeutet, variieren. Sie hängt nicht nur ausschließlich von der Exzentrizität der Auslauföffnung ab. Das angegebene Verfahren sieht vor, diejenigen Situationen zu berücksichtigen, die für jede Silogeometrie und konstruktive Anordnung zu den ungünstigsten Verhältnissen führen. Die Exzentrizität des Fließkanals kann im Ergebnis daher kleiner als die kritische Füllexzentrizität $e_{f,cr}$ und kleiner als die kritische Entleerungsexzentrizität $e_{o,cr}$ sein.

ANMERKUNG 3 Diese Bestimmung der Lage und Größe des Fließkanals basiert auf dem Prinzip der Minimierung des Reibungswiderstands des Schüttguts an der Umfangsfläche des Fließkanals unter der vereinfachten Annahme, dass der Umfang des Fließkanals ein kreisförmiger Bogen ist. Es können auch andere geeignete Verfahren zur Bestimmung des Umfangs des Fließkanals angewendet werden.

(5) Sofern es den obigen Anforderungen hinsichtlich des angenommenen Fließkanalradius bei Trichtern für „erweitertes Fließen" (siehe Bild 3.5d)) nicht widerspricht, sollte der zusätzliche Fall eines Fließkanals mit einem Radius r_c entsprechend dem Radius des Siloquerschnittes am oberen Ende des Trichters für „erweitertes Fließen" betrachtet werden.

(6) Die Begrenzung der Kontaktfläche zwischen Fließkanal und Silowand sollte durch die Umfangswinkel $\theta = \pm \theta_c$ definiert werden, wobei:

$$\cos \theta_c = (r^2 + e_c^2 - r_c^2)/(2 r\, e_c) \tag{5.58}$$

(7) Die Bogenlänge der Kontaktfläche zwischen Fließkanal und Wand sollte berechnet werden als:

$$U_{wc} = 2\, \theta_c\, r \tag{5.59}$$

und die Bogenlänge der Kontaktfläche zwischen Fließkanal und dem sich nicht in Bewegung befindlichen Schüttgut als:

$$U_{sc} = 2\, r_c\, (\pi - \psi) \tag{5.60}$$

wobei:

$$\sin \psi = \frac{r}{r_c} \sin \theta_c \tag{5.61}$$

und die beiden Winkel θ_c und ψ im Bogenmaß einzusetzen sind.

(8) Die Querschnittsfläche des Fließkanals sollte wie folgt berechnet werden:

$$A_c = (\pi - \psi) r_c^2 + \theta_c r^2 - r\, r_c \sin(\psi - \theta_c) \tag{5.62}$$

5.2.4.3.2 Wandlasten bei der Entleerung mit großen Exzentrizitäten

(1) Die Lasten auf die vertikalen Wände im Bereich des Fließkanals (siehe Bild 5.5c)) sind von der Tiefe z unter der äquivalenten Schüttgutoberfläche abhängig und sollten berechnet werden nach:

$$p_{hce} = p_{hco}\, (1 - e^{-z/z_{oc}}) \tag{5.63}$$

Die auf die Wand in der Tiefe z wirkenden Wandreibungslasten bestimmen sich nach Gleichung (5.64) zu:

$$p_{wce} = \mu\, p_{hce} = \mu\, p_{hco}\, (1 - e^{-z/z_{oc}}) \tag{5.64}$$

mit:

$$p_{hco} = \gamma\, K\, z_{oc} \tag{5.65}$$

$$z_{oc} = \frac{1}{K}\left(\frac{A_c}{U_{wc}\mu + U_{sc}\tan\phi_i}\right) \tag{5.66}$$

Dabei ist

μ der Wandreibungskoeffizient im Bereich der vertikalen Wand;

K das Horizontallastverhältnis des Schüttguts.

(2) Die Horizontallasten auf die Silowand in der Tiefe z im Bereich außerhalb der Fließzone, in dem sich das Schüttgut in Ruhe befindet (siehe Bild 5.5c)), sollten angesetzt werden mit:

$$p_{hse} = p_{hf} \tag{5.67}$$

und die Wandreibungslast auf die Wand in der Tiefe z:

$$p_{wse} = p_{wf} \tag{5.68}$$

Dabei ist

p_{hf} die Horizontallast des Lastfalls Füllen nach Gleichung (5.1);

p_{wf} die Wandreibungslast des Lastfalls Füllen nach Gleichung (5.2).

(3) Unmittelbar am Übergang von der Fließzone zu dem Bereich, in dem sich das Schüttgut in Ruhe befindet, wirken höhere Lasten p_{hae} auf die vertikalen Silowände (siehe Bild 5.5c)). Diese zusätzlichen in der Tiefe z unterhalb der äquivalenten Schüttgutoberfläche nach außen wirkenden Horizontallasten neben dem Fließkanal sollten angesetzt werden mit:

$$p_{hae} = 2p_{hf} - p_{hce} \tag{5.69}$$

und die zugehörigen Wandreibungslasten auf die Wand in der Tiefe z dementsprechend mit:

$$p_{wae} = \mu\, p_{hae} \tag{5.70}$$

Niedrige Silos und Silos mit mittlerer Schlankheit 5.3

Fülllasten auf die vertikalen Wände 5.3.1

Symmetrische Fülllasten 5.3.1.1

(1) Die symmetrischen Lasten für den Lastfall Füllen (siehe Bild 5.6) sollten nach den Gleichungen (5.71) bis (5.80) ermittelt werden.

(2) Die Werte für die Horizontallasten p_{hf} und die Wandreibungslasten p_{wf} für den Lastfall Füllen sollten an jeder Stelle wie folgt angesetzt werden:

$$p_{hf} = p_{ho}\, Y_R \tag{5.71}$$

$$p_{wf} = \mu\, p_{hf} \tag{5.72}$$

mit:

$$p_{ho} = \gamma K z_o = \gamma \frac{1}{\mu}\frac{A}{U} \tag{5.73}$$

$$Y_R(z) = \left(1 - \left\{\left(\frac{z-h_o}{z_o-h_o}\right)+1\right\}^n\right) \tag{5.74}$$

$$z_o = \frac{1}{K\mu}\frac{A}{U} \tag{5.75}$$

$$n = -(1+\tan\phi_r)(1-h_o/z_o) \tag{5.76}$$

Dabei ist

h_o der vertikale Abstand zwischen der äquivalenten Schüttgutoberfläche und der höchstgelegenen Kontaktstelle vom gespeicherten Schüttgut mit der Wand (siehe Bilder 1.1a) und 5.6).

Das Maß h_0 ist anzunehmen mit

$$h_0 = \frac{r}{3}\tan\phi_r \tag{5.77}$$

bei einem symmetrisch gefüllten kreisförmigen Silo mit dem Radius r

und mit

$$h_0 = \frac{d_c}{4}\tan\phi_r \tag{5.78}$$

bei einem symmetrisch gefüllten Rechtecksilo mit dem Maß d_c.

Dabei ist

- γ der charakteristische Wert für die Wichte des Schüttguts;
- μ der charakteristische Wert des Wandreibungskoeffizienten zwischen Schüttgut und vertikaler Silowand;
- K der charakteristische Wert des Horizontallastverhältnisses des gespeicherten Schüttguts;
- z die Tiefe unterhalb der äquivalenten Schüttgutoberfläche;
- A die Querschnittsfläche des vertikalen Siloschaftes;
- U der innere Umfang des Querschnittes des vertikalen Siloschaftes;
- ϕ_r der Böschungswinkel des Schüttgutes (siehe Tabelle E.1).

(3) Der Betrag der Vertikallast p_{vf} in einer Tiefe z sollte für den Lastfall Füllen angesetzt werden mit:

$$p_{vf} = \gamma z_v \tag{5.79}$$

wobei:

$$z_v = h_0 - \frac{1}{(n+1)}\left(z_0 - h_0 - \frac{(z+z_0-2h_0)^{n+1}}{(z_0-h_0)^n}\right) \tag{5.80}$$

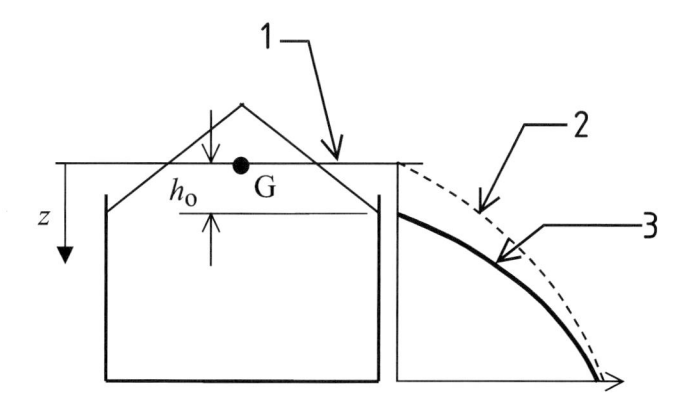

Legende
1 äquivalente Schüttgutoberfläche
2 Silolasten nach den Regeln für schlanke Silos
3 Lasten für niedrige Silos

Bild 5.6: Lasten in einem niedrigen Silo oder Silo mit mittlerer Schlankheit nach dem Füllen (Fülllasten)

(4) Für den Lastfall Füllen errechnet sich der resultierende charakteristische Wert der vertikalen Wandschnittkräfte n_{zSk} – mit der Einheit Kraft je Längeneinheit in Umfangsrichtung der Wand – aus:

$$n_{zSk} = \int_0^z p_{wf}(z)\mathrm{d}z = \mu p_{ho}(z - z_v) \tag{5.81}$$

mit z_v nach Gleichung (5.80).

ANMERKUNG Die über Gleichung (5.81) definierte resultierende Kraft ist ein charakteristischer Wert. Es sollte bei der Anwendung dieser Gleichung darauf geachtet werden, dass der entsprechende Teilsicherheitsbeiwert für Einwirkungen nicht vergessen wird. Dieser Hinweis sollte deshalb beachtet werden, weil diese Gleichung bereits als ein Ergebnis einer statischen Berechnung (unter Verwendung der Schalenmembrantheorie) zu werten ist. Die Gleichung ist in dieser Norm angeführt, um den Tragwerksplaner bei der Integration der Gleichung (5.72) zu unterstützen. Es wird zudem darauf hingewiesen, dass auch andere Lasten (z. B. die Teilflächenlasten) zusätzliche Vertikalkräfte in der Wand hervorrufen können.

Teilflächenlast für den Lastfall Füllen   5.3.1.2

(1) Die Teilflächenlast beim Füllen sollte als normal zur Silowand wirkend berücksichtigt werden.

(2) Die Teilflächenlast besteht nur aus einem horizontal wirkenden Lastanteil. Es sollten keine zusätzlichen Reibungslasten infolge dieser horizontalen Lastkomponente berücksichtigt werden.

(3) Bei niedrigen Silos ($h_c/d_c \leq 1{,}0$) aller Anforderungsklassen darf die Teilflächenlast für den Lastfall Füllen vernachlässigt werden ($C_{pf} = 0$).

(4) Bei Silos mit mittlerer Schlankheit ($1{,}0 < h_c/d_c < 2{,}0$) der Anforderungsklasse 1 darf die Teilflächenlast für den Lastfall Füllen vernachlässigt werden.

(5) Bei Silos mit mittlerer Schlankheit ($1{,}0 < h_c/d_c < 2{,}0$) der Anforderungsklassen 2 und 3 sollten zur Berücksichtigung der zufälligen Unsymmetrien der Lasten und kleinerer Exzentrizitäten beim Befüllen e_f (siehe Bild 1.1b)) die Teilflächenlasten für den Lastfall Füllen p_{pf} nach 5.2.1 verwendet werden.

(6) Bei flachen Silos oder bei Silos mit mittlerer Schlankheit ($h_c/d_c < 2{,}0$) nach Anforderungsklassen 2 und 3, bei denen die Füllungsexzentrizität e_f den kritischen Wert $e_{f,cr} = 0{,}25\, d_c$ überschreitet, sollte der zusätzliche Lastfall für große Füllungsexzentrizitäten bei flachen Silos nach 5.3.3 angesetzt werden.

Entleerungslasten auf die vertikalen Silowände   5.3.2

Symmetrische Entleerungslasten   5.3.2.1

(1)P Beim Lastfall Entleeren ist zur Berücksichtigung der möglichen vorübergehenden Zunahme der Lasten während der Entleerungsvorgänge eine Erhöhung der symmetrischen Lastanteile anzusetzen.

(2) Bei niedrigen Silos ($h_c/d_c \leq 1{,}0$) dürfen die symmetrischen Entleerungslasten mit Fülllasten gleichgesetzt werden.

(3) Bei Silos mit mittlerer Schlankheit ($1{,}0 < h_c/d_c < 2{,}0$) sollten die symmetrischen Entleerungslasten p_{he} und p_{we} berechnet werden aus:

$$p_{he} = C_h\, p_{hf} \tag{5.82}$$

$$p_{we} = C_w\, p_{wf} \tag{5.83}$$

Dabei ist

C_h und C_w die Entleerungsfaktoren für die Horizontal- und Wandreibungslasten entsprechend den Gleichungen (5.84) bis (5.89).

(4) Bei Silos aller Anforderungsklassen, die von der Schüttgutoberfläche aus entleert werden (somit kein Fließen innerhalb des gespeicherten Schüttgutes stattfindet), gilt:

$$C_w = C_h = 1,0 \tag{5.84}$$

(5) Bei Silos mit mittlerer Schlankheit der Anforderungsklassen 2 und 3 sollten die Entleerungsfaktoren angesetzt werden mit:

$$C_h = 1,0 + 0,15\, C_S \tag{5.85}$$

$$C_w = 1,0 + 0,1\, C_S \tag{5.86}$$

$$C_S = h_c/d_c - 1,0 \tag{5.87}$$

mit C_S als Schlankheitsbeiwert.

(6) Bei Silos mit mittlerer Schlankheit der Anforderungsklasse 1 sollten, wenn in den Lastansätzen die Mittelwerte der Materialkennwerte K und μ verwendet wurden, die Entleerungsfaktoren wie folgt berechnet werden:

$$C_h = 1,0 + \{0,15 + 1,5\,(1 + 0,4\, e/d_c)\, C_{op}\}\, C_S \tag{5.88}$$

$$C_w = 1,0 + 0,4\,(1 + 1,4\, e/d_c)\, C_S \tag{5.89}$$

$$e = \max(e_f, e_o) \tag{5.90}$$

Dabei ist

e_f die maximale Exzentrizität des Anschüttkegels beim Befüllen;

e_o die Exzentrizität des Mittelpunkts der Auslauföffnung;

C_{op} der Schüttgutbeiwert für die Teilflächenlast nach Tabelle E.1;

C_S der Schlankheitsbeiwert nach Gleichung (5.87).

(7) Für den Lastfall Füllen errechnet sich der resultierende charakteristische Wert der vertikalen Wandschnittkräfte n_{zSk} – mit der Einheit Kraft je Längeneinheit in Umfangsrichtung der Wand in jeder Wandhöhe – zu:

$$n_{zSk} = \int_0^z p_{we}(z)\,dz = \mu p_{ho}(z - z_v) \tag{5.91}$$

mit z_v nach Gleichung (5.80).

ANMERKUNG Die über Gleichung (5.91) definierte Schnittkraft ist ein charakteristischer Wert. Es sollte bei der Anwendung dieser Gleichung darauf geachtet werden, dass der geeignete Teilsicherheitsbeiwert für Einwirkungen nicht vergessen wird. Dieser Hinweis sollte deshalb beachtet werden, weil diese Gleichung bereits als ein Ergebnis einer statischen Berechnung (unter Verwendung der Schalenmembrantheorie) zu werten ist. Die Gleichung ist in dieser Norm angeführt, um den Tragwerksplaner bei der Integration der Gleichung (5.83) zu unterstützen. Es wird zudem darauf hingewiesen, dass auch andere Lasten (z. B. die Teilflächenlasten) zusätzliche Vertikalkräfte in der Wand hervorrufen können.

5.3.2.2 Teilflächenlast für den Lastfall Entleeren

(1) Die Teilflächenlasten p_{pe} im Lastfall Entleeren sollten zur Berücksichtigung von unplanmäßigen Lasten und von kleinen Füllungsexzentrizitäten (siehe Bild 1.1b)) angesetzt werden.

(2) Angaben zur Bestimmung der Form, der Lage und des Betrags der Teilflächenlast des Lastfalls Entleeren sollten den Regeln nach 5.2.2 entnommen werden.

(3) Bei niedrigen Silos und Silos mittlerer Schlankheit ($h_c/d_c < 2,0$) aller Anforderungsklassen sollte bei einer Exzentrizität e_o während des Entleerens e_o, die den kritischen Wert von $e_{o,cr} = 0,25 d_c$ überschreitet, ein zusätzlicher Lastfall nach 5.3.4 angenommen werden.

(4) Bei niedrigen Silos ($h_c/d_c \leq 1,0$) der Anforderungsklasse 1 sollte der Ansatz einer Teilflächenlast für den Lastfall Entleeren nicht berücksichtigt werden (d. h. $C_{pe} = 0$).

(5) Bei Silos mit mittlerer Schlankheit ($h_c/d_c < 2,0$) der Anforderungsklasse 1 sollte der Ansatz einer Teilflächenlast für den Lastfall Entleeren nicht berücksichtigt werden (d. h. $C_{pe} = 0$).

(6) Bei niedrigen Silos ($h_c/d_c \leq 1{,}0$) der Anforderungsklasse 2 und einer Exzentrizität während des Entleerens e_0, die größer als der kritische Wert von $e_{0,cr} = 0{,}1d_c$ ist, sollten die Festlegungen nach 5.3.2.3 verwendet werden.

(7) Bei Silos mit mittlerer Schlankheit ($1{,}0 < h_c/d_c < 2{,}0$) der Anforderungsklasse 2 sollten die Festlegungen nach 5.3.2.3 angewendet werden.

(8) Bei niedrigen Silos ($h_c/d_c \leq 1{,}0$) der Anforderungsklasse 3 und einer Exzentrizität während des Entleerens e_0, die größer als der kritische Wert von $e_{0,cr} = 0{,}1d_c$ ist, sollten die Festlegungen nach 5.2.2.2 bis 5.2.2.5 je nach Eignung angewendet werden.

(9) Bei Silos mit mittlerer Schlankheit ($1{,}0 < h_c/d_c < 2{,}0$) der Anforderungsklasse 3 sollten die Festlegungen nach 5.2.2.2 bis 5.2.2.5 je nach Eignung angewendet werden.

Gleichförmige Erhöhung der Horizontallasten als Ersatz für die Teilflächenlasten der Lastfälle Füllen und Entleeren 5.3.2.3

(1) Bei Silos der Anforderungsklasse 2 darf das Verfahren der Teilflächenlasten nach 5.3.1.2 und 5.3.2.2 zur Berücksichtigung der Unsymmetrien beim Füllen und Entleeren näherungsweise durch eine gleichmäßige Erhöhung der Horizontallasten ersetzt werden.

(2) Je nach vorliegendem Fall dürfen die Verfahren nach 5.2.3 durch Verwendung der Gleichungen (5.38) bis (5.45) auf die Werte der Teilflächenlasten aus 5.3.1.2 und 5.3.2.2 angewandt werden.

Große Exzentrizitäten beim Befüllen von kreisförmigen niedrigen Silos und kreisförmigen Silos mit mittlerer Schlankheit 5.3.3

(1)P Bei kreisförmigen niedrigen Silos und kreisförmigen Silos mit mittlerer Schlankheit ($h_c/d_c < 2{,}0$) der Anforderungsklasse 3 und einer Exzentrizität des Aufschüttkegels beim Befüllen e_t, die größer als der kritische Wert von $e_{t,cr} = 0{,}25d_c$ (siehe Bild 5.7) ist, ist die Auswirkung der unsymmetrischen Lastverteilung im Hinblick auf die Vertikallasten in den Silowänden zu betrachten.

(2) Bei einer konventionellen Handrechnung sind die Erfordernisse von 5.3.3 (1)P erfüllt, wenn die vertikalen Wandlasten n_{zSk} nach Gleichung (5.92) zu den symmetrischen Füllungslasten addiert werden. Die symmetrischen Lasten sind für einen Füllstand mit äquivalenter Schüttgutoberfläche entsprechend einer angenommen symmetrischen Füllung nach 5.3.1.1 zu bestimmen.

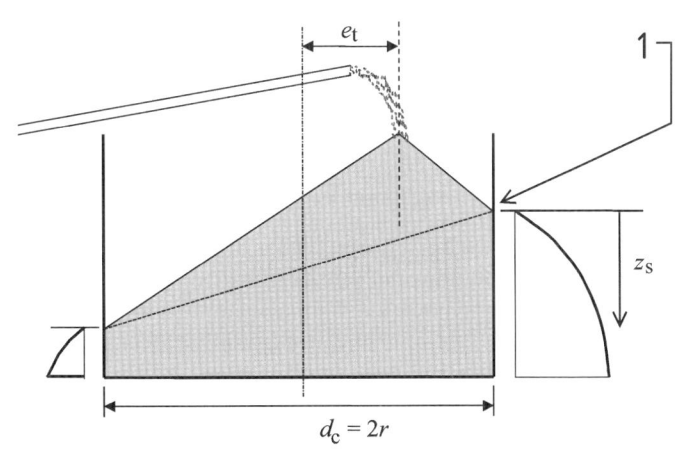

Legende
1 höchstliegende Kontaktstelle der Silowand mit dem Schüttgut

Bild 5.7: Fülldrücke bei exzentrisch gefüllten niedrigen Silos oder Silos mit mittlerer Schlankheit

(3) Die Auswirkung der unsymmetrischen Lasten darf durch Erhöhung der Vertikalkräfte im Wandbereich berücksichtigt werden, wo die Füllhöhe am größten ist.

ANMERKUNG Die Erhöhung der Vertikalkräfte ergibt sich aus der globalen Biegung des Silos, wenn auf der entgegengesetzten Wand kein Horizontaldruck wirkt. Der Zuwachs der Vertikallast ist somit direkt zu den Wandreibungslasten hinzuzuaddieren, die aus den symmetrischen Lastfällen berechnet werden (siehe oben).

(4) Die Berechnungen sollten mit dem oberen charakteristischen Wert der Schüttgutkennwerte K und μ durchgeführt werden.

(5) Der charakteristische Wert der resultierenden zusätzlichen Vertikalkräfte in der Silowand $n_{zSk}(z_s)$ sollte in einer Tiefe z_s unterhalb des höchstliegenden Berührungspunktes des Schüttgutes mit der Wand bestimmt werden aus:

$$n_{zSk} = 0{,}04\, p_{ho}\, z_s\, \tan\phi_r\, (e_t/r)\,(6 + 7z - z^2) \tag{5.92}$$

und hat die Einheit Kraft je Längeneinheit in Umfangsrichtung,

mit:

$$p_{ho} = \frac{\gamma}{\mu}\frac{A}{U} = \frac{\gamma r}{2\mu} \tag{5.93}$$

$$Z = \frac{z_s}{B} \tag{5.94}$$

$$B = \frac{r}{2\mu K} - h_0 \tag{5.95}$$

$$h_0 = r \tan\phi_r\, [1 - (e_t/r)^2]/3 \tag{5.96}$$

Dabei ist

- z_s die Tiefe unterhalb der höchstliegenden Kontaktstelle des Schüttgutes mit der Wand;
- ϕ_r der Böschungswinkel des Schüttgutes;
- r der Radius der kreisförmigen Silowand;
- e_t die Exzentrizität der Spitze des Füllanschüttkegels in radialer Richtung (siehe Bilder 1.1b) und 5.7).

ANMERKUNG Die über Gleichung (5.92) definierte Schnittkraft ist ein charakteristischer Wert. Es sollte bei der Anwendung dieser Gleichung darauf geachtet werden, dass der entsprechende Teilsicherheitsbeiwert für Einwirkungen nicht vergessen wird. Dieser Hinweis ist deshalb zu beachten, weil diese Gleichung bereits als ein Ergebnis einer statischen Berechnung (unter Verwendung der Schalenmembrantheorie) zu werten ist.

(6) Der Lastanteil aus Gleichung (5.92) sollte mit dem Lastanteil aus der aufsummierten Wandreibungslast aus Gleichung (5.81) überlagert werden.

5.3.4 Große Entleerungsexzentrizitäten in kreisförmigen niedrigen Silos und kreisförmigen Silos mit mittlerer Schlankheit

(1) Bei einer Entleerungsexzentrizität e_0, die größer als der kritische Wert $e_{0,cr} = 0{,}25 d_c$ ist, sollten bei niedrigen Silos und Silos mit mittlerer Schlankheit ($h_c/d_c < 2{,}0$) der Anforderungsklassen 2 und 3 die Verfahren nach 5.2.4 angewendet werden. Die dort beschriebenen Lasten sollten als ein zusätzlicher, getrennt zu den symmetrischen Lasten und Teilflächenlasten (nach 5.3.2) zu behandelnder Lastfall betrachtet werden.

5.4 Stützwandsilos

5.4.1 Fülllasten auf vertikale Wände

(1)P Die Auswirkung der Geometrie des Anschüttwinkels und – falls erforderlich – Krümmung der Stützwand ist bei der Ermittlung der Fülllasten zu berücksichtigen.

(2) Bei der Bestimmung des Horizontallastverhältnisses K sollte der Widerstand der Wand gegenüber radialer Ausdehnung berücksichtigt werden (i. Allg. Ruhedruckbedingungen). Bei rechnerischem Nachweis ausreichender (elastischer) Verformung der Stützwand darf ein niedrigeres Horizontallastverhältnis K angenommen werden.

(3) Es sollte ein charakteristischer Wert der Horizontallasten p_h auf die vertikalen Wände (siehe Bild 5.8) bestimmt werden.

ANMERKUNG 1   Das Verfahren zur Bestimmung des Horizontaldruckes p_h auf die vertikalen Wände darf im Nationalen Anhang festgelegt werden. Ein empfohlenes Verfahren ist in Gleichung (5.97) angegeben.

NDP Zu 5.4.1 (3)

Keine weitere nationale Festlegung.

$$p_h = \gamma K (1 + \sin\phi_r) z_s \tag{5.97}$$

Dabei ist

- z_s die Tiefe unterhalb der höchstliegenden Kontaktstelle des Schüttgutes mit der Wand (siehe Bild 5.8);
- γ der obere charakteristische Wert der Schüttgutwichte;
- K der obere charakteristische Wert des Horizontallastverhältnisses des Schüttgutes;
- ϕ_r der Böschungswinkel des gespeicherten Schüttgutes.

ANMERKUNG 2   Gleichung (5.97) liefert unter der Bedingung einer geraden vertikalen Wand mit voll entwickeltem Wandreibungskontakt und unter der Voraussetzung der Gleichheit von Böschungswinkel und Winkel der inneren Reibung anerkannt realistische Lastansätze. Dies stimmt mit den entsprechenden Ansätzen in EN 1997 überein.

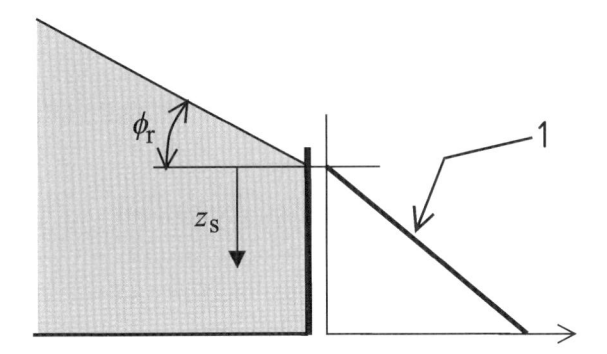

Legende
1   Lastansatz in einem Stützwandsilo

Bild 5.8: Fülldrücke in einem Stützwandsilo

(4) Der charakteristische Wert der resultierenden zusätzlichen Vertikalkräfte in der Wand (Druck) $n_{zSk}(z_s)$ – in der Einheit Kraft je Längeneinheit in Umfangsrichtung – in beliebiger Tiefe z_s unterhalb des höchstliegenden Berührungspunktes des Schüttgutes und der Wand sollte unter Berücksichtigung des Wandreibungswinkels μ in gleicher Weise bestimmt werden wie in (3).

ANMERKUNG   Das Verfahren zur Bestimmung der resultierenden zusätzlichen Vertikalkräfte in der Wand (Druck) $n_{zSk}(z_s)$ darf im Nationalen Anhang festgelegt werden. Ein empfohlenes Verfahren ist in Gleichung (5.98) angegeben:

$$n_{zSk} = \gamma \frac{\mu K}{2} (1 + \sin\phi_r) z_s^2 \tag{5.98}$$

wobei μ der obere charakteristische Wert des Wandreibungskoeffizienten des Schüttgutes ist.

NDP Zu 5.4.1 (4)

Keine weitere nationale Festlegung.

(5) Ungeachtet anders lautender Regeln dieser Norm darf die Streuung der Schüttgutparameter bei Stützwandsilos durch die Verwendung der oberen charakteristischen Werte der Wichte γ und des Horizontallastbeiwertes K des Schüttgutes als ausreichend berücksichtigt angenommen werden.

5.4.2 Entleerungslasten auf vertikale Wände

(1) Es darf davon ausgegangen werden, dass die Entleerungslasten auf die vertikalen Wände kleiner sind als die Fülllasten.

(2) In Bezugnahme auf 5.4.2 (1) sollte die Festlegung der Entleerungsbedingungen die Möglichkeit einer ungleichmäßigen Lastverteilung als Ergebnis einer ungleichmäßigen Schüttgutentnahme im Silo berücksichtigen.

5.5 Silos mit Gebläse

5.5.1 Allgemeines

(1)P Zusätzliche Lasten aus Fluidisierung und aus Luftdrücken infolge Einblasen von Luft sind bei der Bemessung zu berücksichtigen.

(2)P Homogenisierungssilos mit fluidisiertem Schüttgut und Silos mit einer großen Einfüllgeschwindigkeit des Schüttgutes (siehe 1.5.17 und 1.5.18) sind für die beiden Fälle:

– Schüttgut fluidisiert,

– Schüttgut nicht fluidisiert

zu bemessen.

(3) Für den Fall, dass das Schüttgut nicht fluidisiert, sollten die Lasten entsprechend dem Vorgehen nach 5.2 oder 5.3 behandelt werden.

5.5.2 Lasten in Silos zur Lagerung von fluidisiertem Schüttgut

(1) In Silos zur Lagerung von staubförmigem Schüttgut (siehe 1.5.32) sollte davon ausgegangen werden, dass das gespeicherte Schüttgut fluidisieren kann, falls die Geschwindigkeit der ansteigenden Schüttgutoberfläche 10 m/h übersteigt.

ANMERKUNG Die Bedingungen, unter denen ein gespeichertes staubförmiges Schüttgut fluidisieren kann, hängt von vielen Faktoren ab, die nicht einfach zu definieren sind. Das oben angeführte Kriterium ist eine einfache Abschätzung der Situation, ob dieser Lastfall für die Bemessung entscheidend werden kann. Wenn immer Zweifel über ein mögliches Fluidisieren des Schüttgutes bestehen, wird das Hinzuziehen von entsprechend spezialisierten Gutachtern (z. B. aus der Schüttgutmechanik) empfohlen.

(2) In Homogenisierungssilos (siehe 1.5.18) zur Lagerung von staubförmigen Schüttgütern (siehe 1.5.32) im Umlaufbetrieb sollte davon ausgegangen werden, dass das gespeicherte Schüttgut fluidisieren kann.

(3) Die Horizontallasten auf die Silowände p_h aus dem fluidisierten Schüttgut sollten nach Gleichung (5.99) berechnet werden:

$$p_h = \gamma_1 z \qquad (5.99)$$

Dabei ist

γ_1 die Wichte des fluidisierten Schüttgutes (fluidisierte Wichte).

(4) Die Wichte eines Schüttgutes γ_1 im fluidisierten Zustand darf über die Beziehung

$$\gamma_1 = 0{,}8\,\gamma \qquad (5.100)$$

abgeschätzt werden, wobei γ die Schüttgutwichte des staubförmigen Schüttgutes nach Abschnitt 4 ist.

Temperaturunterschiede zwischen Schüttgut und Silokonstruktion   5.6

Allgemeines   5.6.1

(1)P   Bei der Bemessung einer Silokonstruktion sind die Auswirkungen von Temperatureinwirkungen infolge von Temperaturunterschieden zwischen dem Schüttgut und der Silokonstruktion und/oder zwischen den Umgebungsbedingungen und der Silokonstruktion (Verschiebungen, Dehnungen, Krümmungen, Spannungen, Kräfte und Momente) zu berücksichtigen.

(2)P   Wenn das gelagerte Schüttgut eine unterschiedliche Temperatur gegenüber Teilbereichen oder der gesamten Silowand aufweisen kann, so ist der Silo für die zusätzlichen Lasten aus unterschiedlichen Wärmedehnungen unter dem Ansatz eines steifen Schüttgutes zu bemessen.

(3)   Die Temperaturbedingungen sollten entsprechend den Vorgaben von EN 1991-1-5 angesetzt werden.

(4)   Unterschiedliche Temperaturverformungen zwischen Silo und den mit dem Silo verbundenen Bauteilen sollten berücksichtigt werden, wobei folgende Bemessungssituationen zu betrachten sind:

– Abnahme der Umgebungstemperaturen relativ zu den Temperaturen der Silokonstruktion und des gespeicherten Schüttgutes,

– Befüllen des Silos mit heißen Schüttgütern,

– unterschiedliche Aufheiz- und Abkühlgeschwindigkeiten zwischen ungeschützten und unverkleideten Bauteilen aus Stahl und Stahlbeton,

– Behinderungen von Wandverformungen durch die Silokonstruktion.

ANMERKUNG   Unterschiedliches Aufheiz- und Abkühlverhalten zwischen ungeschützten Bauteilen aus Stahl und Stahlbeton ist typisch für Dachkonstruktionen anzutreffen, bei denen die Dachträger lediglich gleitend (ohne konstruktive Anbindung) auf die Silowände gelagert sind. Das Problem tritt bei kurzzeitigen Ausdehnungen durch die unterschiedlichen Temperaturen im Stahl und Beton auf, die sich dann durch die allmähliche Angleichung der Betontemperaturen an die der Stahlkonstruktion langsam wieder abbauen.

Lasten infolge einer Abnahme der atmosphärischen Umgebungstemperaturen   5.6.2

(1)P   Wenn eine Abnahme der atmosphärischen Umgebungstemperaturen innerhalb kurzer Zeitspannen zu erwarten ist, sind zusätzliche Lasten infolge von unterschiedlichen Temperaturverformungen zwischen der äußeren Struktur und dem thermisch relativ wenig beeinflussten Schüttgutfüllkörper zu berücksichtigen.

(2)   Bei Silos mit kreisförmigem Grundriss sollten zusätzliche Horizontallasten p_{hT} angesetzt werden, die auf die vertikalen Silowände wirken, wenn der Behälter sich im Vergleich zum gespeicherten Schüttgut stärker abkühlt. Die zusätzlichen Lasten sollten an jeder Stelle im Silo angesetzt werden mit:

$$p_{hT} = C_T\, \alpha_w\, \Delta T \frac{E_w}{\left[(r/t) + (1-v)(E_w/E_{sU})\right]} \qquad (5.101)$$

Dabei ist

C_T der Lastvergrößerungsfaktor infolge von Temperatur;

α_w der Wärmeausdehnungskoeffizient der Silowand;

ΔT der Temperaturunterschied;

r der Siloradius ($= d_c/2$);

t die Wanddicke;

E_w der Elastizitätsmodul der Silowand;

v die Poisson-Zahl des Schüttgutes (näherungsweise mit $v = 0{,}3$ anzusetzen);

E_{sU} der effektive Elastizitätsmodul des Schüttgutes bei Entlastung in der Schüttguttiefe z.

(3) Die Abschätzung des effektiven Elastizitätsmoduls E_{sU} des Schüttgutes bei Entlastung in der Schüttguttiefe z sollte die Größenordung der vertikalen Fülllasten p_{vf} im Schüttgut an dieser Stelle berücksichtigen.

(4) Der effektive Elastizitätsmodul E_{sU} des Schüttgutes bei Entlastung sollte nach den in C.10 beschriebenen Verfahren bestimmt werden.

(5) Wenn der effektive Elastizitätsmodul E_{sU} des Schüttgutes über Versuche bestimmt wurde, sollte ein Lastvergrößerungsfaktor infolge Temperatur von $C_T = 1,2$ angesetzt werden. Wird der effektive Elastizitätsmodul näherungsweise aus der Schüttgutdichte hergeleitet, sollte ein Lastvergrößerungsfaktor infolge Temperatur von $C_T = 3$ angesetzt werden.

5.6.3 Lasten infolge heiß eingefüllter Schüttgüter

(1)P Werden Schüttgüter mit hohen Temperaturen in einem Silo eingelagert, ist der Temperaturunterschied zwischen dem abgekühlten, sich bereits längere Zeit im Silo befindlichen Schüttgut und der sich ausbildenden Atmosphäre mit hohen Lufttemperaturen oberhalb der Schüttgutoberfläche zu berücksichtigen. Die Auswirkungen dieser Temperaturunterschiede auf das Ausdehnungsverhalten der Silowand sind zu beachten.

(2) Diese Effekte brauchen bei Silos der Anforderungsklasse 1 nicht berücksichtigt zu werden.

5.7 Lasten in rechteckigen Silos

5.7.1 Rechtecksilos

(1) Die Wandlasten infolge von gelagerten Schüttgütern sollten in Silos mit rechteckigem Querschnitt je nach Anwendungsfall nach 5.2, 5.3 und 5.4 angesetzt werden.

(2) Ungeachtet der allgemeinen Erfordernisse von 4.1 (2) darf bei der Bemessung von Silos der Anforderungsklassen 1 und 2 die günstige Wirkung der Interaktion zwischen Schüttgut und Silowand in Form einer Umlagerung der Horizontallasten von der Wandmitte (Abnahme) in die Ecken (Zunahme) berücksichtigt werden, wenn die Silowand so ausgelegt ist, dass deren Steifigkeit mit der Steifigkeit des gelagerten Schüttgutes vergleichbar ist.

(3) Wenn von Druckumlagerungen entsprechend (2) in einer bestimmten Füllhöhe ausgegangen wird, sollte der mittlere Druck in dieser Höhe nach 5.2 oder 5.3 ermittelt werden.

(4) Mit Hinblick auf 5.7.1 (3) und in Fällen, in denen entsprechende reduzierte Drücke verwendet werden, sollte eine sinnvolle Methode für die Abschätzung der Drücke in Ansatz gebracht werden.

5.7.2 Silos mit inneren Zuggliedern

(1) In rechteckigen Silozellen mit innerhalb des Siloquerschnitts verlaufenden Zugbändern sollten die Schüttgutlasten auf die Wände je nach Anwendungsfall nach dem Vorgehen in 5.2, 5.3 und 5.4 angesetzt werden.

(2) Die aus den Zuggliedern auf die Silowände wirkenden Kräfte sollten unter Berücksichtigung folgender Einflüsse ermittelt werden:

– Belastung auf die jeweiligen inneren Zugglieder,

– Lage und Befestigung der Zugglieder,

– Durchhang der Zugglieder,

– Einfluss der Struktursteifigkeit auf die Größenordnung des Durchhanges der Zugglieder als Ergebnis der Belastung infolge des gelagerten Schüttgutes.

(3) Bei Silos der Anforderungsklassen 1 und 2 sollten die Lasten auf die Silostruktur infolge der inneren Zugbänder nach den Berechnungsmethoden von EN 1993-4-1 berücksichtigt werden.

Lasten auf Silotrichter und Silöböden 6

Allgemeines 6.1

Physikalische Kennwerte 6.1.1

(1)P Für die folgenden Arten der Ausbildung des Silobodens werden in diesem Abschnitt die zu verwendenden charakteristischen Werte der Füll- und Entleerungslasten angegeben:
- ebene Böden;
- steile Trichter;
- flach geneigte Trichter.

(2)P Die Lasten auf die Wände von Silotrichtern sind unter Berücksichtigung der Neigung der Trichterwände entsprechend der folgenden Einteilung zu ermitteln:
- von einem ebenen Boden ist auszugehen, wenn der Neigungswinkel des Bodens gegenüber der Horizontalen α weniger als 5° beträgt;
- von einem flach geneigten Trichter ist auszugehen, wenn die beiden anderen angeführten Fälle nicht zutreffen;
- ein steiler Trichter liegt vor, wenn folgendes Kriterium erfüllt (siehe Bilder 6.1 und 6.2) ist:

$$\tan\beta < \frac{1-K}{2\mu_h} \tag{6.1}$$

Dabei ist

K der untere charakteristische Wert des Horizontallastverhältnisses an den vertikalen Wänden;

β der Trichterneigungswinkel gemessen in Bezug zur vertikalen Achse (halber Scheitelwinkel);

μ_h der untere charakteristische Wert des Wandreibungskoeffizienten im Trichter.

ANMERKUNG Ein steiler Trichter liegt vor, wenn das Schüttgut unter der Bedingung den geneigten Wänden entlang gleitet, dass der Silo gefüllt ist und sich das Schüttgut infolge des im Silo gelagerten Schüttgutes in einem verdichteten (konsolidierten) Zustand befindet. Der Reibwiderstand an der Trichterwand ist dann über die Normaldrücke auf die Trichterwand und den Wandreibungskoeffizienten definiert. Man spricht in diesem Fall auch von „vollständig mobilisierter Wandreibung". Ein flach geneigter Trichter liegt vor, wenn das Schüttgut im gefüllten Zustand des Silos nicht entlang der geneigten Trichterwand fließt (der auf die Horizontale bezogene Trichterneigungswinkel ist zu klein bzw. die Wandreibung ist zu hoch). Die Wandreibungswiderstand steht dann nicht in direkter Beziehung zu den auf die Trichterwand wirkenden Normaldrücken und den Wandreibungskoeffizienten, sondern ist etwas geringer und hängt vom Trichterneigungswinkel und vom Spannungszustand im Trichter ab (Wandreibung nicht vollständig mobilisiert). In diesem Zusammenhang spielt zwar auch die Verdichtbarkeit des Schüttgutes eine Rolle, sie kann aber vernachlässigt werden. Beim Übergang von einem steilen in einen flachen Trichter liefern die Druckansätze für die beiden Trichtertypen die gleichen Druckverteilungen und Druckwerte. Der Übergang von einem steilen in einen flachen Trichter erfolgt somit gleichmäßig (Neigungswinkel, bei dem die Wandreibung gänzlich mobilisiert ist).

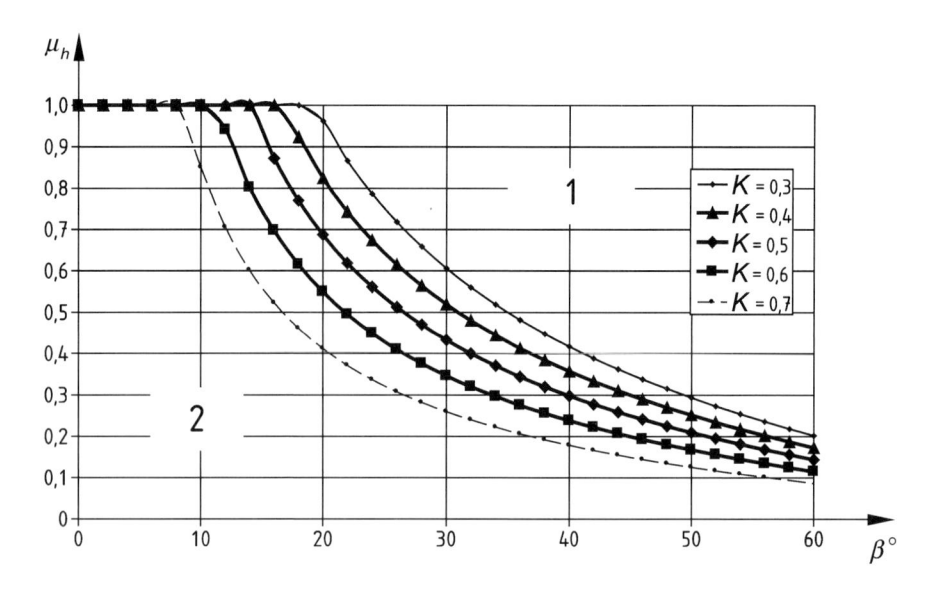

Legende

1 flacher Trichter
2 steiler Trichter
β halber Scheitelwinkel des Trichters

μ_h unterer charakteristischer Wert des Wandreibungskoeffizienten
K unterer charakteristischer Wert des Horizontallastverhältnisses an den vertikalen Wänden

Bild 6.1: Grenze zwischen steilem und flachem Trichter

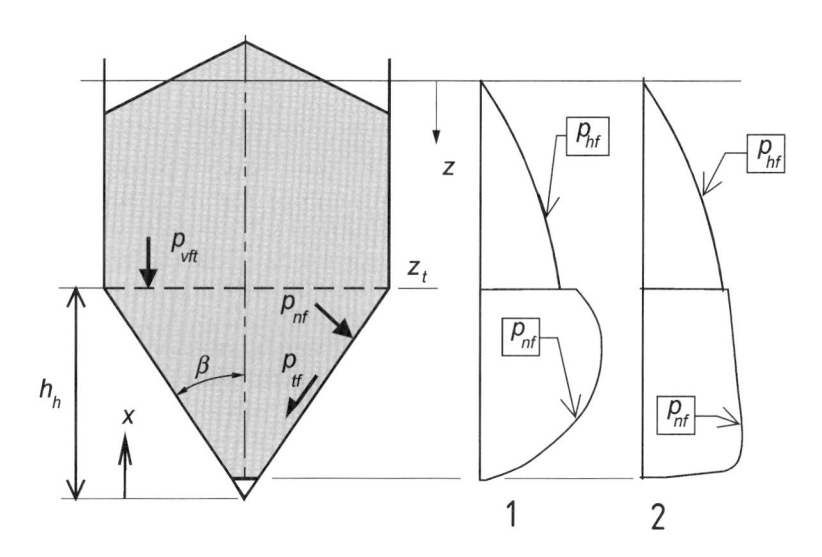

Legende

1 steil
2 flach

Bild 6.2: Verteilung der Fülldrücke in einem steilen und flachen Trichter

6.1.2 Allgemeine Regelungen

(1) Für die Berechnung der Druckverteilung auf Trichterwände gibt es zwei Verfahren. Das Referenzverfahren ist in 6.1.2 angegeben, während ein Alternativverfahren im Anhang G beschrieben wird.

(2) Die mittleren Vertikallasten am Trichterübergang und auf einen waagerechten Boden sollten berechnet werden mit:

$$p_{\text{vft}} = C_b \, p_{\text{vf}} \tag{6.2}$$

Dabei ist

p_{vf} die vertikale Fülllast nach den Gleichungen (5.3) oder (5.79) je nach Schlankheit des Silos. Dabei sind als Koordinate z die Höhe der vertikalen Wand h_c (d. h. am Trichterübergang nach Bild 1.1a)) und die Schüttgutkennwerte anzusetzen, die zu den maximalen Trichterlasten nach Tabelle 3.1 führen;

C_b der Bodenlastvergrößerungsfaktor zur Berücksichtigung der Möglichkeit, dass infolge der Überschüttung des Trichters durch das Schüttgut im vertikalen Siloschaft größere Vertikallasten auf den Trichter und Siloboden übertragen werden können.

(3) Bei Silos der Anforderungsklassen 2 und 3 sollte der Bodenlastvergrößerungsfaktor nach Gleichung (6.3) angesetzt werden:

$$C_b = 1{,}0 \text{ außer unter den in Absatz (5) beschriebenen Bedingungen} \tag{6.3}$$

(4) Wenn bei Silos der Anforderungsklasse 1 die Mittelwerte der Materialkennwerte K und μ bei der Lastermittlung verwendet werden, sollte der Bodenlastvergrößerungsfaktor nach Gleichung (6.4) angesetzt werden:

$$C_b = 1{,}3 \text{ außer unter den in Absatz (5) beschriebenen Bedingungen} \tag{6.4}$$

(5) Falls das Schüttgut zur Bildung dynamischer Belastungen neigt, werden erhöhte Lasten auf den Trichter oder Siloboden eingeleitet. Von entsprechenden Verhältnissen sollte insbesondere bei Vorliegen folgender Fälle ausgegangen werden:

– in einem Silo mit einem schlanken vertikalen Siloschaft bei Lagerung von Schüttgütern, die nicht der Klasse von Schüttgütern mit geringer Kohäsion zugeordnet werden können (siehe 1.5.24),

– wenn das gelagerte Schüttgut zur mechanischen Verzahnung der Schüttgutpartikel untereinander und zur Brückenbildung (z. B. Zementklinker) neigt.

ANMERKUNG Die Ermittlung der Kohäsion c eines Schüttgutes ist in C.9 beschrieben. Die Kohäsion c wird als gering eingestuft, wenn sie nach einer Verdichtung des Schüttgutes unter dem Spannungsniveau σ_r den Wert $c/\sigma_r = 0{,}04$ nicht übersteigt (siehe 1.5.24).

(6) Wenn das gelagerte Schüttgut beim Entleeren des Silos eine signifikante Neigung zu dynamischen Lasten aufweist (siehe Absatz (5)), sollten größere Lasten auf den Trichter und Siloboden angesetzt werden. Der Bodenlasterhöhungsfaktor sollte dann angesetzt werden mit:

$$C_b = 1{,}2 \text{ für die Anforderungsklassen 2 und 3} \tag{6.5}$$

$$C_b = 1{,}6 \text{ für die Anforderungsklasse 1} \tag{6.6}$$

(7) Für jede Lastsituation ist die mittlere Vertikallast im Trichter in einer Höhe x oberhalb des (theoretischen) Trichterscheitels (siehe Bild 6.2) zu bestimmen als:

$$p_v = \left(\frac{\gamma h_h}{n-1}\right)\left\{\left(\frac{x}{h_h}\right) - \left(\frac{x}{h_h}\right)^n\right\} + p_{vft}\left(\frac{x}{h_h}\right)^n \tag{6.7}$$

mit:

$$n = S\,(F\,\mu_{heff}\cot\beta + F - 1) \tag{6.8}$$

und

$$S = 2 \text{ für konische und quadratische pyramidenförmige Trichter} \tag{6.9}$$

$$S = 1 \text{ für keilförmige Trichter} \tag{6.10}$$

$$S = (1+ b/a) \text{ für Trichter mit rechteckigem Grundriss} \tag{6.11}$$

Dabei ist

γ der obere charakteristische Wert der Schüttgutwichte;

h_h der vertikale Abstand (Höhe) zwischen Trichterscheitel und Übergang in den vertikalen Schaft (siehe Bild 6.2);

x die vertikale Koordinate ausgehend vom Trichterscheitel (siehe Bild 6.2);

μ_{heff} der effektive oder mobilisierte charakteristische Wandreibungskoeffizient für den Trichter (je nach Fall Gleichungen (6.16) oder (6.26));

S der Koeffizient zur Berücksichtigung der Trichterform;

F der charakteristische Wert des Lastverhältnisses im Trichter (je nach Fall Gleichungen (6.17), (6.21) oder (6.27));

β der Trichterneigungswinkel bezogen auf die Vertikale (= 90° – α) oder der steilste Winkel bezogen auf die Vertikale im Falle eines quadratischen oder rechteckigen pyramidenartigen Trichters;

p_{vft} die mittlere Vertikallast im Schüttgut am Trichterübergang des Lastfalls Füllen (Gleichung (6.2));

a Länge der langen Seite eines rechteckigen Trichterquerschnittes (siehe Bild 1.1d));

b Länge der kurzen Seite eines rechteckigen Trichterquerschnittes (siehe Bild 1.1d)).

(8) Bei der Ermittlung des Lastverhältnisses F im Trichter sollte unterschieden werden, ob der Trichter als steil oder als flach einzustufen ist. Geeignete Werte für F sollten nach 6.3 und 6.4 bestimmt werden.

(9) Die Ermittlung eines geeigneten Wertes für den effektiven oder mobilisierten Wandreibungskoeffizienten im Trichter μ_{heff} sollte berücksichtigen, ob der Trichter als steil oder als flach einzustufen ist oder ob der Lastfall Füllen oder Entleeren betrachtet wird. Geeignete Werte sollten nach 6.3 und 6.4 bestimmt werden.

6.2 Waagerechte Siloböden

6.2.1 Vertikallasten auf waagerechte Siloböden in schlanken Silos

(1) Die Vertikallasten auf waagerechte Siloböden (Neigung $\alpha \leq 5°$) dürfen näherungsweise als konstant angenommen werden, außer, wenn der Silo als niedrig und mittelschlank einzustufen ist. In diesen Fällen sollten die Festlegungen nach 6.2.2 angewendet werden.

(2) Die Vertikallasten auf waagerechte Böden sollten berechnet werden mit:

$$p_v = p_{\text{vft}} \qquad (6.12)$$

wobei p_{vft} nach Gleichung (6.2) zu berechnen ist.

(3) Die Vertikallasten auf waagerechte Siloböden sollten für den Lastfall Entleeren mit den Lasten des Lastfalles Füllen gleichgesetzt werden.

6.2.2 Vertikallasten auf ebene Siloböden in niedrigen Silos und Silos mit mittlerer Schlankheit

(1) Bei niedrigen Silos und Silos mit mittlerer Schlankheit sollte der Möglichkeit Rechnung getragen werden, dass bei waagerechten Siloböden lokal größere Bodenlasten als die nach 6.1 (Gleichung (6.2)) auftreten können.

(2) Die Vertikallasten p_{vsq} auf den waagerechten Siloböden eines niedrigen Silos und eines Silos mit mittlerer Schlankheit dürfen bestimmt werden mit:

$$p_{\text{vsq}} = p_{\text{vb}} + \Delta p_{\text{sq}} \left(\frac{2{,}0 - h_c / d_c}{2{,}0 - h_{\text{tp}} / d_c} \right) \qquad (6.13)$$

mit:

$$\Delta p_{\text{sq}} = p_{\text{vtp}} - p_{\text{vho}} \qquad (6.14)$$

$$p_{\text{vtp}} = \gamma \, h_{\text{tp}} \qquad (6.15)$$

Dabei ist

p_{vb} der konstante vertikale Lastanteil nach Gleichung (6.2) mit $z = h_c$ und unter Verwendung der charakteristischen Schüttgutkennwerte, die zu den maximalen Trichterlasten nach Tabelle 3.1 führen;

p_{vho} der Vertikallastanteil nach Janssen am unteren Ende des oberen Anschüttkegels nach der Gleichung (5.79) mit $z = h_o$;

h_o der vertikale Abstand zwischen äquivalenter Schüttgutoberfläche und der am tiefsten liegenden Stelle der Wand, die sich nicht in Kontakt mit dem Schüttgut befindet (siehe Bild 6.3);

h_{tp} der vertikale Abstand zwischen der Spitze des Schüttkegels und der am tiefsten liegenden Stelle der Wand, die sich nicht in Kontakt mit dem Schüttgut befindet (siehe Bild 6.3);

h_c der vertikale Abstand der äquivalenten Schüttgutoberfläche zum Siloboden;

ANMERKUNG Die oben angeführte Regel stellt einen linearen Übergang vom Bodendruck nach der Janssen-Gleichung für einen gerade noch als schlank einzustufenden Silo ($h_c/d_c = 2{,}0$) zu dem nach der Geostatik ermittelten vertikalen Druckniveau γz ($z = h_o$) unter der Bedingung sicher, dass das Schüttgut im Silo ausschließlich aus einem Schüttkegel ($h_c = h_o$) besteht, und somit keine Bereiche mit Kontakt zur Silowand existieren. Der letztgenannte Ansatz der Geostatik liefert größere Lasten, als sie sich unterhalb eines Schüttkegels maximal einstellen. Er stellt damit eine einfache konservative Abschätzung der Verhältnisse dar.

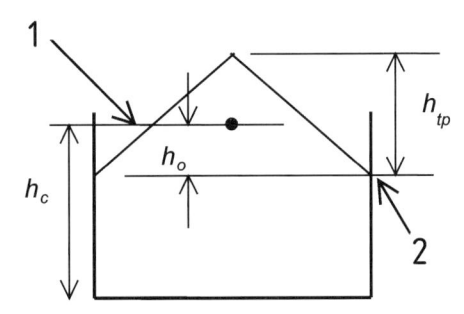

Legende
1 äquivalente Schüttgutoberfläche
2 niedrigster Punkt der Wand ohne Kontakt mit dem Schüttgut

Bild 6.3: Bodenlasten in niedrigen Silos und in Silos mit mittlerer Schlankheit

(3) Die Bodenlasten p_{vsq} nach Gleichung (6.13) können sowohl für den Lastfall Füllen als auch für den Lastfall Entleeren angesetzt werden.

(4) Der Wert von p_{vsq} nach Gleichung (6.13) gibt die Vertikallast in der Nähe des Mittelpunkts des Silobodens wieder. Wenn keine gleichmäßige Unterstützung der Bodenplatte sichergestellt ist, sollte eine zweckmäßige Verteilung der Bodenlasten angesetzt werden.

Steiler Trichter 6.3

Mobilisierte Reibung 6.3.1

(1) Sowohl für den Lastfall Füllen als auch den Lastfall Entleeren sollte für den effektiven bzw. mobilisierten Wandreibungskoeffizienten in Gleichung (6.8) folgender Wert angesetzt werden:

$$\mu_{heff} = \mu_h \qquad (6.16)$$

wobei

μ_h der untere charakteristische Wert des Wandreibungswinkels im Trichter ist.

6.3.2 Fülllasten

(1) Im Lastfall Füllen sollte die mittlere Vertikalspannung an beliebiger Stelle x eines steilen Trichters nach Gleichungen (6.7) und (6.8) sowie dem Parameter F_f nach folgender Gleichung berechnet werden:

$$F_f = 1 - \frac{b}{\left(1 + \dfrac{\tan\beta}{\mu_h}\right)} \tag{6.17}$$

Der Parameter n in Gleichung (6.8) berechnet sich zu:

$$n = S\,(1-b)\,\mu_h \cot\beta \tag{6.18}$$

Dabei ist

b ein empirischer Koeffizient, der zu $b = 0{,}2$ anzunehmen ist.

Die anderen Parameter sind in 6.1.2 (7) definiert.

(2) Die Lasten senkrecht auf die Trichterwände p_{nf} und die Wandreibungslasten p_{tf} an beliebiger Stelle x der Wand eines steilen Trichters sollten für den Lastfall Füllen (siehe Bild 6.2) nach den Gleichungen (6.19) und (6.20) berechnet werden:

$$p_{nf} = F_f\,p_v \tag{6.19}$$

$$p_{tf} = \mu_h\,F_f\,p_v \tag{6.20}$$

wobei F_f über die Gleichung (6.17) berechnet wird.

6.3.3 Entleerungslasten

(1) Im Lastfall Entleeren sollte die mittlere Vertikalspannung an beliebiger Stelle x eines steilen Trichters nach den Gleichungen (6.7) und (6.8) sowie dem Parameter $F = F_e$ berechnet werden.

(2) Der Wert F_e darf entweder durch Verwendung des Referenzverfahrens nach Gleichung (6.21) oder mit dem alternativen Verfahren nach G.10 berechnet werden:

$$F_e = \frac{1 + \sin\phi_i \cos\varepsilon}{1 - \sin\phi_i \cos(2\beta+\varepsilon)} \tag{6.21}$$

mit:

$$\varepsilon = \phi_{wh} + \arcsin\left\{\frac{\sin\phi_{wh}}{\sin\phi_i}\right\} \tag{6.22}$$

$$\phi_{wh} = \arctan\mu_h \tag{6.23}$$

Dabei ist

μ_h der untere charakteristische Wert des Wandreibungskoeffizienten des Trichters;

ϕ_i der obere charakteristische Wert des Winkels der inneren Reibung des im Trichter gelagerten Schüttgutes.

ANMERKUNG 1 Es ist zu beachten, dass der Wandreibungswinkel des Trichters immer kleiner oder gleich dem Winkel der inneren Reibung des im Trichter gelagerten Schüttgutes ist (d. h. $\phi_{wh} \leq \phi_i$), da sich sonst innerhalb des Schüttgutes eine Gleitfläche ausbildet, wenn an der Wandkontaktfläche größere Schubspannungen aufnehmbar sind als durch die innere Reibung des Schüttgutes.

ANMERKUNG 2 Die obige Gleichung (6.21) für F_e basiert auf der einfachen Theorie von Walker für Entleerungsdrücke in Trichtern. Es ist auch möglich, den alternativen Ausdruck für F_e von Enstad zu verwenden, der in G.10 angeführt ist.

(3) Der Druck senkrecht auf die Trichterwände p_{ne} und die Wandreibungslasten p_{te} sollten an jeder Stelle x der Wand eines steilen Trichters für den Lastfall Entleeren (siehe Bild 6.4) nach den Gleichungen (6.24) und (6.25) berechnet werden:

$$p_{ne} = F_e\,p_v \tag{6.24}$$

$$p_{te} = \mu_h F_e p_v \qquad (6.25)$$

wobei F_e dem Absatz (2) zu entnehmen ist.

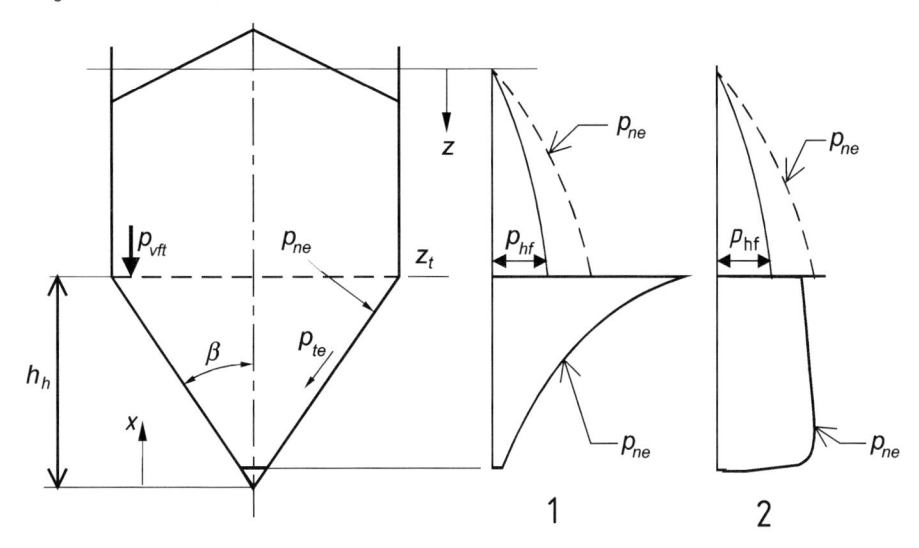

Legende
1 steil
2 flach

Bild 6.4: Entleerungsdrücke in einem steilen und einem flach geneigten Trichter

Flacher Trichter 6.4

Mobilisierte Reibung 6.4.1

(1) In einem flach geneigten Trichter ist die Wandreibung nicht voll mobilisiert. Der mobilisierte oder effektive Wandreibungskoeffizient sollte angesetzt werden als:

$$\mu_{heff} = \frac{(1-K)}{2\tan\beta} \qquad (6.26)$$

Dabei ist

K der untere charakteristische Wert des Horizontallastverhältnisses im vertikalen Siloschaft, der zu den maximalen Trichterlasten führt (siehe Tabelle 3.1);

β der Trichterneigungswinkel bezogen auf die vertikale Achse (siehe Bild 6.2).

Fülllasten 6.4.2

(1) Im Lastfall Füllen sollte die mittlere Vertikalspannung in jeder Schüttguttiefe eines steilen Trichters nach den Gleichungen (6.7) und (6.8) sowie dem Parameter F_f berechnet werden, mit

$$F_f = 1 - \{b/(1 + \tan\beta/\mu_{heff})\} \qquad (6.27)$$

Der Parameter n in Gleichung (6.8) ergibt sich dann zu:

$$n = S\,(1-b)\,\mu_{heff}\,\cot\beta \qquad (6.28)$$

Dabei ist

μ_{heff} der mobilisierte oder effektive Wandreibungskoeffizient in einem flachen Trichter nach Gleichung (6.26);

b ein empirischer Koeffizient, der zu $b = 0{,}2$ anzunehmen ist.

Die anderen Parameter sind in 6.1.2 (7) definiert.

(2) Die Lasten senkrecht auf die Trichterwände p_{nf} und die Wandreibungslasten p_{tf} sollten an beliebiger Stelle x der Wand eines steilen Trichters für den Lastfall Füllen (siehe Bild 6.2) wie folgt berechnet werden:

$$p_{nf} = F_f p_v \tag{6.29}$$

$$p_{tf} = \mu_{heff} F_f p_v \tag{6.30}$$

wobei

F_f sich nach Gleichung (6.27) ergibt.

6.4.3 Entleerungslasten

(1) In flachen Trichtern dürfen die Entleerungslasten senkrecht auf die Trichterwände und die Wandreibungslasten (siehe Bild 6.4) wie im Lastfall Füllen berechnet werden (siehe 6.4.2).

6.5 Trichter in Silos mit Gebläse

(1)P Bei Trichtern, in denen infolge der Verwendung von Gebläsen ein Fluidisieren des Schüttgutes in Teilbereichen oder im gesamten Trichter nicht ausgeschlossen werden kann, sind zusätzliche Lasten infolge des Fluidisierens und die Luftdrücke zu berücksichtigen.

(2) Diese Lasten sollten wie unter 5.5.2 beschrieben ohne einen Ansatz von Wandreibungslasten ermittelt werden.

Lasten auf Flüssigkeitsbehälter 7

Allgemeines 7.1

(1)P Die folgenden Regeln zur Bestimmung der charakteristischen Lasten infolge von in Behältern gelagerten Flüssigkeiten sind anzuwenden.

ANMERKUNG 1 Diese Regeln gelten unter statischen Bedingungen für alle Arten von Flüssigkeitsbehältern. Flüssigkeitsbehälter, in denen sich dynamische Vorgänge abspielen, sind nicht einbezogen.

ANMERKUNG 2 Eine Liste von relevanten Einwirkungen, Teilsicherheitsfaktoren und Kombinationen von Einwirkungen auf Flüssigkeitsbehälter kann Anhang B entnommen werden.

Lasten infolge gelagerter Flüssigkeiten 7.2

(1) Lasten aus gelagerten Flüssigkeiten sollten unter Berücksichtigung folgender Gesichtspunkte berechnet werden:
- der definierten Bandbreite der Flüssigkeiten, die im Flüssigkeitsbehälter gelagert werden sollen,
- der Geometrie des Flüssigkeitsbehälters,
- der maximal möglichen Einfüllhöhe im Flüssigkeitsbehälter.

(2) Der charakteristische Wert der Last p sollte nach Gleichung (7.1) berechnet werden:

$$p(z) = \gamma z \qquad (7.1)$$

Dabei ist

z die Tiefe unterhalb der Flüssigkeitsoberfläche;

γ Wichte der gelagerten Flüssigkeit.

Kennwerte der Flüssigkeiten 7.3

(1) Es sollten die in EN 1991-1-1, Anhang A angegebenen Wichten verwendet werden.

Soglasten infolge von unzureichender Belüftung 7.4

(1)P Wenn das Belüftungssystem eines Flüssigkeitsbehälters ausfallen kann bzw. störungsanfällig ist, ist eine geeignete Berechnungsmethode anzuwenden, um die während der Entleerung unter Extrembedingungen auftretenden Unterdrücke zu bestimmen. Die Berechnung hat die möglichen adiabatischen Eigenschaften des beschriebenen Prozesses zu berücksichtigen.

Anhang A
(informativ)

Grundlagen der Tragwerksplanung – Regeln in Ergänzung zu EN 1990 für Silos und Flüssigkeitsbehälter

REDAKTIONELLE ANMERKUNG   Dieser Anhang sollte in EN 1990 „Grundlagen der Tragwerksplanung und Einwirkungen auf Tragwerke" als ein normativer Anhang mit aufgenommen werden.

Allgemeines   A.1

(1) Grundsätzlich ist für die Bemessungsverfahren das in EN 1990 vorgegebene Format anwendbar. Silos und Flüssigkeitsbehälter weisen jedoch gegenüber vielen anderen Gebäuden den wesentlichen Unterschied auf, dass sie die meiste Zeit ihrer Nutzungsdauer den vollen Lasten aus den gelagerten Schüttgütern und Flüssigkeiten ausgesetzt sind.

(2) Dieser Anhang liefert zusätzliche Regeln für die Teilsicherheitsfaktoren der Einwirkungen (γ_F-Beiwerte) und der Kombinationen mit anderen Einwirkungen sowie für die relevanten Kombinationsbeiwerte (ψ-Beiwerte) für Silos und Flüssigkeitsbehälter.

(3) Die möglichen Temperatureinwirkungen schließen klimatische Wirkungen und Wirkungen aus heißem Schüttgut ein. Die folgenden Bemessungssituationen sollten berücksichtigt werden:

— Heiße Schüttgüter, die in teilgefüllte Silos oder Behälter eingefüllt werden. Hierbei sollten die Auswirkungen der Erhöhung der Lufttemperatur oberhalb des Schüttgutes beachtet werden.

— Verformungsbehinderung der Silowandkonstruktion durch das Schüttgut beim Abkühlen.

(4) Bei der Ermittlung der Auswirkung unterschiedlicher Setzungen in Silobatterien oder Gruppierungen von Silozellen oder Flüssigkeitsbehältern sollte von der ungünstigsten Kombination von gefüllten und leeren Zellen ausgegangen werden.

Grenzzustand der Tragfähigkeit   A.2

Teilsicherheitsbeiwerte γ A.2.1

(1) Für die Bemessung von Silos und Flüssigkeitsbehältern dürfen die Werte nach EN 1990, A.1 angesetzt werden.

(2) Wenn die maximale Füllhöhe und die größten anzusetzenden Wichten der zur Lagerung vorgesehenen Flüssigkeiten nicht überschritten werden können, darf der Sicherheitsbeiwert γ_F von 1,50 auf 1,35 reduziert werden.

Kombinationsbeiwerte ψ A.2.2

Die Kombinationsbeiwerte ψ für Silolasten und Lasten in Flüssigkeitsbehältern und die Kombinationsbeiwerte mit anderen Einwirkungen werden in A.4 angegeben.

Einwirkungskombinationen   A.3

(1) Beim Nachweis des Grenzzustandes der Tragfähigkeit eines Silos sollten folgende Einwirkungen betrachtet werden:

— Füllen und Lagern von Schüttgütern (siehe Fülllasten in EN 1991-4);
— Entleeren von Schüttgütern (siehe Entleerungslasten in EN 1991-4);
— Eigen- und Nutzlasten (siehe EN 1991-1-1);
— Schnee- und Eislasten (siehe EN 1991-1-3);
— Windeinwirkungen, sowohl bei gefülltem als auch bei leerem Silo (siehe EN 1991-1-4);

- Temperatureinwirkungen (siehe EN 1991-1-5);
- Zwangsverformungen (eingeprägte Verformungen): Setzungen im Gründungsbereich (siehe EN 1997);
- Erdbeben (siehe EN 1998);
- Lasten aus Staubexplosion.

A.4 Bemessungssituation und Einwirkungskombinationen für die Anforderungsklassen 2 und 3

(1) Die vorherrschenden (dominierenden) und die ständigen Einwirkungen sollten für jeden Lastfall mit ihren vollen Werten angesetzt werden, während die begleitenden Einwirkungen durch die Kombinationsbeiwerte ψ reduziert werden können, um der geringeren Wahrscheinlichkeit eines gleichzeitigen Auftretens in Übereinstimmung mit EN 1990 Rechnung zu tragen. Die Kombinationen sollten in Übereinstimmung mit den Regeln von EN 1990 gewählt werden.

(2) In allen angeführten Lastkombinationen sollten die Kombinationsbeiwerte $\psi_{0,1}$ zu 1,0 und $\xi_1 = 0,9$ angenommen werden.

(3) Handelt es sich bei den dominierenden Einwirkungen um Erdbeben- oder außergewöhnliche Lasteinwirkungen, darf unter der Voraussetzung, dass die geeigneten Verfahren nach 5.2, 5.3 und 6 angewendet werden, die begleitende Einwirkung der Schüttgutlasten mit den Mittelwerten des Wandreibungskoeffizienten μ_m, des Horizontallastverhältnisses K_m und des Trichterlastverhältniswertes F_m berechnet werden.

ANMERKUNG Die Werte von ψ dürfen in Nationalen Anhängen festgelegt werden. Die Werte und die Kombinationen der Tabellen A.1, A.2, A.3, A.4 und A.5 sind Empfehlungen, die mit den begleitenden Einwirkungen 2 und 3 durch deren geeigneten Kombinationsbeiwert ψ reduziert werden.

> **NDP Zu A.4 (3)**
>
> Keine weitere nationale Festlegung.

Tabelle A.1: Zu betrachtende Bemessungssituationen und Kombinationen von Einwirkungen

Kurz-bezeich-nung	Bemessungssituation/ vorherrschende Einwirkung 1	Ständige Lasten	Begleitende Einwirkung 2	$\psi_{0,2}$	Begleitende Einwirkung 3	$\psi_{0,3}$
D	Schüttgutentleerung	Eigengewicht	Fundamentsetzungen	1,0	Schnee oder Wind oder Temperatur	0,6
					Nutzlasten oder Verformungen	0,7
I	Nutzlasten oder Verformungen	Eigengewicht	Schüttgutfüllung (Silo voll)	1,0	Schnee oder Wind oder Temperatur	0,6
S	Schnee	Eigengewicht	Schüttgutfüllung	1,0		
WF	Wind bei gefülltem Silo	Eigengewicht	Schüttgutfüllung	1,0		
WE	Wind bei leerem Silo	Eigengewicht	Keine Schüttgutfüllung (Silo leer)	0,0		
T	Temperatur	Eigengewicht	Schüttgutfüllung	1,0		
F	Fundamentsetzungen	Eigengewicht	Schüttgutentleerung	1,0	Schnee oder Wind oder Temperatur	0,6
				$\psi_{2,2}$		$\psi_{2,3}$
E	Explosion	Eigengewicht	Schüttgutfüllung	0,9	Nutzlasten oder Verformungen	0,3
V	Fahrzeuganprall	Eigengewicht	Schüttgutfüllung	0,8	Nutzlasten oder Verformungen	0,3

ANMERKUNG 1 Diese Tabelle bezieht sich auf Begriffe der Lastkombinationsregeln aus EN 1990, Abschnitt 6.

ANMERKUNG 2 Die Indizes der Lastkombinationsbeiwerte ψ haben folgende Bedeutung: Erster Index steht für den Typ der Bemessungssituation: normale Kombinationen sind mit 0; häufige Werte mit 1; quasi-ständige Werte mit 2 bezeichnet. Der zweite Index bezieht sich auf die Lastnummer in der Kombination.

Tabelle A.2 „Allgemeiner" Grenzzustand der Tragfähigkeit („Ordinary" ULS) – Zu betrachtende Bemessungssituationen und Kombinationen von Einwirkungen

Kurz-bezeich-nung	Bemes-sungs-situation/ vorherr-schende Einwirkung	Ständige Einwirkungen		Leitende veränderliche Einwirkung	Unabhängige veränderliche Einwirkung 1 (Haupt-)		Unabhängige veränderliche Einwirkung 2		Unabhängige veränderliche Einwirkung 3, 4 usw.	
		Beschrei-bung	ξ_1	(siehe nächste Spalte, „Haupt-")	Beschreibung	$\psi_{0,1}$	Beschreibung	$\psi_{0,2}$	Beschreibung	$\psi_{0,3}$ $\psi_{0,4}$ usw.
D	Schüttgut-entleerung	Eigen-gewicht	0,9		Schüttgut-entleerung (voller Silo)	1,0	Fundament-setzungen	0,7	Schnee, Wind, Temperatur	0,6
									Nutzlasten oder Verfor-mungen	0,7
I	Eingeprägte Verfor-mungen	Eigen-gewicht	0,9		Schüttgutfül-lung (Silo voll gefüllt)	1,0	Eingeprägte Verformungen	0,7	Schnee, Wind, Temperatur	0,6
									Nutzlasten	0,7
S	Schnee	Eigen-gewicht	0,9		Schüttgutfül-lung (Silo voll)	1,0	Schnee	0,6	Nutzlasten	0,7
WF	Wind und gefüllter Silo	Eigen-gewicht	0,9		Schüttgut-füllung, Silo voll gefüllt	1,0	Wind	0,6	Nutzlasten	0,7
WE	Wind und leerer Silo	Eigen-gewicht	0,9		Kein Schüttgut im Silo	0,0	Wind	0,6	Nutzlasten	0,7
T	Temperatur	Eigen-gewicht	0,9		Schüttgutfül-lung (Silo voll)	1,0	Temperatur	0,6	Nutzlasten	0,7

ANMERKUNG Tabelle A.2 sollte unter Verwendung der Gleichungen (6.10a) und (6.10b) von EN 1990, 6.4.3.2 verwendet werden.

Tabelle A.3: Grenzzustand der Tragfähigkeit für außergewöhnliche Lasten („Accidental" ULS) – Zu betrachtende Bemessungssituationen und Kombinationen von Einwirkungen

Kurzbe-zeich-nung	Bemes-sungs-situation/ vorherr-schende Einwirkung	Ständige Einwirkungen	Leitende veränderliche Einwirkung	Unabhängige veränderliche Einwirkung 1 (Haupt-)		Unabhängige veränderliche Einwirkung 2		Unabhängige veränderliche Einwirkung 3, 4 usw.	
		Beschrei-bung	Beschrei-bung	Beschreibung	$\psi_{1,1}$ oder $\psi_{2,1}$	Beschreibung	$\psi_{2,2}$	Beschreibung	$\psi_{2,3}$ $\psi_{2,4}$ usw.
E	Explosion	Eigen-gewicht	Druck-welle	Schüttgut-füllung, Silo voll gefüllt	0,9 oder 0,8	Eingeprägte Verformungen	0,3	Nutzlasten	0,3
V	Fahrzeug-anprall	Eigen-gewicht	Fahrzeug-anprall	Schüttgut-füllung, Silo voll gefüllt	0,9 oder 0,8	Eingeprägte Verformun-gen	0,3	Nutzlasten	0,3

ANMERKUNG Tabelle A.3 sollte unter Verwendung der Gleichungen (6.11b) von EN 1990, 6.4.3.3 verwendet werden.

Tabelle A.4: Grenzzustand der Tragfähigkeit bei seismischer Beanspruchung („Seismic" ULS) – Zu betrachtende Bemessungssituationen und Kombinationen von Einwirkungen

Kurzbe-zeich-nung	Bemes-sungs-situation/ vorherr-schende Einwirkung	Ständige Einwirkungen	Leitende veränderliche Einwirkung	Unabhängige veränderliche Einwirkung 1 (Haupt-)		Unabhängige veränderliche Einwirkung 2		Unabhängige veränderliche Einwirkung 3, 4 usw.	
		Beschrei-bung	Beschreibung	Beschreibung	$\psi_{2,1}$	Beschreibung	$\psi_{2,2}$	Beschrei-bung	$\psi_{2,3}$ $\psi_{2,4}$ usw.
SF	Seismische Einwirkung und gefüllter Silo	Eigen-gewicht	Seismische Einwirkung (Erdbeben)	Schüttgut-füllung, Silo voll gefüllt	0,8	Eingeprägte Verfor-mungen	0,3	Nutzlasten	0,3
SE	Seismische Einwirkung und leerer Silo	Eigen-gewicht	Seismische Einwirkung (Erdbeben)	Kein Schüttgut im Silo (Silo leer)	0,8	Eingeprägte Verfor-mungen	0,3	Nutzlasten	0,3
ANMERKUNG Tabelle A.4 sollte unter Verwendung der Gleichung (6.12b) von EN 1990, 6.4.3.4 und der entsprechenden Gleichungen von EN 1998-1 und EN 1998-4 verwendet werden.									

Tabelle A.5: Grenzzustand der Gebrauchsfähigkeit (SLS) – Zu betrachtende Bemessungssituationen und Kombinationen von Einwirkungen

Kurzbezeichnung	Bemessungssituation/vorherrschende Einwirkung	Ständige Einwirkungen Beschreibung	Leitende veränderliche Einwirkung (siehe nächste Spalte (Haupt-)	Unabhängige veränderliche Einwirkung 1 (Haupt-) Beschreibung	$\psi_{1,1}$ oder $\psi_{2,1}$	Unabhängige veränderliche Einwirkung 2 Beschreibung	$\psi_{0,2}$ oder $\psi_{2,2}$	Unabhängige veränderliche Einwirkung 3, 4 usw. Beschreibung	$\psi_{0,3}$ $\psi_{0,4}$ oder $\psi_{2,3}$ $\psi_{2,4}$ usw.
D	Schüttgutentleerung	Eigengewicht		Schüttgutentleerung	0,9 oder 0,8	Fundamentsetzungen	0,7 oder 0,3	Schnee, Wind, Temperatur	0,6 oder 0,0
								Nutzlasteneingeprägte Verformungen	0,7 oder 0,3
I	Eingeprägte Verformungen	Eigengewicht		Schüttgutfüllung	0,9 oder 0,8	Eingeprägte Verformungen	0,7 oder 0,3	Schnee, Wind, Temperatur	0,6 oder 0,0
								Nutzlasten	0,7 oder 0,3
S	Schnee	Eigengewicht		Schüttgutfüllung	0,9 oder 0,8	Schnee	0,6 oder 0,0	Nutzlasten	0,7 oder 0,3
WF	Wind und voll gefüllter Silo	Eigengewicht		Schüttgutfüllung, Silo voll gefüllt	0,9 oder 0,8	Wind	0,6 oder 0,0	Nutzlasten	0,7 oder 0,3
WE	Wind und leerer Silo	Eigengewicht		Kein Schüttgut im Silo, Silo leer	0,0	Wind	0,6 oder 0,0	Nutzlasten	0,7 oder 0,3
T	Temperatur	Eigengewicht		Schüttgutfüllung	0,9 oder 0,8	Temperatur	0,6 oder 0,0	Nutzlasten	0,7 oder 0,3

ANMERKUNG Tabelle A.5 sollte unter Verwendung der Gleichungen (6.14b), (6.15b) und (6.16b) von EN 1990, 6.5.3 wie folgt verwendet werden:

Seltene (charakteristische) Kombination, Gleichung (6.14b): Die seltene (charakteristische) Kombination wird üblicherweise für nicht umkehrbare (bleibende) Grenzzustände verwendet.

Häufige Kombination, Gleichung (6.15b): Die häufige Kombination wird üblicherweise für umkehrbare (nicht bleibende) Grenzzustände verwendet.

Quasi-ständige Kombination, Gleichung (6.16b): Die quasi-ständige Kombination wird üblicherweise für Situationen mit Langzeitauswirkungen und -erscheinungen auf das Tragwerk verwendet.

A.5 Einwirkungskombinationen für die Anforderungsklasse 1

(1) Für Silos der Anforderungsklasse 1 dürfen die folgenden vereinfachten Bemessungssituationen angenommen werden:

- Füllen
- Entleeren
- Wind bei leerem Silo
- Silo voll gefüllt und Wind
- Schnee (für das Dach).

(2) Beim Lastfall Wind ist die Anwendung der vereinfachten Regeln von EN 1991-1-4 erlaubt.

Anhang B
(informativ)
Einwirkungen, Teilsicherheitsfaktoren und Kombinationsbeiwerte der Einwirkungen auf Flüssigkeitsbehälter

REDAKTIONELLE ANMERKUNG Dieser Anhang sollte in EN 1990 „Grundlagen der Tragwerksplanung und Einwirkungen auf Tragwerke" als ein normativer Anhang mit aufgenommen werden.

Allgemeines   B.1

(1)P Die Bemessung hat die charakteristischen Werte der Einwirkungen der Zusammenstellungen B.2.1 bis B.2.14 zu berücksichtigen.

(2) Auf diese charakteristischen Werte sollten die Teilsicherheitsbeiwerte der Einwirkungen nach B.3 und die Kombinationsregeln nach B.4 angewendet werden.

Einwirkungen   B.2

Lasten aus gelagerten Flüssigkeiten   B.2.1

(1)P Während des Betriebs sind als Lasten infolge der Befüllung die Eigengewichtslasten des eingefüllten Produkts vom maximalen Füllstand bis zum völlig entleerten Zustand anzusetzen.

(2)P Während der Probefüllung sind als Lasten infolge der Befüllung die Eigengewichtslasten des bei der Probefüllung eingefüllten Mediums vom maximalen Füllstand bis zum völlig entleerten Zustand anzusetzen.

Lasten aus Innendrücken   B.2.2

(1)P Während des Betriebs sind unter „Lasten aus Innendruck" die Lasten in Bezug auf die spezifischen Minimal- und Maximalwerte der Innendrücke zu verstehen.

(2)P Während der Probefüllung sind unter „Lasten aus Innendruck" die Lasten in Bezug auf die spezifischen Minimal- und Maximalwerte der Innendrücke während des Versuchs zu verstehen.

Lasten aus Temperatur(-änderung)   B.2.3

(1) Spannungen aus Zwängungen infolge von Temperaturdehnungen dürfen vernachlässigt werden, wenn die Anzahl der Lastzyklen der Temperaturdehnungen zu keinem Risiko einer Ermüdung oder eines zyklischen plastischen Versagens führt.

Eigengewichtslasten   B.2.4

(1)P Als Eigengewichtslast von Flüssigkeitsbehältern ist die Resultierende der Eigengewichte aller Einzelbauteile des Behälters und der an diesen befestigten Komponenten anzusetzen.

(2) Rechenwerte sollten EN 1991-1-1, Anhang A entnommen werden.

Lasten aus Dämmung   B.2.5

(1)P Als Lasten infolge von Dämmungen sind die Eigengewichte der Dämmungen anzusetzen.

(2) Rechenwerte sollten EN 1991-1-1, Anhang A entnommen werden.

B.2.6 Verteilte Nutzlasten

(1) Die verteilt anzusetzenden Lasten aus der Nutzung sollten EN 1991-1-1 entnommen werden, außer sie werden vom Auftraggeber spezifiziert.

B.2.7 Konzentrierte Nutzlasten

(1) Konzentrierte Einzellasten aus der Nutzung sollten EN 1991-1-1 entnommen werden, außer sie werden vom Auftraggeber spezifiziert.

B.2.8 Schnee

(1) Die Schneelasten sollten EN 1991-1-3 entnommen werden.

B.2.9 Wind

(1) Die Lasten aus Wind sollten EN 1991-1-4 entnommen werden.

(2) Zusätzlich dürfen die folgenden Druckkoeffizienten für kreisförmige zylindrische Flüssigkeitsbehälter angenommen werden (siehe Bild B.1):

a) Innendruck bei oben offenen Flüssigkeitsbehältern und oben offenen Auffangbehältern: $c_p = -0,6$.

b) Innendruck bei belüfteten Flüssigkeitsbehältern mit kleinen Öffnungen: $c_p = -0,4$.

c) Wenn ein Auffangbehälter vorhanden ist, darf der außen auf den Flüssigkeitsbehälter wirkende Druck als mit der Höhe linear von oben nach unten abnehmend angesetzt werden.

(3) Entsprechend ihrem temporären Charakter dürfen während der Bauphase reduzierte Windlasten entsprechend EN 1991-1-4 und EN 1991-1-6 angesetzt werden.

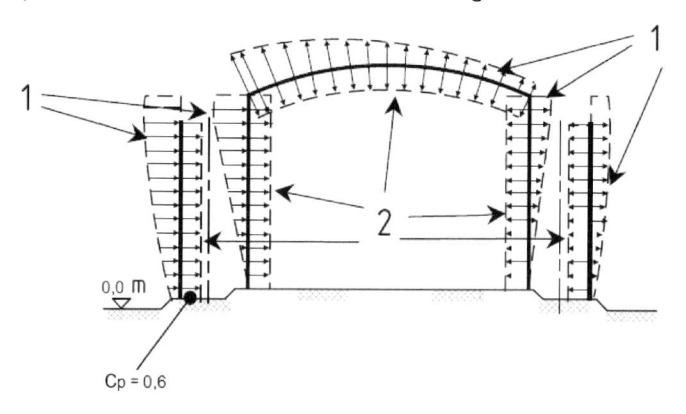

a) Flüssigkeitsbehälter mit Auffangwanne

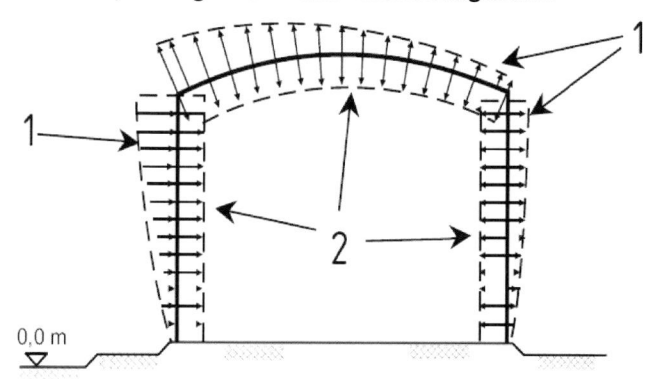

b) Flüssigkeitsbehälter ohne Auffangwanne

Legende
1   C_p nach EN 1991-1-4
2   $C_p = 0,4$ ausschließlich bei Belüftung

Bild B.1: Druckkoeffizienten für Windlasten auf einem kreisförmigen zylindrischen Flüssigkeitsbehälter

Unterdruck durch unzureichende Belüftung   B.2.10

(1)P Die Lasten infolge einer unzureichenden Belüftung sollten nach Abschnitt 7 angesetzt werden.

Seismische Lasten   B.2.11

(1)P Seismische Lasten sind nach EN 1998-4 anzusetzen, welche auch weitere Anforderungen für eine adäquate Bemessung vorgibt.

Lasten aus Verbindungsbauten   B.2.12

(1)P Lasten aus Rohrleitungen, Klappen oder anderen Gegenständen und Lasten resultierend aus Setzungen von relativ zu der Gründung des Flüssigkeitsbehälters unabhängigen Gebäudegründungen sind zu berücksichtigen. Rohrleitungsanlagen sind so zu konstruieren, dass nur so wenig wie möglich Lasten auf die Flüssigkeitsbehälter wirken.

Lasten aus ungleichförmigen Setzungen   B.2.13

(1)P Lasten aus Setzungen sind zu berücksichtigen, wenn im Zeitraum der vorgesehenen Nutzung das Auftreten von ungleichmäßigen Setzungen zu erwarten ist.

Katastrophenlasten   B.2.14

(1) Diese Lasten sollten Folgen von Ereignissen wie äußere Druckwellen, Stoßbeanspruchung, Brandbeaufschlagung, Explosion, Undichtigkeiten des inneren Flüssigkeitsbehälters, Überschwappen und Überfüllung des inneren Tanks berücksichtigen.

ANMERKUNG Die Lasten dürfen im Nationalen Anhang spezifiziert oder durch den jeweiligen Auftraggeber eines speziellen Projektes angegeben werden.

> **NDP Zu B.2.14 (1)**
> Keine weiteren nationalen Festlegungen.

Teilsicherheitsbeiwerte der Einwirkungen   B.3

(1)P Auf die Einwirkungen von B.2.2 bis B.2.14 sind die Teilsicherheitsbeiwerte nach EN 1990 anzuwenden.

(2) Es wird empfohlen, den Teilsicherheitsbeiwert für Lasten aus Flüssigkeiten für den Betrieb (B.2.1 (1)) mit $\gamma_F = 1{,}20$ anzusetzen.

(3) Es wird empfohlen, den Teilsicherheitsbeiwert für Lasten aus Flüssigkeiten während der Probebefüllung (B.2.1 (2)) mit $\gamma_F = 1{,}00$ anzusetzen.

(4) Bei Bemessungssituationen für außergewöhnliche Einwirkungen wird empfohlen, für variable Einwirkungen den Teilsicherheitsbeiwert mit $\gamma_F = 1{,}00$ anzusetzen.

Kombinationen von Einwirkungen   B.4

(1)P Es ist den allgemeinen Anforderungen von EN 1990, Abschnitt 6 zu folgen.

(2) Nutzlasten und Lasten aus Schnee müssen nicht als gleichzeitig wirkend angesetzt werden.

(3) Seismische Einwirkungen müssen während der Versuchsbefüllung nicht betrachtet werden.

(4) Katastropheneinwirkungen müssen während der Versuchsbefüllung nicht betrachtet werden. Es sind aber die Kombinationsregeln für außergewöhnliche Lasten nach EN 1990 zu berücksichtigen.

Anhang C
(normativ)
Messung von Schüttgutkennwerten für die Ermittlung von Silolasten

Allgemeines C.1

(1) Dieser Anhang beschreibt Prüfverfahren, die in dieser Norm ausschließlich zur Ermittlung von Schüttgutkennwerten für die Ermittlung der Lasten in Silos eingeführt werden. Diese Verfahren sind nicht für die Auslegung von Silos hinsichtlich der Sicherstellung eines zuverlässigen Schüttgutfließens anwendbar. Das der Ermittlung der Schüttgutkennwerte zugrunde zu legende Druckniveau ist bei der Bestimmung der Schüttgutlasten viel höher anzusetzen als bei den schüttgutmechanischen Betrachtungen zum Schüttgutfließen, weil die untersuchte Schüttgutprobe den maßgeblichen Bedingungen in den Schüttgutbereichen mit hohen Drücken genügen muss. Daraus folgt, dass die Probenvorbereitung in einigen prinzipiellen Vorgehensweisen von der in Schüttgutmechanik üblichen abweichen muss.

(2) Bei den Vorbereitungen der Probe zur Erzielung einer repräsentativen Schüttgutpackung sollten hohe Lagerungsdichten angestrebt werden. Alle Parameter, die die Silolasten beeinflussen, sollten unter dieser Bedingung ermittelt werden, weil diese Bedingung der hohen Lagerungsdichte den Referenzzustand für die oberen charakteristischen Werte der Einwirkungen auf die Silokonstruktion beschreibt.

Anwendung C.2

(1) Die in diesem Anhang beschriebenen Prüfverfahren sind für die Anwendung bei der Bemessung von Silos der Anforderungsklasse 3 und bei Schüttgütern angegeben, die nicht in Tabelle E.1 enthalten sind. Sie können auch zur Ermittlung der Schüttgutkennwerte als Alternative zu den in Tabelle E.1 angegebenen Werten herangezogen werden. Die Bezugsspannungen in den Versuchen wirken entweder in vertikaler oder in horizontaler Richtung. Sie sollen repräsentative Spannungen wiedergeben, wie sie im gespeicherten Schüttgut z. B. im Bereich des Trichterübergangs unter dem Lastfall Füllen vorherrschen.

(2) Die Prüfverfahren dürfen auch zur Messung von allgemeingültigen Schüttgutkennwerten zur Bemessung von Silos angewendet werden, also nicht nur für eine spezielle Silogeometrie. Versuche, die allgemeingültige Schüttgutkennwerte für die Bemessung von unterschiedlichen Silos liefern sollen, sollten unter Zugrundelegung folgender Referenzdruckniveaus durchgeführt werden:

a) zur Berücksichtigung der Vertikaldrücke (C.6, C.8 und C.9): Referenzspannung $\sigma_r = 100$ kPa

b) zur Berücksichtigung der Horizontaldrücke (C.7.2): Referenzspannung $\sigma_r = 50$ kPa

Symbole C.3

In diesem Anhang werden folgende Symbole verwendet:

a Umrechnungsfaktoren für die Schüttgutkennwerte zur Berücksichtigung der Streuung

c Kohäsion (siehe Bild C.4)

D innerer Durchmesser der Versuchszelle

F_r Restscherwiderstand (-kraft) am Ende der Wandreibungsversuche (siehe Bild C.2b))

K_{mo} Mittelwert des Horizontallastverhältnisses bei glatten Wänden

Δ Verschiebung des oberen Teils der Scherzelle während des Scherversuchs

ϕ_l Winkel der inneren Reibung bei Belastung der Probe (Winkel der Gesamtscherfestigkeit)

ϕ_c Winkel der inneren Reibung bei einer Entlastung der Probe („wirksamer innerer Reibungswinkel")

μ Koeffizient der Reibung zwischen Schüttgut- und Wandprobe (Wandreibungskoeffizient)

σ_r Referenzspannung

τ_A in einem Scherversuch gemessene Restscherfestigkeit nach Erhöhung der Normalspannung (siehe Bild C.4) (bei Erstbelastung)

τ_B in einem Scherversuch gemessene maximale Scherfestigkeit nach Reduzierung der Normalspannung (siehe Bild C.4) (bei Entlastung)

τ in einem Scherversuch gemessene Scherspannung

C.4 Begriffe

Für die Anwendung dieses Anhangs gelten folgende Begriffe.

C.4.1 sekundäre Parameter

Jeder Parameter, der die Kennwerte des gespeicherten Materials beeinflussen kann, aber nicht unter den Haupteinflussfaktoren für die Streuung der Kennwerte aufgeführt ist. Sekundäre Parameter sind z. B. die Zusammensetzung, die Kornabstufung (Korngrößenverteilung), der Feuchtigkeitsgehalt, die Temperatur, das Alter, die elektrische Aufladung während des Betriebs und die Produktionsmethoden. Streuungen in den unter C.2 definierten Referenzspannungen sollten als sekundäre Parameter betrachtet werden.

C.4.2 Probenahme

Die Auswahl von repräsentativen Proben des zur Lagerung vorgesehenen Schüttgutes oder des Materials der Silowand unter Einbezug der Veränderlichkeit derer Eigenschaften mit der Zeit.

C.4.3 Referenzspannung

Die Referenzspannung ist der Spannungszustand, bei welchem die Messungen der Schüttgutkennwerte durchgeführt werden. Die Referenzspannung wird üblicherweise so ausgewählt, dass sie dem nach dem Füllen des Silos im Schüttgut vorherrschenden Spannungsniveau entspricht. Manchmal kann es notwendig sein, die Referenzspannung über mehr als nur eine Hauptspannung zu definieren.

C.5 Probenahme und Probenvorbereitung

(1) Die Versuche sollten mit repräsentativen Proben der zur Lagerung im Silo vorgesehenen Schüttgüter durchgeführt werden.

(2) Die Auswahl der Probe sollte unter einer geeigneten Betrachtung der während der Nutzungsdauer des Silos möglichen Änderungen der Schüttgutparameter, außerdem der Änderungen infolge von sich wechselnden Umgebungsbedingungen, der Auswirkungen der Verfahren des Silobetriebes und der Auswirkungen von Entmischungen des Schüttgutes im Silo erfolgen.

(3) Der Mittelwert jedes Schüttgutkennwertes sollte unter Berücksichtigung einer geeigneten Streuung der relevanten sekundären Parameter bestimmt werden.

(4) Die Referenzspannung σ_r sollte für jeden Versuch im Verhältnis zu dem Spannungszustand im gespeicherten Schüttgut ermittelt werden. Der Wert der Referenzspannung muss jedoch nicht genau definiert sein.

ANMERKUNG   Eine präzise Ermittlung der Referenzspannung würde bedeuten, dass das Versuchsergebnis vor Durchführung der Versuche bekannt sein müsste. Die Berücksichtigung eines präzisen Wertes der Referenzspannung ist für die Interpretation der Versuchsergebnisse nicht kritisch. Die Versuche sollten aber unter einem Spannungsniveau durchgeführt werden, welches für den Anwendungszweck, für den die Versuche durchzuführen sind, angemessen ist.

(5)   Für die Versuche nach C.6, C.7.2, C.8.1 und C.9 sollte das nachfolgend beschriebene Verfahren zur Vorbereitung der Probe durchgeführt werden.

(6)   Die Probe sollte ohne Vibrationen oder anderen Maßnahmen, die zur Verdichtung der Probe führen, in die Versuchszelle eingefüllt werden und mit der Referenzspannung σ_r belastet werden. Um die Probe zu konsolidieren, sollte eine Deckplatte in und gegen Uhrzeigerrichtung mehrere Male in einem Winkel von etwa 10° um ihre vertikale Achse hin und her gedreht werden („Twisten").

ANMERKUNG 1   Bezüglich des Vorgehens sei auf den ASTM Standard D6128 verwiesen.

ANMERKUNG 2   Die Anzahl der erforderlichen Drehungen („Twists") hängt von dem zu prüfenden Schüttgut ab.

(7)   Die Mittelwerte aus den Versuchen sollten mit einem Umrechnungsfaktor versehen werden, um Extremwerte abzuleiten. Die Umrechnungsfaktoren sollten so gewählt werden, dass sie den Einfluss der sekundären Parameter, die Veränderlichkeit der Schüttgutkennwerte mit der Betriebsdauer und die Ungenauigkeiten bei der Probennahme berücksichtigen.

(8)   Der Umrechnungsfaktor a eines Schüttgutkennwertes sollte angepasst werden, falls der Einfluss eines der sekundären Parameter mehr als 75 % der Streubreite beträgt, die durch den Umrechnungsfaktor (Konversionsfaktor) abgedeckt wird.

Bestimmung der Schüttgutwichte γ C.6

Kurzbeschreibung   C.6.1

(1)   Die Schüttgutwichte γ wird an einer konsolidierten („überkritisch" verdichteten) Schüttgutprobe bestimmt.

ANMERKUNG   Mit dieser Prüfung soll eine gute Abschätzung der sich im Silo einstellenden maximalen Schüttgutdichte erreicht werden. Das Ziel wird dadurch erreicht, dass die Dichte ermittelt wird, die sich nach Belastung der Schüttgutprobe mit dem nach dem Füllen des Silos vorherrschenden Druckniveau maximal einstellt. Um dies zu erreichen, ist es erforderlich, das Schüttgut in die Versuchszelle so einzufüllen, dass sich eine geeignete dichte Schüttgutpackung einstellt, bevor die Konsolidierungsspannung auf die Probe aufgebracht wird. Dies kann entweder dadurch erreicht werden, dass das Schüttgut über das „Regenfüllverfahren" in die Scherzelle eingefüllt wird, oder über eine Vorbehandlung der Probe durch das beschriebene „Twisten" der Deckplatte. Dadurch soll eine Schüttgutdichte in der Messzelle erzielt werden, die für die Bedingungen im Hinblick auf die Ermittlung der Silolasten repräsentativ ist. Diese Prozedur weicht wesentlich von dem Verfahren ab, welches im ASTM D6683-01 angegeben ist, weil dort hauptsächlich staubförmige Schüttgüter mit dem Ziel, eine möglichst geringe Dichte zu erreichen, behandelt werden.

Prüfgerät   C.6.2

(1)   Zur Bestimmung des Gewichts und Volumens einer Schüttgutprobe wird eine Scherzelle nach Bild C.1 angewendet. Der Zellendurchmesser D sollte mindestens das 5-Fache des maximalen Schüttgutkorndurchmessers betragen und darf nicht kleiner als das 10-Fache der mittleren Korngröße sein. Die Höhe H der komprimierten Probe sollte zwischen $0{,}3D$ und $0{,}4D$ liegen.

ANMERKUNG   Diese Einschränkungen in Bezug auf die Korngröße des Schüttgutes sind aus folgenden Gründen gewählt: Die begrenzte maximale Schüttgutkorngröße soll sicherstellen, dass die Beeinträchtigungen im Hinblick auf die Anordnung und Orientierung der Schüttgutkörner infolge des Einflusses der begrenzenden Wand nicht zu groß werden. Darüber hinaus ist bekannt, dass dieser Einfluss für den Fall größer ist, dass die Partikel alle in etwa die gleiche Größe haben, als in dem Fall, dass die kleineren Partikel die Zwischenräume zwischen den größeren Partikeln einnehmen können. Aus diesem Grund ist bei gleichmäßigen Partikelgrößen die Restriktion auf die 10-fache Partikelgröße und bei einer breiten Verteilung der Partikelgrößen die Restriktion auf das 5-Fache der maximalen Partikeldurchmesser maßgebend.

$$N = \sigma_r \pi \frac{D^2}{4}$$

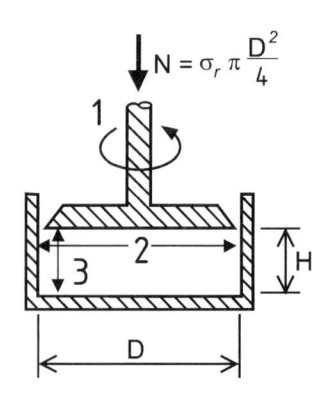

Legende
1   genormtes Drehen
2   Oberfläche, glatt
3   Oberfläche, rau

Bild C.1: Vorrichtung zur Bestimmung von γ

C.6.3 Durchführung

(1) Die Referenzspannung σ_r sollte dem vertikalen Druckniveau des im Silo gespeicherten Schüttgutes p_v entsprechen.

(2) Die Probenvorbereitung sollte nach dem Verfahren in C.5 erfolgen. Die Wichte der Probe wird über den Quotienten von gemessenem Gewicht der konsolidierten Probe und vom Schüttgut eingenommenen Volumen bestimmt. Die Probenhöhe H wird als Mittelwert von drei Messungen bestimmt, die in gleicher radialer Entfernung zum Mittelpunkt der Zelle innerhalb von drei in Umfangsrichtung zu wählenden 120°-Sektorenabschnitten gemessen wird.

ANMERKUNG   Die nach dem Verfahren nach ASTM D6683 ermittelten Dichten können geringer ausfallen. Die Abweichung ist bei staubförmigem Schüttgut im Allgemeinen gering, bei grobkörnigem Schüttgut kann sie aber signifikante Beträge annehmen.

C.7 Wandreibung

C.7.1 Allgemeines

(1) Es wird zwischen folgenden beiden Parametern unterschieden:
– Koeffizient der Wandreibung μ_m für die Ermittlung der Lasten (Wandreibungskoeffizient);
– Wandreibungswinkel ϕ_{wh} zur Beurteilung des Fließverhaltens.

(2) Bei Schüttgütern mit einer breiten Korngrößenverteilung, die während des Füllvorganges zum Entmischen neigen, sollte die Auswahl der Materialproben zur Bestimmung des Wandreibungskoeffizienten μ_m unter Berücksichtigung von möglichen Materialentmischungen vorgenommen werden.

(3) Wandreibungsversuche sollten mit Wandprobenstücken durchgeführt werden, die repräsentativ für das Material der Wandoberflächen der Silokonstruktion sind.

ANMERKUNG   Obwohl die Versuchslaboratorien unter Umständen mit einer großen Bandbreite von Konstruktions- und Auskleidungsmaterialien ausgestattet sind, können die individuellen Wandprobenstücke Oberflächenbearbeitungen aufweisen, die sich von der Oberflächenbeschaffenheit zum Zeitpunkt der Siloherstellung unterscheiden. Wandprobenstücke mit nominell identischer Bezeichnung können Wandreibungswinkel ausweisen, die um mehrere Grade voneinander abweichen. Wo dies möglich ist, sind die Wandprobenstücke vom voraussichtlichen Hersteller des Konstruktionsmaterials zu beschaffen (z. B. Walzwerk oder Behälterhersteller). Beschichtete Stahloberflächen sind mit demselben Beschichtungsfabrikat zu beschichten. Bei Großprojekten wird empfohlen, die Wandprobenstücke für einen späteren Vergleich mit der tatsächlich hergestellten Oberfläche aufzubewahren. Es ist gegenwärtig nicht möglich, Wandoberflächen in der Art zu charakterisieren, dass damit das Verhalten der Wandreibung zuverlässig vorhergesagt werden kann.

(4) Wenn die Silowand später Korrosion oder Abrieb ausgesetzt sein kann, sollten die Wandreibungsversuche mit Wandprobenstücken durchgeführt werden, die die tatsächlich vorliegenden Bedingungen unmittelbar nach der Herstellung und nach den unterschiedlichen Verschleiß- und Nutzungsbedingungen entsprechend berücksichtigen.

ANMERKUNG Die Wandoberflächen in Silos können sich mit der Zeit ändern. Korrosion kann zu einer Aufrauung der Oberfläche führen, eine Beanspruchung auf Abrieb kann die Oberfläche sowohl aufrauen als auch glätten. Oberflächen aus Materialien wie Polyethylen können ausgehöhlt werden, beschichtete Oberflächen können verkratzen. Silowände können aber auch glatter werden, indem sich feine Bestandteilchen aus den Schüttgütern wie z. B. Fette oder Feinkorn in kleinen Poren der Wandoberfläche ansammeln. Diese Änderungen können zu einer Änderung des Fließverhaltens führen, sogar in einem Ausmaß, dass z. B. Kernfluss in einem ursprünglich für Massenfluss ausgelegten Silo entsteht oder umgekehrt. Die Fülllasten können in Silos mit polierten Wandoberflächen, die Wandreibungslasten bei aufgerauten Wänden zunehmen.

Wandreibungskoeffizient μ_m zur Ermittlung der Lasten C.7.2

Kurzbeschreibung C.7.2.1

(1) Eine Schüttgutprobe wird entlang einer die Wandoberfläche repräsentierenden Fläche abgeschert – im Falle eines Wellblechsilos entlang einer gewellten Probe. Dabei wird die Schubkraft entlang der gescherten Fläche gemessen.

ANMERKUNG Bei der Interpretation der Daten aus den Scherversuchen wird Sorgfalt insbesondere im Hinblick darauf walten gelassen, ob Lastberechnungen oder Betrachtungen zum Fließverhalten durchgeführt werden.

Prüfgerät C.7.2.2

(1) Das Prüfgerät ist in Bild C.2 dargestellt. Der Zellendurchmesser sollte mindestens den 20-fachen Wert des Größtkorndurchmessers des Schüttgutes betragen und sollte nicht kleiner sein als der 40-fache Wert der mittleren Partikelgröße. Die Höhe H der komprimierten Probe sollte zwischen $0{,}15D$ und $0{,}2D$ liegen. Im Fall von Wandproben mit Unstetigkeiten, wie z. B. bei einer gewellten Wand, sollte die Zellengröße entsprechend angepasst werden.

ANMERKUNG Diese Einschränkungen in Bezug auf die Korngröße des Schüttgutes sind aus folgenden Gründen gewählt: Die begrenzte maximale Schüttgutkorngröße soll sicherstellen, dass die Beeinträchtigungen im Hinblick auf die Anordnung und Orientierung der Schüttgutkörner infolge des Einflusses der begrenzenden Wand nicht zu groß werden. Darüber hinaus ist bekannt, dass dieser Einfluss für den Fall größer ist, dass die Partikel alle in etwa die gleiche Größe haben, als in dem Fall, dass die kleineren Partikel die Zwischenräume zwischen den größeren Partikeln einnehmen können. Aus diesem Grund ist bei gleichmäßigen Partikelgrößen die Einschränkung auf die 40-fache Partikelgröße und bei einer weiten Partikelgrößenverteilung die Einschränkung auf das 20-Fache der maximalen Partikeldurchmesser maßgebend.

Verfahren/Vorgehen C.7.2.3

(1) Als Referenzspannung σ_r wird die größte im Silo auftretende Horizontallast p_h zugrunde gelegt.

(2) Die Probenvorbereitung sollte entsprechend dem Vorgehen nach C.5 erfolgen.

(3) Nach dem Füllen der Scherzelle und vor dem Abscheren sollte die Zelle gedreht und vorsichtig von der Prüffläche angehoben werden, so dass Reibung nur zwischen den Partikeln und der Fläche gemessen wird.

(4) Das Abscheren der Probe wird so durchgeführt, dass eine konstante Vorschubgeschwindigkeit von etwa 0,04 mm/s sichergestellt ist.

(5) Bei der Ermittlung des Wandreibungskoeffizienten sollte der Residualwert der Reibungskraft F_r (siehe Bild C.2) bei großen Verformungen verwendet werden.

(6) Der aus dem Versuch ermittelte Wandreibungskoeffizient für die Lastermittlung sollte bestimmt werden als

$$\mu = \frac{F_r}{N} \tag{C.1}$$

Dabei ist

F_r der End- bzw. Residualwert der Scherkraft (siehe Bild C.2b));

N die auf den Deckel der Scherzelle aufgebrachte Vertikallast.

C.7.3 Wandreibungswinkel ϕ_{wh} für Untersuchungen zum Fließverhalten

(1) Wenn es erforderlich ist, den Wandreibungswinkel ϕ_{wh} für Untersuchungen zum Fließverhalten zu bestimmen, wird auf den ASTM Standard D6128 verwiesen.

(2) Der Wandreibungswinkel für Untersuchungen zum Fließverhalten sollte bei niedrigen Druckverhältnissen ermittelt werden.

(3) Es sollte sorgfältig darauf geachtet werden, ob die Daten der Untersuchungen zum Wandreibungswinkel für Untersuchungen zum Fließverhalten des Schüttgutes oder zur Ermittlung der Einwirkungen benötigt werden.

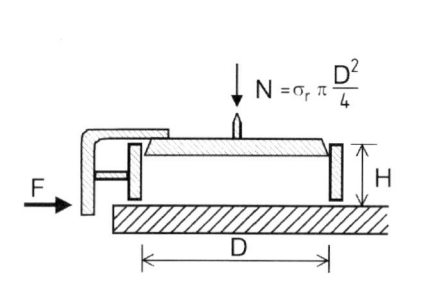

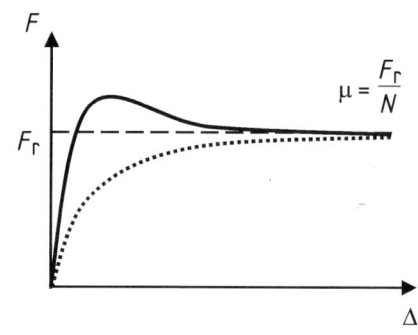

a) Scherzelle zur Messung der Wandreibung

b) Typische Schubkraft-Verformungsbeziehungen

Legende
1 Wandprobe

Bild C.2: Prüfverfahren zur Bestimmung des Wandreibungskoeffizienten

C.8 Horizontallastverhältnis K

C.8.1 Direkte Messung

C.8.1.1 Kurzbeschreibung

(1) Unter Behinderung der Horizontalverformungen wird auf eine Probe eine vertikale Spannung σ_1 aufgebracht und die aus dieser Belastung resultierende Horizontalspannung σ_2 gemessen. Daraus wird der Sekantenwert des Horizontallastverhältnisses K_0 bestimmt.

ANMERKUNG 1 Die Größe des Koeffizienten K_0 ist von der Richtung der sich in der Probe ausbildenden Hauptspannungen abhängig. Bei der Auswertung der Versuche sind die Horizontal- und Vertikalspannungen näherungsweise als Hauptspannungen in der Probe anzusehen. Im Silo ist dies in der Regel nicht der Fall.

ANMERKUNG 2 Unter einer Probe, bei der die Horizontalverformungen behindert sind, ist gemeint, dass die horizontalen Dehnungen im Schüttgut so klein gehalten werden, dass deren Einfluss auf die Spannungen in der Schüttgutprobe vernachlässigbar ist. Dennoch sind diese Dehnungen groß genug, dass sie in der dünnen Wand der Scherzelle oder in speziellen Bereichen der Wand, die für konzentrierte Dehnungen zu bemessen sind, messbare Beträge annehmen. Im Allgemeinen erfüllt eine mittlere Umfangsdehnung in der Größenordnung von 1/10 ‰ dieses Kriterium von begrenzten Dehnungen in der Schüttgutprobe bei gleichzeitiger Messbarkeit von Verformungen in der Apparaturwand.

Prüfgerät C.8.1.2

(1) Die Geometrie des Prüfgerätes zeigt Bild C.3. Die Horizontalspannungen werden aus den an der Außenfläche des vertikalen Ringes gemessenen Dehnungen abgeleitet. Hierzu sollte die Messzellenwand dünn genug und so dimensioniert sein, dass der Spannungszustand in der Wand richtig interpretiert werden kann.

ANMERKUNG Im Allgemeinen sind hierfür folgende Eigenschaften für die Scherzelle erforderlich:

a) konstruktive Trennung von Ring der Zellwand und Grundplatte;

b) Gewährleistung der Messung von sowohl horizontalen als auch vertikalen Dehnungen ohne gegenseitige Beeinträchtigung;

c) Positionierung der Messstellen für die Dehnungen in ausreichender Entfernung von den Probenrändern;

d) Sicherstellung, dass die gemessenen Dehnungen mit den inneren horizontalen Spannungen über einen Umrechnungsfaktor in Beziehung stehen, wobei die Biegung der Wände der Versuchsapparatur in dieser Beziehung vernachlässigt werden kann.

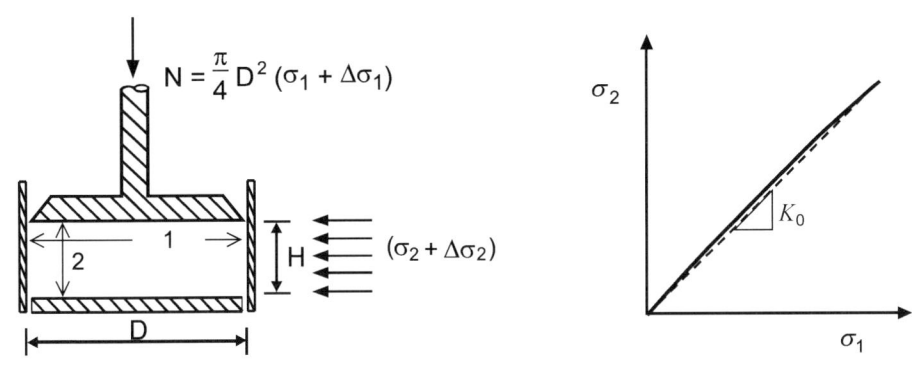

Legende
1 Oberfläche, glatt
2 Oberfläche, rau

Bild C.3: Prüfverfahren zur Bestimmung von K_0

Vorgehen C.8.1.3

(1) Die Referenzspannung σ_r sollte dem größten zu erwartenden vertikalen Druckniveau des im Silo gespeicherten Schüttgutes p_v entsprechen.

(2) Die Probenvorbereitung sollte entsprechend dem Vorgehen nach C.5 erfolgen.

(3) Es sollte die aus der Vertikalbelastung σ_1 – die der Referenzspannung σ_r entspricht – resultierende Horizontalspannung σ_2 in der Probe betrachtet werden. Der Wert von K_0 wird aus diesen Spannungskomponenten (siehe Bild C.3) berechnet als:

$$K_0 = \frac{\sigma_2}{\sigma_1} \qquad (C.2)$$

(4) Der Wert von K wird angenommen als:

$$K = 1{,}1\, K_0 \qquad (C.3)$$

ANMERKUNG Über den Faktor 1,1 in Gleichung (C.3) sollte dem Unterschied zwischen dem unter nahezu keinen Wandreibungseinflüssen gemessenen Horizontallastverhältnis ($= K_0$) in der Scherzelle und dem Wert K unter Einfluss einer Wandreibung im Silo Rechnung getragen werden (siehe auch 4.2.2 (5)).

Indirekte Messung C.8.2

(1) Ein Näherungswert für K darf vom Winkel der inneren Reibung bei Belastung ϕ_i abgeleitet werden, der entweder über das in C.9 beschriebene Verfahren oder über einen Triaxialversuch bestimmt werden kann. Wenn der Wert K aus ϕ_i abgeleitet wird, sollte die Abschätzung in Gleichung (4.7) verwendet werden.

C.9 Festigkeitsparameter: Kohäsion c und Winkel der inneren Reibung ϕ_i

C.9.1 Direkte Messung

C.9.1.1 Kurzbeschreibung

(1) Die Festigkeit einer Schüttgutprobe darf über Scherzellenversuche bestimmt werden. Zur Beschreibung der Auswirkung der Festigkeit von in Silozellen gelagerten Schüttgütern auf die Silolasten sollten die beiden Parameter – c und ϕ_i – verwendet werden.

(2) Es sei auf ASTM D6128 verwiesen. Es sollte aber beachtet werden, dass die Parameter, die mit den Versuchen dieses Regelwerks ermittelt werden, nicht mit denen übereinstimmen, die in dieser Norm beschrieben werden.

C.9.1.2 Prüfgerät

(1) Als Prüfgerät wird eine zylindrische Scherzelle nach Bild C.4 verwendet. Der Zellendurchmesser D sollte mindestens den 20-fachen Wert des Größtkorndurchmessers des Schüttgutes betragen und sollte nicht kleiner als der 40-fache Wert der mittleren Partikelgröße sein. Die Höhe H der komprimierten Probe sollte zwischen $0{,}3D$ and $0{,}4D$ liegen.

ANMERKUNG Diese Einschränkungen in Bezug auf die Korngröße des Schüttgutes sind aus folgenden Gründen gewählt: Die begrenzte maximale Schüttgutkorngröße sollte sicherstellen, dass die Beeinträchtigungen im Hinblick auf die Anordnung und Orientierung der Schüttgutkörner infolge des Einflusses der begrenzenden Wand nicht zu groß werden. Darüber hinaus ist bekannt, dass dieser Einfluss für den Fall größer ist, dass die Partikel alle in etwa die gleiche Größe haben, als in dem Fall, dass die kleineren Partikel die Zwischenräume zwischen den größeren Partikeln einnehmen können. Aus diesem Grund ist bei gleichmäßigen Partikelgrößen die Restriktion auf die 40-fache Partikelgröße und bei einer weiten Partikelgrößenverteilung die Restriktion auf das 20-Fache der maximalen Partikeldurchmesser maßgebend.

C.9.1.3 Durchführung

(1) Die Referenzspannung σ_r sollte näherungsweise dem zu erwartenden vertikalen Druckniveau des im Silo gespeicherten Schüttgutes p_v nach C.2 entsprechen. Die Probenvorbereitung sollte entsprechend dem Vorgehen nach C.5 vorgenommen werden.

(2) Das Abscheren der Probe erfolgt mit einer konstanten Vorschubgeschwindigkeit von etwa 0,04 mm/s.

(3) Der Bestimmung der Festigkeitsparameter des Schüttgutes sollte die bei oder vor einer Horizontalverschiebung von $\Delta = 0{,}06D$ ermittelte Scherspannung τ zugrunde gelegt werden, wobei D den inneren Zellendurchmesser darstellt (siehe Bild C.4).

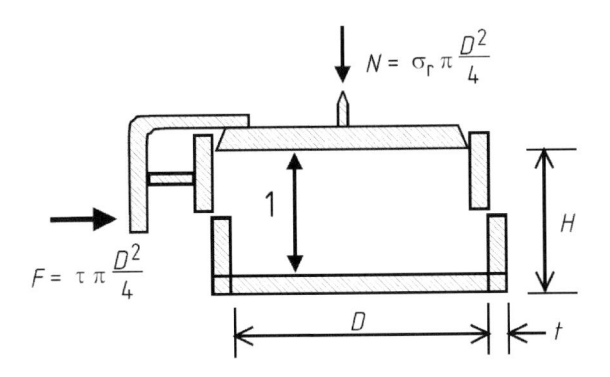

Legende
1 Oberfläche, rau

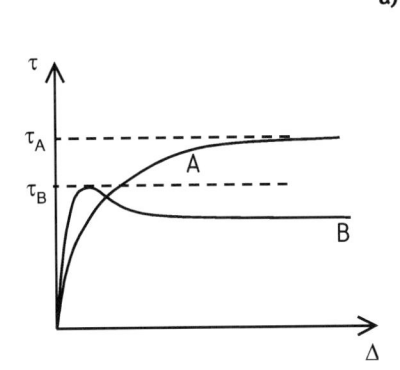

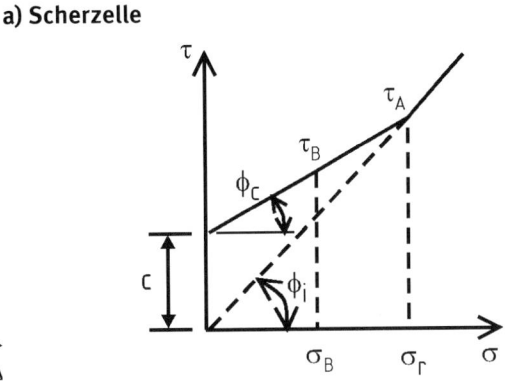

a) Scherzelle

b) Typische Scherspannungs-Verschiebungs-Kurve

c) In einem Scherversuch gemessene typische Scherspannungs-Normalspannungsbeziehung

Bild C.4: Prüfverfahren zur Bestimmung der Winkel der inneren Reibung ϕ_i und ϕ_c und der Kohäsion c basierend auf der beim Vorverdichten aufgebrachten Spannung σ_r

(4) Es sollten mindestens zwei Versuche nach den unter (5) und (6) definierten Bedingungen durchgeführt werden (Tabelle C.1 und Bild C.4).

(5) Zur Ermittlung der Schubspannung τ_A wird eine erste Materialprobe unter einer Normallast entsprechend der Referenzspannung σ_r abgeschert.

(6) Eine zweite Probe wird zunächst wie die erste Probe unter einer Normallast entsprechend der Referenzspannung σ_r nur gerade bis zum Abscheren gebracht. Danach wird die Normallast auf etwa den halben Wert der Referenzspannung reduziert ($\sigma_B \approx \sigma_r/2$). Anschließend wird sie bei diesem Spannungsniveau weiter abgeschert, um die maximale Schubspannung τ_B zu erhalten (siehe Bild C.4b)). Die aus diesen beiden Versuchen ermittelten Spannungen sind in Tabelle C.1 genannt.

Tabelle C.1: Versuchsparameter

Versuch	Betrag der Vorbelastung	Normalspannung im Versuch	Gemessene maximale Schubspannung
Nr. 1	σ_r	σ_r	τ_A
Nr. 2	σ_r	$\sigma_B \approx \sigma_r/2$	τ_B

Auswertung C.9.1.4

(1) Der Winkel der inneren Reibung bei Belastung ϕ_i des gespeicherten Schüttgutes wird ermittelt mit:

$$\phi_i = \arctan(\tau_A/\sigma_r) \tag{C.4}$$

(2) Die unter der Referenzspannung σ_r im Schüttgut aktivierte Kohäsion c wird berechnet mit:

$$c = \tau_A - \sigma_r \tan \phi_c \tag{C.5}$$

mit:

$$\phi_c = \arctan\left(\frac{\tau_A - \tau_B}{\sigma_r - \sigma_B}\right) \tag{C.6}$$

Dabei ist

ϕ_c der Winkel der inneren Reibung bei Entlastung einer überkritisch konsolidierten Probe.

ANMERKUNG Der Wert der Kohäsion c hängt stark von der Konsolidierungsspannung σ_r ab und darf somit nicht als eine feste Materialkenngröße angesehen werden.

(3) Bei einem kohäsionslosen Schüttgut (d. h. $c = 0$) sollte die Scherfestigkeit nur über den Winkel der inneren Reibung ϕ_i – welcher dann ϕ_c entspricht – beschrieben werden.

ANMERKUNG Alternativ zu den oben beschriebenen Versuchen darf ein genormter Triaxialversuch angewendet werden.

C.9.2 Indirekte Messung

C.9.2.1 Kurzbeschreibung

(1) Die Kohäsion eines Schüttgutes darf auch näherungsweise aus den Ergebnissen aus Scherversuchen mit einer Scherzelle von Jenike (ASTM D6128) bestimmt werden.

(2) Die Kohäsion sollte unter Druckverhältnissen entsprechend dem maximalen Vertikaldruck σ_{vft} im Silo nach dem Füllen (siehe Ausführungen in C.2) ermittelt werden.

(3) Als maximale Konsolidierungsspannung σ_c sollte der maximale Vertikaldruck im Silo nach dem Füllen σ_{vft} angesetzt werden.

(4) Die dieser Konsolidierungsspannung entsprechende einachsige Fließspannung σ_u wird aus der Fließfunktion bestimmt. Zudem wird der Winkel der effektiven inneren Reibung δ unter den entsprechenden Spannungsbedingungen ermittelt.

(5) Es sollte folgender Näherungswert für die Kohäsion bestimmt werden:

$$c = \sigma_c \left(\frac{\sin\delta - \sin\phi_c}{\cos\phi_c(1+\sin\delta)}\right) \tag{C.7}$$

mit:

$$\phi_c = \arcsin\left(\frac{2\sin\delta - k}{2-k}\right) \tag{C.8}$$

$$k = \left(\frac{\sigma_c}{\sigma_u}\right)(1+\sin\delta) \tag{C.9}$$

Dabei ist

σ_c die maximale Konsolidierungsspannung im Versuch mit der Scherzelle von Jenike;

σ_u einachsige Fließspannung aus dem Versuch mit der Scherzelle von Jenike;

δ der effektive Winkel der inneren Reibung aus dem Versuch mit der Scherzelle von Jenike;

ϕ_c der Winkel der inneren Reibung bei Entlastung (siehe Bild C.4c)).

ANMERKUNG 1 Die Größenordnung der Kohäsion c hängt stark von der Konsolidierungsspannung σ_c ab und stellt somit keinen unabhängigen Materialkennwert des Schüttgutes dar.

ANMERKUNG 2 Der größte Wert der Konsolidierungsspannung σ_c wird in der Literatur der Schüttgutmechanik üblicherweise mit σ_1 bezeichnet.

(6) Ein Näherungswert für den Winkel der inneren Reibung bei Entlastung ϕ_i darf aus den Versuchen mit der Scherzelle von Jenike nach (C.10) abgeschätzt werden:

$$\phi_i = \arctan\left(\frac{\sin\delta \cos\phi_c}{1 - \sin\phi_c \sin\delta}\right) \qquad (C.10)$$

ANMERKUNG Die beiden Parameter c und ϕ_i werden in dieser Norm nur zur Abschätzung der Auswirkung der Schüttgutfestigkeit auf die Silodrücke verwendet.

Effektiver Elastizitätsmodul E_s C.10

Direkte Messung C.10.1

Kurzbeschreibung C.10.1.1

(1) Auf eine seitlich gehaltene Probe sollte eine Vertikallast σ_1 aufgebracht werden. Zu jedem Lastinkrement $\Delta\sigma_1$ (vertikal) werden die resultierende Horizontalspannung $\Delta\sigma_2$ und die Änderung der Vertikalverschiebung Δv_1 gemessen. Aus diesen Messungen wird der effektive Elastizitätsmodul bei Belastung E_{sL} (Belastungsmodul) über das inkrementelle Horizontallastverhältnis K abgeleitet. Die Vertikallast wird danach um den Betrag $\Delta\sigma_1$ reduziert, die Änderung der Horizontalspannung $\Delta\sigma_2$ und der Vertikalverschiebung Δv_1 wird gemessen. Aus diesen Messungen wird der effektive Elastizitätsmodul bei Entlastung E_{sU} (Entlastungsmodul) abgeleitet.

ANMERKUNG 1 Die Größenordnung von K_0 ist von der Richtung der Hauptspannungen in der Probe abhängig. Die horizontalen und vertikalen Spannungen entsprechen in der Probe näherungsweise den Hauptspannungen, wobei dies im Silo in der Regel nicht der Fall ist.

ANMERKUNG 2 Unter einer Probe, deren Horizontalverformungen behindert sind, ist zu verstehen, dass die horizontalen Dehnungen im Schüttgut so klein gehalten werden, dass deren Einfluss auf die Spannungen in der Schüttgutprobe vernachlässigbar ist. Dennoch sind diese Dehnungen groß genug, dass sie an der dünnen Wand der Prüfapparatur messbare Beträge annehmen. Allgemein erfüllt eine mittlere Umfangsdehnung in der Größenordnung von 1/10 ‰ dieses Kriterium.

Prüfgerät C.10.1.2

(1) Die Geometrie der zu verwendenden Versuchsapparatur ist in Bild C.5 dargestellt. Sie ist der in C.8 beschriebenen Apparatur zur Messung des Horizontallastverhältnisses K ähnlich.

(2) Die Horizontalspannungen werden aus den an der Außenfläche des vertikalen Ringes gemessenen Dehnungen abgeleitet. Hierzu sollte die Messzellenwand dünn genug und so dimensioniert sein, dass der Spannungszustand in der Wand richtig interpretiert werden kann.

ANMERKUNG Im Allgemeinen ist hierfür eine von den Scherzellenwänden getrennte Grundplatte erforderlich, damit sowohl horizontale als auch vertikale Dehnungsmessungen ohne gegenseitige Beeinträchtigung möglich sind. Es ist weiterhin erforderlich, dass die Dehnungen in ausreichender Entfernung von den Proberändern gemessen werden. Es sollte sichergestellt sein, dass die gemessenen Dehnungen proportional zu den inneren horizontalen Spannungen sind, wobei die Biegung der Versuchsapparaturwände in dieser Beziehung vernachlässigt werden kann.

(3)P Es muss dafür gesorgt werden, dass sich geeignete kleine inkrementelle Beträge der Vertikalverformungen der Probe einstellen.

Durchführung C.10.1.3

(1) Als Referenzspannung σ_r wird das größte zu erwartende Niveau der Vertikaldrücke p_v des im Silo gespeicherten Schüttgutes angenommen.

(2) Die Probenvorbereitung sollte entsprechend dem Vorgehen nach C.5 erfolgen.

(3) Nach dem Aufbringen einer Vertikallast σ_1 entsprechend der Referenzspannung σ_r werden die Horizontalspannungen und Vertikalverformungen abgelesen. Die Höhe der Materialprobe H ist sorgfältig zu messen (siehe C.6.3).

(4) Es wird ein kleines Inkrement der Vertikalspannung $\Delta\sigma_1$ aufgebracht und es werden nochmals die Horizontalspannungen und Vertikalverformungen gemessen. Das Inkrement der Vertikalspannungen sollte näherungsweise bei 10 % der Referenzspannung σ_1 liegen.

(5) Es wird die Änderung in der Horizontalspannung $\Delta\sigma_2$ infolge des vertikalen Lastinkrementes $\Delta\sigma_1$ ermittelt und die Änderungen der vertikalen Verschiebungen Δv (beide negativ) werden gemessen. Der inkrementelle Wert unter Belastung von K wird dann bestimmt als K_L:

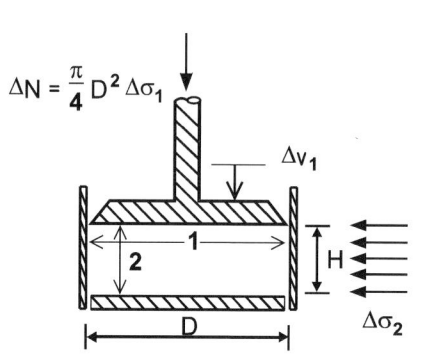

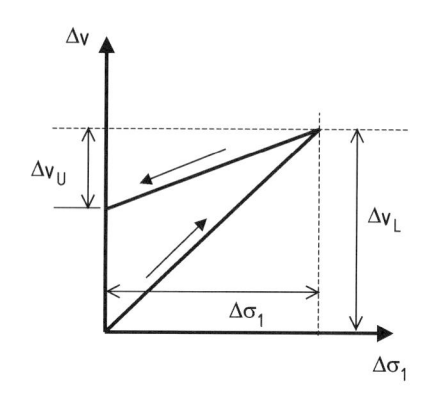

$$K_L = \frac{\Delta\sigma_2}{\Delta\sigma_1} \tag{C.11}$$

a) Versuchseinrichtung

b) Typische vertikale Verschiebung bei vertikalen Spannungsinkrementen $\Delta\sigma_1$

Legende

1 Oberfläche, glatt

2 Oberfläche, rau

Bild C.5: Prüfverfahren zur Bestimmung der Elastizitätsmoduli bei Be- und Entlastung

(6) Der effektive Elastizitätsmodul E_{sL} unter Belastung wird dann abgeleitet als

$$E_{sL} = H\frac{\Delta\sigma_1}{\Delta v}\left(1 - \frac{2K_L^2}{1+K_L}\right) \tag{C.12}$$

(7) Es wird anschließend eine geringe inkrementelle Reduzierung der Vertikalbelastung $\Delta\sigma_1$ vorgenommen (zu behandeln als Größe mit negativem Vorzeichen) und die resultierenden Änderungen der Horizontalspannungen und vertikalen Verformungen werden gemessen. Das Inkrement der Vertikalbelastung $\Delta\sigma_1$ sollte näherungsweise 10 % der Referenzspannung σ_1 betragen.

(8) Es wird die Änderung in der Horizontalspannung $\Delta\sigma_2$ infolge des vertikalen Lastinkrementes $\Delta\sigma_1$ ermittelt und die Änderungen der vertikalen Verschiebungen Δv (beide negativ) werden gemessen. Der inkrementelle Wert von K bei Entlastung wird dann bestimmt als K_U:

$$K_U = \frac{\Delta\sigma_2}{\Delta\sigma_1} \tag{C.13}$$

(9) Der effektive Elastizitätsmodul E_{sU} bei Entlastung wird dann abgeleitet als:

$$E_{sU} = H\frac{\Delta\sigma_1}{\Delta v}\left(1 - \frac{2K_U^2}{1+K_U}\right) \tag{C.14}$$

ANMERKUNG Der effektive Elastizitätsmodul bei Entlastung ist gewöhnlich viel größer als der bei Belastung. In einer Abschätzung, bei der ein großer Elastizitätsmodul für das Tragwerk schädlich ist (z. B. bei Temperaturänderungen), sollte der Elastizitätsmodul bei Entlastung (Entlastungsmodul) verwendet werden. Ist der Elastizitätsmodul des Schüttgutes für die Konstruktion günstig (z. B. in dünnwandigen rechteckigen Silos), sollte der Elastizitätsmodul bei Belastung (Belastungsmodul) verwendet werden.

Indirekte Abschätzung C.10.2

(1) Als Hilfe zur speziellen Überprüfung der Justierung der Versuche darf E_{sU} als Näherungswert wie folgt abgeschätzt werden:

$$E_{sU} = \chi p_{vft} \qquad (C.15)$$

Dabei ist

p_{vft} die vertikale Spannung am unteren Ende des vertikalen Wandabschnittes (Gleichung (5.3) oder (5.79));

χ der Kontiguitätskoeffizient.

ANMERKUNG Der effektive Elastizitätsmodul bei Entlastung E_{sU} und die vertikale Spannung p_{vft} weisen in Gleichung (C.15) die gleiche Einheit auf.

(2) Bei fehlenden experimentellen Versuchsdaten entsprechend den Verfahren nach C.10.1 darf der Kontiguitätskoeffizient χ abgeschätzt werden:

$$\chi = 7\,\gamma^{3/2} \qquad (C.16)$$

wobei für γ die Wichte des gespeicherten Schüttgutes dimensionsgebunden in kN/m³ eingesetzt wird.

(3) Der Wert von χ darf alternativ dazu für trockene landwirtschaftliche Getreideprodukte zu 70, für kleinkörnige mineralische Körnungen zu 100 und für großkörnige mineralische Körnungen zu 150 angenommen werden.

Bestimmung der oberen und unteren charakteristischen Werte von Schüttgutparametern und Ermittlung des Umrechnungsfaktors a — C.11

Kurzbeschreibung C.11.1

(1)P Der Silo ist für die ungünstigsten Belastungsbedingungen zu bemessen, denen er während seiner Nutzungsdauer ausgesetzt ist. Dieser Abschnitt behandelt die Abschätzung der Streuung der Schüttgutkennwerte, die in Schüttgutproben zum Zeitpunkt der Bemessung auftreten können.

ANMERKUNG Es ist wahrscheinlich, dass sich die Kennwerte des gespeicherten Schüttgutes während der Nutzungsdauer ändern. Diese zeitlichen Veränderungen der Kennwerte sind aber nicht einfach abzuschätzen.

(2)P Die Extremwerte der Bemessungslasten sind durch ihre charakteristischen Werte zu beschreiben. Dies sind Werte, die mit anerkannten vorgeschriebenen Wahrscheinlichkeiten – üblicherweise 5 %- und 95 %-Quantilwerte – während der vorgesehenen Nutzungsdauer oder Dauer des Bemessungszeitraums nicht überschritten werden.

(3)P Die Extremwerte der Kennwerte, die zum Erreichen dieses extremen Lastniveaus benötigt werden, sind als charakteristische Werte der Schüttgutparameter zu definieren.

(4) Bei der Ermittlung der maßgeblichen Lastverhältnisse werden sowohl die oberen als auch unteren charakteristischen Werte verwendet.

(5) Es sollte das hier beschriebene vereinfachte Verfahren verwendet werden, in dem der charakteristische Wert unter Zugrundelegung der 1,28-fachen Standardabweichung vom Mittelwert betrachtet ist.

ANMERKUNG 1 Die entsprechenden Materialkennwerte für eine bestimmte Überschreitungswahrscheinlichkeit des Lastniveaus hängen von der Geometrie und absoluten Größe des Behälters, dem betrachteten Lastfall und davon ab, ob die Lasten im vertikalen Siloschaft oder im Trichter zu betrachten sind. Zudem beeinflussen der Feuchtigkeitsgehalt, die Temperatur, die Neigung zur Entmischung und das Alter diese Werte.

ANMERKUNG 2 In EN 1990, Anhang D wird ein von 1,28 abweichender Wert empfohlen. Wie in dem obigen Abschnitt dargelegt, tragen mehrere voneinander unabhängige Schüttguteigenschaften zu den charakteristischen Lasten bei. Deshalb wird ein 10- oder 90-Prozentwert jedes Kennwertes als geeignete und vernünftige Abschätzung für den Wert angesehen, der eine angemessene Auftretenswahrscheinlichkeit für die Bemessungslast repräsentiert.

(6) Falls adäquate experimentelle Daten zur Verfügung stehen, werden die charakteristischen Werte über die Anwendung von statistischen Methoden ermittelt.

ANMERKUNG 1 Obwohl Versuchsdaten eine hilfreiche Basis für die Bestimmung von charakteristischen Werten darstellen, unterliegen auch sie Einschränkungen wie z. B. Beschränkungen bei den Probengrößen, eingeschränkte Probenaufbereitungsverfahren usw. Diese Einschränkungen können dazu führen, dass die Daten für die Gesamtheit der Eigenschaften, die während der Dauer des Betriebs maßgeblich werden können, unrepräsentativ sind.

ANMERKUNG 2 Die Werte aus Tabelle E.1 gehen auf Festlegungen zurück, die auf eine Kombination von Erfahrung und tatsächlich ermittelten experimentellen Daten basieren.

(7) Falls der Auftraggeber oder Konstrukteur für eine spezielle Bemessungssituation über Datenmaterial oder Erfahrungswerte verfügt, darf der Auftraggeber die charakteristischen Schüttgutkennwerte aus diesem Datenmaterial ableiten, wenn diese die Bandbreite der Kennwerte der während der Nutzungsdauer verwendeten Schüttgüter repräsentieren.

C.11.2 Methoden zur Abschätzung

(1) Zur Beschaffung der charakteristischen Werte jedes Kennwertes dürfen folgende Verfahren verwendet werden. Im Folgenden repräsentiert die Variable x die jeweilig betrachteten Kennwerte.

(2) Der Mittelwert des Kennwertes $\bar{x}$ wird aus den Versuchsdaten ermittelt.

(3) Wo dies möglich ist, wird der Variationskoeffizient δ aus den zur Verfügung stehenden Versuchsdaten bestimmt.

(4) Wenn die Versuchsdaten für eine Bestimmung eines Variationskoeffizienten ungeeignet sind, wird ein geeigneter Wert für das Schüttgut abgeschätzt. Tabelle C.2 kann hierfür als Leitfaden dienen.

(5) Der obere charakteristische Wert eines Kennwertes ($x_u = x_{0,90}$) wird bestimmt mit:

$$x_{0,90} = \bar{x}\,(1 + 1{,}28\,\delta) \tag{C.17}$$

(6) Der untere charakteristische Wert eines Kennwertes ($x_\ell = x_{0,10}$) wird bestimmt mit:

$$x_{0,10} = \bar{x}\,(1 - 1{,}28\,\delta) \tag{C.18}$$

(7) Der Umrechnungsfaktor a_x eines Kennwertes wird bestimmt mit:

$$a_x = \sqrt{\frac{1 + 1{,}28\delta}{1 - 1{,}28\delta}} \approx 1 + 1{,}28\delta + \delta^2 \tag{C.19}$$

ANMERKUNG Gleichung (C.19) stellt die einfachste Methode dar, einen einzelnen Wert für a_x zu bestimmen, der eine gute Abschätzung sowohl für den $x_{0,90}$-Wert als auch den $x_{0,10}$-Wert liefert. Es sei aber darauf hingewiesen, dass immer ein kleiner Unterschied zwischen den nach Gleichungen (C.17) und (C.18) ermittelten Werten einerseits sowie den nach der einfachen Methode nach Gleichung (C.19) und Gleichungen (4.1) bis (4.6) anderseits bestehen. Dies liegt daran, dass die Gleichungen (C.17) und (C.18) sich aus additiven Termen zusammensetzen, während a_x als multiplikative Größe verwendet wird.

(8) Wenn die Werte der Umrechnungsfaktoren abgeschätzt werden müssen, sollten die Variationskoeffizienten δ für die Schüttgutwichte mit 0,10 angesetzt werden. Bei den anderen Schüttgutkennwerten sollten die Werte über die Angaben für die in der Tabelle C.2 gelisteten Schüttgüter mit ähnlichen Eigenschaften abgeschätzt werden.

Tabelle C.2: Typische Werte der Variationskoeffizienten für die Schüttgutkennwerte

Schüttgut	Variationskoeffizient δ				
	Horizontallastverhältnis K	Winkel der inneren Reibung ϕ_i Grad	Wandreibungskoeffizient μ		
			Wandrauigkeitsklasse		
			D1	D2	D3
Betonkies	0,11	0,11	0,09	0,09	0,09
Aluminium	0,14	0,16	0,05	0,05	0,05
Kraftfuttergemisch	0,08	0,06	0,19	0,19	0,19
Kraftfutterpellets	0,05	0,05	0,14	0,14	0,14
Gerste	0,08	0,10	0,11	0,11	0,11
Zement	0,14	0,16	0,05	0,05	0,05
Zementklinker	0,21	0,14	0,05	0,05	0,05
Kohle	0,11	0,11	0,09	0,09	0,09
Kohlestaub	0,14	0,18	0,05	0,05	0,05
Koks	0,11	0,11	0,09	0,09	0,09
Flugasche	0,14	0,12	0,05	0,05	0,05
Mehl	0,08	0,05	0,11	0,11	0,11
Eisenpellets	0,11	0,11	0,09	0,09	0,09
Kalkhydrat	0,14	0,18	0,05	0,05	0,05
Kalksteinmehl	0,14	0,16	0,05	0,05	0,05
Mais	0,10	0,10	0,17	0,17	0,17
Phosphate	0,11	0,13	0,09	0,09	0,09
Kartoffeln	0,08	0,09	0,11	0,11	0,11
Sand	0,08	0,07	0,11	0,11	0,11
Schlackenklinker	0,08	0,07	0,11	0,11	0,11
Sojabohnen	0,08	0,12	0,11	0,11	0,11
Zucker	0,14	0,14	0,05	0,05	0,05
Zuckerrübenpellets	0,11	0,11	0,09	0,09	0,09
Weizen	0,08	0,09	0,11	0,11	0,11

Anhang D
(normativ)
Abschätzung der Schüttgutkennwerte für die Ermittlung der Silolasten

Ziel   D.1

Dieser Anhang beschreibt Methoden zur Abschätzung der Schüttgutkennwerte, die in dieser Norm für die Zwecke der Berechnung der Silolasten benötigt werden und nicht unmittelbar anhand von Versuchen experimentell bestimmt werden können.

Abschätzung des Wandreibungskoeffizienten für eine gewellte Wand   D.2

(1) Für den Wandtyp D4 (gewellt oder Profilbleche oder Bleche mit horizontalen Schlitzen) sollte der effektive Wandreibungskoeffizient ermittelt werden aus:

$$\mu_{eff} = (1 - a_w) \tan\phi_i + a_w \mu_w \tag{D.1}$$

Dabei ist

- μ_{eff} der effektive Wandreibungskoeffizient;
- ϕ_i der Winkel der inneren Reibung;
- μ_w der Wandreibungskoeffizient (gegen eine ebene Wandoberfläche);
- a_w der Wandkontaktfaktor.

ANMERKUNG Für den Wandtyp D4 hängt die effektive Wandreibung vom Winkel der inneren Reibung des Schüttgutes, dem Wandreibungskoeffizienten gegen die ebene Wand und vom Profil der Wandoberfläche ab.

(2) Der Parameter a_w in Gleichung (D.1), der den Anteil der Gleitfläche gegen die Wandfläche repräsentiert, sollte aus der Geometrie des Profils der Wandoberfläche unter Berücksichtigung einer geeigneten Abschätzung der aktivierten Kontaktbereiche zwischen Schüttgut und Wandoberfläche ermittelt werden (siehe Bild D.1a)):

$$a_w = \frac{b_w}{b_w + b_i} \tag{D.2}$$

ANMERKUNG Die Trennfläche zwischen gleitenden und stehenden Zonen ist teilweise in Kontakt mit der Wand und teilweise eine Bruchfläche innerhalb des Schüttgutes. Der Anteil, der entlang der Wandfläche gleitet, wird durch den Faktor a_w ausgedrückt. Dieser Anteil lässt sich nicht einfach bestimmen und ist in Abhängigkeit von dem Profil der Wandoberfläche abzuschätzen.

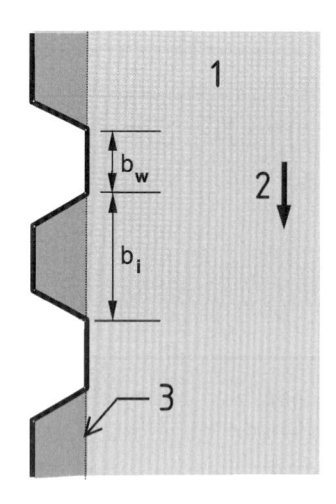

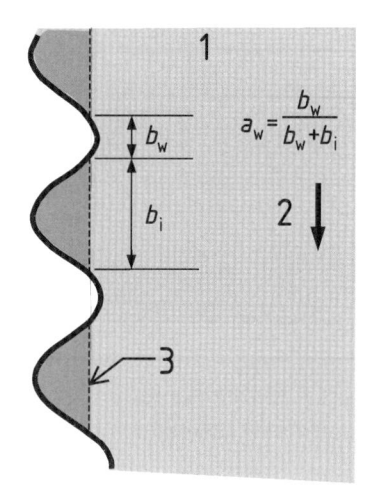

a) Trapezförmig gefaltetes Profil   b) Sinusförmig gewelltes Profil

$$a_w = \frac{b_w}{b_w + b_i}$$

Legende
1 Schüttgut
2 Schüttgutfluss
3 Gleitfläche

Bild D.1: Abmessungen der Profilierung der Wandoberfläche

(3) Falls erforderlich, sollte eine geeignete Abschätzung des Kontaktbereiches Schüttgut/Wand erfolgen (siehe Bild D.1b)).

ANMERKUNG Bei Profilierungen der Wandoberfläche, die dem in Bild D.1b) dargestellten Profil ähneln, kann der Faktor a_w näherungsweise zu 0,20 angenommen werden.

D.3 Innere Reibung und Wandreibung eines grobkörnigen Schüttgutes ohne Feinanteile

(1) Bei grobkörnigen Schüttgütern ohne Feinanteile (z. B. Lupinen, Erbsen, Bohnen oder Kartoffeln) können der Wandreibungskoeffizient μ und Winkel der inneren Reibung ϕ_i nicht so einfach bestimmt werden. Hier sollte für den Winkel der inneren Reibung der Böschungswinkel ϕ_r eines auf eine ebene Grundplatte locker aufgeschütteten Schüttguthaufens (Schüttgutkegel) angenommen werden.

Anhang E
(normativ)
Angabe von Schüttgutkennwerten

Allgemeines E.1

(1) Dieser Anhang gibt Kennwerte einiger üblicher in Silos gelagerter Schüttgüter für Bemessung an.

Angegebene Werte E.2

(1) Bei der Ermittlung der Einwirkungen sollten die in der Tabelle E.1 angegebenen Schüttgutkennwerte verwendet werden.

Tabelle E.1: Schüttgutkennwerte

Art des Schüttgutes[d,e]	Wichte[b]		Böschungswinkel	Winkel der inneren Reibung		Horizontallastverhältnis		Wandreibungskoeffizient[c] μ ($\mu = \tan \phi_w$)				Kennwert für Teilflächenlast
	γ		ϕ_r	ϕ_i		K		Wandtyp	Wandtyp	Wandtyp		C_{op}
								D1	D2	D3		
	γ_ℓ	γ_u	ϕ_r	ϕ_{im}	a_ϕ	K_m	a_K	Mittelwert	Mittelwert	Mittelwert	a_μ	
	unterer Wert	oberer Wert		Mittelwert	Umrechnungsfaktor	Mittelwert	Umrechnungsfaktor				Umrechnungsfaktor	
	kN/m³	kN/m³	Grad	Grad								
Allgemeines Schüttgut[a]	6,0	22,0	40	35	1,3	0,50	1,5	0,32	0,39	0,50	1,40	1,0
Betonkies	17,0	18,0	36	31	1,16	0,52	1,15	0,39	0,49	0,59	1,12	0,4
Aluminium	10,0	12,0	36	30	1,22	0,54	1,20	0,41	0,46	0,51	1,07	0,5
Kraftfuttermischung	5,0	6,0	39	36	1,08	0,45	1,10	0,22	0,30	0,43	1,28	1,0
Kraftfutterpellets	6,5	8,0	37	35	1,06	0,47	1,07	0,23	0,28	0,37	1,20	0,7
Gerste ☉	7,0	8,0	31	28	1,14	0,59	1,11	0,24	0,33	0,48	1,16	0,5
Zement	13,0	16,0	36	30	1,22	0,54	1,20	0,41	0,46	0,51	1,07	0,5
Zementklinker ♮	15,0	18,0	47	40	1,20	0,38	1,31	0,46	0,56	0,62	1,07	0,7
Kohle ☉	7,0	10,0	36	31	1,16	0,52	1,15	0,44	0,49	0,59	1,12	0,6
Kohlestaub ☉	6,0	8,0	34	27	1,26	0,58	1,20	0,41	0,51	0,56	1,07	0,5
Koks	6,5	8,0	36	31	1,16	0,52	1,15	0,49	0,54	0,59	1,12	0,6
Flugasche	8,0	15,0	41	35	1,16	0,46	1,20	0,51	0,62	0,72	1,07	0,5
Mehl ☉	6,5	7,0	45	42	1,06	0,36	1,11	0,24	0,33	0,48	1,16	0,6
Eisenpellets	19,0	22,0	36	31	1,16	0,52	1,15	0,49	0,54	0,59	1,12	0,5
Kalkhydrat	6,0	8,0	34	27	1,26	0,58	1,20	0,36	0,41	0,51	1,07	0,6
Kalksteinmehl	11,0	13,0	36	30	1,22	0,54	1,20	0,41	0,51	0,56	1,07	0,5
Mais ☉	7,0	8,0	35	31	1,14	0,53	1,14	0,22	0,36	0,53	1,24	0,9
Phosphat	16,0	22,0	34	29	1,18	0,56	1,15	0,39	0,49	0,54	1,12	0,5
Kartoffeln	6,0	8,0	34	30	1,12	0,54	1,11	0,33	0,38	0,48	1,16	0,5
Sand	14,0	16,0	39	36	1,09	0,45	1,11	0,38	0,48	0,57	1,16	0,4
Schlackenklinker	10,5	12,0	39	36	1,09	0,45	1,11	0,48	0,57	0,67	1,16	0,6
Sojabohnen	7,0	8,0	29	25	1,16	0,63	1,11	0,24	0,38	0,48	1,16	0,5
Zucker ☉	8,0	9,5	38	32	1,19	0,50	1,20	0,46	0,51	0,56	1,07	0,4
Zuckerrübenpellets	6,5	7,0	36	31	1,16	0,52	1,15	0,35	0,44	0,54	1,12	0,5
Weizen ☉	7,5	9,0	34	30	1,12	0,54	1,11	0,24	0,38	0,57	1,16	0,5

ANMERKUNG Wenn ein Schüttgut gelagert werden soll, welches nicht in der Tabelle aufgelistet ist, sollten Versuche durchgeführt werden.

[a] Wenn sich die Kosten für Versuche nicht rechtfertigen, insbesondere wenn eine Kostenschätzung ergibt, dass bei Verwendung einer großen Bandbreite der Bemessungswerte sich nur geringfügige Auswirkungen auf die Gesamtkosten ergeben, können die Werte vom so genannten „Allgemeinen Schüttgut" verwendet werden. Diese Werte können insbesondere für kleine Siloanlagen angemessen sein. Bei großen Siloanlagen werden sie im Allgemeinen jedoch zu einer unwirtschaftlichen Bemessung führen. Hier sollten Versuche in der Regel bevorzugt werden.

[b] Bei der Ermittlung der Silolasten ist immer der obere charakteristische Wert der Schüttgutwichte γ_u zu verwenden. Der untere charakteristische Wert γ_ℓ in Tabelle E.1 ist zur Unterstützung von Berechnungen zu Lagerungskapazitäten vorgesehen, wenn z. B. in einem Silo eine bestimmte vorgegebene Lagerkapazität zu gewährleisten ist.

[c] Der effektive Wandreibungskoeffizient für Wandtyp D4 (gewellte Wand) darf nach den Methoden von D.2 abgeschätzt werden.

[d] Schüttgüter, die zur Staubexplosion neigen, werden mit diesem Symbol ☉ gekennzeichnet.

[e] Schüttgüter, die zu einem mechanischen Verzahnen und somit zu Auslaufstörungen neigen, werden mit diesem Symbol ♮ gekennzeichnet.

Anhang F
(informativ)
Bestimmung der Fließprofile

Massen- und Kernfluss F.1

(1) Die funktionale verfahrenstechnische Bemessung des Silos im Hinblick auf das Fließprofil ist außerhalb des Anwendungsbereichs dieser Norm. Die folgenden Informationen in Bild F.1 werden bereitgestellt, um die Möglichkeit einer auf der sicheren Seite liegenden Abschätzung zu geben, ob in einem zu bemessenden Silo spezielle Lastverhältnisse für Massenflussbedingungen vorliegen. Diese Information wird zudem benötigt, wenn das alternative Verfahren zur Ermittlung der Trichterlasten nach Anhang G verwendet wird.

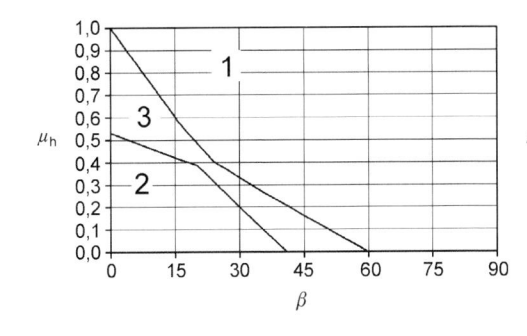

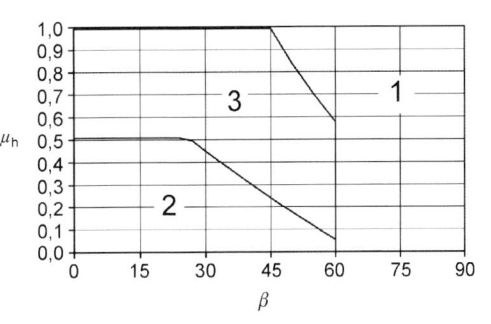

a) Konischer Trichter **b) Keilförmiger Trichter**

Legende
1. Kernfluss
2. Massenfluss
3. zwischen den beiden Linien kann Massen- oder Kernfluss auftreten

β halber Scheitelwinkel des Trichters
μ_h Wandreibungskoeffizient des Trichters

ANMERKUNG In der Zone zwischen den Grenzlinien von Massen- und Kernfluss hängt das sich einstellende Fließprofil von weiteren Parametern ab, die nicht in dieser Norm enthalten sind.

Bild F.1: Abgrenzung von Massen- und Kernflussbedingungen bei konischen und keilförmigen Trichtern

Anhang G
(normativ)
Alternative Regeln zur Ermittlung von Trichterlasten

Allgemeines G.1

(1) Dieser Anhang gibt zwei alternative Verfahren zur Abschätzung von Schüttgutlasten auf Trichter an.

(2) G.3 bis G.9 können zur Beschreibung der Lasten sowohl für den Lastfall Füllen als auch für den Lastfall Entleeren verwendet werden. Es sollte jedoch berücksichtigt werden, dass die Summen dieser Lasten nicht mit dem Gewicht des im Trichter gelagerten Schüttgutes korrespondieren.

(3) Die Gleichung nach G.10 darf alternativ zu den nach 6.3 angegebenen Ansätzen bei steilen Trichtern für den Lastfall Entleeren verwendet werden.

Symbole G.2

l_h Abstand zwischen der Trichterspitze und dem Trichterübergang entlang der geneigten Fläche (siehe Bild G.1)

p_n Lasten senkrecht auf die geneigte Trichterwand

p_{ni} unterschiedliche Lastkomponenten senkrecht auf die geneigte Trichterwand ($i = 1, 2$ und 3)

p_s Lastspitze am Trichterübergang

Begriffe G.3

Lastspitze G.3.1
(kick load)

Lastspitze, die während des Entleerens eines Silos bei Auftreten eines Massenflusses am Trichterübergang auftreten kann

Bemessungssituation G.4

(1) Der Trichter sollte für den Zustand nach dem Füllen und für den Lastfall Entleeren bemessen werden.

(2) Das für den Trichter zu erwartende Fließverhalten des Schüttgutes sollte unter Anwendung von Bild F.1 bestimmt werden.

(3) Falls im Silo sowohl Kern- als auch Massenfluss auftreten kann, sollten bei der Bemessung die Auswirkungen aus beiden Fließprofilen berücksichtigt werden.

Ermittlung des Bodenlastvergrößerungsfaktors C_b G.5

(1) Bei Silos, die nicht unter die unter (2) definierten Silobauwerke fallen, sollte der Bodenlastvergrößerungsfaktor angesetzt werden mit:

$$C_b = 1{,}3 \tag{G.1}$$

(2) Bei Silos, bei denen mit bestimmter Wahrscheinlichkeit dynamische Lasten während der Entleerung zu erwarten sind (siehe (3)), wirken höhere vertikale Schüttgutlasten auf den Trichter und den Siloboden. Der Bodenlastvergrößerungsfaktor sollte dort angesetzt werden mit:

$$C_b = 1{,}6 \tag{G.2}$$

(3) Von einer Neigung zu dynamischen Lasten (Bedingungen von Absatz (2)) sollte insbesondere bei Vorliegen folgender Fälle ausgegangen werden:

- in einem Silo mit einem schlanken vertikalen Siloschaft bei Lagerung von Schüttgütern, die nicht der Klasse von Schüttgütern mit geringer Kohäsion zugeordnet werden können (siehe 1.5.24);
- wenn das gelagerte Schüttgut zur mechanischen Verzahnung der Schüttgutpartikel untereinander und zur Brückenbildung (z. B. Zementklinker) neigt;
- oder aus anderen als den genannten Gründen zu stoßartigen Belastungen beim Entleeren neigt (z. B. Pulsieren, Schlagen).

ANMERKUNG Die Bestimmung der Kohäsion c eines Schüttgutes ist in C.9 beschrieben. Die Kohäsion c wird als gering eingestuft, wenn sie nach einer Verdichtung des Schüttgutes unter dem Spannungsniveau σ_r den Wert $c/\sigma_r = 0{,}04$ nicht übersteigt (siehe 1.5.24).

G.6 Fülllasten auf waagerechte und nahezu waagerechte Böden

(1) Die vertikalen Fülllasten auf waagerechte und nahezu waagerechte Silobören (Neigung $\alpha \leq 20°$) sollten nach Gleichung (G.3) berechnet werden:

$$p_{\text{vft}} = C_b\, p_{\text{vf}} \tag{G.3}$$

Dabei ist

p_{vf} die vertikale Fülllast nach den Gleichungen (5.3) oder (5.79) an der maßgeblichen Tiefe z; unterhalb der äquivalenten Schüttgutoberfläche;

C_b der Bodenlastvergrößerungsfaktor.

G.7 Fülllasten auf die Trichterwände

(1) Bei einer Neigung der Trichterwände gegen die Horizontale α von größer als 20° (siehe Bild 1.1b)) sollten die Lasten senkrecht auf die geneigten Trichterwände p_n wie folgt berechnet werden:

$$p_n = p_{n3} + p_{n2} + (p_{n1} - p_{n2})\frac{x}{l_h} \tag{G.4}$$

mit:

$$p_{n1} = p_{\text{vft}}(C_b \sin^2\beta + \cos^2\beta) \tag{G.5}$$

$$p_{n2} = p_{\text{vft}} C_b \sin^2\beta \tag{G.6}$$

$$p_{n3} = 3{,}0 \frac{A}{U}\frac{\gamma K}{\sqrt{\mu_n}}\cos^2\beta \tag{G.7}$$

Dabei ist

β die Neigung der Trichterwände gegen die Vertikale (siehe Bild G.1);

x der Abstand zwischen unterem Trichterende und betrachtetem Punkt (Betrag zwischen 0 und l_h) nach Bild G.1;

p_{n1} und p_{n2} Anteile zur Beschreibung der Trichterlasten infolge Trichterfüllung;

p_{n3} Anteil des Lastanteiles infolge des im Trichter befindlichen Schüttgutes;

C_b der Bodenlastvergrößerungsfaktor;

p_{vft} die Vertikallast am Trichteransatzpunkt nach dem Füllen nach den Gleichungen (5.3) oder (5.79);

μ_h der untere charakteristische Wert des Wandreibungskoeffizienten im Trichter;

K der obere charakteristische Wert des Horizontallastverhältnisses des gespeicherten Schüttgutes;

A Querschnittsfläche des vertikalen Siloschaftes;

U Umfangsfläche des Querschnittes des vertikalen Siloschaftes.

(2) Die Wandreibungslasten p_t ergeben sich zu:

$$p_t = p_n \mu_h \tag{G.8}$$

Dabei ist p_n der sich aus Gleichung (G.4) errechnende Wert.

(3) Wenn die Drücke nach den Gleichungen (G.5), (G.6) und (G.7) ermittelt werden, sollten dieselben charakteristischen Werte K verwendet werden. Sowohl der untere als auch der obere charakteristische Wert sollten betrachtet werden.

ANMERKUNG Da der untere charakteristische Wert K den höchsten Wert von p_{vft} (siehe Gleichung G.3), jedoch der obere charakteristische Wert K den höchsten Wert von p_{n3} ergibt, ist es nicht möglich, eine allgemeine Aussage darüber zu treffen, welcher charakteristische Wert den ungünstigsten Lastfall für den Trichter ergibt. Daher sollten beide charakteristischen Werte ermittelt werden.

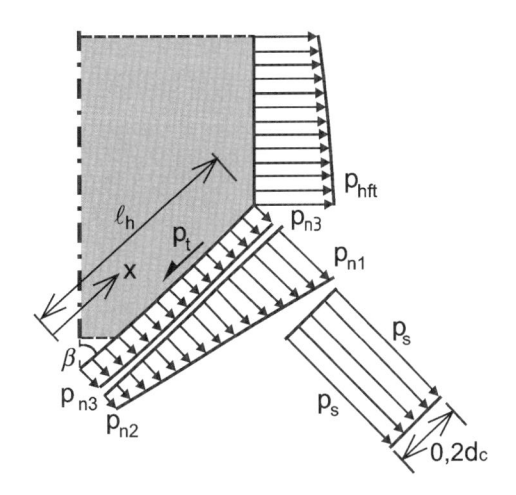

Bild G.1: Alternative Anordnung für die Trichterlasten

Entleerungslasten auf waagerechte und nahezu waagerechte Böden   G.8

(1) Im Lastfall Entleeren können die Vertikallasten auf waagerechte und nahezu waagerechte Siloböden (Neigung $\alpha \leq 20°$) nach den Regeln für den Lastfall Füllen (siehe G.6) angesetzt werden.

Entleerungslasten auf die Trichterwände   G.9

(1) Die Entleerungslasten auf Trichtern in Kernflusssilos können nach den Regeln für den Lastfall Füllen berechnet werden (siehe G.7).

(2) Bei Silos mit möglichem Massenfluss wird ein zusätzlicher Lastansatz p_s am Trichterübergang (siehe Bild G.1) berücksichtigt. Dieser Lastanteil wird vom Trichterübergang aus gemessen über eine Länge von $0{,}2d_c$ und über den gesamten Trichterumfang wirkend angesetzt.

$$p_s = 2 K p_{vft} \tag{G.9}$$

Dabei ist

p_{vft} der vertikale Lastanteil im Schüttgut am Trichteransatzpunkt des Lastfalles Füllen, ermittelt nach den Gleichungen (5.3) oder (5.79).

Alternative Gleichungen für den Trichterlastbeiwert F_e für den Lastfall Entleeren   G.10

(1) In einem Trichter mit steilen Trichterwänden darf im Lastfall Entleeren der mittlere Vertikaldruck an beliebiger Stelle im Schüttgut nach den Gleichungen (6.7) und (6.8) alternativ unter Verwendung des folgenden Parameters F_e berechnet werden:

$$F_e = \left(\frac{1}{1+\mu\cot\beta}\right)\left\{1+2\left[1+\left(\frac{\sin\phi_i}{1+\sin\phi_i}\right)\left(\frac{\cos\varepsilon\sin(\varepsilon-\beta)}{\sin\beta}\right)\right]\right\} \tag{G.10}$$

wobei:

$$\varepsilon = \beta + \frac{1}{2}\left(\phi_{wh} + \sin^{-1}\left\{\frac{\sin\phi_{wh}}{\sin\phi_i}\right\}\right) \tag{G.11}$$

$$\phi_{wh} = \arctan\mu_h \tag{G.12}$$

Dabei ist

μ_h der untere charakteristische Wert des Wandreibungskoeffizienten im Trichter;

ϕ_i der Winkel der inneren Reibung des gespeicherten Schüttgutes.

ANMERKUNG   Die Gleichung (G.10) ist anstatt der Gleichung (6.21) zu verwenden. Die Gleichung (G.10) für F_e basiert auf der für die Entleerungsdrücke etwas komplexeren Theorie von Enstad.

Anhang H
(normativ)
Einwirkungen infolge von Staubexplosionen

Allgemeines H.1

(1) Dieser Anhang enthält Hinweise zur Berücksichtigung von Staubexplosionen in Siloanlagen.

Anwendung H.2

(1) Dieser Anhang gilt für alle Siloanlagen und vergleichbare Anlagen, bei deren Betrieb brenn- und explosionsfähige, nichttoxische Stäube bearbeitet oder gelagert werden oder als Abfall in größerer Menge anfallen.

(2) Er muss nicht bei Anlagenteilen berücksichtigt werden, in denen durch gezielte Maßnahmen Explosionen ausgeschlossen werden.

(3) Für die Nachrüstung bestehender Anlagen kann dieser Anhang sinngemäß angewendet werden. Dabei ist der tatsächliche Zustand der Anlage zu berücksichtigen und nicht der Planungszustand. Im Zweifelsfall sollte eine sachkundige Beratung eingeholt werden.

Symbole H.3

p_{max} maximaler Überdruck

p_{red} reduzierter maximaler Überdruck

p_a Ansprechdruck des Entlastungssystems

Explosionsfähige Stäube und ihre Kennwerte H.4

(1) Die Stäube vieler Schüttgüter, die üblicherweise in Siloanlagen gelagert werden, sind explosionsfähig. Explosionen können auftreten, wenn vorhandene organische oder anorganische Stäube mit hinreichend kleiner Partikelgröße exotherm mit Sauerstoff reagieren und damit eine rasch fortschreitende Reaktion ermöglichen.

(2) Während einer Explosion von Stäuben aus üblichen in Silos gelagerten Schüttgütern können in geschlossenen Räumen ohne Entlastungsöffnungen Überdrücke bis zu 8 bar bis 10 bar entstehen.

(3) Die Kennwerte für das Explosionsverhalten eines Staubes sind:
- der Staubkennwert K_{ST};
- der maximale Explosionsüberdruck p_{max}.

(4) Der Staubkennwert K_{ST} entspricht der maximalen Druckanstiegsgeschwindigkeit dp/dt.

(5) Die Bemessung sollte nach den in EN 26184-1 festgelegten Verfahren erfolgen.

(6) Die wichtigsten explosionsfähigen Staubarten sind: Cellulose, Düngemittel, Erbsenmehl, Futtermittel, Gummi, Getreide, Holz, Holzmehl, Braunkohle, Kunststoffe, Kraftfuttergemische, Getreidemehl, Harz, Kartoffelmehl, Malz, Maismehl, Maisstärke (getrocknet), Milchpulver, Papier, Pigmente, Sojaschrot, Sojamehl, Steinkohle, Weizenmehl, Waschmittel und Zucker.

H.5 Zündquellen

(1) Für die Zündung dieser Stäube reichen im Allgemeinen kleine Energiemengen aus. Typische Zündquellen in Silozellen oder Nebenräumen und an technischen Einrichtungen sind:
- heiße Oberflächen, die z. B. durch Reibung schadhafter Anlagenteile entstehen können;
- Funken beim Schweißen, Schleifen und Schneiden z. B. während Reparaturarbeiten;
- Glimmnester, die auch von außen mit dem Schüttgut in die Silozelle eingetragen werden können;
- Funken durch Fremdkörper wie z. B. durch Fördereinrichtungen;
- ungeeignete oder schadhafte elektrische Betriebsmittel (z. B. Glühlampen);
- Hitzeentwicklung von Trocknern und
- Selbstzündung durch elektrostatische Entladung.

H.6 Schutzmaßnahmen

(1) Die Schäden infolge einer Staubexplosion lassen sich dadurch minimieren, dass das Auftreten der Explosion möglichst auf den Bereich eingegrenzt wird, in dem die Entzündung auftritt. Ein Überspringen der Explosionen auf andere Gebäudeabschnitte sollte vermieden werden. Die auftretenden Explosionsüberdrücke sollten minimiert werden.

(2) Die Folgen einer Explosion können durch geeignete Vorsorgemaßnahmen während der Planung vermindert werden (z. B. durch das Einrichten von Explosionssperren ähnlich wie Feuerschutzwände).

(3) Die einzelnen Gebäudeabschnitte zwischen den Explosionsbarrieren sollten für eine der beiden folgenden Bedingungen bemessen werden:
- wenn keine Druckentlastung vorgesehen ist, müssen die Abschnitte für den maximalen Explosionsüberdruck p_{max} bemessen werden;
- wenn eine geeignete Entlastung vorgesehen wird, müssen die Abschnitte mit dem größten reduzierten Explosionsüberdruck p_{red} bemessen werden.

(4) Die Beträge der reduzierten Explosionsüberdrücke p_{red} hängen von der Art des Staubes, der Größe des zu entlastenden Abschnittes und der Entlastungsöffnungen, dem Ansprechdruck p_a und der Trägheit der Entlastungssystems ab.

(5) Die Folgen von Stichflammen, die bei einer Explosion aus Entlastungsöffnungen austreten, sollten bei der Planung berücksichtigt werden. Es sollte weder zu Beeinträchtigungen der Umgebung führen, noch die Explosion in einen anderen Explosionsabschnitt weitergeleitet werden.

(6) Der Entwurf sollte eine Gefahreneingrenzung für Menschen durch Vermeidung von herumfliegenden Glassplittern oder anderen Bauteilen berücksichtigen. Druckentlastungsöffnungen sollen deshalb möglichst direkt ins Freie führen. Bei einzelnen Silozellen kann dies durch belüftete Dächer erfolgen. Bei Silobatterien bzw. Silogruppen können hierzu z. B. Treppenhäuser oder hochliegende Fensterflächen herangezogen werden.

(7) Das Entlastungssystem sollte einen möglichst geringen Ansprechdruck und eine niedrige Massenträgheit aufweisen.

(8) Der Entwurf sollte dabei berücksichtigen, dass bei einem frühen Ansprechen eines Entlastungssystems eine wesentlich größere Menge des brennbaren Staub-Luft-Gemisches weitergeleitet wird als bei trägeren Systemen.

H.7 Bemessung der Bauteile

(1) Die Bemessung der betroffenen Bauteile sollte nach den Regeln für außergewöhnliche Lasten (Katastrophenlastfälle) durchgeführt werden.

Bemessung für Explosionsüberdruck   H.8

(1) Alle tragenden und raumabschließenden Bauteile eines Explosionsabschnittes sollten für den Widerstand gegen den Bemessungsdruck bei Explosionen ausgelegt werden.

Bemessung für Unterdruck   H.9

(1) Trägheitskräfte infolge schneller Gasentladung, die durch Abkühlung des heißen Staubes begleitet werden, sollten beim Entwurf berücksichtigt werden. Diese Phänomene sind mit der Explosion verbunden und können zu einem Unterdruck führen, der bei der Bemessung berücksichtigt werden sollte.

Sicherung der Abschlusselemente der Entlastungsöffnungen   H.10

(1) Alle wichtigen Abschlusselemente sollten gegen Wegfliegen infolge Explosionswellen gesichert werden (z. B. Klappen durch Gelenke, Deckel durch Auffangkonstruktionen, Seile o. ä. Befestigungen).

ANMERKUNG   Die Bemessung darf nach den im DIN-Fachbericht 140 „Auslegung von Siloanlagen gegen Staubexplosionen", veröffentlicht im Januar 2005 durch den Beuth Verlag, angegebenen Verfahren erfolgen.

Rückstoßkräfte durch Druckentlastung   H.11

(1) Bei der Druckentlastung treten Rückstoßkräfte auf, die beim Standsicherheitsnachweis gegebenenfalls berücksichtigt werden müssen. Dies ist insbesondere bei leichten Konstruktionen mit horizontalen und unsymmetrisch über den Querschnitt verteilten Entlastungsöffnungen zu prüfen.

ANMERKUNG   Die Rückstoßkräfte können nach den Angaben im DIN-Fachbericht 140 „Auslegung von Siloanlagen gegen Staubexplosionen", veröffentlicht im Januar 2005 durch den Beuth Verlag, ermittelt werden.

November 2010

DIN 1055-2

Ersatz für
DIN 1055-2:1976-02

**Einwirkungen auf Tragwerke –
Teil 2: Bodenkenngrößen**

Inhalt

DIN 1055-2

	Seite
Vorwort	291
1 Anwendungsbereich	293
2 Normative Verweisungen	295
3 Bodenkenngrößen nichtbindiger Böden	297
3.1 Einstufung der Böden	297
3.2 Angaben zu den Tabellenwerten	298
3.3 Einschränkungen für die Gültigkeit der Tabellenwerte	299
4 Bodenkenngrößen bindiger Böden	301
4.1 Einstufung der Böden	301
4.2 Angaben zu den Tabellenwerten	302
4.3 Einschränkungen für die Gültigkeit der Tabellenwerte	303

Vorwort

Dieses Dokument (DIN 1055-2:2010-11) wurde vom Arbeitsausschuss NA 005-51-03 AA „Lastannahmen für Bauten, Bodenkenngrößen" im Normenausschuss Bauwesen (NABau) im DIN e. V. auf der Grundlage der Reihe DIN EN 1997 „Eurocode 7: Entwurf, Berechnung und Bemessung in der Geotechnik" bzw. der Aktivitäten zu deren Fortschreibung sowie auf der Grundlage von DIN 4020 „Geotechnische Untersuchungen für bautechnische Zwecke" erarbeitet.

DIN 1055 *Einwirkungen auf Tragwerke* besteht aus:
- *Teil 1: Wichte und Flächenlasten von Baustoffen, Bauteilen und Lagerstoffen*
- *Teil 2: Bodenkenngrößen*
- *Teil 3: Eigen- und Nutzlasten für Hochbauten*
- *Teil 4: Windlasten*
- *Teil 5: Schnee- und Eislasten*
- *Teil 7: Temperatureinwirkungen*
- *Teil 9: Außergewöhnliche Einwirkungen*
- *Teil 10: Einwirkungen infolge von Kranen und Maschinen*
- *Teil 100: Grundlagen der Tragwerksplanung, Sicherheitskonzept und Bemessungsregeln*

Die Neufassung der Normen der Reihe DIN 1055 erfolgt u. a. mit der Zielsetzung, die Umsetzung der entsprechenden Europäischen Normen der Reihe DIN EN 1991 in die praktische Anwendung zu unterstützen. Darüber hinaus werden die Normen der Reihe DIN 1055 Grundlage für die Erarbeitung der Nationalen Anhänge zu den entsprechenden Normen der Reihe DIN EN 1991 sein.

Änderungen

Gegenüber DIN 1055-2:1976-02 wurden folgende Änderungen vorgenommen:
a) redaktionelle und inhaltliche Überarbeitung;
b) Verringerung der Anzahl der Bodengruppen bei nichtbindigen Böden;
c) Vergrößerung der Anzahl der Bodengruppen bei bindigen Böden;
d) Mittelwerte der Wichten anstelle von oberen Werten;
e) Erfahrungswerte der Wichte und der Scherfestigkeit, die als charakteristische Werte benutzt werden dürfen, anstelle von cal-Werten;
f) Einschränkung des Anwendungsbereichs;
g) Entfall der Begriffsbestimmungen;
h) Entfall der allgemeinen Angaben zur Ermittlung von Bodenkenngrößen;
i) Entfall der Angaben über organische Böden;
j) Entfall der Angaben zum Wandreibungswinkel;
k) Entfall der Hinweise zur Erddruckermittlung;
l) Entfall der Erläuterungen.

Frühere Ausgaben

DIN 1055-1: 1934-08, 1937-08, 1940x-06
DIN 1055-2: 1934-08, 1943-08, 1963-06, 1976-02

Anwendungsbereich 1

(1) Diese Norm gibt Erfahrungswerte für Bodenkenngrößen zur Ermittlung von Einwirkungen infolge der Eigenlast des Bodens oder von Erddruck auf Tragwerke an, die verwendet werden dürfen, sofern die in (2), (3) und (4) genannten Kriterien erfüllt sind.

(2) Der Anwendungsbereich ist beschränkt auf

— einfache bauliche Anlagen der Geotechnischen Kategorie 1 nach DIN 1054;
— Gebäude, bei denen die Gründungstiefe maximal 3 m unter Geländeoberfläche und die Fußbodenoberkante keines Geschosses mit Personenaufenthalt im Mittel mehr als 7 m über der Geländeoberfläche liegt;
— vergleichbare andere bauliche Anlagen mit einer Gründungstiefe von maximal 3 m unter Geländeoberfläche;
— die zugehörigen Baugrubenkonstruktionen.

(3) Als Voraussetzung für die Anwendung der Norm müssen Art, Beschaffenheit, Ausdehnung und Mächtigkeit der Bodenschichten auf der Grundlage von Baugrunderkundungen und geotechnischen Untersuchungen nach DIN 4020 bekannt sein. Die Angabe der Erfahrungswerte erfolgt in Übereinstimmung mit DIN 1054:2005-01, 5.3.1 (1) auf der Grundlage von Bodenaufschlüssen nach DIN EN ISO 22475-1, von Labor- und Feldversuchen sowie aufgrund von weiteren Informationen.

(4) Die angegebenen Erfahrungswerte für die Wichte sind Mittelwerte im Sinne von DIN 1054:2005-01, 5.3.1 (4). Die angegebenen Erfahrungswerte für die Scherfestigkeit sind auf der sicheren Seite liegende, untere Werte im Sinne von DIN 1054:2005-01, 5.3.1 (1). Für beide Kenngrößen gilt dies unter der Voraussetzung, dass alle nachfolgend genannten Anwendungsvoraussetzungen und Einschränkungen für die Gültigkeit der Tabellenwerte beachtet worden sind.

(5) Die angegebenen Erfahrungswerte beziehen sich auf nichtbindige Böden und auf bindige Böden. Zur Abgrenzung siehe DIN 1054:2005-01, 5.2.

ANMERKUNG   In der Regel können auf der Grundlage von ergänzenden geotechnischen Untersuchungen nach DIN 4020 oder aufgrund von örtlichen Erfahrungen genauere Werte der Wichte und günstigere Scherparameter für das jeweilige Projekt festgelegt werden, mit denen eine Optimierung der Bauweise möglich wird. Hierfür ist die Mitwirkung eines Fachplaners mit Sachkunde und Erfahrung auf dem Gebiet der Geotechnik erforderlich. Diesem Fachplaner entspricht der Sachverständige für Geotechnik nach DIN 4020.

Normative Verweisungen 2

Die folgenden zitierten Dokumente sind für die Anwendung dieses Dokuments erforderlich. Bei datierten Verweisungen gilt nur die in Bezug genommene Ausgabe. Bei undatierten Verweisungen gilt die letzte Ausgabe des in Bezug genommenen Dokuments (einschließlich aller Änderungen).

DIN 1054:2005-01, *Baugrund – Sicherheitsnachweise im Erd- und Grundbau*

DIN 4020, *Geotechnische Untersuchungen für bautechnische Zwecke*

DIN 4094-1, *Baugrund – Felduntersuchungen – Teil 1: Drucksondierungen*

DIN 4094-2, *Baugrund – Felduntersuchungen – Teil 2: Bohrlochrammsondierungen*

DIN 18121-1, *Untersuchung von Bodenproben – Wassergehalt – Teil 1: Bestimmung durch Ofentrocknung*

DIN 18121-2, *Untersuchung von Bodenproben – Wassergehalt – Teil 2: Bestimmung durch Schnellverfahren*

DIN 18122-1, *Baugrund – Untersuchung von Bodenproben – Zustandsgrenzen (Konsistenzgrenzen) – Teil 1: Bestimmung der Fließ- und Ausrollgrenze*

DIN 18123, *Baugrund – Untersuchung von Bodenproben – Bestimmung der Korngrößenverteilung*

DIN 18126, *Baugrund – Untersuchung von Bodenproben – Bestimmung der Dichte nichtbindiger Böden bei lockerster und dichtester Lagerung*

DIN 18127, *Baugrund – Versuche und Versuchsgeräte – Proctorversuch*

DIN 18196, *Erd- und Grundbau – Bodenklassifikation für bautechnische Zwecke*

DIN EN ISO 14688-1, *Geotechnische Erkundung und Untersuchung - Benennung, Beschreibung und Klassifizierung von Boden – Teil 1: Benennung und Beschreibung*

DIN EN ISO 22475-1, *Geotechnische Erkundung und Untersuchung – Probeentnahmeverfahren und Grundwassermessungen – Teil 1:Technische Grundlagen der Ausführung*

DIN EN ISO 22476-2, *Geotechnische Untersuchung und Erkundung – Felduntersuchungen – Teil 2: Rammsondierungen*

Bodenkenngrößen nichtbindiger Böden   3

Einstufung der Böden   3.1

(1) Die in den Tabellen 1 und 2 angegebenen Erfahrungswerte dürfen als charakteristische Werte verwendet werden, sofern die Böden im Hinblick auf Korngrößenverteilung, Ungleichförmigkeitszahl und Lagerungsdichte eingestuft werden können.

(2) Die in Tabelle 1 für die Wichte und in Tabelle 2 für die Scherfestigkeit angegebenen Erfahrungswerte gelten sowohl für gewachsene als auch für geschüttete und gegebenenfalls verdichtete Böden.

(3) Für die Einstufung der einzelnen Böden in die angegebenen Bodenarten ist in Verbindung mit den Angaben über die Benennung nach DIN EN ISO 14688-1 und mit der Ungleichförmigkeitszahl U nach DIN 18196 die Korngrößenverteilung maßgebend. Sie ist nach DIN 18123 zu ermitteln, sofern nicht im Einzelfall die Handversuche nach DIN EN ISO 14688-1 in Verbindung mit örtlichen Erfahrungen oder entsprechender Sachkunde ausreichen.

(4) Für die Einstufung der Böden im Hinblick auf ihre Lagerungsdichte sind wahlweise die nachfolgenden Angaben von (5) bis (8) maßgebend. Die Beurteilung von Böden, deren Lagerungsdichte sich nicht nach diesen Angaben bestimmen lässt, ist von einem Fachplaner mit Sachkunde und Erfahrung auf dem Gebiet der Geotechnik vorzunehmen.

(5) Die Lagerungsdichte des Bodens darf in Abhängigkeit vom Spitzenwiderstand von Drucksonden nach DIN 4094-1 oder in Abhängigkeit vom Eindringwiderstand von Rammsonden nach DIN 4094-2 bzw. DIN EN ISO 22476-2 bestimmt werden. Hierzu siehe auch DIN EN 1997-2:2007-10, Anhang G.1 „Beispiele für die Korrelationen von Schlagzahl und bezogenen Lagerungsdichten".

Tabelle 1: Erfahrungswerte der Wichte nichtbindiger Böden

	1	2	3	4	5	6
				Wichte		
1	Bodenart	Kurzzeichen nach DIN 18196	Lagerungs- dichte	erdfeucht γ kN/m³	wasser- gesättigt γ_r kN/m³	unter Auftrieb γ' kN/m³
2	Kies, Sand eng gestuft	GE, SE mit $U < 6$	locker	16,0	18,5	8,5
			mitteldicht	17,0	19,5	9,5
			dicht	18,0	20,5	10,5
3	Kies, Sand weit oder intermittierend gestuft	GW, GI, SW, SI mit $6 \leq U \leq 15$	locker	16,5	19,0	9,0
			mitteldicht	18,0	20,5	10,5
			dicht	19,5	22,0	12,0
4	Kies, Sand weit oder intermittierend gestuft	GW, GI, SW, SI mit $U > 15$	locker	17,0	19,5	9,5
			mitteldicht	19,0	21,0	11,0
			dicht	21,0	22,5	12,5

Tabelle 2: Erfahrungswerte der Scherfestigkeit nichtbindiger Böden

	1	2	3	4
1	**Bodenart**	**Kurzzeichen nach DIN 18196**	**Lagerungsdichte**	**Reibungswinkel** φ
2	Kies, Sand eng, weit oder intermittierend gestuft	GE, GW, GI SE, SW, SI	locker	30,0°
			mitteldicht	32,5°
			dicht	35,0°

(6) Näherungsweise dürfen in Anlehnung an DIN 1054:2005-01, Tabellen A.7 und A.8, folgende Zuordnungen von Lagerungsdichte und Spitzenwiderstand q_c (MN/m²) der Spitzendrucksonde verwendet werden:

- lockere Lagerung: $\quad 5{,}0 \leq q_c < 7{,}5$,
- mitteldichte Lagerung: $\quad 7{,}5 \leq q_c < 15$,
- dichte Lagerung: $\quad q_c \geq 15$.

(7) Sofern geeignete Bodenproben vorliegen, darf die Lagerungsdichte D des Bodens auf der Grundlage der lockersten und dichtesten Lagerung nach DIN 18126 bestimmt werden. Dazu dürfen

- die Angaben in DIN 1054:2005-01, Tabelle A.7, auf Böden mit mitteldichter Lagerung,
- die Angaben in DIN 1054:2005-01, Tabelle A.8, auf Böden mit dichter Lagerung

bezogen werden. Bei Böden mit lockerer Lagerung muss mindestens die Lagerungsdichte $D \geq 0{,}15$ bei $U \leq 3$ bzw. $D \geq 0{,}20$ bei $U > 3$ nachgewiesen werden.

(8) Die Lagerungsdichte des Bodens darf auch in Abhängigkeit vom Verdichtungsgrad D_{Pr} nach DIN 18127 aufgrund der Angaben in DIN 1054:2005-01, Tabellen A.7 und A.8, bestimmt werden. Dazu dürfen

- die Angaben in DIN 1054:2005-01, Tabelle A.7, auf Böden mit mitteldichter Lagerung,
- die Angaben in DIN 1054:2005-01, Tabelle A.8, auf Böden mit dichter Lagerung

bezogen werden.

3.2 Angaben zu den Tabellenwerten

(1) Die in Tabelle 1 für die Wichte angegebenen Erfahrungswerte γ, γ_r und γ' sind Mittelwerte mit einer möglichen Abweichung von

- $\Delta \gamma = \pm 1{,}0$ kN/m³ bei erdfeuchtem bzw. über dem Grundwasserspiegel liegendem Boden,
- $\Delta \gamma_r = \Delta \gamma' = \pm 0{,}5$ kN/m³ bei wassergesättigtem bzw. unter Auftrieb stehendem Boden.

Werden nach DIN 1054:2005-01, 5.3.1 (3) und 5.3.1 (4), obere und untere charakteristische Werte der Wichte benötigt, dürfen diese aus den Tabellenwerten zuzüglich bzw. abzüglich der angegebenen möglichen Abweichung ermittelt werden.

(2) Die in Tabelle 2 für den Reibungswinkel φ angegebenen Erfahrungswerte sind vorsichtige Schätzwerte des Mittelwertes im Sinne von DIN 1054:2005-01, 5.3.1 (2).

(3) Die Werte der Tabelle 2 gelten für runde und abgerundete Kornformen. Sofern nachweislich kantige Körner überwiegen, dürfen die angegebenen Werte um 2,5° erhöht werden.

Einschränkungen für die Gültigkeit der Tabellenwerte   3.3

(1) Die Tabellenwerte dürfen nicht angewendet werden,

- bei Böden mit porösem Korn, z. B. Bimskies und Tuffsand;
- wenn bei wassergesättigten Feinsandböden ein örtlicher Druckhöhenunterschied entsteht und der Boden dadurch Fließeigenschaften annimmt, siehe DIN 1054:2005-01, 5.3.2 (5) und (7);
- wenn sich der Boden nicht ausreichend duktil verhält, siehe DIN 1054:2005-01, 5.3.2 (8) und (9).

(2) Sofern in Ausnahmefällen, insbesondere bei Zwängung, der Ansatz der Einwirkungen auf das Tragwerk unter Berücksichtigung des oberen charakteristischen Wertes der Scherfestigkeit erfolgen muss, dürfen die Tabellenwerte nicht angewendet werden.

Bodenkenngrößen bindiger Böden 4

Einstufung der Böden 4.1

(1) Die in den Tabellen 3 und 4 angegebenen Erfahrungswerte dürfen als charakteristische Werte verwendet werden, sofern die Böden im Hinblick auf ihre Plastizität in die Bodengruppen nach DIN 18196 eingestuft und nach ihrer Zustandsform (Konsistenz) unterschieden werden können.

(2) Die Einstufung der Böden im Hinblick auf deren Plastizität darf entweder

- aufgrund der Bestimmung der Fließ- und Ausrollgrenze nach DIN 18122-1 oder
- aufgrund von Handversuchen nach DIN EN ISO 14688-1

vorgenommen werden.

ANMERKUNG 1 Zur Bestimmung der Plastizität im Handversuch nach DIN EN ISO 14688-1 wird eine Bodenprobe so lange auf einer glatten Oberfläche zu Walzen von etwa 3 mm Durchmesser ausgerollt und anschließend wieder zusammengeknetet, bis die Probe nicht mehr ausgerollt, sondern höchstens noch geknetet werden kann. Danach lassen sich folgende Unterscheidungen treffen:

- geringe Plastizität, wenn die Bodenprobe nicht zu Walzen von 3 mm Durchmesser ausgerollt werden kann;
- mittlere Plastizität, wenn sich der gebildete Klumpen nicht mehr kneten lässt, da er bei Anwendung eines Fingerdruckes sofort zerkrümelt;
- ausgeprägte Plastizität, wenn sich die Bodenprobe zu dünnen Walzen ausrollen lässt.

(3) Die Einstufung im Hinblick auf die Zustandsform (Konsistenz) darf entweder

- aufgrund der Bestimmung von Fließgrenze und Ausrollgrenze nach DIN 18122-1 sowie des Wassergehaltes nach DIN 18121-1 und DIN 18121-2 oder
- aufgrund von Handversuchen nach DIN EN ISO 14688-1.

vorgenommen werden.

ANMERKUNG 2 Für die Bestimmung der Zustandsform (Konsistenz) im Handversuch nach DIN EN ISO 14688-1 gilt:

- Weich ist ein Boden, der sich leicht kneten lässt.
- Steif ist ein Boden, der sich schwer kneten, aber in der Hand zu 3 mm dicken Walzen ausrollen lässt, ohne zu reißen oder zu zerbröckeln.
- Halbfest ist ein Boden, der beim Versuch, ihn zu 3 mm dicken Walzen auszurollen, zwar bröckelt und reißt, aber doch noch feucht genug ist, um ihn erneut zu einem Klumpen formen zu können.
- Fest (hart) ist ein Boden, der ausgetrocknet ist und dann meist hell aussieht. Er lässt sich nicht mehr kneten, sondern nur zerbrechen. Ein nochmaliges Zusammenballen der Einzelteile ist nicht mehr möglich.

Tabelle 3: Erfahrungswerte der Wichte bindiger Böden

	1	2	3	4	5	6
				\multicolumn{3}{c}{Wichte}		
1	Bodenart	Kurzzeichen nach DIN 18196	Zustandsform	erdfeucht γ kN/m³	wassergesättigt γ_r kN/m³	unter Auftrieb γ' kN/m³
	\multicolumn{6}{c}{Schluffböden}						
2	Leicht plastische Schluffe ($w_L < 35\,\%$)	UL	weich	17,5	19,0	9,0
			steif	18,5	20,0	10,0
			halbfest	19,5	21,0	11,0
3	Mittelplastische Schluffe ($35\,\% \leq w_L \leq 50\,\%$)	UM	weich	16,5	18,5	8,5
			steif	18,0	19,5	9,5
			halbfest	19,5	20,5	10,5
	\multicolumn{6}{c}{Tonböden}						
4	Leicht plastische Tone ($w_L < 35\,\%$)	TL	weich	19,0	19,0	9,0
			steif	20,0	20,0	10,0
			halbfest	21,0	21,0	11,0
5	Mittelplastische Tone ($35\,\% \leq w_L \leq 50\,\%$)	TM	weich	18,5	18,5	8,5
			steif	19,5	19,5	9,5
			halbfest	20,5	20,5	10,5
6	Ausgeprägt plastische Tone ($w_L > 50\,\%$)	TA	weich	17,5	17,5	7,5
			steif	18,5	18,5	8,5
			halbfest	19,5	19,5	9,5

(4) Gemischtkörnige Böden, bei denen einerseits die Art des Feinkorns und andererseits der große Anteil an Korn > 0,4 mm es nicht zulassen, nach (2) die Plastizität bzw. nach (3) die Zustandsform zuverlässig zu beschreiben, können nicht in die Tabellen 3 und 4 eingeordnet werden, z. B. sandige Geschiebemergel. Für die Beurteilung dieser Böden sind Sachkunde und Erfahrung auf dem Gebiet der Geotechnik erforderlich.

4.2 Angaben zu den Tabellenwerten

(1) Die für die Wichten γ, γ_r und γ' sowie für die Scherparameter φ und c angegebenen Erfahrungswerte gelten für gewachsene bindige Böden. Ihre Verwendung ist auch bei geschütteten bindigen Böden zulässig, sofern ein Verdichtungsgrad nach DIN 18127 von $D_{Pr} \geq 0{,}97$ nachgewiesen wird.

(2) Bindige Böden mit besonders großer Ungleichförmigkeit, z. B. Geschiebemergel und Geschiebelehm, deren Korngrößen von Kies oder Sand bis zu Schluff oder Ton reichen, sind entsprechend ihrer Plastizität und Zustandsform in die Tabellen 3 und 4 einzuordnen. Die in Tabelle 3 angegebenen Erfahrungswerte der Wichte sind um 1,0 kN/m³ zu erhöhen.

Tabelle 4: Erfahrungswerte der Scherfestigkeit bindiger Böden

	1	2	3	4	5	6
				Scherfestigkeit		
1	Bodenart	Kurzzeichen nach DIN 18196	Zustandsform	Reibung φ	Kohäsion c kN/m²	c_u kN/m²
	Schluffböden					
2	Leicht plastische Schluffe ($w_L < 35\,\%$)	UL	weich	27,5°	0	0
			steif		2	15
			halbfest		5	40
3	Mittelplastische Schluffe ($35\,\% \leq w_L \leq 50\,\%$)	UM	weich	22,5°	0	5
			steif		5	25
			halbfest		10	60
	Tonböden					
4	Leicht plastische Tone ($w_L < 35\,\%$)	TL	weich	22,5°	0	0
			steif		5	15
			halbfest		10	40
5	Mittelplastische Tone ($35\,\% \leq w_L \leq 50\,\%$)	TM	weich	17,5°	5	5
			steif		10	25
			halbfest		15	60
6	Ausgeprägt plastische Tone ($w_L > 50\,\%$)	TA	weich	15,0°	5	15
			steif		10	35
			halbfest		15	75

(3) Die in Tabelle 3 für die Wichten γ, γ_r und γ' angegebenen, gegebenenfalls nach (2) erhöhten Erfahrungswerte sind Mittelwerte mit einer möglichen Abweichung von

- $\Delta\gamma = \pm 1{,}0$ kN/m³ bei erdfeuchtem bzw. über dem Grundwasserspiegel liegendem Boden,
- $\Delta\gamma_r = \pm 0{,}5$ kN/m³ bei wassergesättigtem bzw. unter Auftrieb stehendem Boden.

Werden nach DIN 1054:2005-01, 5.3.1 (3) und 5.3.1 (4), obere und untere charakteristische Werte der Wichte benötigt, dürfen diese aus den Tabellenwerten zuzüglich bzw. abzüglich der angegebenen Abweichung ermittelt werden.

(4) Die in Tabelle 4 für die Scherfestigkeit angegebenen Erfahrungswerte sind vorsichtige Schätzwerte des Mittelwertes im Sinne von DIN 1054:2005-01, 5.3.1 (2).

Einschränkungen für die Gültigkeit der Tabellenwerte 4.3

(1) Die Tabellenwerte für die Scherfestigkeit dürfen nicht angewendet werden,

- wenn das Verhalten der gesamten Bodenmasse durch Haarrisse, Harnische, Klüfte oder Einlagerungen schwach bindiger bzw. nichtbindiger Böden beeinträchtigt werden kann;
- bei Böden, in denen möglicherweise durch Verwerfungen oder geneigte Schichtfugen bestimmte Gleitflächen vorgegeben sind, die zu Rutschungen führen können, z. B. bei Opalinuston, Knollenmergel und Tarras,
- wenn bei feinkörnigen Böden wegen unvermeidlich großer Scherwege die Restscherfestigkeit maßgebend werden kann, z. B. bei Kaolinton und bei Böden mit maßgeblichem Anteil an quellfähigen Tonmineralien, z. B. Montmorillonit.

(2) Die Anwendung der für die Kohäsion c des konsolidierten bzw. dränierten Bodens und der für die Scherfestigkeit c_u des undränierten Bodens angegebenen Erfahrungswerte ist nur zulässig, wenn der Boden eine mindestens weiche Zustandsform (Konsistenz) aufweist und wenn verhindert wird, dass sich die Zustandsform ungünstig ändert, siehe DIN 1054:2005-01, 5.3.2 (2).

(3) Eine weitere Einschränkung bei der Anwendung der Tabellenwerte kann erforderlich sein, wenn

- bei wassergesättigten Schluffböden ein örtlicher Druckhöhenunterschied entsteht und der Boden dadurch Fließeigenschaften annimmt, siehe DIN 1054:2005-01, 5.3.2 (5) und (7);
- Porenwasserüberdruck bzw. veränderlicher Porenwasserdruck auftreten kann, siehe DIN 1054:2005-01, 5.3.2 (5);
- sich der Boden nicht ausreichend duktil verhält, siehe DIN 1054:2005-01, 5.3.2 (8);
- Verwitterung oder Aufweichung in Frage kommen, siehe DIN 1054:2005-01, 7.1 (3);
- ein plötzlicher Zusammenbruch des Korngerüstes möglich ist, z. B. bei Lössboden.

(4) Sofern in Ausnahmefällen, insbesondere bei Zwängung, der Ansatz der Einwirkungen auf das Tragwerk unter Berücksichtigung des oberen charakteristischen Wertes der Scherfestigkeit erfolgen muss, dürfen die Tabellenwerte nicht angewendet werden.